Basic Linear Algebra

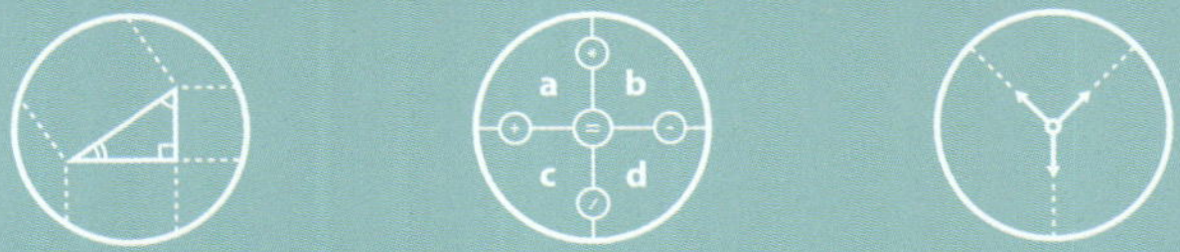

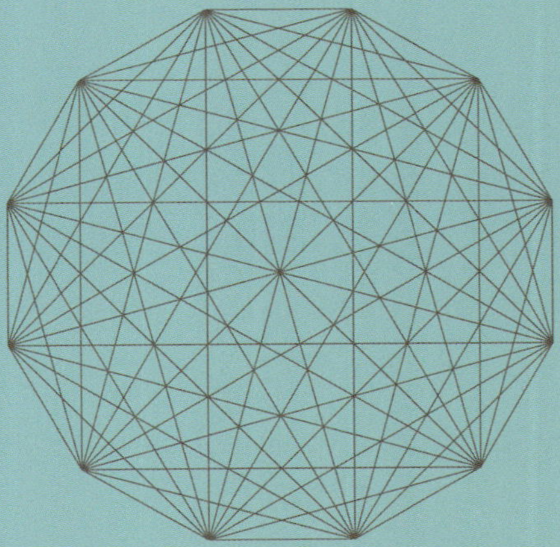

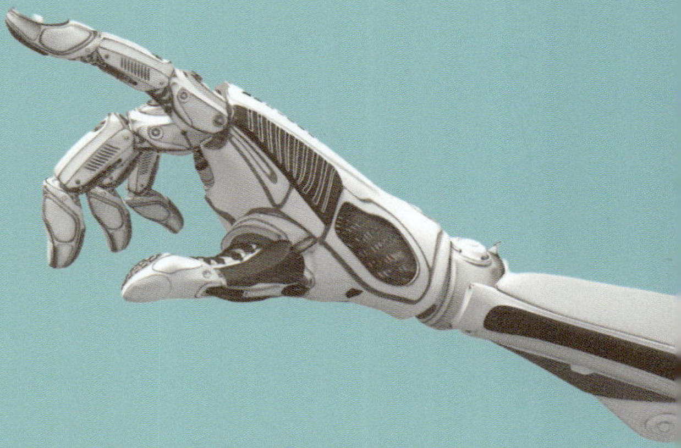

AI 시대를 위한

기초 선형대수학

| 함남우 지음 |

KM 경문사

머리말

선형대수학의 세계에 오신 것을 환영합니다!

선형대수학은 현대 수학과 과학, 공학의 기본적인 도구로 벡터와 행렬을 통해 다양한 현상을 모델링하고 해결하는 기초를 제공합니다. 자연과학, 공학, 경제학 등 여러 분야에서 필수적으로 사용되는 선형대수학 이론과 기법은 우리의 사고를 확장하고 문제 해결 능력을 높이는 데 큰 도움을 줍니다.

특히, 21세기에 가장 큰 관심을 받고 있는 인공지능 분야에서도 선형대수학은 중심적인 역할을 하고 있습니다. 머신러닝과 딥러닝 알고리즘은 대부분 행렬 연산을 기반으로 하며, 데이터의 패턴을 인식하고 예측하는 과정에서 선형대수학의 이론이 활용되고 있는데 벡터 공간의 개념, 선형 변환, 고윳값 분해 등은 데이터 분석과 모델 학습의 기초가 됩니다.

이 교재는 수학에 자신이 없는 학생들도 선형대수학의 기본 개념을 이해하고 관련된 문제를 풀 수 있도록 하기 위하여 복잡한 정리와 증명을 사용하여 내용을 설명하는 대신 가능한 직관적으로 내용을 이해할 수 있도록 구성하였습니다.

기존의 선형대수학 교재들과 비교하여 본 교재가 차별화하고자 한 부분은 수학적 배경이 부족한 학생들도 차근차근 따라올 수 있도록 하기 위하여 개념과 문제 풀이 방법을 단계별로 설명하고, 예제와 다양한 연습문제를 통해 학생들이 실력을 쌓아갈 수 있도록 구성하였다는 점입니다. 따라서, 수학적 배경이 부족한 학생들도 본 교재를 통해 차근차근 선형대수학의 내용을 이해하고 따라올 수 있을 것으로 생각합니다.

이 선형대수학 교재가 여러분의 기초를 다지는 데 큰 도움이 되기를 바랍니다. 이 교재를 통해 얻은 지식과 탄탄한 기초가 앞으로의 전공 분야에서 창의적이고 효과적으로 활용되기를 기대합니다.

감사의 글

어려운 여건 속에서도 이 책을 출판해 주신 경문사 조경희 대표님께 진심으로 감사드립니다. 또한 저서 출판에 예산지원을 해 주신 인천대학교에 감사드립니다. 이 책의 모든 장의 도입글 작성에 큰 도움을 주신 전경구 교수님께도 깊은 감사의 마음을 전합니다. 마지막으로, 언제나 저를 지지하고 이해해 준 가족들에게도 진심으로 고마운 마음을 전합니다.

2025년 3월 1일

함 남 우

차례

Chapter 01
행렬 Matrices

Chapter 02
연립선형방정식 Systems of Linear Equations

Chapter 03
벡터 Vectors

Chapter 04
벡터공간 Vector Spaces

Chapter 05

선형변환 Linear Transformations

Chapter 06

고윳값과 고유벡터 Eigenvalues and Eigenvectors

부록

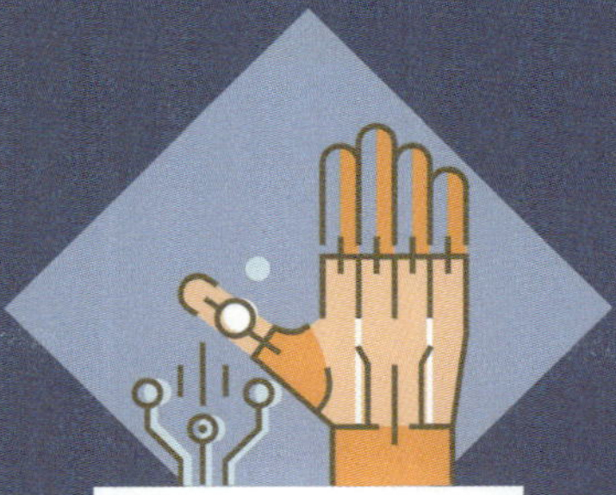

Chapter 01

행렬
Matrices

| 학습목표 |

- 방정식을 선형과 비선형으로 구분하고 연립선형방정식의 풀이법을 익힌다.
- 행렬을 정의하고 행렬의 모양과 성분에 따른 다양한 행렬의 정의를 학습한다.
- 행렬의 덧셈과 스칼라 곱셈을 이해하고 행렬의 곱셈을 구하는 방법을 익힌다.
- 실수의 연산과 다른 행렬의 연산을 이해한다.

CHAPTER 1 PREVIEW

인공지능과 행렬 : 디지털 이미지를 이해하는 방법

혹시 휴대폰이나 컴퓨터에서 사진을 볼 때, 그 이미지가 어떻게 화면에 나타나는지 궁금했던 적이 있나요? 사실, 이미지의 모든 요소는 매우 작은 색상 네모인 픽셀로 구성되어 있으며, 이러한 픽셀들을 행렬이라는 수학적 도구로 표현할 수 있습니다. 행렬 덕분에 인공지능은 이미지 속 객체를 인식하고, 그 객체가 무엇인지 또는 어디에 위치하는지 파악할 수 있습니다.

흑백 이미지를 2차원 행렬로 표현하기

흑백 이미지, 즉 흑백 사진은 색이 없고 오직 회색으로만 이루어져 있습니다. 흑백 이미지의 각 픽셀은 검은색(0)부터 흰색(255)까지의 밝기로 표현되는데 이 밝기는 2차원 행렬로 나타낼 수 있습니다. 예를 들어, 아래 왼쪽 이미지는 가로 8개, 세로 8개의 픽셀들로 구성되어 있으며, “느낌표”를 나타냅니다. 이 이미지는 컴퓨터에 오른쪽 형태와 같은 행렬로 저장됩니다.

$$\begin{bmatrix} 0 & 0 & 0 & 255 & 255 & 0 & 0 & 0 \\ 0 & 0 & 0 & 255 & 255 & 0 & 0 & 0 \\ 0 & 0 & 0 & 255 & 255 & 0 & 0 & 0 \\ 0 & 0 & 0 & 255 & 255 & 0 & 0 & 0 \\ 0 & 0 & 0 & 255 & 255 & 0 & 0 & 0 \\ 0 & 0 & 0 & 255 & 255 & 0 & 0 & 0 \\ 0 & 0 & 0 & 0 & 0 & 0 & 0 & 0 \\ 0 & 0 & 0 & 255 & 255 & 0 & 0 & 0 \end{bmatrix}$$

컬러 이미지를 2차원 행렬로 표현하기

컬러 이미지는 흑백 이미지보다 조금 더 복잡합니다. 각 컬러 이미지는 빨강(Red), 초록(Green), 파랑(Blue)의 세 가지 색상 정보를 조합하여 구성됩니다. 이 세 가지 색상을 적절히 섞으면 거의 모든 색을 만들 수 있는데, 이를 RGB 값이라고 부릅니다. 각 색상은 별도의 행렬로 저장됩니다. 예를 들어, 아래의 핑크색 느낌표를 표현하기 위해서는 빨강, 초록, 파랑이 적절히 혼합되어야 하기 때문에 행렬로 표현된 값들은 느낌표에 해당하는 부분들에만 값을 가지고 있습니다.

Red Channel

$$\begin{bmatrix} 0 & 0 & 0 & 0 & 0 & 0 & 0 & 0 \\ 0 & 0 & 0 & 255 & 0 & 0 & 0 & 0 \\ 0 & 0 & 0 & 255 & 0 & 0 & 0 & 0 \\ 0 & 0 & 0 & 255 & 0 & 0 & 0 & 0 \\ 0 & 0 & 0 & 255 & 0 & 0 & 0 & 0 \\ 0 & 0 & 0 & 255 & 0 & 0 & 0 & 0 \\ 0 & 0 & 0 & 0 & 0 & 0 & 0 & 0 \\ 0 & 0 & 0 & 255 & 0 & 0 & 0 & 0 \end{bmatrix}$$

Green Channel

$$\begin{bmatrix} 0 & 0 & 0 & 0 & 0 & 0 & 0 & 0 \\ 0 & 0 & 0 & 105 & 0 & 0 & 0 & 0 \\ 0 & 0 & 0 & 105 & 0 & 0 & 0 & 0 \\ 0 & 0 & 0 & 105 & 0 & 0 & 0 & 0 \\ 0 & 0 & 0 & 105 & 0 & 0 & 0 & 0 \\ 0 & 0 & 0 & 105 & 0 & 0 & 0 & 0 \\ 0 & 0 & 0 & 0 & 0 & 0 & 0 & 0 \\ 0 & 0 & 0 & 105 & 0 & 0 & 0 & 0 \end{bmatrix}$$

Blue Channel

$$\begin{bmatrix} 0 & 0 & 0 & 0 & 0 & 0 & 0 & 0 \\ 0 & 0 & 0 & 180 & 0 & 0 & 0 & 0 \\ 0 & 0 & 0 & 180 & 0 & 0 & 0 & 0 \\ 0 & 0 & 0 & 180 & 0 & 0 & 0 & 0 \\ 0 & 0 & 0 & 180 & 0 & 0 & 0 & 0 \\ 0 & 0 & 0 & 180 & 0 & 0 & 0 & 0 \\ 0 & 0 & 0 & 0 & 0 & 0 & 0 & 0 \\ 0 & 0 & 0 & 180 & 0 & 0 & 0 & 0 \end{bmatrix}$$

1절 선형방정식

이 절에서는 중학교 과정에서 배웠던 선형방정식과 연립선형방정식에 대하여 알아보고 연립선형방정식을 변형하는 세 가지 도구를 사용하여 해를 구하는 방법을 학습한다.

방정식

방정식(equation)은 변수(variable)를 포함하는 등식을 의미하며 변수에 어떤 값을 대입하는가에 따라서 참 또는 거짓이 된다. 예를 들어 $2x - 1 = 5$는 방정식이고 x의 값이 2일 때는 거짓이 되지만 x의 값이 3일 때는 참이 된다. 하지만 식 $3x + 2$에는 변수가 있지만 등식이 없으므로 이 식은 방정식이 아니며 식 $2 + 3 = 5$에는 등식은 있지만 변수가 없으므로 방정식이 아니다.

예제 1

다음 식이 방정식인지를 판정하라.

(a) $3x - 2yz = 4$

(b) $3 + 5 = 8$

(c) $2x - 1 = 3y + 2$

(d) $6x - 2y + z$

| 풀이 |

(a) 변수를 포함하는 등식이므로 방정식이다.

(b) 등식이지만 변수를 포함하지 않고 있으므로 방정식이 아니다.

(c) 변수를 포함하는 등식이므로 방정식이다.

(d) 변수를 포함하고 있지만 등식이 없으므로 방정식이 아니다.

일반적으로 변수가 2개인 경우 변수로 x, y를, 변수가 3개인 경우 변수로 x, y, z를 사용한다. 하지만 선형대수학에서는 n개의 변수가 필요한 경우가 많은데 이 경우 변수를 영어 알파벳만으로 표현하기 어려워 첨자를 이용한 변수 x_1, x_2, $\cdots$, x_n으로 나타낸다. 변수는 때때로 미지수(unknown)라고도 한다.

정의 1 선형방정식과 해

$a_1, a_2, \cdots, a_n, b$가 실수일 때, n개의 변수 $x_1, x_2, \cdots, x_n$을 갖는 선형방정식(linear equation)은

$$a_1x_1 + a_2x_2 + \cdots + a_nx_n = b$$

의 형태이며 등식이 참이 되는 변수 $x_1, x_2, \cdots, x_n$의 값들을 선형방정식의 해(solution)라고 한다.

일반적으로 방정식은 선형방정식(linear equation)과 비선형방정식(nonlinear equation)으로 분류한다.

방정식을 분류하는 방법

[단계 1]

주어진 방정식의 최고차항의 차수가 1차이면 그 방정식은 선형방정식으로 판정한다.

[단계 2]

주어진 방정식의 최고차항의 차수가 2차 이상이거나 방정식에 유리함수, 무리함수, 삼각함수, 지수함수, 로그함수가 있는 경우 그 방정식은 비선형방정식으로 판정한다.

예를 들어 $x - y = 1$은 선형방정식이지만 $x_1x_2 - 3 = x_3$에서 x_1x_2의 차수는 2차이므로 비선형방정식이다. 또한 $\sin x_1 + 2x_2 = 0$은 방정식에 삼각함수가 포함되어 있으므로 비선형방정식이다. 선형방정식은 최고차항의 차수가 1차이기 때문에 일차방정식이라고도 한다.

예제 2

다음 방정식이 선형방정식인지 또는 비선형방정식인지를 판정하라.

(a) $3x + yz = 2$

(b) $3x_1 + x_2 - x_3 = \sqrt{2}$

(c) $e^x + y = z + 1$

(d) $x_1 - \dfrac{1}{x_2} = 1$

| 풀이 |

(a) yz 의 차수가 2차이므로 주어진 방정식은 비선형방정식이다.

(b) 모든 변수의 차수가 1차이므로 주어진 방정식은 선형방정식이다.

(c) e^x 은 지수함수이므로 주어진 방정식은 비선형방정식이다.

(d) $\dfrac{1}{x_2}$ 은 유리함수이므로 주어진 방정식은 비선형방정식이다.

선형방정식의 해는 어떻게 될까? 예를 들어 선형방정식 $2x - 1 = 0$은 단 하나의 해 $x = \dfrac{1}{2}$을 갖지만, 선형방정식 $x + 2y = 3$은 $(x,\ y) = (1,\ 1),\ (3,\ 0),\ \left(0,\ \dfrac{3}{2}\right),\ \cdots$ 와 같이 무수히 많은 해를 갖기도 한다.

여러 개의 선형방정식으로 이루어진 연립선형방정식은 다음과 같이 정의한다.

정의 2 연립선형방정식

n 개의 변수를 갖는 m 개의 선형방정식으로 이루어진 연립선형방정식(system of linear equations)은 다음과 같다.

$$\begin{cases} a_{11}x_1 + a_{12}x_2 + \cdots + a_{1n}x_n = b_1 \\ a_{21}x_1 + a_{22}x_2 + \cdots + a_{2n}x_n = b_2 \\ \quad\vdots \qquad\quad \vdots \qquad\qquad\quad \vdots \qquad\;\; \vdots \\ a_{m1}x_1 + a_{m2}x_2 + \cdots + a_{mn}x_n = b_m \end{cases}$$

예를 들어

$$\begin{cases} 2x_1 + 3x_2 + 4x_3 = 1 \\ 3x_1 - 2x_2 - 5x_3 = 0 \end{cases}$$

은 3개의 변수를 갖는 2개의 선형방정식으로 이루어진 연립선형방정식이고

$$\begin{cases} x_1 + 3x_2 = 2 \\ 2x_1 - x_2 = 4 \\ 3x_1 + 2x_2 = 1 \end{cases}$$

은 2개의 변수를 갖는 3개의 선형방정식으로 이루어진 연립선형방정식이다.

연립선형방정식의 해

연립선형방정식의 해는 어떻게 될까? 우리가 중학교 과정에서 배웠던 변수가 2개이고 선형방정식이 2개인 연립선형방정식의 기하적인 해는 다음과 같다.

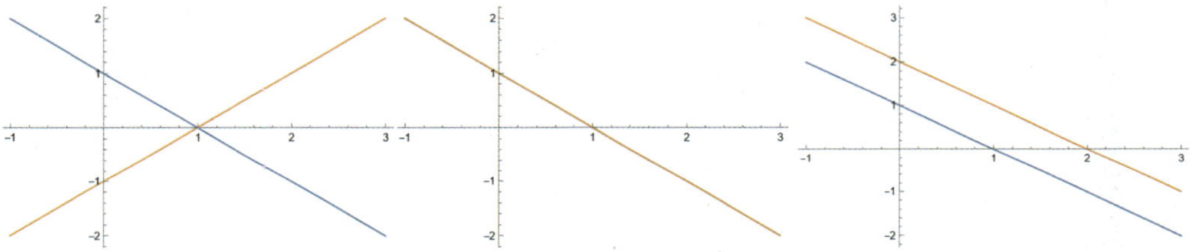

해가 1개인 경우 해가 무수히 많은 경우 해가 없는 경우

[그림 1] 연립선형방정식의 해

[그림 1]에서와 같이 연립선형방정식의 해가 1개인 경우와 무수히 많은 경우 해를 어떻게 구할까? 또한 연립선형방정식의 해가 없는 경우를 어떻게 알 수 있을까? 이 질문에 대한 답은 다음의 기본 도구들을 사용하여 주어진 연립선형방정식을 변형하여 얻을 수 있다.

〈연립선형방정식의 해를 구하기 위한 기본 도구들〉

(i) 두 선형방정식의 위치를 바꾼다.

(ii) 하나의 선형방정식에 0이 아닌 상수를 곱한다.

(iii) 하나의 선형방정식에 상수를 곱하여 다른 선형방정식에 더한다.

위의 기본 도구들을 사용하면 주어진 연립선형방정식의 형태는 변형되지만 변형된 연립선형방정식은 원래의 연립선형방정식과 같은 해를 갖는다. 해를 구하거나 해가 없다는 것을 판정하기 위하여 필요한 경우 연립선형방정식의 해를 구하기 위한 기본 도구들은 여러 번 사용하기도 한다.

예제 3

다음 연립선형방정식의 해를 구하라.

(a) $\begin{cases} x + 2y = 3 \\ 2x - y = 1 \end{cases}$

(b) $\begin{cases} 2x - \dfrac{y}{2} - 5 = 0 \\ \dfrac{x}{2} + 2y - 5.5 = 0 \end{cases}$

| 풀이 |

(a)

$$\begin{cases} x + 2y = 3 \cdots ① \\ 2x - y = 1 \cdots ② \end{cases}$$

에서 식 ① 에 -2 를 곱하여 식 ②에 더하면

$$\begin{cases} x + 2y = 3 \cdots ① \\ -5y = -5 \cdots ③ \end{cases}$$

이다. 식 ③에서 $y = 1$ 이고 이 값을 식 ①에 대입하면 $x = 1$ 이다. 따라서 연립선형방정식의 해는 $x = 1$, $y = 1$ 이다.

(b) 주어진 연립선형방정식을

$$\begin{cases} 2x - \dfrac{y}{2} = 5 \cdots ① \\ \dfrac{x}{2} + 2y = 5.5 \cdots ② \end{cases}$$

로 나타내고 식 ②에 2를 곱하면

$$\begin{cases} 2x - \dfrac{y}{2} = 5 \cdots ① \\ x + 4y = 11 \cdots ③ \end{cases}$$

이다. 식 ③에 -2를 곱하여 식 ①에 더하면

$$\begin{cases} -\dfrac{17}{2}y = -17 \cdots ④ \\ x + 4y = 11 \cdots ③ \end{cases}$$

이다. 식 ④에서 $y = 2$ 이고 이 값을 식 ③에 대입하면 $x = 3$ 이다. 따라서 연립선형방정식의 해는 $x = 3$, $y = 2$ 이다.

좀 더 변수가 많은 연립선형방정식도 해를 구하기 위한 기본 도구들을 사용하여 해를 구한다.

예제 4

다음 연립선형방정식의 해를 구하라.

$$\begin{cases} x - 2y + z = -2 \\ 3x + y - 2z = 4 \\ -x + y - z = 0 \end{cases}$$

| 풀이 |

$$\begin{cases} x - 2y + z = -2 \cdots ① \\ 3x + y - 2z = 4 \cdots ② \\ -x + y - z = 0 \cdots ③ \end{cases}$$

에서 식 ①에 -3을 곱하여 식 ②에 더하면

$$\begin{cases} x - 2y + z = -2 \cdots ① \\ 7y - 5z = 10 \cdots ④ \\ -x + y - z = 0 \cdots ③ \end{cases}$$

이고 식 ①에 1을 곱하여 식 ③에 더하면

$$\begin{cases} x - 2y + z = -2 \cdots ① \\ 7y - 5z = 10 \cdots ④ \\ -y = -2 \cdots ⑤ \end{cases}$$

이므로 $y = 2$ 이다. 이 값을 식 ④에 대입하면 $z = \frac{4}{5}$ 이다. $y = 2, z = \frac{4}{5}$ 를 식 ①에 대입하면 $x = \frac{6}{5}$ 이다. 따라서 연립선형방정식의 해는 $x = \frac{6}{5}$, $y = 2$, $z = \frac{4}{5}$ 이다.

연립선형방정식의 해를 구하기 위한 기본 도구들을 사용하면 연립선형방정식이 해를 무수히 많이 갖는 경우와 해를 갖지 않는 경우도 다음과 같이 판정할 수 있다.

예제 5

다음 연립선형방정식이 무수히 많은 해를 갖는지 또는 해를 갖지 않는지를 판정하라.

(a) $\begin{cases} x - y = 2 \\ -x + y = -2 \end{cases}$　　(b) $\begin{cases} 2x - y = 3 \\ -6x + 3y = 2 \end{cases}$

| 풀이 |

(a)
$$\begin{cases} x - y = 2 \cdots ① \\ -x + y = -2 \cdots ② \end{cases}$$

에서 식 ①에 1을 곱하여 식 ②에 더하면

$$\begin{cases} x - y = 2 \cdots ① \\ 0 = 0 \cdots ③ \end{cases}$$

이고 $x - y = 2$를 만족하는 x와 y의 값은 무수히 많다. 따라서 연립선형방정식은 무수히 많은 해를 갖는다.

(b)
$$\begin{cases} 2x - y = 3 \cdots ① \\ -6x + 3y = 2 \cdots ② \end{cases}$$

에서 식 ①에 3을 곱하여 식 ②에 더하면

$$\begin{cases} 2x - y = 3 \cdots ① \\ 0 = 11 \cdots ③ \end{cases}$$

인데 식 ③은 성립할 수 없다. 따라서 연립선형방정식은 해를 갖지 않는다.

[예제 5(a)]의 무수히 많은 해를 어떻게 구할까? 임의의 실수 t에 대하여 $y = t$라 하면 식 $x - y = 2$에서 $x = 2 + t$이다. 따라서 연립선형방정식의 모든 해는

$$\{(2+t, t) : t \in \mathbb{R}\}$$

이다. [예제 5(a)]와 달리 변수와 식이 많은 연립선형방정식의 해가 무수히 많은 경우 모든 해를 구하기 위해서는 체계적인 규칙이 필요한데 이 규칙은 2.1절에서 학습하기로 한다. 일반적인 연립선형방정식을 해를 갖지 않을 수 있지만 다음에 정의하는 특별한 형태의 연립선형방정식은 언제나 해를 갖는다.

정의 3 동차 연립선형방정식

상수항이 0이고 n개의 변수를 갖는 m개의 선형방정식으로 이루어진 연립방정식을 동차 연립선형방정식(homogeneous system of linear equations)이라 한다.

$$\begin{cases} a_{11}x_1 + a_{12}x_2 + \cdots + a_{1n}x_n = 0 \\ a_{21}x_1 + a_{22}x_2 + \cdots + a_{2n}x_n = 0 \\ \vdots \qquad \vdots \qquad \qquad \vdots \quad \vdots \\ a_{m1}x_1 + a_{m2}x_2 + \cdots + a_{mn}x_n = 0 \end{cases}$$

모든 동차 연립선형방정식은 $x_1 = 0$, $x_2 = 0$, $\cdots$, $x_n = 0$을 해로 갖는데 이 해를 자명한 해(trivial solution)라 한다. 만일 $x_1 = c_1$, $x_2 = c_2$, $\cdots$, $x_n = c_n$이 동차 연립선형방정식의 해이고 적어도 하나의 $x_i = c_i \neq 0$이면 동차 연립선형방정식은 비자명한 해(nontrivial solution)를 갖는다고 한다.

예제 6

다음 동차 연립선형방정식이 비자명한 해를 갖는지를 판정하라.

(a) $\begin{cases} x + 2y = 0 \\ 2x - 3y = 0 \end{cases}$ (b) $\begin{cases} 3x - y = 0 \\ -6x + 2y = 0 \end{cases}$

| 풀이 |

(a)

$$\begin{cases} x + 2y = 0 \cdots ① \\ 2x - 3y = 0 \cdots ② \end{cases}$$

에서 식 ①에 -2를 곱하여 식 ②에 더하면

$$\begin{cases} x + 2y = 0 \cdots ① \\ \quad -7y = 0 \cdots ③ \end{cases}$$

이고 식 ③에서 $y = 0$이고 이 값을 식 ①에 대입하면 $x = 0$이다. 따라서 동차 연립선형방정식은 자명한 해만을 갖기 때문에 동차 연립선형방정식

$$\begin{cases} x + 2y = 0 \\ 2x - 3y = 0 \end{cases}$$

은 비자명한 해를 갖지 않는다.

(b)

$$\begin{cases} 3x - y = 0 \cdots ① \\ -6x + 2y = 0 \cdots ② \end{cases}$$

에서 식 ①에 2를 곱하여 식 ②에 더하면

$$\begin{cases} 3x - y = 0 \cdots ① \\ \qquad 0 = 0 \cdots ③ \end{cases}$$

이고 $x = 1$, $y = 3$은 식 ①을 만족하므로 $x = 1$, $y = 3$은 동차 연립선형방정식의 비자명한 해이다. 따라서 동차 연립선형방정식

$$\begin{cases} 3x - y = 0 \\ -6x + 2y = 0 \end{cases}$$

은 비자명한 해를 갖는다.

이 절에서는 연립선형방정식을 정의하고 연립선형방정식의 해를 구하기 위한 기본 도구들을 사용하여 식을 변형하는 방법을 학습하였다. 변형된 식을 사용하여 연립선형방정식이 해가 1개인 경우 해를 구하는 방법을 학습하였고 연립선형방정식이 무수히 많은 해를 갖는지 또는 해를 갖지 않는지를 판정하는 방법도 알아보았다.

Chapter 1.1 연습문제

1 다음 식이 방정식인지를 판정하라.

(a) $3x + 2y + z$

(b) $\sqrt{2}\,x - y = z$

(c) $2 + 7 = 9$

(d) $3xyz - 2 = x^2$

(e) $\sqrt{2}\,x_1 + \sqrt{3}\,x_2 = \frac{1}{2}$

(f) $\frac{x_1}{4} = \frac{1}{3x_2}$

(g) $\sqrt{x_1} = \log x_2$

(h) $\sqrt{x_1} - e^{x_2}$

2 다음 방정식이 선형방정식인지 또는 비선형방정식인지를 판정하라.

(a) $x^2 + y - z = 1$

(b) $x - y + \frac{z}{3} = 4$

(c) $\frac{x}{2} + \frac{y}{3} - \frac{z}{4} = \frac{1}{5}$

(d) $\frac{2}{x} - y + \frac{z}{3} = 2$

(e) $\sqrt{3}\,x - \sqrt{2}\,y + z = \sqrt{5}$

(f) $\sqrt{5x} - \sqrt{3y} = 4$

(g) $x_1 + x_2 - \log x_3 = 2$

(h) $e^{x_1 + x_2 + x_3} = 9$

3 다음 연립선형방정식의 해를 구하라.

(a) $\begin{cases} 3x - 5y = 17 \\ x - 3y = 7 \end{cases}$

(b) $\begin{cases} -x + 4y = -5 \\ 2x - 5y = 4 \end{cases}$

(c) $\begin{cases} -2x + 3y + 4 = 0 \\ x - 2y + 1 = 0 \end{cases}$

(d) $\begin{cases} 6x + 6y - 5 = 0 \\ 2x - 3y = 0 \end{cases}$

(e) $\begin{cases} 2x - 3y = -2 \\ 0.2x + \frac{y}{2} = 3 \end{cases}$

(f) $\begin{cases} \frac{x}{3} + 0.5y = \frac{1}{3} \\ 2x - \frac{y}{3} = \frac{8}{9} \end{cases}$

(g) $\begin{cases} \frac{x}{2} + \frac{y}{3} = 1 \\ \frac{x}{3} - \frac{y}{4} = 1 \end{cases}$

(h) $\begin{cases} \frac{x}{2} - \frac{y}{3} = 1 \\ \frac{x}{3} + \frac{y}{4} = 1 \end{cases}$

4 다음 연립선형방정식의 해를 구하라.

(a) $\begin{cases} 3x - y + z = 4 \\ 2x + 3y - z = 5 \\ -3x - 2y + 3z = 2 \end{cases}$

(b) $\begin{cases} x + 2y + 3z = -5 \\ 3x - y + z = 1 \\ 2x - 4y - z = 4 \end{cases}$

(c) $\begin{cases} 2x + 3y = 0 \\ x + y - z = -1 \\ 3x + 5z = -9 \end{cases}$

(d) $\begin{cases} 2y + 3z = -4 \\ 3x - z = 5 \\ x + 2y = 3 \end{cases}$

(e) $\begin{cases} x + y + z = \dfrac{7}{2} \\ 2y - 3z = 4 \\ x - 3y = \dfrac{5}{2} \end{cases}$

(f) $\begin{cases} 2x + 3y - 2z = -4 \\ x - y = \dfrac{5}{6} \\ 2y - z = -\dfrac{8}{3} \end{cases}$

(g) $\begin{cases} x + 2y + z = 0 \\ 2x - \dfrac{y}{3} + \dfrac{z}{3} = -1 \\ 3x + y = 2 \end{cases}$

(h) $\begin{cases} 3x - 2y - z = 0 \\ x + 2y + z = 0 \\ x - y + z = 1 \end{cases}$

5 다음 연립선형방정식이 무수히 많은 해를 갖는지 또는 해를 갖지 않는지를 판정하라.

(a) $\begin{cases} x + 2y = -4 \\ -3x - 6y = 12 \end{cases}$

(b) $\begin{cases} 2x + y = 3 \\ 4x + 2y = 5 \end{cases}$

(c) $\begin{cases} \dfrac{x}{3} - \dfrac{y}{2} = 1 \\ -2x + 3y = -6 \end{cases}$

(d) $\begin{cases} -x + \dfrac{y}{2} = 2 \\ 2x - y = -4 \end{cases}$

(e) $\begin{cases} x - \dfrac{y}{3} = 1 \\ -3x + y = 2 \end{cases}$

(f) $\begin{cases} 0.1x - \dfrac{y}{5} = 0.3 \\ -x + 2y = 3 \end{cases}$

(g) $\begin{cases} \dfrac{x}{3} - 0.1y = 2 \\ -10x + 3y = -60 \end{cases}$

(h) $\begin{cases} \dfrac{x}{2} + 0.2y = 0 \\ -10x - 4y = 1 \end{cases}$

6 다음 연립선형방정식이 무수히 많은 해를 갖도록 하는 상수 a의 값을 구하라.

(a) $\begin{cases} 2x - 3y = 1 \\ ax + 6y = -2 \end{cases}$

(b) $\begin{cases} 3x + y = 0 \\ ax - 3y = 0 \end{cases}$

(c) $\begin{cases} x - ay = 4 \\ 3x - y = 12 \end{cases}$

(d) $\begin{cases} -2x + \dfrac{y}{a} = 1 \\ x + 2y = -\dfrac{1}{2} \end{cases}$

(e) $\begin{cases} 5x + (a-1)y = 2 \\ -x + 2y = -\dfrac{2}{5} \end{cases}$ (f) $\begin{cases} 0.2x + 3y = 0.4 \\ (2a+1)x - 10y = -\dfrac{4}{3} \end{cases}$

(g) $\begin{cases} 2x + 3y = a \\ -4x - 6y = 3 \end{cases}$ (h) $\begin{cases} 3x - y = a - 1 \\ 6x - 2y = a \end{cases}$

7 다음 연립선형방정식이 해를 갖지 않도록 하는 상수 b의 값을 구하라.

(a) $\begin{cases} 5x - 3y = 0 \\ bx + 3y = 1 \end{cases}$ (b) $\begin{cases} 3x + 2y = 1 \\ -6x + by = 2 \end{cases}$

(c) $\begin{cases} bx - y = 1 \\ \dfrac{x}{2} + \dfrac{y}{3} = 1 \end{cases}$ (d) $\begin{cases} -2x - \dfrac{y}{b} = 3 \\ x + \dfrac{y}{2} = -1 \end{cases}$

(e) $\begin{cases} x - 3y = 1 \\ 2x - 6y = b \end{cases}$ (f) $\begin{cases} \dfrac{x}{2} - \dfrac{y}{3} = 0 \\ -3x + 2y = b \end{cases}$

(g) $\begin{cases} 2x + (b-1)y = 2 \\ 4x - 2by = 0 \end{cases}$ (h) $\begin{cases} (3-b)x + 4y = 1 \\ (2b-1)x - 2y = 1 \end{cases}$

8 다음 동차 연립선형방정식이 비자명한 해를 갖는지를 판정하라.

(a) $\begin{cases} x + 2y = 0 \\ 3x + 4y = 0 \end{cases}$ (b) $\begin{cases} 2x + 3y = 0 \\ 4x + 6y = 0 \end{cases}$

(c) $\begin{cases} \dfrac{x}{2} - \dfrac{y}{3} = 0 \\ -3x + 2y = 0 \end{cases}$ (d) $\begin{cases} -2x + y = 0 \\ x - 2y = 0 \end{cases}$

(e) $\begin{cases} x + 2y + 3z = 0 \\ 2x + 3y + 4z = 0 \\ 3x + 4y + 5z = 0 \end{cases}$ (f) $\begin{cases} x + z = 0 \\ y + z = 0 \\ x + y = 0 \end{cases}$

(g) $\begin{cases} 2x + y = 0 \\ 2y + z = 0 \\ 2x + 3y + z = 0 \end{cases}$ (h) $\begin{cases} 4x + 3y + 2z = 0 \\ 2x - y - 2z = 0 \\ x + 2y + 2z = 0 \end{cases}$

9 다음 명제가 참인지 거짓인지를 판정하라.

(a) 방정식 $xyz + xz + y = 2$의 최고차항의 차수는 3차이다.

(b) $\begin{cases} 3x - 2y = 1 \\ 2xy = 0 \end{cases}$은 연립선형방정식이다.

(c) 연립선형방정식의 해를 구할 때 원하는 두 선형방정식의 위치를 바꿔도 된다.

(d) $2x + 5y - 1 = 0$은 동차 선형방정식이다.

(e) 연립선형방정식은 해를 1개만 가질 수 있다.

(f) 연립선형방정식은 해를 무수히 많이 가질 수 있다.

(g) 연립선형방정식은 해를 갖지 않을 수 있다.

(h) 연립선형방정식은 해를 2개만 가질 수 있다.

2절 행렬의 정의

이 절에서는 연립선형방정식을 쉽게 설명할 수 있는 행렬을 도입하고 행렬과 관련된 기본적인 정의와 성질을 알아보고자 한다.

정의 1 행렬

수 또는 문자들을 직사각형 형태로 나타낸 것을 행렬(matrix)이라 한다.

행렬에서 행(row)은 가로줄을, 열(column)은 세로줄을 의미하며 행의 개수가 m개, 열의 개수가 n개인 행렬은 $m \times n$ 행렬이라 한다. 예를 들어, $A = \begin{bmatrix} 1 & 3 & 4 \\ 1 & 1 & 2 \end{bmatrix}$는 행이 2개, 열이 3개이므로 2×3 행렬이고, $B = \begin{bmatrix} -4 & 5 \\ 0 & 0 \\ 0 & 4 \end{bmatrix}$는 행이 3개, 열이 2개이므로 3×2 행렬이다. $m \times n$ 행렬을 읽을 때는 'by'를 사용하여 'm by n 행렬'이라고 읽는다.

예제 1

다음 행렬이 $m \times n$ 행렬일 때 m과 n의 값을 구하라.

(a) $A = \begin{bmatrix} 4 & 0 \\ 0 & -2 \end{bmatrix}$

(b) $B = \begin{bmatrix} 1 & 2 & 3 & 2 & 0 \\ 5 & 3 & 2 & 4 & 1 \end{bmatrix}$

(c) $C = \begin{bmatrix} 3 \\ -3 \\ 0 \end{bmatrix}$

(d) $D = [1 \ 2 \ 3 \ 4]$

| 풀이 |

(a) A가 2×2 행렬이므로 $m = 2$, $n = 2$이다.

(b) B가 2×5 행렬이므로 $m = 2$, $n = 5$이다.

(c) C가 3×1 행렬이므로 $m = 3$, $n = 1$이다.

(d) D가 1×4 행렬이므로 $m = 1,\ n = 4$이다.

m과 n이 자연수일 때 $m \times n$ 행렬은 다음과 같이 정의한다.

정의 2 행렬의 표현

A가 $m \times n$ 행렬일 때 A는 다음과 같이 표현한다.

$$A = \begin{bmatrix} a_{11} & a_{12} & a_{13} & \cdots & a_{1n} \\ a_{21} & a_{22} & a_{23} & \cdots & a_{2n} \\ \vdots & \vdots & \vdots & \ddots & \vdots \\ a_{m1} & a_{m2} & a_{m3} & \cdots & a_{mn} \end{bmatrix} = [a_{ij}]_{m \times n}$$

이때, 행렬 A를 나타내는 데 사용된 $a_{11},\ a_{12},\ \cdots,\ a_{mn}$을 행렬 A의 성분(component) 또는 항(entry)이라 한다.

행렬을 표현할 때는 대문자를 사용하고 행렬의 성분을 표현할 때는 소문자를 이용한다. [정의 2]에 의하여 행렬 A의 i번째 행에 있는 모든 성분은 $a_{i1},\ a_{i2},\ \cdots,\ a_{in}$이고 j번째 열에 있는 모든 성분은 $a_{1j},\ a_{2j},\ \cdots,\ a_{mj}$이다. 또한, 행렬 A의 i번째 행과 j번째 열이 만나는 곳에 있는 성분은 a_{ij}이다.

A가 $m \times n$ 행렬일 때 m과 n의 값은 같을 수도 있고 다를 수도 있다. m과 n의 값이 같을 때의 행렬은 다음과 같이 정의한다.

정의 3 정사각행렬

A가 $m \times n$ 행렬이고 $m = n$이면 A를 정사각행렬(square matrix) 또는 정방행렬이라 한다.

[정의 3]에 의하여

$$A = [3],\ B = \begin{bmatrix} 1 & 2 \\ 3 & 4 \end{bmatrix},\ C = \begin{bmatrix} 1 & 3 & 5 \\ 2 & 4 & 6 \\ 3 & 2 & 9 \end{bmatrix}$$

는 모두 정사각행렬이다. $n \times n$ 정사각행렬은 간단히 n차 정사각행렬이라 한다.

정사각행렬과 관련된 몇 가지 중요한 정의는 다음과 같다.

정의 4 주대각 성분과 대각합

$A = [a_{ij}]_{n \times n}$가 n차 정사각행렬이라 하자.

(1) $a_{11}, a_{22}, \cdots, a_{nn}$을 행렬 A의 주대각 성분(main diagonal component)이라 한다.

(2) $a_{11} + a_{22} + \cdots + a_{nn}$을 행렬 A의 대각합(trace)이라 하고 간단히 $\text{tr}(A)$로 나타낸다.

예를 들어 $A = \begin{bmatrix} 2 & 7 \\ -1 & 5 \end{bmatrix}$일 때 2와 5가 행렬 A의 주대각 성분이고, $B = \begin{bmatrix} 0 & -2 \\ 3 & 0 \end{bmatrix}$일 때 0과 0이 행렬 B의 주대각 성분이다. 따라서 $\text{tr}(A) = 2 + 5 = 7$이고 $\text{tr}(B) = 0 + 0 = 0$이다.

예제 2

다음 행렬의 주대각 성분과 대각합을 구하라.

(a) $A = \begin{bmatrix} 3 & 4 \\ 2 & 1 \end{bmatrix}$ (b) $B = \begin{bmatrix} 4 & 0 & 2 \\ -3 & -2 & 1 \\ 0 & 2 & 5 \end{bmatrix}$

| 풀이 |

(a) 행렬 A의 주대각 성분은 $3, 1$이다. 따라서 $\text{tr}(A) = 3 + 1 = 4$이다.

(b) 행렬 B의 주대각 성분은 $4, -2, 5$이다. 따라서 $\text{tr}(B) = 4 + (-2) + 5 = 7$이다.

정사각행렬의 주대각선과 관련된 중요한 행렬은 다음과 같이 정의한다.

정의 5 단위행렬과 대각행렬

$A = [a_{ij}]_{n \times n}$가 n차 정사각행렬이라 하자.

(1) 주대각 성분이 모두 1이고 주대각 성분이 아닌 다른 성분이 모두 0이면 A를 단위행렬(unit matrix) 또는 항등행렬(identity matrix)이라 하고 n차 단위행렬은 I_n으로 나타낸다.

(2) 주대각 성분을 제외한 다른 성분이 모두 0이면 A를 대각행렬(diagonal matrix)이

라 한다.

(3) 주대각 성분 아래쪽에 있는 모든 성분이 0이면 A를 상삼각행렬(upper triangular matrix)이라 한다.

(4) 주대각 성분 위쪽에 있는 모든 성분이 0이면 A를 하삼각행렬(lower triangular matrix)이라 한다.

[정의 5]에서 단위행렬은 대각행렬이지만 대각행렬은 단위행렬이 아닐 수 있다. 예를 들어 $A = \begin{bmatrix} 1 & 0 \\ 0 & 2 \end{bmatrix}$는 대각행렬이지만 주대각 성분이 $1, 2$이므로 단위행렬은 아니다. 또한 $B = \begin{bmatrix} 3 & 2 \\ 0 & 9 \end{bmatrix}$는 주대각 성분이 $3, 9$이고 주대각 성분 아래쪽에 있는 성분이 0이므로 B는 상삼각행렬이다. $C = \begin{bmatrix} 1 & 0 \\ 2 & 4 \end{bmatrix}$는 주대각 성분이 $1, 4$이고 주대각 성분 위쪽에 있는 성분이 0이므로 C는 하삼각행렬이다. $D = \begin{bmatrix} 0 & 2 \\ 3 & 4 \end{bmatrix}$는 주대각 성분이 $0, 4$이고 주대각 성분 아래쪽에 있는 성분이 0이 아니므로 D는 상삼각행렬이 아니고 주대각 성분 위쪽에 있는 성분도 0이 아니므로 D는 하삼각행렬도 아니다.

예제 3

다음 행렬이 단위행렬인지 대각행렬인지 상삼각행렬인지 하삼각행렬인지를 판정하라.

(a) $A = \begin{bmatrix} 0 & 1 \\ 1 & 0 \end{bmatrix}$

(b) $B = \begin{bmatrix} -2 & 0 \\ 0 & -3 \end{bmatrix}$

(c) $C = \begin{bmatrix} 1 & 1 & 1 \\ 0 & 1 & 1 \\ 0 & 0 & 1 \end{bmatrix}$

(d) $D = \begin{bmatrix} -1 & 0 & 0 \\ 0 & 0 & 0 \\ 0 & 0 & 0 \end{bmatrix}$

| 풀이 |

(a) 행렬 A의 주대각 성분은 $0, 0$이고 주대각 성분 위쪽에 있는 성분은 1이며 주대각 성분 아래쪽에 있는 성분도 1이다. 따라서 A는 단위행렬이 아니며 대각행렬도 아니다. 또한 A는 상삼각행렬도 아니고 하삼각행렬도 아니다.

(b) 행렬 B의 주대각 성분은 $-2, -3$이고 주대각 성분 위쪽에 있는 성분은 0이며 주대각 성분 아래쪽에 있는 성분도 0이다. 따라서 B는 단위행렬은 아니지만 대각행렬이다. 또한 B는 상삼각행렬이며 하삼각행렬이다.

(c) 행렬 C의 주대각 성분은 $1, 1, 1$이고 주대각 성분 위쪽에 있는 성분은 $1, 1, 1$이며

주대각 성분 아래쪽에 있는 성분은 0, 0, 0 이다. 따라서 C는 단위행렬이 아니며 대각행렬도 아니다. 또한 C는 상삼각행렬이지만 하삼각행렬은 아니다.

(d) 행렬 D의 주대각 성분은 $-1, 0, 0$ 이고 주대각 성분 위쪽에 있는 성분은 0, 0, 0 이며 주대각 성분 아래쪽에 있는 성분도 0, 0, 0 이다. 따라서 D는 단위행렬은 아니지만 대각행렬이다. 또한 D는 상삼각행렬이며 하삼각행렬이다.

주어진 행렬의 행과 열을 바꾸어 얻은 행렬을 전치행렬이라고 하는데 수학적 정의는 다음과 같다.

정의 6 전치행렬

$A = [a_{ij}]_{m \times n}$ 가 $m \times n$ 행렬일 때

$$A^T = [a_{ji}]_{n \times m}$$

을 A의 전치행렬(transpose matrix)이라 한다.

[정의 6]에서 알 수 있듯이 $m \times n$ 행렬에 대한 전치행렬은 $n \times m$ 행렬이 되어 $m \neq n$ 인 경우 전치행렬은 원래의 행렬과 크기가 다르다. 전치행렬을 구할 때 주어진 행렬의 행을 전치행렬의 열로 또는 주어진 행렬의 열을 전치행렬의 행으로 바꾸어도 되지만, 쉽고 정확하게 전치행렬을 구하려면 다음의 방법이 적당하다.

전치행렬을 구하는 방법

주어진 행렬의 1행을 전치행렬의 1열로, 주어진 행렬의 2행을 전치행렬의 2열, … 의 순서로 바꾼다.

전치행렬을 구하는 방법을 사용하여 다음 예제를 풀어보자.

예제 4

다음 행렬의 전치행렬을 구하라.

(a) $A = \begin{bmatrix} 1 & 2 \\ 3 & 4 \end{bmatrix}$ (b) $B = \begin{bmatrix} 1 & -1 & 0 & 2 \\ 3 & 2 & 2 & 5 \end{bmatrix}$

| 풀이 |

(a) 행렬 A의 1행의 성분인 1, 2가 A^T의 1열이 되고, 행렬 A의 2행의 성분인 3, 4가 A^T의 2열이 된다. 따라서 $A^T = \begin{bmatrix} 1 & 3 \\ 2 & 4 \end{bmatrix}$이다.

(b) 행렬 B의 1행의 성분인 1, −1, 0, 2가 B^T의 1열이 되고, 행렬 B의 2행의 성분인 3, 2, 2, 5가 B^T의 2열이 된다. 따라서 $B^T = \begin{bmatrix} 1 & 3 \\ -1 & 2 \\ 0 & 2 \\ 2 & 5 \end{bmatrix}$이다.

[예제 4(a)]에서는 A와 A^T가 모두 2×2 행렬이지만 [예제 4(b)]에서는 B가 2×4 행렬이지만 B^T는 4×2 행렬이다. 만일 $C = \begin{bmatrix} 4 & 0 \\ 0 & -3 \end{bmatrix}$이면 $C^T = \begin{bmatrix} 4 & 0 \\ 0 & -3 \end{bmatrix}$이므로 $C^T = C$이다. 이와 같은 성질을 갖고 있는 행렬을 다음과 같이 정의한다.

정의 7 대칭행렬

A가 정사각행렬이고

$$A^T = A$$

이면 A를 대칭행렬(symmetric matrix)이라 한다.

[정의 7]을 이용하여 A^T를 구하여 주어진 행렬이 대칭행렬인지를 판정할 수 있지만, 다음 방법을 사용하면 좀 더 쉽게 판정할 수 있다.

대칭행렬을 판정하는 방법

주대각 성분들을 연결하는 직선을 기준으로 행렬을 접었을 때 대응하는 위치에 있는 성분들끼리 모두 같으면 대칭행렬이고 어느 하나라도 다르면 대칭행렬이 아니다.

다음 행렬에서 주대각 성분은 3, 7, 2이고 이 성분을 연결하는 직선을 기준으로 접으면 대응하는 위치에 성분들이 모두 같은 값을 가지므로 이 행렬은 대칭행렬이다.

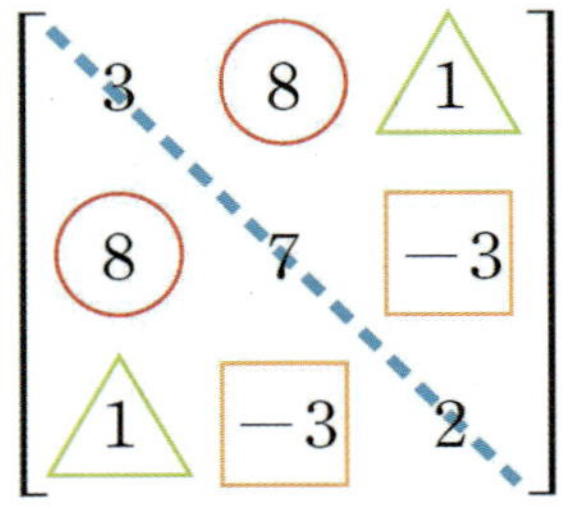,

예제 5

다음 행렬이 대칭행렬일 때 a와 b의 값을 구하라.

(a) $A = \begin{bmatrix} 3 & 2 \\ a & 1 \end{bmatrix}$

(b) $B = \begin{bmatrix} 2 & 3b \\ b+1 & -2 \end{bmatrix}$

(c) $C = \begin{bmatrix} 0 & 0 & b \\ a & -1 & 4 \\ -2 & 4 & 5 \end{bmatrix}$

(d) $D = \begin{bmatrix} 1 & 2 & 3 \\ a-b & -4 & 3 \\ 3 & a+b & 7 \end{bmatrix}$

| 풀이 |

(a) 주대각 성분 $3, 1$을 연결하는 직선을 기준으로 접었을 때 2에 대응하는 위치에 a가 있다. 따라서 $a = 2$이다.

(b) 주대각 성분 $2, -2$를 연결하는 직선을 기준으로 접었을 때 $3b$에 대응하는 위치에 $b+1$이 있다. 따라서 $3b = b+1$이므로 $b = \frac{1}{2}$이다.

(c) 주대각 성분 $0, -1, 5$를 연결하는 직선을 기준으로 접었을 때 0에 대응하는 위치에 a가 있고 b에 대응하는 위치에 -2가 있다. 따라서 $a = 0, b = -2$이다.

(d) 주대각 성분 $1, -4, 7$을 연결하는 직선을 기준으로 접었을 때 2에 대응하는 위치에 $a-b$가 있고 3에 대응하는 위치에 $a+b$가 있다. 따라서 연립방정식

$$\begin{cases} a - b = 2 \\ a + b = 3 \end{cases}$$

을 풀면 $a = \frac{5}{2}, b = \frac{1}{2}$이다.

실수의 0과 같은 역할을 하는 행렬을 다음과 같이 정의한다.

정의 8 영행렬

$A = [a_{ij}]_{m \times n}$가 $m \times n$ 행렬일 때 모든 $i = 1, 2, \cdots, m$과 모든 $j = 1, 2, \cdots, n$에 대하여

$$a_{ij} = 0$$

이면 A를 영행렬(zero matrix)이라 하고 영행렬은 O으로 나타낸다.

[정의 8]에 의하여 $[0\ 0]$, $\begin{bmatrix} 0 \\ 0 \\ 0 \end{bmatrix}$, $\begin{bmatrix} 0 & 0 \\ 0 & 0 \end{bmatrix}$은 모두 영행렬이다. 단위행렬은 반드시 정사각행렬이어야 하지만 영행렬은 반드시 정사각행렬일 필요는 없다.

연립선형방정식의 해를 구할 때 다음에 정의하는 행렬의 상등은 중요하게 사용된다.

정의 9 행렬의 상등

$A = [a_{ij}]_{m \times n}$, $B = [b_{ij}]_{m \times n}$가 모두 $m \times n$ 행렬일 때 모든 $i = 1, 2, \cdots, m$과 모든 $j = 1, 2, \cdots, n$에 대하여

$$a_{ij} = b_{ij}$$

이면 행렬 A와 B는 상등(equal)이라 한다.

두 행렬이 상등이라는 것은 두 행렬이 같다는 것을 의미한다. [정의 9]에 의하여 두 행렬의 같은 위치에 있는 성분 중 어느 하나라도 다르면 두 행렬은 같지 않다고 판정한다.

예제 6

다음 두 행렬이 상등일 때 x, y, z의 값을 구하라.

(a) $A = \begin{bmatrix} 2x & 3y \\ z & 4 \end{bmatrix}$, $B = \begin{bmatrix} 4 & -6 \\ -1 & 4 \end{bmatrix}$

(b) $C = \begin{bmatrix} 3 & 2 & 1 \\ x & y-1 & 5 \\ z+2 & -2 & -4 \end{bmatrix}$, $D = \begin{bmatrix} 3 & 2 & 1 \\ 1-2x & 2y & 5 \\ 2-z & -2 & -4 \end{bmatrix}$

| 풀이 |

(a) 행렬 A와 B가 상등이므로

$$2x = 4,\ 3y = -6,\ z = -1$$

이다. 따라서

$$x = 2,\ y = -2,\ z = -1$$

이다.

(b) 행렬 C와 D가 상등이므로

$$x = 1 - 2x,\ \ y - 1 = 2y,\ \ z + 2 = 2 - z$$

이다. 따라서

$$x = \frac{1}{3},\ y = -1,\ z = 0$$

이다.

이 절에서는 $m \times n$ 행렬을 정의하고 특별한 형태의 행렬들에 대한 정의를 학습하였다. 정사각행렬의 성분 중 가장 중요한 성분인 주대각 성분을 정의하고 주어진 행렬의 행과 열을 바꾸는 전치행렬과 행렬의 상등에 대하여 알아보았다.

Chapter 1.2 연습문제

1 다음 행렬이 $m \times n$ 행렬일 때 m과 n의 값을 구하라.

(a) $A = \begin{bmatrix} 2 & 4 \end{bmatrix}$

(b) $B = \begin{bmatrix} 1 & 3 & 5 & 7 & 9 \end{bmatrix}$

(c) $C = \begin{bmatrix} -1 \\ 2 \\ 4 \\ -8 \end{bmatrix}$

(d) $D = \begin{bmatrix} a \\ b \\ c \end{bmatrix}$

(e) $E = \begin{bmatrix} 1 & 0 & -1 \\ -2 & -1 & 1 \\ -1 & -7 & 2 \end{bmatrix}$

(f) $F = \begin{bmatrix} 4 & x & y & 1 \\ 2 & 1 & a & b \end{bmatrix}$

(g) $G = \begin{bmatrix} 1 & a & b \\ c & 1 & d \\ -3 & -2 & 0 \\ e & f & g \end{bmatrix}$

(h) $H = \begin{bmatrix} x & y & z & w \\ x^2+1 & y-1 & 3z & z+w \\ 5x-2 & 0 & 1 & y+w^2 \end{bmatrix}$

2 $A = [a_{ij}]_{4 \times 5} = \begin{bmatrix} 2 & 3 & -1 & -4 & 7 \\ 4 & 8 & -3 & 0 & 1 \\ 6 & -6 & -7 & -2 & 9 \\ -8 & -9 & -5 & 5 & 10 \end{bmatrix}$ 일 때 다음 성분을 구하라.

(a) a_{12}

(b) a_{21}

(c) a_{22}

(d) a_{33}

(e) a_{42}

(f) a_{24}

(g) a_{35}

(h) a_{45}

3 다음 행렬의 주대각 성분과 대각합을 구하라.

(a) $A = \begin{bmatrix} -2 & 5 \\ 0 & 9 \end{bmatrix}$

(b) $B = \begin{bmatrix} e & \pi \\ e^2 & \pi^3 \end{bmatrix}$

(c) $C = \begin{bmatrix} x^2 & y^2 \\ z & w \end{bmatrix}$

(d) $D = \begin{bmatrix} \sqrt{2} & \sqrt{3} \\ \frac{1}{4} & \frac{1}{5} \end{bmatrix}$

(e) $E = \begin{bmatrix} 5 & 2 & 1 \\ -1 & -8 & 4 \\ 2 & 5 & 3 \end{bmatrix}$

(f) $F = \begin{bmatrix} d & f & f \\ a & c & a \\ d & b & k \end{bmatrix}$

(g) $G = \begin{bmatrix} 3 & 3 & 1 & 4 \\ \sqrt{2} & \sqrt{5} & \sqrt{2} & \sqrt{3} \\ 0 & 1 & 1 & 0 \\ 0.2 & 0.3 & 0.1 & 0.5 \end{bmatrix}$

(h) $H = \begin{bmatrix} x & y & z & w \\ y & z & w & x \\ z^2 & w^2 & x^2 & y^2 \\ w^3 & x^3 & y^3 & z^3 \end{bmatrix}$

4 다음 행렬이 단위행렬인지 대각행렬인지 상삼각행렬인지 하삼각행렬인지를 판정하라.

(a) $A = \begin{bmatrix} 0 & 1 \\ 1 & 1 \end{bmatrix}$

(b) $B = \begin{bmatrix} 1 & 0 \\ 1 & -2 \end{bmatrix}$

(c) $C = \begin{bmatrix} -2 & 0 \\ 0 & -5 \end{bmatrix}$

(d) $D = \begin{bmatrix} 0 & 0 \\ 0 & 0 \end{bmatrix}$

(c) $E = \begin{bmatrix} 1 & 0 & 0 \\ 1 & 1 & 0 \\ 0 & 1 & 1 \end{bmatrix}$

(d) $F = \begin{bmatrix} 5 & 0 & 0 \\ 0 & 4 & 0 \\ 0 & 0 & 0 \end{bmatrix}$

(e) $G = \begin{bmatrix} 3 & 0 & 0 \\ 3 & 0 & 0 \\ 3 & 0 & 0 \end{bmatrix}$

(f) $H = \begin{bmatrix} 2 & 2 & 2 \\ 0 & 0 & 2 \\ 0 & 0 & 2 \end{bmatrix}$

5 다음 행렬의 전치행렬을 구하라.

(a) $A = \begin{bmatrix} 0 & 2 \\ 5 & 0 \end{bmatrix}$

(b) $B = \begin{bmatrix} 3 & 0 \\ 0 & -2 \end{bmatrix}$

(c) $C = \begin{bmatrix} 7 \\ 8 \\ 0 \\ 0 \end{bmatrix}$

(d) $D = \begin{bmatrix} 2 & 4 & 6 & 8 \\ 1 & 3 & 5 & 7 \end{bmatrix}$

(e) $E = \begin{bmatrix} 2 & 0 & 2 \\ 2 & 1 & 0 \\ 0 & 1 & 1 \end{bmatrix}$

(f) $F = \begin{bmatrix} 1 & 2 \\ 9 & -1 \\ 0 & 4 \\ 2 & 7 \end{bmatrix}$

(g) $G = \begin{bmatrix} 3 & -1 & -2 \end{bmatrix}$

(h) $H = \begin{bmatrix} 0 & 0 & 2 & 1 & 3 \\ a & b & c & d & e \\ 7 & 8 & 0 & 0 & 3 \end{bmatrix}$

6 다음 행렬이 대칭행렬인지를 판정하라.

(a) $A = \begin{bmatrix} 2 & -3 \\ -4 & 2 \end{bmatrix}$

(b) $B = \begin{bmatrix} -3 & 2 \\ 2 & -4 \end{bmatrix}$

(c) $C = \begin{bmatrix} 1 & 1 & 1 \\ 1 & 1 & 1 \end{bmatrix}$

(d) $D = \begin{bmatrix} 2 & 2 \\ 2 & 2 \\ 2 & 2 \end{bmatrix}$

(e) $E = \begin{bmatrix} 1 & 2 & 3 \\ 2 & 3 & 4 \\ 3 & 4 & 5 \end{bmatrix}$

(f) $F = \begin{bmatrix} 3 & 2 & 1 \\ 4 & 3 & 2 \\ 5 & 4 & 3 \end{bmatrix}$

(g) $G = \begin{bmatrix} 0 & 0 & 0 & 0 \\ 0 & 0 & 0 & 0 \\ 0 & 0 & 0 & 0 \\ 0 & 0 & 0 & 1 \end{bmatrix}$

(h) $H = \begin{bmatrix} 0 & 0 & 1 & 0 \\ 0 & 0 & 0 & 0 \\ 1 & 0 & 7 & 0 \\ 0 & 0 & 0 & 1 \end{bmatrix}$

7 다음 행렬이 대칭행렬일 때 a, b, c의 값을 구하라.

(a) $A = \begin{bmatrix} 0 & -3 \\ a & 0 \end{bmatrix}$

(b) $B = \begin{bmatrix} 3 & 2b+3 \\ b & -4 \end{bmatrix}$

(c) $C = \begin{bmatrix} 2 & a^2-6 \\ a & 2 \end{bmatrix}$

(d) $D = \begin{bmatrix} 3 & 2b^2-1 \\ b & 2 \end{bmatrix}$

(c) $E = \begin{bmatrix} -3 & 0 & 2 \\ a & 1 & c \\ b & 1 & 1 \end{bmatrix}$

(f) $F = \begin{bmatrix} 3 & a & a+b \\ b & 2 & c \\ 4 & 2a & 1 \end{bmatrix}$

(g) $G = \begin{bmatrix} 1 & 4 & a \\ 4 & 3 & 2b+1 \\ 2a-3 & b-2 & -3 \end{bmatrix}$

(h) $H = \begin{bmatrix} 1 & 2 & 3 \\ a-b & 4 & a-c \\ a+b & 7 & 6 \end{bmatrix}$

8 다음 두 행렬이 상등일 때, a, b, c의 값을 구하라.

(a) $A_1 = \begin{bmatrix} a & 2 \\ b+1 & c-2 \end{bmatrix}$, $A_2 = \begin{bmatrix} 3 & 2 \\ -1 & 1 \end{bmatrix}$

(b) $B_1 = \begin{bmatrix} 3 & 4 \\ 4 & 2 \end{bmatrix}$, $B_2 = \begin{bmatrix} 3 & a+1 \\ 2b-1 & 3c-2 \end{bmatrix}$

(c) $C_1 = \begin{bmatrix} a-2 & b+2 \\ c-1 & a+1 \end{bmatrix}$, $C_2 = \begin{bmatrix} b & 3 \\ 4 & b+3 \end{bmatrix}$

(d) $D_1 = \begin{bmatrix} a+b & a+c \\ b+c & 0 \end{bmatrix}$, $D_2 = \begin{bmatrix} -2 & -1 \\ a+c & a-b \end{bmatrix}$

(e) $E_1 = \begin{bmatrix} 3 & 1 & 2 \\ b+c & 4 & 2 \\ 2 & a+b & a+c \end{bmatrix}$, $E_2 = \begin{bmatrix} 3 & 1 & 2 \\ 3 & 4 & 2 \\ 2 & 0 & 1 \end{bmatrix}$

(f) $F_1 = \begin{bmatrix} 3a+2b & a+2c & 0 \\ 1 & 5 & -2 \\ 4 & a-c & 3a \end{bmatrix}$, $F_2 = \begin{bmatrix} 0 & -2 & 4a-3b \\ 1 & 5 & -2 \\ 4 & 1 & 2b \end{bmatrix}$

(g) $G_1 = \begin{bmatrix} 3 & 0 & 2 \\ 1 & a+c & 2 \\ a-b+c & 5 & -8 \end{bmatrix}$, $G_2 = \begin{bmatrix} a-b & 0 & a+b+c \\ 1 & 4 & 2 \\ 6 & 5 & 2a-3b \end{bmatrix}$

(h) $H_1 = \begin{bmatrix} 4 & 2a+b+c & 2 \\ 1 & -a+2c & 0 \\ 3 & 8 & 9 \end{bmatrix}$, $H_2 = \begin{bmatrix} 4 & 5 & 2a+3b \\ 1 & -8 & 0 \\ 3 & 8 & a-3b-c \end{bmatrix}$

9 다음 명제가 참인지 거짓인지를 판정하라.

(a) $\begin{bmatrix} 1 & 2 & 3 \\ 3 & 4 & 5 \\ 0 & 0 & 0 \end{bmatrix}$은 정사각행렬이다.

(b) A가 정사각행렬일 때 $\mathrm{tr}(A) \geq 0$이다.

(c) A가 대각행렬이면 A는 상삼각행렬이다.

(d) A가 상삼각행렬이면 A는 대각행렬이다.

(e) $\begin{bmatrix} 1 & 0 & 0 \\ 0 & 1 & 0 \end{bmatrix}$은 단위행렬이다.

(f) $\begin{bmatrix} 0 & 0 & 0 \\ 0 & 0 & 0 \end{bmatrix}$은 영행렬이다.

(g) A가 상삼각행렬이면 A^T는 하삼각행렬이다.

(h) A가 대칭행렬이면 A^T는 대칭행렬이다.

3절 행렬의 기본 연산

이 절에서는 행렬의 덧셈과 스칼라 곱셈을 정의하고 두 행렬의 곱셈을 계산하는 방법을 알아보고자 한다. 또한 인공지능 분야에서 사용되는 특별한 행렬의 곱셈인 아다마르 곱셈을 소개한다.

행렬의 덧셈과 스칼라 곱셈

두 행렬의 크기가 같을 때 행렬의 덧셈과 스칼라 곱셈은 다음과 같이 정의한다.[1]

정의 1 행렬의 덧셈과 스칼라 곱셈

k가 스칼라이고 $A = [a_{ij}]_{m \times n}$, $B = [b_{ij}]_{m \times n}$가 모두 $m \times n$ 행렬일 때 두 행렬의 덧셈과 한 행렬에 대한 스칼라의 곱셈은 다음과 같이 정의한다.

(1) $A + B = [a_{ij} + b_{ij}]_{m \times n}$

(2) $kA = [ka_{ij}]_{m \times n}$

[정의 1]은 행렬의 덧셈 결과가 두 행렬의 같은 위치에 있는 성분끼리 더해서 얻어짐을 설명하고 행렬에 스칼라 k를 곱하면 행렬의 모든 성분에 k가 곱해진다는 것을 설명한다. 그런데 행렬의 덧셈은 정의하였는데 왜 행렬의 뺄셈은 정의하지 않을까? 그 이유는 행렬의 뺄셈은 [정의 1]을 사용하여 유도할 수 있기 때문이다.

1 스칼라는 실수 또는 복소수인데 본 교재에서는 실수만을 스칼라로 사용한다.

$A=[a_{ij}]_{m\times n}$, $B=[b_{ij}]_{m\times n}$가 모두 $m\times n$ 행렬일 때 [정의 1(2)]에 의하여

$$-B=(-1)B=[-b_{ij}]_{m\times n}$$

이다. 따라서 [정의 1(1)]에 의하여

$$A-B=A+(-B)=[a_{ij}]_{m\times n}+[-b_{ij}]_{m\times n}=[a_{ij}-b_{ij}]_{m\times n}$$

이다.

예제 1

$A=\begin{bmatrix}1 & 3 & 5\\ 0 & -2 & -1\end{bmatrix}$, $B=\begin{bmatrix}0 & -3 & -1\\ 4 & -1 & 0\end{bmatrix}$일 때 다음을 구하라.

(a) $A+B$

(b) $A-B$

(c) $2A$

(d) $-3B$

| 풀이 |

(a) $A+B=\begin{bmatrix}1+0 & 3+(-3) & 5+(-1)\\ 0+4 & (-2)+(-1) & (-1)+0\end{bmatrix}=\begin{bmatrix}1 & 0 & 4\\ 4 & -3 & -1\end{bmatrix}$

(b) $A-B=\begin{bmatrix}1-0 & 3-(-3) & 5-(-1)\\ 0-4 & (-2)-(-1) & (-1)-0\end{bmatrix}=\begin{bmatrix}1 & 6 & 6\\ -4 & -1 & -1\end{bmatrix}$

(c) $2A=\begin{bmatrix}2\cdot 1 & 2\cdot 3 & 2\cdot 5\\ 2\cdot 0 & 2\cdot(-2) & 2\cdot(-1)\end{bmatrix}=\begin{bmatrix}2 & 6 & 10\\ 0 & -4 & -2\end{bmatrix}$

(d) $-3B=\begin{bmatrix}(-3)\cdot 0 & (-3)\cdot(-3) & (-3)\cdot(-1)\\ (-3)\cdot 4 & (-3)\cdot(-1) & (-3)\cdot 0\end{bmatrix}=\begin{bmatrix}0 & 9 & 3\\ -12 & 3 & 0\end{bmatrix}$

1.2절에서 전치행렬을 정의했다. 그렇다면 행렬을 더한 후에 전치한 결과는 행렬을 전치한 후에 더한 것과 같을까?

정리 1 행렬의 덧셈과 스칼라곱셈의 전치행렬

A와 B가 모두 $m\times n$ 행렬일 때 다음이 성립한다.

(1) $(A+B)^T=A^T+B^T$

(2) $(A-B)^T=A^T-B^T$

(3) k가 스칼라일 때 $(kA)^T=kA^T$

Tip $A=[a_{ij}]_{m\times n}$, $B=[b_{ij}]_{m\times n}$이라 하고 정리의 좌변에 있는 행렬의 성분과 우변에 있는 행렬의 성분이 같음을 보인다.

| 증명 |

(1) $A=[a_{ij}]_{m\times n}$, $B=[b_{ij}]_{m\times n}$이라 하면 [정의 1]에 의하여

$$A+B=[a_{ij}+b_{ij}]_{m\times n}$$

이다. 따라서

$$\begin{aligned}(A+B)^T &= [a_{ij}+b_{ij}]^T_{m\times n}=[a_{ji}+b_{ji}]_{n\times m}\\ &=[a_{ji}]_{n\times m}+[b_{ji}]_{n\times m}=A^T+B^T\end{aligned}$$

이다.

(2)는 연습문제로 한다.

(3) $A=[a_{ij}]_{m\times n}$이라 하면 [정의 1]에 의하여

$$kA=[ka_{ij}]_{m\times n}$$

이다. 따라서

$$(kA)^T=[ka_{ij}]^T_{m\times n}=[ka_{ji}]_{n\times m}=k[a_{ji}]_{n\times m}=kA^T$$

이다.

[정리 1]은 행렬을 더하여 전치한 행렬이 각 행렬의 전치행렬을 구한 후 이를 더한 행렬과 같고, 행렬에 스칼라를 곱하여 전치한 행렬이 주어진 행렬에 대한 전치행렬을 구한 후 여기에 스칼라를 곱한 행렬과 같다는 것을 설명한다.

예제 2

$A=\begin{bmatrix}3&-2&4\\1&9&8\end{bmatrix}$, $B=\begin{bmatrix}-4&-3&7\\8&-6&0\end{bmatrix}$일 때 다음을 구하라.

(a) $(A+B)^T$ (b) $(2A)^T$

| 풀이 |

(a) $(A+B)^T=A^T+B^T=\begin{bmatrix}3&1\\-2&9\\4&8\end{bmatrix}+\begin{bmatrix}-4&8\\-3&-6\\7&0\end{bmatrix}=\begin{bmatrix}-1&9\\-5&3\\11&8\end{bmatrix}$

(b) $(2A)^T = 2A^T = 2\begin{bmatrix} 3 & 1 \\ -2 & 9 \\ 4 & 8 \end{bmatrix} = \begin{bmatrix} 6 & 2 \\ -4 & 18 \\ 8 & 16 \end{bmatrix}$

행렬의 곱셈

행렬의 덧셈 또는 뺄셈을 구하는 방법과 달리 두 행렬의 곱셈이 정의되고 곱한 결과를 나타내는 행렬을 구하는 방법은 다소 복잡하다. 행렬의 곱셈은 우선 곱셈이 정의되는지를 확인하고, 곱셈이 정의되는 경우 성분을 계산하는 방법에 따라서 성분을 구해야 한다.

행렬의 곱셈이 정의되는지를 판정하는 방법

[단계 1]

행렬 A와 행렬 B의 곱셈 AB는 행렬 A의 열의 개수와 행렬 B의 행의 개수가 같을 때만 정의한다.

[단계 2]

A가 $m \times p$ 행렬이고 B가 $p \times n$ 행렬이면 두 행렬의 곱셈인 AB는 정의되고 곱한 결과는 $m \times n$ 행렬이 된다.

$$\underset{m \times p}{A} \quad \underset{p \times n}{B} = \underset{m \times n}{AB}$$

행렬의 곱셈이 정의되는지를 판정하는 방법은 행렬의 곱셈이 곱셈의 왼쪽에 있는 행렬의 열의 개수와 곱셈의 오른쪽에 있는 행렬의 행의 개수가 같을 때만 정의됨을 설명한다.

예제 3

다음 두 행렬에 대하여 행렬의 곱셈 AB가 정의되는지를 판정하고 곱셈이 정의되는 경우 AB의 크기를 구하라.

(a) $A = [a_{ij}]_{2 \times 3}$, $B = [b_{ij}]_{3 \times 5}$

(b) $A = [a_{ij}]_{1 \times 2}$, $B = [b_{ij}]_{1 \times 2}$

(c) $A = [a_{ij}]_{4 \times 3}$, $B = [b_{ij}]_{3 \times 4}$

(d) $A = [a_{ij}]_{3 \times 4}$, $B = [b_{ij}]_{4 \times 3}$

| 풀이 |

(a) 행렬 A의 열의 개수가 3개이고 행렬 B의 행의 개수도 3개이므로, 행렬의 곱셈 AB가 정의되며 AB의 크기는 2×5이다.

(b) 행렬 A의 열의 개수가 2개이고 행렬 B의 행의 개수는 1개이므로, 행렬의 곱셈 AB는 정의되지 않는다.

(c) 행렬 A의 열의 개수가 3개이고 행렬 B의 행의 개수도 3개이므로, 행렬의 곱셈 AB가 정의되며 AB의 크기는 4×4이다.

(d) 행렬 A의 열의 개수가 4개이고 행렬 B의 행의 개수도 4개이므로, 행렬의 곱셈 AB가 정의되며 AB의 크기는 3×3이다.

두 행렬 A, B에 대하여 AB가 정의되지 않는다고 해서 BA도 정의되지 않는다고 할 수 없다. 예를 들어 A가 2×3 행렬이고 B가 4×2 행렬이면 AB는 정의되지 않지만 BA는 정의되고 BA의 크기는 4×3이다.

행렬의 곱셈에 대한 수학적 정의는 다음과 같다.

정의 2 행렬의 곱셈

$A = [a_{ij}]_{m \times p}$가 $m \times p$ 행렬이고 $B = [b_{ij}]_{p \times n}$가 $p \times n$인 행렬일 때

$$AB = [c_{ij}]_{m \times n}$$

인 $m \times n$ 행렬이다. 이때 $1 \le i \le m$, $1 \le j \le n$에 대하여

$$c_{ij} = \sum_{k=1}^{p} a_{ik} b_{kj} = a_{i1} b_{1j} + a_{i2} b_{2j} + a_{i3} b_{3j} + \cdots + a_{ip} b_{pj}$$

이다.

[정의 2]에 있는 행렬의 성분 c_{ij}를 구하기 위하여 우변에 있는 식을 암기하는 것은 매우 어렵다. 하지만 다음에 제시하는 예제처럼 좌측 행렬의 i행과 우측 행렬의 j열을 이용하여 행렬의 곱셈에 대한 성분 c_{ij}를 구하는 것으로 이해하면 성분을 쉽게 구할 수 있다.

● 행렬의 곱셈 결과에 있는 성분을 구하는 방법

> 행렬의 곱셈 결과에 있는 성분 c_{ij}는 좌측 행렬의 i행의 성분들과 우측 행렬의 j열의 성분들을 곱하여 더한 값이다.

행렬의 곱셈 결과에 있는 성분이 어떻게 구해지는지 알아보자.

❶ $A=\begin{bmatrix}1&1\\3&2\end{bmatrix}$, $B=\begin{bmatrix}4&0\\2&1\end{bmatrix}$이라 하면 A가 2×2 행렬이고 B도 2×2 행렬이므로 행렬의 곱셈의 정의에 의하여 AB도 2×2 행렬이다. 이제

$$\begin{bmatrix}1&1\\3&2\end{bmatrix}\begin{bmatrix}4&0\\2&1\end{bmatrix}=\begin{bmatrix}a&b\\c&d\end{bmatrix}$$

라 하면 a, b, c, d는 다음과 같이 좌측 행렬의 가로줄에 있는 항들과 우측 행렬의 세로줄에 있는 항들을 곱하고, 이들을 더한 값으로 구한다.

$$\begin{bmatrix}1&1\\3&2\end{bmatrix}\begin{bmatrix}4&0\\2&1\end{bmatrix} \Rightarrow a=1\times4+1\times2=6$$

$$\begin{bmatrix}1&1\\3&2\end{bmatrix}\begin{bmatrix}4&0\\2&1\end{bmatrix} \Rightarrow b=1\times0+1\times1=1$$

$$\begin{bmatrix}1&1\\3&2\end{bmatrix}\begin{bmatrix}4&0\\2&1\end{bmatrix} \Rightarrow c=3\times4+2\times2=16$$

$$\begin{bmatrix}1&1\\3&2\end{bmatrix}\begin{bmatrix}4&0\\2&1\end{bmatrix} \Rightarrow d=3\times0+2\times1=2$$

따라서

$$AB=\begin{bmatrix}1&1\\3&2\end{bmatrix}\begin{bmatrix}4&0\\2&1\end{bmatrix}=\begin{bmatrix}6&1\\16&2\end{bmatrix}$$

이다.

❷ $A=\begin{bmatrix}1&1\\3&2\end{bmatrix}$, $C=\begin{bmatrix}1&2&3\\2&-1&1\end{bmatrix}$이라 하면 A가 2×2 행렬이고 B는 2×3 행렬이므로 행렬의 곱셈의 정의에 의하여 AC는 2×3 행렬이다. 이제

$$\begin{bmatrix}1&1\\3&2\end{bmatrix}\begin{bmatrix}1&2&3\\2&-1&1\end{bmatrix}=\begin{bmatrix}a&b&c\\d&e&f\end{bmatrix}$$

라 하면 a, b, c, d, e, f는 다음과 같이 좌측 행렬의 가로줄에 있는 항들과 우측 행렬의 세로줄에 있는 항들을 곱하고, 이들을 더한 값으로 구한다.

$$\begin{bmatrix}1 & 1\\3 & 2\end{bmatrix}\begin{bmatrix}1 & 2 & 3\\2 & -1 & 1\end{bmatrix} \Rightarrow a = 1\times1+1\times2=3$$

$$\begin{bmatrix}1 & 1\\3 & 2\end{bmatrix}\begin{bmatrix}1 & 2 & 3\\2 & -1 & 1\end{bmatrix} \Rightarrow b = 1\times2+1\times(-1)=1$$

$$\begin{bmatrix}1 & 1\\3 & 2\end{bmatrix}\begin{bmatrix}1 & 2 & 3\\2 & -1 & 1\end{bmatrix} \Rightarrow c = 1\times3+1\times1=4$$

$$\begin{bmatrix}1 & 1\\3 & 2\end{bmatrix}\begin{bmatrix}1 & 2 & 3\\2 & -1 & 1\end{bmatrix} \Rightarrow d = 3\times1+2\times2=7$$

$$\begin{bmatrix}1 & 1\\3 & 2\end{bmatrix}\begin{bmatrix}1 & 2 & 3\\2 & -1 & 1\end{bmatrix} \Rightarrow e = 3\times2+2\times(-1)=4$$

$$\begin{bmatrix}1 & 1\\3 & 2\end{bmatrix}\begin{bmatrix}1 & 2 & 3\\2 & -1 & 1\end{bmatrix} \Rightarrow f = 3\times3+2\times1=11$$

따라서

$$AC = \begin{bmatrix}1 & 1\\3 & 2\end{bmatrix}\begin{bmatrix}1 & 2 & 3\\2 & -1 & 1\end{bmatrix} = \begin{bmatrix}3 & 1 & 4\\7 & 4 & 11\end{bmatrix}$$

이다.

❸ $A = \begin{bmatrix}1 & 1\\3 & 2\end{bmatrix}$, $D = \begin{bmatrix}5\\6\end{bmatrix}$이라 하면 A가 2×2 행렬이고 D는 2×1 행렬이므로 행렬의 곱셈의 정의에 의하여 AD는 2×1 행렬이다. 이제

$$\begin{bmatrix}1 & 1\\3 & 2\end{bmatrix}\begin{bmatrix}5\\6\end{bmatrix} = \begin{bmatrix}a\\b\end{bmatrix}$$

라 하면 a, b는 다음과 같이 좌측 행렬의 가로줄에 있는 항들과 우측 행렬의 세로줄에 있는 항들을 곱하고, 이들을 더한 값으로 구한다.

$$\begin{bmatrix}1 & 1\\3 & 2\end{bmatrix}\begin{bmatrix}5\\6\end{bmatrix} \Rightarrow a = 1\times5+1\times6=11$$

$$\begin{bmatrix}1 & 1\\3 & 2\end{bmatrix}\begin{bmatrix}5\\6\end{bmatrix} \Rightarrow b = 3\times5+2\times6=27$$

따라서

$$AD = \begin{bmatrix}1 & 1\\3 & 2\end{bmatrix}\begin{bmatrix}5\\6\end{bmatrix} = \begin{bmatrix}11\\27\end{bmatrix}$$

이다.

행렬의 곱셈이 정의되면 우선 곱셈의 결과가 되는 행렬의 크기를 먼저 확인한 후 성분을 구하는 것이 좋다.

예제 4

$A=\begin{bmatrix}1 & 3\\2 & 0\end{bmatrix}$, $B=\begin{bmatrix}-1 & 2\\3 & 1\end{bmatrix}$, $C=\begin{bmatrix}0 & 4 & 1\\1 & -2 & -3\end{bmatrix}$, $D=[1\ \ 3]$일 때 다음을 구하라.

(a) AB (b) BA

(c) AC (d) BC

(e) CD (f) DC

| 풀이 |

(a) $AB=\begin{bmatrix}1 & 3\\2 & 0\end{bmatrix}\begin{bmatrix}-1 & 2\\3 & 1\end{bmatrix}=\begin{bmatrix}8 & 5\\-2 & 4\end{bmatrix}$

(b) $BA=\begin{bmatrix}-1 & 2\\3 & 1\end{bmatrix}\begin{bmatrix}1 & 3\\2 & 0\end{bmatrix}=\begin{bmatrix}3 & -3\\5 & 9\end{bmatrix}$

(c) $AC=\begin{bmatrix}1 & 3\\2 & 0\end{bmatrix}\begin{bmatrix}0 & 4 & 1\\1 & -2 & -3\end{bmatrix}=\begin{bmatrix}3 & -2 & -8\\0 & 8 & 2\end{bmatrix}$

(d) $BC=\begin{bmatrix}-1 & 2\\3 & 1\end{bmatrix}\begin{bmatrix}0 & 4 & 1\\1 & -2 & -3\end{bmatrix}=\begin{bmatrix}2 & -8 & -7\\1 & 10 & 0\end{bmatrix}$

(e) C는 2×3 행렬이고 D는 1×2 행렬이므로 CD는 정의되지 않는다.

(f) $DC=[1\ \ 3]\begin{bmatrix}0 & 4 & 1\\1 & -2 & -3\end{bmatrix}=[3\ \ -2\ \ -8]$

A가 $1\times m$행렬이고 B가 $m\times 1$행렬이면 AB는 1×1 행렬이지만 BA는 $m\times m$ 행렬이다.

예제 5

$A=[2\ \ 4\ \ -3]$, $B=\begin{bmatrix}3\\-1\\-2\end{bmatrix}$일 때 다음을 구하라.

(a) AB (b) BA

| 풀이 |

(a) $AB=[2\ \ 4\ \ -3]\begin{bmatrix}3\\-1\\-2\end{bmatrix}=[8]$

(b) $BA = \begin{bmatrix} 3 \\ -1 \\ -2 \end{bmatrix} [2 \quad 4 \quad -3] = \begin{bmatrix} 6 & 12 & -9 \\ -2 & -4 & 3 \\ -4 & -8 & 6 \end{bmatrix}$

하나의 행렬을 여러 번 곱하는 경우인 행렬의 거듭제곱은 다음과 같이 정의한다.

정의 3 행렬의 거듭제곱

k가 음이 아닌 정수이고 A가 n차 정사각행렬일 때 행렬 A의 거듭제곱 A^k은 다음과 같이 정의한다.

(1) $k = 0$인 경우 : $A^k = A^0 = I_n$

(2) $k \neq 0$인 경우 : $A^k = \underbrace{AAA \cdots A}_{k}$

[정의 3]을 이용하여 행렬의 거듭제곱을 계산해 보자.

예제 6

$A = \begin{bmatrix} 1 & 0 \\ 2 & 3 \end{bmatrix}$일 때 다음을 구하라.

(a) A^0

(b) A^2

(c) A^3

(d) A^4

| 풀이 |

(a) $A^0 = I_2 = \begin{bmatrix} 1 & 0 \\ 0 & 1 \end{bmatrix}$

(b) $A^2 = AA = \begin{bmatrix} 1 & 0 \\ 2 & 3 \end{bmatrix} \begin{bmatrix} 1 & 0 \\ 2 & 3 \end{bmatrix} = \begin{bmatrix} 1 & 0 \\ 8 & 9 \end{bmatrix}$

(c) $A^3 = A^2 A = \begin{bmatrix} 1 & 0 \\ 8 & 9 \end{bmatrix} \begin{bmatrix} 1 & 0 \\ 2 & 3 \end{bmatrix} = \begin{bmatrix} 1 & 0 \\ 26 & 27 \end{bmatrix}$

(d) $A^4 = A^3 A = \begin{bmatrix} 1 & 0 \\ 26 & 27 \end{bmatrix} \begin{bmatrix} 1 & 0 \\ 2 & 3 \end{bmatrix} = \begin{bmatrix} 1 & 0 \\ 80 & 81 \end{bmatrix}$

[정리 1]에서 행렬의 덧셈과 뺄셈에 대한 전치행렬을 구하는 방법을 다뤘다. 다음 정리는 행렬의 곱셈에 대한 전치행렬을 구하는 방법을 설명한다.

정리 2 행렬 곱셈의 전치행렬

A가 $m \times p$ 행렬이고 B가 $p \times n$ 행렬일 때

$$(AB)^T = B^T A^T$$

이다.

Tip $(AB)^T$의 성분과 $B^T A^T$의 성분이 같음을 보인다.

| 증명 |

$A = [a_{ij}]_{m \times p}$, $B = [b_{ij}]_{p \times n}$일 때

$$AB = [c_{ij}]_{m \times n}, \ (AB)^T = [x_{ij}]_{n \times m}$$

이라 하자. 행렬의 곱셈 정의에 의하여 모든 $1 \le i \le n$, $1 \le j \le m$에 대해

$$x_{ij} = c_{ji} = a_{j1}b_{1i} + a_{j2}b_{2i} + \cdots + a_{jp}b_{pi}$$

이다.

$$B^T A^T = [y_{ij}]_{n \times m}$$

라 하면 모든 $1 \le i \le n$, $1 \le j \le m$에 대해

$$y_{ij} = b_{1i}a_{j1} + b_{2i}a_{j2} + \cdots + b_{pi}a_{jp}$$

이므로 $x_{ij} = y_{ij}$가 성립한다. 그러므로 $(AB)^T = B^T A^T$이다.

[정리 2]의 결과를 다음 예제에서 확인해 보자.

예제 7

$A = \begin{bmatrix} 1 & 2 \\ 3 & 4 \end{bmatrix}$, $B = \begin{bmatrix} 2 & -2 \\ -3 & 4 \end{bmatrix}$일 때 다음을 구하라.

(a) AB

(b) $(AB)^T$

(c) $A^T B^T$

(d) $B^T A^T$

| 풀이 |

(a) $AB = \begin{bmatrix} 1 & 2 \\ 3 & 4 \end{bmatrix} \begin{bmatrix} 2 & -2 \\ -3 & 4 \end{bmatrix} = \begin{bmatrix} -4 & 6 \\ -6 & 10 \end{bmatrix}$

(b) $AB = \begin{bmatrix} -4 & 6 \\ -6 & 10 \end{bmatrix}$ 이므로 $(AB)^T = \begin{bmatrix} -4 & -6 \\ 6 & 10 \end{bmatrix}$ 이다.

(c) $A^T B^T = \begin{bmatrix} 1 & 3 \\ 2 & 4 \end{bmatrix} \begin{bmatrix} 2 & -3 \\ -2 & 4 \end{bmatrix} = \begin{bmatrix} -4 & 9 \\ -4 & 10 \end{bmatrix}$

(d) $B^T A^T = \begin{bmatrix} 2 & -3 \\ -2 & 4 \end{bmatrix} \begin{bmatrix} 1 & 3 \\ 2 & 4 \end{bmatrix} = \begin{bmatrix} -4 & -6 \\ 6 & 10 \end{bmatrix}$

[예제 7]의 결과를 살펴보면 $(AB)^T = B^T A^T$이지만 $(AB)^T \neq A^T B^T$임을 알 수 있다.

행렬의 곱셈을 왜 그렇게 정의할까?

행렬의 덧셈은 두 행렬의 같은 위치에 있는 성분들끼리 더하기 때문에 직관적으로 쉽게 받아들일 수 있다. 그런데 왜 행렬의 곱셈은 그렇게 복잡하게 정의할까? 다음의 예제를 통해 행렬의 곱셈에 대한 복잡한 정의를 이해하여 보자.

예제 8

현수는 사과 5개와 배 8개, 인호는 사과 7개와 배 5개를 사려고 한다. 설악마트에서는 사과 1개에 3000원, 배 1개에 2600원에 팔고 한라마트에서는 사과 1개에 2700원, 배 1개에 2900원에 판매한다면, 현수와 인호는 어느 마트에서 과일을 구입하는 것이 더 좋은지 구하라. (단, 사과와 배를 서로 다른 마트에서 구입하지 않는다고 가정한다.)

| 풀이 |

주어진 상황을 표로 나타내면 다음과 같다.

	사과	배
현수	5	8
인호	7	5

	설악마트	한라마트
사과	3000	2700
배	2600	2900

두 표의 값들을 행렬로 나타낸 후 행렬을 곱하면 결과는 다음과 같다.

$$\begin{bmatrix} 5 & 8 \\ 7 & 5 \end{bmatrix}\begin{bmatrix} 3000 & 2700 \\ 2600 & 2900 \end{bmatrix} = \begin{bmatrix} 35800 & 36700 \\ 34000 & 33400 \end{bmatrix}$$

이 결과를 표로 나타내면 다음과 같다.

	설악마트	한라마트
현수	35800	36700
인호	34000	33400

따라서 현수는 설악마트, 인호는 한라마트에서 사과와 배를 구입하는 것이 좋다.

행렬의 연산이 실수의 연산과 어떤 점이 다를까?

행렬의 연산은 실수의 연산과 비교하여 보면 같은 연산도 있고 다른 연산도 있다. 예를 들어 a와 b가 실수일 때 덧셈에 대한 교환법칙인 $a+b=b+a$는 항상 성립한다. 행렬 A와 B가 $m \times n$ 행렬일 때 실수의 경우와 같이 행렬의 덧셈에 대한 교환법칙인

$$A+B=B+A$$

는 항상 성립한다. 그렇다면 실수들 사이의 성립하는 다른 연산의 법칙이 행렬들 사이에도 성립하는지 알아보자.

❶ a와 b가 실수일 때 곱셈에 대한 교환법칙인 $ab=ba$는 항상 성립한다. 두 행렬 A와 B에 대하여 곱셈에 대한 교환법칙 $AB=BA$도 항상 성립할까?

$A=\begin{bmatrix} 1 & 2 \\ 3 & 4 \end{bmatrix}$, $B=\begin{bmatrix} 1 & 0 \\ 0 & 1 \end{bmatrix}$이면

$$AB=\begin{bmatrix} 1 & 2 \\ 3 & 4 \end{bmatrix}=BA$$

가 성립한다. 하지만 $C=\begin{bmatrix} 1 & 2 \\ 0 & 1 \end{bmatrix}$이면

$$AC = \begin{bmatrix} 1 & 2 \\ 3 & 4 \end{bmatrix}\begin{bmatrix} 1 & 2 \\ 0 & 1 \end{bmatrix} = \begin{bmatrix} 1 & 4 \\ 3 & 10 \end{bmatrix} \neq \begin{bmatrix} 7 & 10 \\ 3 & 4 \end{bmatrix} = \begin{bmatrix} 1 & 2 \\ 0 & 1 \end{bmatrix}\begin{bmatrix} 1 & 2 \\ 3 & 4 \end{bmatrix} = CA$$

이므로 행렬의 곱셈에 대해서는 교환법칙은 성립하지 않을 수 있다.

❷ a와 b가 실수일 때 $ab = 0$이면 $a = 0$이거나 $b = 0$이다. 두 행렬 A와 B에 대하여 $AB = O$이면 반드시 $A = O$이거나 $B = O$일까?

$A = \begin{bmatrix} 1 & 2 \\ 2 & 4 \end{bmatrix}$, $B = \begin{bmatrix} 2 & 4 \\ -1 & -2 \end{bmatrix}$이면

$$AB = \begin{bmatrix} 0 & 0 \\ 0 & 0 \end{bmatrix} = O$$

이지만 $A \neq O$이고 $B \neq O$이다.

❸ a가 실수일 때 $a^2 = 0$이면 $a = 0$이다. 행렬 A에 대하여 $A^2 = O$이면 반드시 $A = O$일까?

$A = \begin{bmatrix} 0 & 0 \\ 1 & 0 \end{bmatrix}$이라 하면 $A \neq O$이지만

$$A^2 = AA = \begin{bmatrix} 0 & 0 \\ 0 & 0 \end{bmatrix} = O$$

이다.

❹ a, b, c가 실수이고 $a \neq 0$일 때 $ab = ac$이면 $b = c$이다. 세 행렬 A, B, C에 대하여 $A \neq O$이고 $AB = AC$이면 반드시 $B = C$일까?

$$A = \begin{bmatrix} 1 & 2 \\ 2 & 4 \end{bmatrix},\ B = \begin{bmatrix} 2 & 0 \\ -1 & 0 \end{bmatrix},\ C = \begin{bmatrix} 0 & 0 \\ 0 & 0 \end{bmatrix}$$

이라 하면, $A \neq O$이고

$$AB = \begin{bmatrix} 0 & 0 \\ 0 & 0 \end{bmatrix} = AC$$

이지만 $B \neq C$이다.

행렬에도 나눗셈이 있을까? 행렬의 연산에서는 나눗셈을 정의하지 않는다. 다만, 정사각행렬과 관련하여 나눗셈이 필요한 경우 2장에서 배울 역행렬을 사용한다. 행렬의 연산은 실수의 연산과 다른 점이 많이 있지만, 실수들 사이의 결합법칙과 분배법칙은 행렬에 대해서도 성립한다.

정리 3 　**행렬 곱셈의 기본 성질**

k가 스칼라이고 A, B, C가 다음과 같이 덧셈과 곱셈의 연산이 정의되는 행렬일 때 다음이 성립한다.

(1) $A(B+C) = AB + AC$

(2) $(A+B)C = AC + BC$

(3) $A(BC) = (AB)C$

(4) $k(AB) = (kA)B = A(kB)$

[정리 3]의 결과를 다음 예제에서 확인해 보자.

예제 9

$A = \begin{bmatrix} 2 & 1 \\ 4 & 3 \end{bmatrix}$, $B = \begin{bmatrix} -2 & 3 \\ 3 & -1 \end{bmatrix}$, $C = \begin{bmatrix} 4 & 0 \\ 1 & 2 \end{bmatrix}$일 때 다음을 구하라.

(a) $A(B+C)$ 　　(b) $AB + AC$

(c) $A(BC)$ 　　(d) $(AB)C$

| 풀이 |

(a) $B+C = \begin{bmatrix} 2 & 3 \\ 4 & 1 \end{bmatrix}$이므로

$$A(B+C) = \begin{bmatrix} 2 & 1 \\ 4 & 3 \end{bmatrix}\begin{bmatrix} 2 & 3 \\ 4 & 1 \end{bmatrix} = \begin{bmatrix} 8 & 7 \\ 20 & 15 \end{bmatrix}$$

이다.

(b) $AB = \begin{bmatrix} -1 & 5 \\ 1 & 9 \end{bmatrix}$, $AC = \begin{bmatrix} 9 & 2 \\ 19 & 6 \end{bmatrix}$이므로

$$AB + AC = \begin{bmatrix} -1 & 5 \\ 1 & 9 \end{bmatrix} + \begin{bmatrix} 9 & 2 \\ 19 & 6 \end{bmatrix} = \begin{bmatrix} 8 & 7 \\ 20 & 15 \end{bmatrix}$$

이다.

(c) $BC = \begin{bmatrix} -5 & 6 \\ 11 & -2 \end{bmatrix}$이므로

$$A(BC) = \begin{bmatrix} 2 & 1 \\ 4 & 3 \end{bmatrix}\begin{bmatrix} -5 & 6 \\ 11 & -2 \end{bmatrix} = \begin{bmatrix} 1 & 10 \\ 13 & 18 \end{bmatrix}$$

이다.

(d) $AB = \begin{bmatrix} -1 & 5 \\ 1 & 9 \end{bmatrix}$이므로

$$(AB)C = \begin{bmatrix} -1 & 5 \\ 1 & 9 \end{bmatrix}\begin{bmatrix} 4 & 0 \\ 1 & 2 \end{bmatrix} = \begin{bmatrix} 1 & 10 \\ 13 & 18 \end{bmatrix}$$

이다.

인공지능에서의 행렬의 곱셈

인공지능 분야에서는 선형대수학에서 다루는 행렬의 곱셈과 달리 크기가 같은 두 행렬에 대하여 같은 위치에 있는 성분들의 곱셈을 이용하여 행렬의 곱셈을 정의하기도 한다. 합성곱 신경망(convolutional neural network)은 입력 이미지에 합성곱 필터를 적용하여 분류하고자 하는 물체의 특성이 잘 드러나도록 하는 최적의 필터를 학습하는 신경망인데 이 합성곱 신경망을 구할 때 다음에 정의하는 행렬의 곱셈을 사용한다.

정의 4 아다마르 곱셈

$A = [a_{ij}]_{m \times n}$, $B = [b_{ij}]_{m \times n}$가 모두 $m \times n$ 행렬일 때

$$A \bigcirc B = [a_{ij} \cdot b_{ij}]_{m \times n}$$

을 행렬 A와 B의 아다마르 곱셈(Hadamard product)이라 한다.

아다마르 곱셈은 두 행렬의 같은 위치에 있는 성분들끼리 곱하기 때문에 결과를 쉽게 얻을 수 있다.

예제 10

다음 두 행렬에 대한 아다마르 곱셈을 구하라.

(a) $A = \begin{bmatrix} 3 & 4 \\ 2 & 2 \end{bmatrix}$, $B = \begin{bmatrix} -2 & -1 \\ 3 & 2 \end{bmatrix}$ (b) $C = \begin{bmatrix} 3 & 2 & 1 \\ 0 & -2 & -3 \end{bmatrix}$, $D = \begin{bmatrix} -2 & 4 & 1 \\ 7 & -3 & -1 \end{bmatrix}$

| 풀이 |

(a) $A \bigcirc B = \begin{bmatrix} 3 \cdot (-2) & 4 \cdot (-1) \\ 2 \cdot 3 & 2 \cdot 2 \end{bmatrix} = \begin{bmatrix} -6 & -4 \\ 6 & 4 \end{bmatrix}$

(b) $C \bigcirc D = \begin{bmatrix} 3 \cdot (-2) & 2 \cdot 4 & 1 \cdot 1 \\ 0 \cdot 7 & (-2) \cdot (-3) & (-3) \cdot (-1) \end{bmatrix} = \begin{bmatrix} -6 & 8 & 1 \\ 0 & 6 & 3 \end{bmatrix}$

[예제 10(a)]에서 $B \bigcirc A = \begin{bmatrix} -6 & -4 \\ 6 & 4 \end{bmatrix}$이고 [예제 10(b)]에서 $D \bigcirc C = \begin{bmatrix} -6 & 8 & 1 \\ 0 & 6 & 3 \end{bmatrix}$이다. [정의 3]의 행렬의 곱셈에 대해서는 교환법칙이 성립하지 않을 수 있지만 아다마르 곱셈에 대해서는 교환법칙이 항상 성립함을 알 수 있다.

이 절에서는 행렬의 덧셈과 곱셈에 대한 기본적인 성질을 학습하였다. 행렬의 덧셈과 뺄셈은 같은 위치에 있는 성분들의 덧셈과 뺄셈으로 구하지만 행렬의 곱셈은 좌측 행렬의 행과 우측 행렬의 열을 이용하여 정의되며 실수의 경우와 달리 행렬의 곱셈에서는 교환법칙이 성립하지 않을 수 있음을 확인하였다.

Chapter 1.3 연습문제

1 $A = \begin{bmatrix} 2 & 3 \\ -1 & 4 \\ 3 & -5 \end{bmatrix}$, $B = \begin{bmatrix} 4 & -2 \\ 0 & 3 \\ -1 & -1 \end{bmatrix}$ 일 때 다음을 구하라.

(a) $A + B$

(b) $A - B$

(c) $3A$

(d) $-4B$

(e) $2A + 3B$

(f) $3A - 4B$

(g) $-\frac{1}{2}A + \frac{1}{3}B$

(h) $-\frac{2}{3}A - \frac{1}{2}B$

2 A와 B가 $m \times n$ 행렬일 때 $(A-B)^T = A^T - B^T$임을 증명하라.

3 $A = \begin{bmatrix} 3 & 4 \\ 1 & 0 \\ 4 & 3 \end{bmatrix}$, $B = \begin{bmatrix} -2 & 3 \\ 0 & 8 \\ 5 & 6 \end{bmatrix}$ 일 때 다음을 구하라.

(a) $(A + B)^T$

(b) $(A - B)^T$

(c) $(3A)^T$

(d) $(-4B)^T$

(e) $(0A)^T$

(f) $(\frac{1}{2}B)^T$

(g) $(2A + 3B)^T$

(h) $(3A - 2B)^T$

4 다음 두 행렬에 대하여 행렬의 곱셈 AB가 정의되는지를 판정하고 정의되는 경우 AB의 크기를 구하라.

(a) A는 2×4 행렬, B는 2×4 행렬

(b) A는 4×2 행렬, B는 2×4 행렬

(c) A는 1×7 행렬, B는 2×7 행렬

(d) A는 7×1 행렬, B는 7×2 행렬

(e) A는 6×3 행렬, B는 3×3 행렬

(f) A는 3×3 행렬, B는 6×3 행렬

(g) A는 4×3 행렬, B는 3×2 행렬

(h) A는 5×6 행렬, B는 6×7 행렬

5 다음 두 행렬에 대하여 행렬의 곱셈 BA가 정의되는지를 판정하고 정의되는 경우 BA의 크기를 구하라.

(a) A는 2×4 행렬, B는 2×4 행렬

(b) A는 4×2 행렬, B는 2×4 행렬

(c) A는 1×7 행렬, B는 2×7 행렬

(d) A는 7×1 행렬, B는 7×2 행렬

(e) A는 6×3 행렬, B는 3×3 행렬

(f) A는 3×3 행렬, B는 6×3 행렬

(g) A는 4×3 행렬, B는 3×2 행렬

(h) A는 5×6 행렬, B는 6×7 행렬

6 $A = \begin{bmatrix} 4 & 1 \\ -2 & 3 \end{bmatrix}$, $B = \begin{bmatrix} -2 \\ 4 \end{bmatrix}$, $C = \begin{bmatrix} 0 & 3 & -1 & 1 \\ 4 & 1 & 0 & -5 \end{bmatrix}$, $D = \begin{bmatrix} 3 & 5 \\ 4 & 3 \\ 1 & 0 \end{bmatrix}$,

$E = [-2 \ \ 6 \ -3]$, $F = \begin{bmatrix} 3 \\ 2 \\ 1 \end{bmatrix}$일 때 다음을 구하라.

(a) AB

(b) BA

(c) BC

(d) CB

(e) CD

(f) DC

(g) EF

(h) FE

7 $A = \begin{bmatrix} 1 & 3 & 0 \\ 0 & 2 & 0 \\ 0 & 0 & 1 \end{bmatrix}$, $B = \begin{bmatrix} 2 & 0 & 1 \\ 0 & 1 & 0 \\ 1 & 0 & 1 \end{bmatrix}$, $C = \begin{bmatrix} 1 \\ 3 \\ 7 \end{bmatrix}$, $D = [-2 \ \ -3 \ \ 1]$일 때 다음을 구하라.

(a) AB

(b) $A^T B^T$

(c) BA

(d) B^TA^T

(e) CD^T

(f) C^TD

(g) C^TD^T

(h) D^TC^T

8 $A = \begin{bmatrix} 1 & -2 \\ 0 & 1 \end{bmatrix}$, $B = \begin{bmatrix} 2 & 2 \\ 3 & 1 \end{bmatrix}$일 때 다음을 구하라.

(a) A^0

(b) A^2

(c) A^3

(d) A^4

(e) B^0

(f) B^2

(g) B^3

(h) B^4

9 a와 b가 실수일 때 $(a+b)^2 = a^2 + 2ab + b^2$이 성립한다. A와 B가 $n \times n$ 행렬일 때 $(A+B)^2 \neq A^2 + 2AB + B^2$인 예를 들어라.

10 a와 b가 실수일 때 $(a+b)(a-b) = a^2 - b^2$이 성립한다. A와 B가 $n \times n$ 행렬일 때 $(A+B)(A-B) \neq A^2 - B^2$인 예를 들어라.

11 $A = \begin{bmatrix} 0 & -2 \\ -3 & 5 \end{bmatrix}$, $B = \begin{bmatrix} -1 & 2 \\ 3 & -2 \end{bmatrix}$, $C = \begin{bmatrix} 4 & 3 \\ 1 & 0 \end{bmatrix}$일 때 다음을 구하라.

(a) $(A+B)C$

(b) $AC + BC$

(c) $A(B+C)$

(d) $AB + AC$

(e) $A(BC)$

(f) $(AB)C$

(g) $(3A)B$

(h) $A(3B)$

12 다음 행렬의 아다마르 곱셈을 구하라.

(a) $A_1 = [6 \;\; 1 \;\; -1]$, $A_2 = [3 \;\; -2 \;\; 9]$

(b) $B_1 = \begin{bmatrix} 3 \\ -2 \end{bmatrix}$, $B_2 = \begin{bmatrix} 5 \\ -2 \end{bmatrix}$

(c) $C_1 = \begin{bmatrix} 3 & 5 \\ 4 & 8 \end{bmatrix}$, $C_2 = \begin{bmatrix} -2 & -7 \\ -3 & 5 \end{bmatrix}$

(d) $D_1 = \begin{bmatrix} 0 & 0 \\ 1 & 3 \end{bmatrix}$, $D_2 = \begin{bmatrix} 7 & -8 \\ 2 & 9 \end{bmatrix}$

(e) $E_1 = \begin{bmatrix} 4 & 3 & -5 \\ 2 & 0 & 8 \end{bmatrix}$, $E_2 = \begin{bmatrix} 7 & 3 & 2 \\ -5 & 1 & 0 \end{bmatrix}$

(f) $F_1 = \begin{bmatrix} 3 & 4 \\ -2 & -3 \\ 5 & 6 \end{bmatrix}$, $F_2 = \begin{bmatrix} 4 & 0 \\ 0 & -2 \\ -3 & 0 \end{bmatrix}$

(g) $G_1 = \begin{bmatrix} 1 & 2 & 3 \\ 0 & 4 & 5 \\ 0 & 0 & 6 \end{bmatrix}$, $G_2 = \begin{bmatrix} 3 & 2 & 1 \\ 5 & 4 & 0 \\ 6 & 0 & 0 \end{bmatrix}$

(h) $H_1 = \begin{bmatrix} 2 & 0 & 3 \\ 0 & 4 & 0 \\ 5 & 0 & 6 \end{bmatrix}$, $H_2 = \begin{bmatrix} 0 & 4 & 0 \\ 3 & 0 & 2 \\ 0 & 1 & 0 \end{bmatrix}$

13 다음 명제가 참인지 거짓인지를 판정하라.

(a) A가 $m \times n$ 행렬이고 B가 $n \times p$ 행렬일 때 행렬의 뺄셈 $A - B$는 정의된다.

(b) A가 $m \times n$ 행렬일 때 $(A^T)^T = A$이다.

(c) 두 행렬 A와 B의 곱셈 AB가 정의되지 않으면 곱셈 BA도 정의되지 않는다.

(d) 두 행렬 A와 B의 곱셈 AB가 $n \times n$ 행렬이고 곱셈 BA가 정의되면 BA도 $n \times n$ 행렬이다.

(e) A가 $m \times n$ 행렬, B가 $n \times p$ 행렬, C가 $p \times q$ 행렬이면 $(ABC)^T = C^T B^T A^T$이다.

(f) A가 n차 정사각행렬이고 $A^2 = I_n$이면 $A = I_n$이거나 $A = -I_n$이다.

(g) A가 n차 정사각행렬이고 $A^2 = A$이면 $A = I_n$이거나 $A = \mathbf{0}$이다.

(h) 두 행렬 A와 B에 대하여 $A \bigcirc B$가 A와 B의 아다마르 곱셈일 때 $(A+B) \bigcirc (A+B) = A \bigcirc A + 2(A \bigcirc B) + B \bigcirc B$이다.

Chapter
02

연립선형방정식

Systems of Linear Equations

| 학습목표 |

- 연립선형방정식의 기본적인 해법인 가우스 소거법과 가우스-조단 소거법을 이해한다.
- 행렬식의 규칙을 이해하고 행렬식을 구하는 방법을 학습한다.
- 역행렬의 존재성을 판정하는 방법을 학습하고 역행렬을 구하는 방법을 익힌다.
- 연립선형방정식으로 설명되는 다양한 응용문제의 해를 구하는 방법을 학습한다.

CHAPTER 2 PREVIEW

인공지능과 역행렬 : 노이즈 제거를 통한 이미지 복원

때때로 카메라의 문제나 환경적 요인으로 인해 사진에 노이즈가 섞여 이미지가 흐릿하게 보일 때가 있습니다. 인공지능은 역행렬을 비롯한 수학적 기법을 사용하여 흐릿한 이미지를 원래의 선명한 모습으로 복원할 수 있습니다.

그렇다면, 흐릿한 이미지를 어떻게 선명하게 복원할 수 있을까요?
이미지는 행렬로 표현할 수 있다는 점을 1장에서 살펴본 바 있습니다. 이제 카메라로 찍은 흐릿한 이미지를 A라 하고, 만약 노이즈가 없었다면 얻을 수 있었던 깨끗한 이미지를 C라 가정해 봅시다. 하지만 우리는 아직 C가 무엇인지 모르고, A만 알고 있는 상황입니다. 그럼에도 불구하고 A와 C 사이에는 다음과 같은 관계가 존재합니다.

$$N \times C = A$$

여기서 N은 '노이즈(Noise)'를 의미하는데, 이는 이미지를 흐릿하게 만드는 효과를 나타내는 행렬입니다. 즉, 깨끗한 사진 C에 노이즈 행렬 N이 적용되어 흐릿한 사진 A가 된 것입니다.
그렇다면 우리가 원하는 깨끗한 사진 C를 얻으려면 어떻게 해야 할까요? 흐릿한 사진 A에서 노이즈 효과를 되돌리면 됩니다. 이때 사용되는 것이 바로 N의 역행렬입니다. 그렇다면, 자연스레 궁금해질 질문이 있습니다.

"어떻게 노이즈를 알 수 있죠?"

그 해답은 인공지능에 있습니다. 인공지능은 흐릿한 사진과 깨끗한 사진을 비교하며 학습 과정을 통해 스스로 노이즈의 특징을 파악하게 됩니다. 이렇게 역행렬의 도움을 받으면, 왼쪽의 흐릿한 사과 사진을 오른쪽처럼 선명한 사과 사진으로 복원할 수 있습니다.

1절 가우스 소거법

이 절에서는 연립선형방정식을 행렬을 이용하여 표현하고 해를 구하는 방법에 대해 알아보고자 한다.

연립선형방정식과 행렬

행렬 곱셈의 정의에 의하여

$$\begin{bmatrix} 1 & 3 \\ 2 & -4 \end{bmatrix} \begin{bmatrix} x_1 \\ x_2 \end{bmatrix} = \begin{bmatrix} x_1 + 3x_2 \\ 2x_1 - 4x_2 \end{bmatrix}$$

이다. 이 결과와 행렬의 상등을 이용하여 연립선형방정식

$$\begin{cases} x_1 + 3x_2 = 5 \\ 2x_1 - 4x_2 = 3 \end{cases}$$

의 좌변과 우변을 행렬을 이용하여 나타내면 다음과 같다.

$$\begin{bmatrix} 1 & 3 \\ 2 & -4 \end{bmatrix} \begin{bmatrix} x_1 \\ x_2 \end{bmatrix} = \begin{bmatrix} x_1 + 3x_2 \\ 2x_1 - 4x_2 \end{bmatrix} = \begin{bmatrix} 5 \\ 3 \end{bmatrix}$$

이 예제를 일반화하여 보자. n 개의 변수를 갖는 m 개의 선형방정식으로 이루어진 연립선형방정식

$$\begin{cases} a_{11}x_1 + a_{12}x_2 + \cdots + a_{1n}x_n = b_1 \\ a_{21}x_1 + a_{22}x_2 + \cdots + a_{2n}x_n = b_2 \\ \quad \vdots \qquad\quad \vdots \qquad\qquad\quad \vdots \qquad\quad \vdots \\ a_{m1}x_1 + a_{m2}x_2 + \cdots + a_{mn}x_n = b_m \end{cases}$$

을 행렬을 이용하여 나타내면 다음과 같다.

$$\begin{bmatrix} a_{11} & a_{12} & \cdots & a_{1n} \\ a_{21} & a_{22} & \cdots & a_{2n} \\ \vdots & \vdots & \cdots & \vdots \\ a_{m1} & a_{m2} & \cdots & a_{mn} \end{bmatrix} \begin{bmatrix} x_1 \\ x_2 \\ \vdots \\ x_n \end{bmatrix} = \begin{bmatrix} b_1 \\ b_2 \\ \vdots \\ b_m \end{bmatrix}$$

이제

$$A = \begin{bmatrix} a_{11} & a_{12} & \cdots & a_{1n} \\ a_{21} & a_{22} & \cdots & a_{2n} \\ \vdots & \vdots & \cdots & \vdots \\ a_{m1} & a_{m2} & \cdots & a_{mn} \end{bmatrix},\ X = \begin{bmatrix} x_1 \\ x_2 \\ \vdots \\ x_n \end{bmatrix},\ B = \begin{bmatrix} b_1 \\ b_2 \\ \vdots \\ b_m \end{bmatrix}$$

이라 하면 행렬로 표현한 연립선형방정식은 다음과 같이 간략하게 표현할 수 있다.

$$\begin{bmatrix} a_{11} & a_{12} & \cdots & a_{1n} \\ a_{21} & a_{22} & \cdots & a_{2n} \\ \vdots & \vdots & \cdots & \vdots \\ a_{m1} & a_{m2} & \cdots & a_{mn} \end{bmatrix} \begin{bmatrix} x_1 \\ x_2 \\ \vdots \\ x_n \end{bmatrix} = \begin{bmatrix} b_1 \\ b_2 \\ \vdots \\ b_m \end{bmatrix} \Leftrightarrow AX = B$$

따라서 연립선형방정식의 해를 구한다는 것은 $AX = B$를 만족하는 행렬 X를 구하는 것이 된다.

정의 1 계수행렬과 첨가행렬

n 개의 변수를 갖는 m 개의 선형방정식으로 이루어진 연립선형방정식

$$\begin{cases} a_{11}x_1 + a_{12}x_2 + \cdots + a_{1n}x_n = b_1 \\ a_{21}x_1 + a_{22}x_2 + \cdots + a_{2n}x_n = b_2 \\ \quad \vdots \qquad\quad \vdots \qquad\qquad\quad \vdots \qquad\ \ \vdots \\ a_{m1}x_1 + a_{m2}x_2 + \cdots + a_{mn}x_n = b_m \end{cases}$$

에 대하여

$$\begin{bmatrix} a_{11} & a_{12} & \cdots & a_{1n} \\ a_{21} & a_{22} & \cdots & a_{2n} \\ \vdots & \vdots & \cdots & \vdots \\ a_{m1} & a_{m2} & \cdots & a_{mn} \end{bmatrix}$$

을 연립선형방정식의 계수행렬(coefficient matrix)이라 하고 계수행렬의 우측에 $b_1, b_2, \cdots, b_m$을 추가한 행렬

$$\left[\begin{array}{cccc|c} a_{11} & a_{12} & \cdots & a_{1n} & b_1 \\ a_{21} & a_{22} & \cdots & a_{2n} & b_2 \\ \vdots & \vdots & \cdots & \vdots & \vdots \\ a_{m1} & a_{m2} & \cdots & a_{mn} & b_m \end{array}\right]$$

을 **첨가행렬(augmented matrix)**이라 한다.

첨가행렬을 나타낼 때는 $b_1, b_2, \cdots, b_m$ 이 계수행렬에 추가되었음을 나타내기 위하여 $b_1, b_2, \cdots, b_m$ 앞에 선을 긋는다.

예제 1

다음 연립선형방정식을 행렬을 이용하여 나타내고 첨가행렬을 구하라.

(a) $\begin{cases} 3x_1 - 2x_2 = 1 \\ 2x_1 + 5x_2 = 0 \end{cases}$ (b) $\begin{cases} -x_1 \qquad + 3x_3 = 1 \\ 2x_1 \qquad - x_3 = 1 \\ \qquad 2x_2 + 5x_3 = 4 \end{cases}$

| 풀이 |

(a) 연립선형방정식을 행렬을 이용하여 나타내면

$$\begin{bmatrix} 3 & -2 \\ 2 & 5 \end{bmatrix} \begin{bmatrix} x_1 \\ x_2 \end{bmatrix} = \begin{bmatrix} 1 \\ 0 \end{bmatrix}$$

이고 연립선형방정식에 대한 첨가행렬은

$$\left[\begin{array}{cc|c} 3 & -2 & 1 \\ 2 & 5 & 0 \end{array}\right]$$

이다.

(b) 연립선형방정식을 행렬을 이용하여 나타내면

$$\begin{bmatrix} -1 & 0 & 3 \\ 2 & 0 & -1 \\ 0 & 2 & 5 \end{bmatrix} \begin{bmatrix} x_1 \\ x_2 \\ x_3 \end{bmatrix} = \begin{bmatrix} 1 \\ 1 \\ 4 \end{bmatrix}$$

이고 연립선형방정식에 대한 첨가행렬은

$$\left[\begin{array}{ccc|c} -1 & 0 & 3 & 1 \\ 2 & 0 & -1 & 1 \\ 0 & 2 & 5 & 4 \end{array}\right]$$

이다.

1.1절에서 연립선형방정식의 해를 구할 때 사용하는 세 가지 기본 도구를 소개하였다.

(i) 두 선형방정식의 위치를 바꾼다.
(ii) 하나의 선형방정식에 0이 아닌 상수를 곱한다.
(iii) 하나의 선형방정식에 상수를 곱하여 다른 선형방정식에 더한다.

위의 세 가지 기본 도구를 사용하면 주어진 연립선형방정식의 형태는 변형이 되지만 변형된 연립선형방정식은 원래의 연립선형방정식과 같은 해를 갖는다. 연립선형방정식의 해를 구하는데 사용하는 세 가지 기본 도구를 행렬과 관련하여 정의하면 다음과 같다.

정의 2 기본행 연산

다음 세 가지 행에 대한 연산을 기본행 연산(elementary row operation)이라 한다.

(1) 두 행의 위치를 바꾼다.
(2) 하나의 행에 0이 아닌 상수를 곱한다.
(3) 하나의 행에 상수를 곱하여 다른 행에 더한다.

예를 들어 $A = \begin{bmatrix} 1 & 2 \\ 3 & 4 \end{bmatrix}$일 때 행렬 A의 1행과 2행을 바꾸어 얻은 행렬은 $\begin{bmatrix} 3 & 4 \\ 1 & 2 \end{bmatrix}$이고 행렬 A의 2행에 3을 곱하여 얻은 행렬은 $\begin{bmatrix} 1 & 2 \\ 9 & 12 \end{bmatrix}$이며 행렬 A의 1행에 4를 곱하여 2행에 더하여 얻은 행렬은 $\begin{bmatrix} 1 & 2 \\ 7 & 12 \end{bmatrix}$이다.

주어진 행렬에 기본행 연산을 적용하면 행렬의 모습은 변하게 되는데 원래의 행렬과 변한 행렬의 관계를 다음과 같이 정의한다.

정의 3 행동치

행렬에 기본행 연산을 유한 번 적용하여 새로운 행렬이 만들어지면 원래 행렬과 새로 만들어진 행렬은 행동치(row equivalent)라고 한다.

두 개의 연립선형방정식에 대한 첨가행렬들이 행동치이면 두 연립일차방정식의 해는 같다.

기본행 연산 과정의 표현법

주어진 연립선형방정식의 해를 구하려면 연립선형방정식을 첨가행렬로 표현하고 기본행 연산을 여러 번 적용하여 첨가행렬을 변형해야 한다. 본 교재에서는 기본행 연산을 이용하여 첨가행렬을 행동치인 다른 첨가행렬로 변형할 때 다음과 같은 간략한 표현법을 사용하기로 한다.

[표현법 1]

우선 행의 번호와 숫자를 구별하기 위해 행의 번호는 원번호를 사용한다.

[표현법 2]

다음 예시와 같이 세 가지 기본행 연산을 사용할 때 화살표 위에 연산 과정을 간결하게 표현한다.

(i) 행렬 A 의 2행과 3행을 바꾸어 행렬 B가 된 경우 : $A \xrightarrow{② \leftrightarrow ③} B$

(ii) 행렬 A 의 3행에 4를 곱하여 행렬 B가 된 경우 : $A \xrightarrow{③ \times 4} B$

(iii) 행렬 A 의 1행에 -2를 곱하여 2행에 더하여 행렬 B가 된 경우 :

$$A \xrightarrow{① \times (-2) + ②} B$$

(iii)에서 $① \times (-2) + ②$를 시행하면 1행은 변하지 않고 오직 2행만 바뀐다는 점에 유의하여야 한다.

예를 들어 $A = \begin{bmatrix} 1 & 4 \\ 2 & 3 \\ 0 & 1 \end{bmatrix}$일 때

$$A \xrightarrow{② \leftrightarrow ③} \begin{bmatrix} 1 & 4 \\ 0 & 1 \\ 2 & 3 \end{bmatrix}, \quad A \xrightarrow{③ \times 4} \begin{bmatrix} 1 & 4 \\ 2 & 3 \\ 0 & 4 \end{bmatrix}, \quad A \xrightarrow{① \times (-2) + ②} \begin{bmatrix} 1 & 4 \\ 0 & -5 \\ 0 & 1 \end{bmatrix}$$

이다.

행렬을 이용하여 연립선형방정식의 해를 체계적으로 구하는 가장 대표적인 방법이 가우스 소거법이다. 가우스 소거법을 사용하려면 다음에 정의하는 행 사다리꼴과 선행계수가 필요하다.

정의 4 **행 사다리꼴과 선행계수**

다음 두 조건을 모두 만족하는 행렬을 행 사다리꼴(row echelon form)이라 한다.

(1) 행에 있는 모든 성분이 0이면 그 행은 행렬의 맨 아래쪽에 둔다.

(2) 모든 성분이 0이 아닌 행에서 0이 아닌 첫 번째 성분을 그 행의 선행계수(leading coefficient)라 하고 위쪽 행에 있는 선행계수보다 아래 행에 있는 선행계수가 오른쪽에 위치해야 한다.[2]

[정의 4]를 이해하기 위하여 다음 행렬이 행 사다리꼴인지 확인해 보자.

- $A = \begin{bmatrix} 1 & 1 & 2 & 0 \\ 0 & 0 & 4 & 3 \\ 0 & 0 & 0 & 0 \end{bmatrix}$

  모든 성분이 0인 행은 맨 아래인 3행에 위치했고 1행의 선행계수인 1의 위치보다 2행의 선행계수인 4의 위치가 오른쪽에 있으므로, A는 행 사다리꼴이다.

- $B = \begin{bmatrix} 1 & 0 & 3 & 4 & 0 & 0 \\ 0 & 0 & 0 & 0 & 5 & 0 \\ 0 & 0 & 0 & 0 & 0 & 2 \end{bmatrix}$

  1행의 선행계수인 1의 위치보다 2행의 선행계수인 5의 위치가 오른쪽에 있고 2행의 선행계수인 5의 위치보다 3행의 선행계수인 2의 위치가 오른쪽에 있으므로, B는 행 사다리꼴이다.

- $C = \begin{bmatrix} 0 & 0 & 2 & 0 \\ 0 & 0 & 5 & 4 \\ 0 & 0 & 0 & 0 \end{bmatrix}$

  2행의 선행계수인 5의 위치가 1행의 선행계수인 2의 위치보다 오른쪽에 있지 않으므로, C는 행 사다리꼴이 아니다.

[정의 4]를 사용하여 다음 예제를 풀어보자.

예제 2

다음 행렬이 행 사다리꼴이 아닌 이유를 설명하라.

2 저자에 따라서는 모든 행의 선행계수가 반드시 1인 경우만을 행 사다리꼴이라 정의하기도 한다.

(a) $A = \begin{bmatrix} 1 & 1 & 1 \\ 0 & 0 & 2 \\ 0 & 0 & 3 \end{bmatrix}$　　(b) $B = \begin{bmatrix} 1 & 0 & 0 \\ 0 & 2 & 0 \\ 5 & 0 & 1 \end{bmatrix}$

(c) $C = \begin{bmatrix} 0 & -1 & 2 & 3 \\ -2 & 0 & 0 & 5 \end{bmatrix}$　　(d) $D = \begin{bmatrix} 4 & 0 & 0 & 1 & 0 \\ 0 & 0 & 0 & 0 & 0 \\ 0 & 0 & 3 & 0 & 0 \end{bmatrix}$

| 풀이 |

(a) 행렬 A 의 3행의 선행계수인 3의 위치가 2행의 선행계수인 2의 위치보다 오른쪽에 있지 않으므로 A는 행 사다리꼴이 아니다.

(b) 행렬 B 의 3행의 선행계수인 5의 위치가 2행의 선행계수인 2의 위치보다 오른쪽에 있지 않으므로 B는 행 사다리꼴이 아니다.

(c) 행렬 C의 2행의 선행계수인 -2의 위치가 1행의 선행계수인 -1의 위치보다 오른쪽에 있지 않으므로 C는 행 사다리꼴이 아니다.

(d) 행렬 D 에서 모든 성분이 0인 행이 행렬의 맨 아래인 3행에 위치하지 않았으므로 D는 행 사다리꼴이 아니다.

[예제 2(b)]는 행렬 B의 3행의 선행계수인 5의 위치가 1행의 선행계수인 1의 위치보다 오른쪽에 있지 않으므로 B가 행 사다리꼴이 아니라고 설명해도 된다.

이제 주어진 행렬을 기본행 연산을 이용하여 행 사다리꼴의 정의를 만족할 때까지 변형하여 보자.

예제 3

다음 행렬을 기본행 연산을 이용하여 행 사다리꼴로 변형하라.

(a) $A = \begin{bmatrix} 1 & 2 \\ 3 & 4 \end{bmatrix}$　　(b) $B = \begin{bmatrix} 0 & -2 \\ 3 & 4 \end{bmatrix}$

(c) $C = \begin{bmatrix} 1 & 2 & 1 \\ 1 & 3 & -1 \\ 2 & 6 & 3 \end{bmatrix}$　　(d) $D = \begin{bmatrix} 0 & 1 & 2 \\ 1 & 2 & 4 \\ 1 & 1 & 3 \end{bmatrix}$

| 풀이 |

(a) 기본행 연산에 의하여

$$\begin{bmatrix} 1 & 2 \\ 3 & 4 \end{bmatrix} \xrightarrow{①\times(-3)+②} \begin{bmatrix} 1 & 2 \\ 0 & -2 \end{bmatrix}$$

이고 $\begin{bmatrix} 1 & 2 \\ 0 & -2 \end{bmatrix}$는 행 사다리꼴의 정의를 만족하므로 A의 행 사다리꼴은 $\begin{bmatrix} 1 & 2 \\ 0 & -2 \end{bmatrix}$이다.

(b) 기본행 연산에 의하여

$$\begin{bmatrix} 0 & -2 \\ 3 & 4 \end{bmatrix} \xrightarrow{①\leftrightarrow②} \begin{bmatrix} 3 & 4 \\ 0 & -2 \end{bmatrix}$$

이고 $\begin{bmatrix} 3 & 4 \\ 0 & -2 \end{bmatrix}$는 행 사다리꼴의 정의를 만족하므로 B의 행 사다리꼴은 $\begin{bmatrix} 3 & 4 \\ 0 & -2 \end{bmatrix}$이다.

(c) 기본행 연산에 의하여

$$\begin{bmatrix} 1 & 2 & 1 \\ 1 & 3 & -1 \\ 2 & 6 & 3 \end{bmatrix} \xrightarrow{①\times(-1)+②} \begin{bmatrix} 1 & 2 & 1 \\ 0 & 1 & -2 \\ 2 & 6 & 3 \end{bmatrix}$$

$$\xrightarrow{①\times(-2)+③} \begin{bmatrix} 1 & 2 & 1 \\ 0 & 1 & -2 \\ 0 & 2 & 1 \end{bmatrix}$$

$$\xrightarrow{②\times(-2)+③} \begin{bmatrix} 1 & 2 & 1 \\ 0 & 1 & -2 \\ 0 & 0 & 5 \end{bmatrix}$$

이고 $\begin{bmatrix} 1 & 2 & 1 \\ 0 & 1 & -2 \\ 0 & 0 & 5 \end{bmatrix}$는 행 사다리꼴의 정의를 만족하므로 C의 행 사다리꼴은 $\begin{bmatrix} 1 & 2 & 1 \\ 0 & 1 & -2 \\ 0 & 0 & 5 \end{bmatrix}$이다.

(d) 기본행 연산에 의하여

$$\begin{bmatrix} 0 & 1 & 2 \\ 1 & 2 & 4 \\ 1 & 1 & 3 \end{bmatrix} \xrightarrow{①\leftrightarrow③} \begin{bmatrix} 1 & 1 & 3 \\ 1 & 2 & 4 \\ 0 & 1 & 2 \end{bmatrix}$$

$$\xrightarrow{①\times(-1)+②} \begin{bmatrix} 1 & 1 & 3 \\ 0 & 1 & 1 \\ 0 & 1 & 2 \end{bmatrix}$$

$$\xrightarrow{②\times(-1)+③} \begin{bmatrix} 1 & 1 & 3 \\ 0 & 1 & 1 \\ 0 & 0 & 1 \end{bmatrix}$$

이고 $\begin{bmatrix} 1 & 1 & 3 \\ 0 & 1 & 1 \\ 0 & 0 & 1 \end{bmatrix}$은 행 사다리꼴의 정의를 만족하므로 D의 행 사다리꼴은 $\begin{bmatrix} 1 & 1 & 3 \\ 0 & 1 & 1 \\ 0 & 0 & 1 \end{bmatrix}$이다.

주어진 행렬에 대한 행 사다리꼴은 유일하지 않다. [예제 3(a)]에서 기본행 연산을 한 번 더 적용하면

$$\begin{bmatrix} 1 & 2 \\ 0 & -2 \end{bmatrix} \xrightarrow{\text{②} \times (-\frac{1}{2})} \begin{bmatrix} 1 & 2 \\ 0 & 1 \end{bmatrix}$$

이고 $\begin{bmatrix} 1 & 2 \\ 0 & 1 \end{bmatrix}$은 행 사다리꼴의 정의를 만족하므로 $\begin{bmatrix} 1 & 2 \\ 0 & 1 \end{bmatrix}$도 A의 행 사다리꼴이다.

연립선형방정식의 해법 (1) : 가우스 소거법(Gaussian elimination method)

연립선형방정식을 행렬을 이용하여 체계적으로 해를 구하는 방법 중 가장 대표적인 방법이 행 사다리꼴을 이용하여 해를 구하는 가우스 소거법이며 가우스 소거법의 풀이 단계는 다음과 같다.

[단계 1]

주어진 연립선형방정식을 첨가행렬로 나타낸다.

[단계 2]

기본행 연산을 이용하여 첨가행렬의 계수행렬 부분을 행 사다리꼴이 되도록 변형한다.

[단계 3]

행 사다리꼴로 변형된 첨가행렬을 연립선형방정식으로 표현하고 마지막 변수의 값을 구한 후 그 변수의 값들을 차례로 위의 식에 대입하여 연립선형방정식의 해를 구한다.

가우스 소거법을 이용하여 다음 예제를 풀어보자.

예제 4

다음 연립선형방정식의 해를 가우스 소거법으로 구하라.

(a) $\begin{cases} x_1 + x_2 = 3 \\ 2x_1 - x_2 = 0 \end{cases}$

(b) $\begin{cases} x_1 + x_2 + 2x_3 = 1 \\ 3x_1 + 2x_2 + x_3 = 1 \\ 2x_1 - x_2 - x_3 = 6 \end{cases}$

| 풀이 |

(a) 연립선형방정식에 대한 첨가행렬은 $\left[\begin{array}{cc|c} 1 & 1 & 3 \\ 2 & -1 & 0 \end{array}\right]$이다. 기본행 연산에 의하여

$$\left[\begin{array}{cc|c}1 & 1 & 3\\ 2 & -1 & 0\end{array}\right] \xrightarrow{①\times(-2)+②} \left[\begin{array}{cc|c}1 & 1 & 3\\ 0 & -3 & -6\end{array}\right]$$

이고 계수행렬 $\begin{bmatrix}1 & 1\\ 0 & -3\end{bmatrix}$은 행 사다리꼴이다. 첨가행렬 $\left[\begin{array}{cc|c}1 & 1 & 3\\ 0 & -3 & -6\end{array}\right]$을 연립선형방정식으로 나타내면

$$\begin{cases} x_1 + \ \ x_2 = 3 \\ \quad -3x_2 = -6 \end{cases}$$

이다. 식 ②에서 $x_2 = 2$이고 이 값을 식 ①에 대입하면 $x_1 = 3 - x_2 = 1$이다.[3] 따라서 연립선형방정식의 해는 $x_1 = 1,\ x_2 = 2$이다.

(b) 연립선형방정식에 대한 첨가행렬은 $\left[\begin{array}{ccc|c}1 & 1 & 2 & 1\\ 3 & 2 & 1 & 1\\ 2 & -1 & -1 & 6\end{array}\right]$이다. 기본행 연산에 의하여

$$\left[\begin{array}{ccc|c}1 & 1 & 2 & 1\\ 3 & 2 & 1 & 1\\ 2 & -1 & -1 & 6\end{array}\right] \xrightarrow{①\times(-3)+②} \left[\begin{array}{ccc|c}1 & 1 & 2 & 1\\ 0 & -1 & -5 & -2\\ 2 & -1 & -1 & 6\end{array}\right]$$

$$\xrightarrow{①\times(-2)+③} \left[\begin{array}{ccc|c}1 & 1 & 2 & 1\\ 0 & -1 & -5 & -2\\ 0 & -3 & -5 & 4\end{array}\right]$$

$$\xrightarrow{②\times(-3)+③} \left[\begin{array}{ccc|c}1 & 1 & 2 & 1\\ 0 & -1 & -5 & -2\\ 0 & 0 & 10 & 10\end{array}\right]$$

이고 계수행렬 $\begin{bmatrix}1 & 1 & 2\\ 0 & -1 & -5\\ 0 & 0 & 10\end{bmatrix}$은 행 사다리꼴이다. 첨가행렬 $\left[\begin{array}{ccc|c}1 & 1 & 2 & 1\\ 0 & -1 & -5 & -2\\ 0 & 0 & 10 & 10\end{array}\right]$을 연립선형방정식으로 나타내면

$$\begin{cases} x_1 + x_2 + \ \ 2x_3 = \ \ 1 \\ \quad\ -x_2 - \ \ 5x_3 = -2 \\ \qquad\qquad 10x_3 = 10 \end{cases}$$

이다. 식 ③에서 $x_3 = 1$이고 이 값을 식 ②에 대입하면 $-x_2 = -2 + 5x_3 = 3$이므로 $x_2 = -3$이다. $x_2 = -3$과 $x_3 = 1$을 식 ①에 대입하면 $x_1 = 1 - x_2 - 2x_3 = 2$이다. 따라서 연립선형방정식의 해는 $x_1 = 2,\ x_2 = -3,\ x_3 = 1$이다.

---

3 본 교재에서는 첨가행렬의 1행을 간단히 '식 ①', 첨가행렬의 2행을 '식 ②'로 표현하기로 한다.

[예제 4]와 달리 연립선형방정식은 해를 무수히 많이 갖거나 해를 갖지 않을 수도 있다.

예제 5

가우스 소거법을 이용하여 다음 연립선형방정식이 해를 무수히 많이 갖는지 또는 해를 갖지 않는지를 판정하라.

(a) $\begin{cases} x_1 + 2x_2 + x_3 = 1 \\ 2x_1 + 4x_2 + 2x_3 = 2 \\ -x_1 - 2x_2 - x_3 = -1 \end{cases}$　　(b) $\begin{cases} x_1 + x_2 + x_3 = 2 \\ x_1 + 2x_2 + 3x_3 = 3 \\ 2x_1 + 2x_2 + 2x_3 = 5 \end{cases}$

| 풀이 |

(a) 연립선형방정식에 대한 첨가행렬은 $\left[\begin{array}{ccc|c} 1 & 2 & 1 & 1 \\ 2 & 4 & 2 & 2 \\ -1 & -2 & -1 & -1 \end{array}\right]$ 이다. 기본행 연산에 의하여

$$\left[\begin{array}{ccc|c} 1 & 2 & 1 & 1 \\ 2 & 4 & 2 & 2 \\ -1 & -2 & -1 & -1 \end{array}\right] \xrightarrow{①\times(-2)+②} \left[\begin{array}{ccc|c} 1 & 2 & 1 & 1 \\ 0 & 0 & 0 & 0 \\ -1 & -2 & -1 & -1 \end{array}\right]$$

$$\xrightarrow{①\times 1+③} \left[\begin{array}{ccc|c} 1 & 2 & 1 & 1 \\ 0 & 0 & 0 & 0 \\ 0 & 0 & 0 & 0 \end{array}\right]$$

이고 계수행렬 $\begin{bmatrix} 1 & 2 & 1 \\ 0 & 0 & 0 \\ 0 & 0 & 0 \end{bmatrix}$ 은 행 사다리꼴이다. 첨가행렬 $\left[\begin{array}{ccc|c} 1 & 2 & 1 & 1 \\ 0 & 0 & 0 & 0 \\ 0 & 0 & 0 & 0 \end{array}\right]$ 을 연립선형방정식으로 나타내면

$$x_1 + 2x_2 + x_3 = 1$$

이므로 연립선형방정식은

$$(x_1, x_2, x_3) = (1, 0, 0),\ (0, \frac{1}{2}, 0),\ (0, 0, 1),\ \cdots$$

을 해로 갖는다. 따라서 연립선형방정식은 무수히 많은 해를 갖는다.

(b) 연립선형방정식에 대한 첨가행렬은 $\left[\begin{array}{ccc|c} 1 & 1 & 1 & 2 \\ 1 & 2 & 3 & 3 \\ 2 & 2 & 2 & 5 \end{array}\right]$ 이다. 기본행 연산에 의하여

$$\left[\begin{array}{ccc|c} 1 & 1 & 1 & 2 \\ 1 & 2 & 3 & 3 \\ 2 & 2 & 2 & 5 \end{array}\right] \xrightarrow{①\times(-1)+②} \left[\begin{array}{ccc|c} 1 & 1 & 1 & 2 \\ 0 & 1 & 2 & 1 \\ 2 & 2 & 2 & 5 \end{array}\right]$$

$$\xrightarrow{① \times (-2) + ③} \begin{bmatrix} 1 & 1 & 1 & : & 2 \\ 0 & 1 & 2 & : & 1 \\ 0 & 0 & 0 & : & 1 \end{bmatrix}$$

이고 계수행렬 $\begin{bmatrix} 1 & 1 & 1 \\ 0 & 1 & 2 \\ 0 & 0 & 0 \end{bmatrix}$은 행 사다리꼴이다. 첨가행렬 $\left[\begin{array}{ccc|c} 1 & 1 & 1 & 2 \\ 0 & 1 & 2 & 1 \\ 0 & 0 & 0 & 1 \end{array}\right]$을 연립선형방정식으로 나타내면

$$\begin{cases} x_1 + x_2 + x_3 = 2 \\ \qquad x_2 + 2x_3 = 1 \\ 0x_1 + 0x_2 + 0x_3 = 1 \end{cases}$$

이고 $0x_1 + 0x_2 + 0x_3 = 1$을 만족하는 x_1, x_2, x_3는 존재하지 않는다. 따라서 연립선형방정식은 해를 갖지 않는다.

[예제 4(b)]의 풀이법을 다시 살펴보자. 연립선형방정식의 해를 구하기 위하여 기본행 연산을 이용하여 첨가행렬을 행 사다리꼴로 변형했다.

$$\left[\begin{array}{ccc|c} 1 & 1 & 2 & 1 \\ 3 & 2 & 1 & 1 \\ 2 & -1 & -1 & 6 \end{array}\right] \rightarrow \left[\begin{array}{ccc|c} 1 & 1 & 2 & 1 \\ 0 & -1 & -5 & -2 \\ 0 & 0 & 10 & 10 \end{array}\right]$$

식 ③에서 $10x_3 = 10$이므로 $x_3 = 1$이고 이 값을 식 ②에 대입하면 $-x_2 = -2 + 5x_3 = 3$이므로 $x_2 = -3$이다. $x_3 = 1$과 $x_2 = -3$를 식 ①에 대입하면 $x_1 = 1 - x_2 - 2x_3 = 2$이다. 이와 같이 이전의 변수의 값을 대입하여 해를 구하는 복잡한 과정을 없애기 위하여 다음 정의를 도입한다.

정의 5 기약행 사다리꼴

다음 네 조건을 모두 만족하는 행렬을 기약행 사다리꼴(reduced row echelon form)이라 한다.

(1) 행에 있는 모든 성분이 0이면 그 행은 행렬의 맨 아래쪽에 둔다.
(2) 모든 성분이 0이 아닌 행에서 0이 아닌 첫 번째 성분인 선행계수는 반드시 1이다.
(3) 선행계수가 있는 열의 나머지 성분들은 모두 0이다.
(4) 위쪽 행에 있는 선행계수보다 아래쪽 행에 있는 선행계수가 오른쪽에 위치해야 한다.

기약행 사다리꼴이 행 사다리꼴과 다른 점은 선행계수가 반드시 1이라는 점과 선행계수가 속한 열에서 선행계수를 제외한 나머지 모든 성분이 반드시 0이어야 한다는 것이다. 주어진 행렬이 기약행 사다리꼴이 되려면 우선 행 사다리꼴이어야 한다. 세 행렬

$$A = \begin{bmatrix} 1 & 1 & 2 & 0 \\ 0 & 0 & 1 & 3 \\ 0 & 0 & 0 & 0 \end{bmatrix}, \quad B = \begin{bmatrix} 1 & 0 & 3 & 4 & 0 & 0 \\ 0 & 0 & 0 & 0 & 1 & 0 \\ 0 & 0 & 0 & 0 & 0 & 1 \end{bmatrix}, \quad C = \begin{bmatrix} 0 & 1 & 3 & 0 \\ 0 & 0 & 0 & 2 \\ 0 & 0 & 0 & 0 \end{bmatrix}$$

은 모두 행 사다리꼴이다. 이 행렬들은 기약행 사다리꼴일까? 행렬 A의 1행에 있는 선행계수가 있는 열의 나머지 성분은 모두 0이지만 2행에 있는 선행계수가 있는 열의 나머지 성분은 2와 0이므로 행렬 A는 기약행 사다리꼴이 아니다.

$$A = \begin{bmatrix} \textcircled{1} & 1 & 2 & 0 \\ 0 & 0 & \textcircled{1} & 3 \\ 0 & 0 & 0 & 0 \end{bmatrix}$$

행렬 B의 1행, 2행, 3행에 있는 선행계수에 대하여 선행계수가 있는 열의 나머지 성분이 모두 0이므로 행렬 B는 기약행 사다리꼴이다.

$$B = \begin{bmatrix} \textcircled{1} & 0 & 3 & 4 & 0 & 0 \\ 0 & 0 & 0 & 0 & \textcircled{1} & 0 \\ 0 & 0 & 0 & 0 & 0 & \textcircled{1} \end{bmatrix}$$

행렬 C의 2행의 선행계수가 1이 아니므로 행렬 C는 기약행 사다리꼴이 아니다.

$$C = \begin{bmatrix} 0 & \textcircled{1} & 3 & 0 \\ 0 & 0 & 0 & \textcircled{2} \\ 0 & 0 & 0 & 0 \end{bmatrix}$$

[정의 5]를 사용하여 다음 예제를 풀어보자.

예제 6

다음 행렬이 기약행 사다리꼴인지를 판정하고 기약행 사다리꼴이 아닌 경우 이유를 설명하라.

(a) $A = \begin{bmatrix} 1 & 1 & 0 & 1 \\ 0 & 0 & 1 & 0 \\ 0 & 0 & 0 & 0 \end{bmatrix}$ (b) $B = \begin{bmatrix} 1 & 0 & 1 & 0 \\ 0 & 1 & 0 & 1 \\ 0 & 0 & 1 & 0 \end{bmatrix}$

| 풀이 |

(a) 행렬 A는 기약행 사다리꼴이다.

(b) 행렬 B의 3행의 선행계수가 있는 열의 나머지 성분이 1과 0이므로 행렬 B는 기약행 사다리꼴이 아니다.

연립선형방정식의 해법 (2): 가우스-조단 소거법(Gauss-Jordan elimination method)

기약행 사다리꼴을 이용하여 연립선형방정식의 해를 구하는 방법이 가우스-조단 소거법이며 가우스-조단 소거법의 풀이 단계는 다음과 같다.

[단계 1]
주어진 연립선형방정식을 첨가행렬로 나타낸다.

[단계 2]
기본행 연산을 이용하여 첨가행렬의 계수행렬 부분을 기약행 사다리꼴이 되도록 변형한다.

[단계 3]
기약행 사다리꼴로 변형된 첨가행렬을 연립선형방정식으로 표현하고 연립선형방정식의 해를 구한다.

[예제 4]의 연립선형방정식을 가우스-조단 소거법으로 풀어서 가우스 소거법과의 차이를 알아보자.

예제 7

다음 연립선형방정식의 해를 가우스-조단 소거법으로 구하라.

(a) $\begin{cases} x_1 + x_2 = 3 \\ 2x_1 - x_2 = 0 \end{cases}$

(b) $\begin{cases} x_1 + x_2 + 2x_3 = 1 \\ 3x_1 + 2x_2 + x_3 = 1 \\ 2x_1 - x_2 - x_3 = 6 \end{cases}$

| 풀이 |

(a) 연립선형방정식에 대한 첨가행렬은 $\left[\begin{array}{cc|c} 1 & 1 & 3 \\ 2 & -1 & 0 \end{array}\right]$이다. 기본행 연산에 의하여

$$\begin{bmatrix} 1 & 1 & | & 3 \\ 2 & -1 & | & 0 \end{bmatrix} \xrightarrow{① \times (-2) + ②} \begin{bmatrix} 1 & 1 & | & 3 \\ 0 & -3 & | & -6 \end{bmatrix}$$

$$\xrightarrow{② \times (-\frac{1}{3})} \begin{bmatrix} 1 & 1 & | & 3 \\ 0 & 1 & | & 2 \end{bmatrix}$$

$$\xrightarrow{② \times (-1) + ①} \begin{bmatrix} 1 & 0 & | & 1 \\ 0 & 1 & | & 2 \end{bmatrix}$$

이고 계수행렬 $\begin{bmatrix} 1 & 0 \\ 0 & 1 \end{bmatrix}$은 기약행 사다리꼴이다. 첨가행렬 $\begin{bmatrix} 1 & 0 & | & 1 \\ 0 & 1 & | & 2 \end{bmatrix}$를 연립선형방정식으로 나타내면

$$\begin{cases} x_1 \quad\quad = 1 \\ \quad\quad x_2 = 2 \end{cases}$$

이다. 따라서 연립선형방정식의 해는 $x_1 = 1$, $x_2 = 2$이다.

(b) 연립선형방정식에 대한 첨가행렬은 $\begin{bmatrix} 1 & 1 & 2 & | & 1 \\ 3 & 2 & 1 & | & 1 \\ 2 & -1 & -1 & | & 6 \end{bmatrix}$이다. 기본행 연산에 의하여

$$\begin{bmatrix} 1 & 1 & 2 & | & 1 \\ 3 & 2 & 1 & | & 1 \\ 2 & -1 & -1 & | & 6 \end{bmatrix} \xrightarrow{① \times (-3) + ②} \begin{bmatrix} 1 & 1 & 2 & | & 1 \\ 0 & -1 & -5 & | & -2 \\ 0 & -3 & -5 & | & 4 \end{bmatrix}$$

$$\xrightarrow{① \times (-2) + ③} \begin{bmatrix} 1 & 1 & 2 & | & 1 \\ 0 & -1 & -5 & | & -2 \\ 0 & -3 & -5 & | & 4 \end{bmatrix}$$

$$\xrightarrow{② \times (-3) + ③} \begin{bmatrix} 1 & 1 & 2 & | & 1 \\ 0 & -1 & -5 & | & -2 \\ 0 & 0 & 10 & | & 10 \end{bmatrix}$$

$$\xrightarrow{③ \times \frac{1}{10}} \begin{bmatrix} 1 & 1 & 2 & | & 1 \\ 0 & -1 & -5 & | & -2 \\ 0 & 0 & 1 & | & 1 \end{bmatrix}$$

$$\xrightarrow{③ \times 5 + ②} \begin{bmatrix} 1 & 1 & 2 & | & 1 \\ 0 & -1 & 0 & | & 3 \\ 0 & 0 & 1 & | & 1 \end{bmatrix}$$

$$\xrightarrow{③ \times (-2) + ①} \begin{bmatrix} 1 & 1 & 0 & | & -1 \\ 0 & -1 & 0 & | & 3 \\ 0 & 0 & 1 & | & 1 \end{bmatrix}$$

$$\xrightarrow{② \times 1 + ①} \begin{bmatrix} 1 & 0 & 0 & | & 2 \\ 0 & -1 & 0 & | & 3 \\ 0 & 0 & 1 & | & 1 \end{bmatrix}$$

$$\xrightarrow{②\times(-1)}\left[\begin{array}{ccc|c}1&0&0&2\\0&1&0&-3\\0&0&1&1\end{array}\right]$$

이고 계수행렬 $\begin{bmatrix}1&0&0\\0&1&0\\0&0&1\end{bmatrix}$은 기약행 사다리꼴이다. 첨가행렬 $\left[\begin{array}{ccc|c}1&0&0&2\\0&1&0&-3\\0&0&1&1\end{array}\right]$을 연립선형방정식으로 나타내면

$$\begin{cases}x_1 \qquad\quad = 2\\ \qquad x_2 \qquad = -3\\ \qquad\qquad x_3 = 1\end{cases}$$

이다. 따라서 연립선형방정식의 해는 $x_1 = 2$, $x_2 = -3$, $x_3 = 1$이다.

[예제 4]와 [예제 7]의 결과를 사용하여 가우스 소거법과 가우스-조단 소거법의 장단점을 비교해 보자.

(i) 연립선형방정식의 해는 가우스 소거법을 사용하든지 또는 가우스-조단 소거법을 사용하든지 결과는 같다.

(ii) 가우스 소거법을 사용하기 위한 행 사다리꼴을 얻는 과정은 기약행 사다리꼴 과정보다 간단하지만 연립선형방정식의 해를 구하기 위하여 역 대입법을 사용해야 하는 단점이 있다.

(iii) 가우스-조단 소거법을 사용하기 위한 기약행 사다리꼴을 얻는 과정은 행 사다리꼴을 얻는 과정보다 복잡하다는 단점이 있지만 역 대입법을 사용하지 않고 연립선형방정식의 해를 구할 수 있다는 장점이 있다.

두 소거법 중 어떤 소거법이 더 좋다라고 단정할 수는 없지만 선형대수학의 이론을 설명하는 데는 행 사다리꼴로도 충분하다는 점을 명심해야 한다.

연립선형방정식의 해가 무수히 많을 때 무수히 많은 해를 어떻게 구할까?

연립선형방정식은 해를 1개만 갖거나 무수히 많이 갖거나 해를 갖지 않는다. 연립선형방정식이 해를 무수히 많이 가질 때 무수히 많을 해를 모두 구하려면 일정한 규칙이 필요하다. 우선 하나의 선형방정식이 무수히 많은 해를 가질 때 모든 해를 구하는 방법을 알아보자.

○ 1개의 선형방정식의 해가 무수히 많을 때 해를 모두 구하는 방법

다음의 세 예제를 통해서 무수히 많은 해를 갖는 1개의 선형방정식의 모든 해를 어떻게 체계적으로 구하는지에 대한 기본적인 방법을 익히도록 한다.

❶ 선형방정식 $x_1 + x_2 = 1$ 을 만족하는 x_1과 x_2의 값은

$$(x_1, x_2) = (1, 0), (0, 1), (2, -1), (-1, 2), \cdots$$

이다. 이 선형방정식의 모든 해를 체계적으로 구하는 방법은 다음과 같다.
방정식의 오른쪽 끝에 있는 변수인 x_2의 값을 임의의 실수 t로 놓으면 $x_1 + x_2 = 1$에서

$$x_1 = 1 - x_2 = 1 - t$$

이다. 따라서 선형방정식 $x_1 + x_2 = 1$ 의 해는

$$\{(x_1, x_2) : x_1 + x_2 = 1\} = \{(1-t, t) : t \in \mathbb{R}\}$$

이다.

❷ 선형방정식 $x_1 + x_2 + x_3 = 2$ 를 만족하는 x_1, x_2, x_3 의 값은

$$(x_1, x_2, x_3) = (2, 0, 0), (0, 1, 1), (2, 1, -1), (1, -1, 2), \cdots$$

이다. 이 방정식의 모든 해를 체계적으로 구하는 방법은 다음과 같다.
방정식의 오른쪽 끝에 있는 변수인 x_3의 값을 임의의 실수 t로 놓으면

$$x_1 + x_2 = 2 - x_3 = 2 - t$$

이고 이 식을 만족하는 x_1과 x_2는 무수히 많다. 변수 x_3를 제외하고 방정식에서 오른쪽 끝에 있는 변수인 x_2의 값을 임의의 실수 s로 놓으면

$$x_1 = 2 - t - x_2 = 2 - t - s$$

이다. 이때 t와 s는 독립적으로 임의의 실수로 선택하였으므로 선형방정식 $x_1 + x_2 + x_3 = 2$의 해는

$$\{(x_1, x_2, x_3) : x_1 + x_2 + x_3 = 2\} = \{(2 - t - s, s, t) : s, t \in \mathbb{R}\}$$

이다.

❸ 선형방정식 $x_1 + x_3 = x_1 + 0x_2 + x_3 = 4$의 해는 x_2의 값과 상관없이 $x_1 + x_3 = 4$를 만족하는 x_1과 x_3의 값을 구해야 한다. ❶의 풀이와 같이 우선 방정식 $x_1 + 0x_2 + x_3 = 4$의 오른쪽 끝에 있는 변수 x_3의 값을 임의의 실수 t로 놓고, 그 다음 변수인 x_2의 값은 어떤 값이어도 방정식에 영향을 주지 않으므로 임의의 실수 s로 놓는다. 그러면

$$x_1 = 4 - x_3 = 4 - t$$

이다. 따라서 선형방정식 $x_1 + x_3 = 4$의 해는

$$\{(x_1, x_2, x_3) : x_1 + x_3 = 4\} = \{(4 - t, s, t) : s, t \in \mathbb{R}\}$$

이다.

예제 8

다음 선형방정식의 해를 구하라.

(a) $x_1 + 3x_2 = 0$ (b) $x_1 + 2x_3 - x_4 = 3$

| 풀이 |

(a) 임의의 실수 t에 대하여 $x_2 = t$라 하면

$$x_1 = -3x_2 = -3t$$

이다. 따라서 선형방정식의 해는

$$\{(-3t, t) : t \in \mathbb{R}\}$$

이다.

(b) 임의의 실수 t 에 대하여 $x_4 = t$ 라 하고 임의의 실수 s 에 대하여 $x_3 = s$ 라 둔다. x_2 는 어떤 값을 갖더라도 선형방정식에 영향을 주지 않으므로 임의의 실수 r 에 대하여 $x_2 = r$ 이라 둔다. 그러면

$$x_1 = 3 - 2x_3 + x_4 = 3 - 2s + t$$

이다. 따라서 선형방정식의 해는

$$\{(3 - 2s + t, r, s, t) : r, s, t \in \mathbb{R}\}$$

이다.

연립선형방정식의 해가 무수히 많을 때 가우스 소거법과 가우스-조단 소거법으로 무수히 많은 해를 모두 구할 수 있다.

○ 연립선형방정식의 무수히 많은 해를 모두 구하는 방법(1) : 가우스 소거법

가우스 소거법으로 연립선형방정식의 무수히 많은 해를 구하는 방법이란 연립선형방정식을 첨가행렬로 나타내고 이 첨가행렬을 행 사다리꼴로 변형하여 해를 구하는 방법을 의미한다.

[단계 1]

행 사다리꼴로 변형된 첨가행렬의 계수행렬 부분에서 선행계수에 대응하지 않는 변수는 자유변수(free variable)라 하고 이 변수에는 임의의 실숫값을 부여한다.

[단계 2]

행 사다리꼴로 변형된 첨가행렬의 계수행렬 부분에서 선행계수에 대응하는 변수는 고정변수(fixed variable)라 하고 이 변수의 값은 자유변수의 값으로부터 구한다.

[단계 3]

고정변수와 자유변수를 확인한 후 $x_n, x_{n-1}, \cdots, x_1$ 의 순서로 값을 구한다.

예를 들어 $A = \left[\begin{array}{cccc|c} 1 & 2 & 3 & 4 & 5 \\ 0 & 0 & 6 & 7 & 9 \end{array}\right]$ 가 어떤 연립선형방정식의 행 사다리꼴로 변형된 첨가행렬이라면 성분 1 에 대응하는 변수 x_1 과 성분 6 에 대응하는 변수 x_3 는 고정변수이고 나

머지 변수인 x_2와 x_4는 자유변수이다. 만일 $B=\left[\begin{array}{ccccc|c}0&3&4&0&1&2\\0&0&0&0&5&4\end{array}\right]$가 어떤 연립선형방정식의 행 사다리꼴로 변형된 첨가행렬이라면 성분 3에 대응하는 변수 x_2와 성분 5에 대응하는 변수 x_5는 고정변수이고 나머지 변수인 x_1, x_3, x_4는 자유변수이다.

예제 9

다음 연립선형방정식의 해를 가우스 소거법으로 구하라.

(a) $\begin{cases}x_1+x_2+\ \ x_3=1\\x_1+x_2+2x_3=3\end{cases}$

(b) $\begin{cases}x_1+2x_2+2x_3+x_4=3\\x_1+3x_2+3x_3+x_4=0\end{cases}$

| 풀이 |

(a) 연립선형방정식에 대한 첨가행렬은 $\left[\begin{array}{ccc|c}1&1&1&1\\1&1&2&3\end{array}\right]$이다. 기본행 연산에 의하여

$$\left[\begin{array}{ccc|c}1&1&1&1\\1&1&2&3\end{array}\right]\xrightarrow{①\times(-1)+②}\left[\begin{array}{ccc|c}1&1&1&1\\0&0&1&2\end{array}\right]$$

이고 계수행렬 $\begin{bmatrix}1&1&1\\0&0&1\end{bmatrix}$은 행 사다리꼴이다. 첨가행렬 $\left[\begin{array}{ccc|c}1&1&1&1\\0&0&1&2\end{array}\right]$를 연립선형방정식으로 나타냈을 때 선행계수에 대응하는 변수는 x_1과 x_3이므로 이 변수들은 고정변수이고 나머지 변수인 x_2는 자유변수이다. 변수의 값을 x_3, x_2, x_1의 순서로 구한다.

x_3는 고정변수인데 식 ②에서 $x_3=2$이다. x_2는 자유변수이므로 임의의 실수 t에 대하여 $x_2=t$라 둔다. x_1은 고정변수인데 식 ①에서

$$x_1=1-x_2-x_3=1-t-2=-1-t$$

이다. 따라서 연립선형방정식의 해는

$$\{(-1-t,t,2):t\in\mathbb{R}\}$$

이다.

(b) 연립선형방정식에 대한 첨가행렬은 $\left[\begin{array}{cccc|c}1&2&2&1&3\\1&3&3&1&0\end{array}\right]$이다. 기본행 연산에 의하여

$$\left[\begin{array}{cccc|c}1&2&2&1&3\\1&3&3&1&0\end{array}\right]\xrightarrow{①\times(-1)+②}\left[\begin{array}{cccc|c}1&2&2&1&3\\0&1&1&0&-3\end{array}\right]$$

이고 계수행렬 $\begin{bmatrix}1&2&2&1\\0&1&1&0\end{bmatrix}$은 행 사다리꼴이다. 첨가행렬 $\left[\begin{array}{cccc|c}1&2&2&1&3\\0&1&1&0&-3\end{array}\right]$을 연립선

형방정식으로 나타냈을 때 선행계수에 대응하는 변수는 x_1과 x_2이므로 이 변수들은 고정변수이고 나머지 변수인 x_3와 x_4는 자유변수이다. 변수의 값을 x_4, x_3, x_2, x_1의 순서로 구한다.

x_4는 자유변수이므로 임의의 실수 t에 대하여 $x_4 = t$라 둔다. x_3도 자유변수이므로 임의의 실수 s에 대하여 $x_3 = s$라 둔다. x_2는 고정변수인데 식 ②에서

$$x_2 = -3 - x_3 = -3 - s$$

이다. x_1은 고정변수인데 식 ①에서

$$x_1 = 3 - 2x_2 - 2x_3 - x_4 = 3 - 2(-3 - s) - 2s - t = 9 - t$$

이다. 따라서 연립선형방정식의 해는

$$\{(9-t,\ -3-s,\ s,\ t) : s,\ t \in \mathbb{R}\}$$

이다.

○ 연립선형방정식의 무수히 많은 해를 모두 구하는 방법 (2) : 가우스-조단 소거법

가우스-조단 소거법으로 연립선형방정식의 무수히 많은 해를 구하는 방법이란 연립선형방정식을 첨가행렬로 나타내고 이 첨가행렬을 기약행 사다리꼴로 변형하여 해를 구하는 방법을 의미한다.

[단계 1]
기약행 사다리꼴로 변형된 첨가행렬의 계수행렬 부분에서 선행계수에 대응하지 않는 변수는 자유변수(free variable)라 하고 이 변수에는 임의의 실숫값을 부여한다.

[단계 2]
기약행 사다리꼴로 변형된 첨가행렬의 계수행렬 부분에서 선행계수에 대응하는 변수는 고정변수(fixed variable)라 하고 이 변수의 값은 자유변수의 값으로부터 구한다.

[단계 3]
고정변수와 자유변수를 확인한 후 x_n, x_{n-1}, $\cdots$, x_1의 순서로 값을 구한다.

가우스-조단 소거법에서는 가우스 소거법의 행 사다리꼴 대신 기약행 사다리꼴을 사용한 점만 바뀌었기 때문에 첨가행렬을 기약행 사다리꼴로 변형하여도 자유변수와 고정변

수는 바뀌지 않는다. [예제 9]에서 다뤘던 연립선형방정식의 해를 기약행 사다리꼴을 이용하여 다시 풀어보자.

예제 10

다음 연립선형방정식의 해를 가우스-조단 소거법으로 구하라.

(a) $\begin{cases} x_1 + x_2 + x_3 = 1 \\ x_1 + x_2 + 2x_3 = 3 \end{cases}$ (b) $\begin{cases} x_1 + 2x_2 + 2x_3 + x_4 = 3 \\ x_1 + 3x_2 + 3x_3 + x_4 = 0 \end{cases}$

| 풀이 |

(a) 연립선형방정식에 대한 첨가행렬은 $\left[\begin{array}{ccc|c} 1 & 1 & 1 & 1 \\ 1 & 1 & 2 & 3 \end{array}\right]$이다. 기본행 연산에 의하여

$$\left[\begin{array}{ccc|c} 1 & 1 & 1 & 1 \\ 1 & 1 & 2 & 3 \end{array}\right] \xrightarrow{①\times(-1)+②} \left[\begin{array}{ccc|c} 1 & 1 & 1 & 1 \\ 0 & 0 & 1 & 2 \end{array}\right]$$
$$\xrightarrow{②\times(-1)+①} \left[\begin{array}{ccc|c} 1 & 1 & 0 & -1 \\ 0 & 0 & 1 & 2 \end{array}\right]$$

이고 계수행렬 $\begin{bmatrix} 1 & 1 & 0 \\ 0 & 0 & 1 \end{bmatrix}$은 기약행 사다리꼴이다. 첨가행렬 $\left[\begin{array}{ccc|c} 1 & 1 & 0 & -1 \\ 0 & 0 & 1 & 2 \end{array}\right]$를 연립선형방정식으로 나타냈을 때 선행계수에 대응하는 변수는 x_1과 x_3이므로 이 변수들은 고정변수이고 나머지 변수인 x_2는 자유변수이다. 변수의 값을 x_3, x_2, x_1의 순서로 구한다.

x_3는 고정변수인데 식 ②에서 $x_3 = 2$이다. x_2는 자유변수이므로 임의의 실수 t에 대하여 $x_2 = t$라 둔다. x_1은 고정변수인데 식 ①에서

$$x_1 = -1 - x_2 = -1 - t$$

이다. 따라서 연립선형방정식의 해는

$$\{(-1-t, t, 2) : t \in \mathbb{R}\}$$

이다.

(b) 연립선형방정식에 대한 첨가행렬은 $\left[\begin{array}{cccc|c} 1 & 2 & 2 & 1 & 3 \\ 1 & 3 & 3 & 1 & 0 \end{array}\right]$이다. 기본행 연산에 의하여

$$\left[\begin{array}{cccc|c} 1 & 2 & 2 & 1 & 3 \\ 1 & 3 & 3 & 1 & 0 \end{array}\right] \xrightarrow{①\times(-1)+②} \left[\begin{array}{cccc|c} 1 & 2 & 2 & 1 & 3 \\ 0 & 1 & 1 & 0 & -3 \end{array}\right]$$
$$\xrightarrow{②\times(-2)+①} \left[\begin{array}{cccc|c} 1 & 0 & 0 & 1 & 9 \\ 0 & 1 & 1 & 0 & -3 \end{array}\right]$$

이고 계수행렬 $\begin{bmatrix} 1 & 0 & 0 & 1 \\ 0 & 1 & 1 & 0 \end{bmatrix}$은 기약행 사다리꼴이다. 첨가행렬 $\left[\begin{array}{cccc|c} 1 & 0 & 0 & 1 & 9 \\ 0 & 1 & 1 & 0 & -3 \end{array}\right]$을 연립선형방정식으로 나타냈을 때 선행계수에 대응하는 변수는 x_1과 x_2이므로 이 변수들은 고정변수이고 나머지 변수인 x_3와 x_4는 자유변수이다. 변수의 값을 x_4, x_3, x_2, x_1의 순서로 구한다.

x_4는 자유변수이므로 임의의 실수 t에 대하여 $x_4 = t$라 둔다. x_3도 자유변수이므로 임의의 실수 s에 대하여 $x_3 = s$라 둔다. x_2는 고정변수인데 식 ②에서

$$x_2 = -3 - x_3 = -3 - s$$

이다. x_1은 고정변수인데 식 ①에서

$$x_1 = 9 - x_4 = 9 - t$$

이다. 따라서 연립선형방정식의 해는

$$\{(9-t,\ -3-s,\ s,\ t) : s,\ t \in \mathbb{R}\}$$

이다.

[예제 9]와 [예제 10]의 결과에서 알 수 있듯이 연립방정식의 해를 가우스 소거법으로 풀거나 가우스-조단 소거법으로 풀더라도 결과가 같음을 알 수 있다. [예제 10(b)]에서 x_3와 x_4는 자유변수였고 임의의 실수 t에 대하여 $x_4 = t$라 하였다. t가 임의의 실수이므로 자유변수 x_3를 $x_3 = t$라고 해도 될까? t는 임의의 실수이기는 하지만 $x_3 = t$라 하면 x_3의 값은 x_4의 값에 따라서 함께 변하기 때문에 자유변수가 되지 않는다. 따라서 자유변수인 경우 앞의 변수에서 정한 문자 외의 다른 문자로 변수를 나타내야 한다.

이 절에서는 연립선형방정식을 행렬을 이용하여 표현하는 방법을 살펴보고 해를 구하는 방법을 학습하였다. 행 사다리꼴을 이용한 가우스 소거법과 기약행 사다리꼴을 이용한 가우스-조단 방법을 사용하여 해를 구하는 방법을 알아보았다.

Chapter 2.1 연습문제

1 다음 연립선형방정식을 행렬을 이용하여 나타내고 첨가행렬을 구하라.

(a) $\begin{cases} 2x_1 + 5x_2 = -2 \\ 3x_1 - 4x_2 = -3 \end{cases}$

(b) $\begin{cases} \quad\; - x_2 = 5 \\ 2x_1 + 3x_2 = 4 \end{cases}$

(c) $\begin{cases} 3x_1 - x_2 = 0 \\ 2x_1 + 5x_2 = 0 \end{cases}$

(d) $\begin{cases} x_1 \quad\;\; = 4 \\ 2x_1 - x_2 = 3 \end{cases}$

(e) $\begin{cases} x_1 + x_2 - x_3 = -1 \\ 4x_1 - 2x_2 + x_3 = 0 \\ \quad\; -2x_2 + 3x_3 = 4 \end{cases}$

(f) $\begin{cases} 2x_1 \qquad\; - 7x_3 = -2 \\ 3x_1 + 4x_2 \qquad = -3 \\ \qquad 2x_2 + 3x_3 = 9 \end{cases}$

(g) $\begin{cases} 2x_1 + 3x_2 - 4x_3 = 0 \\ \qquad 2x_2 + 3x_3 = 1 \\ \qquad\qquad 4x_3 = 3 \end{cases}$

(h) $\begin{cases} -2x_1 \qquad\qquad = 1 \\ 3x_1 - x_2 \qquad = -8 \\ 4x_1 - 3x_2 - x_3 = 7 \end{cases}$

2 다음 행렬이 행 사다리꼴인지를 판정하고 행 사다리꼴이 아니면 그 이유를 설명하라.

(a) $A = \begin{bmatrix} 0 & 0 & 1 \\ 0 & 2 & 0 \\ 3 & 0 & 0 \end{bmatrix}$

(b) $B = \begin{bmatrix} 1 & 0 & 0 \\ 0 & 2 & 0 \\ 0 & 0 & 3 \end{bmatrix}$

(c) $C = \begin{bmatrix} 0 & 1 & 0 & 0 \\ 0 & 0 & 0 & 0 \end{bmatrix}$

(d) $D = \begin{bmatrix} 0 & -1 \\ 0 & 1 \\ 0 & 0 \end{bmatrix}$

(e) $E = \begin{bmatrix} 2 & 3 & 4 & 5 \\ 0 & 0 & 0 & 0 \end{bmatrix}$

(f) $F = \begin{bmatrix} 0 & 0 & 0 & 1 \\ 1 & 0 & 0 & 0 \end{bmatrix}$

(g) $G = \begin{bmatrix} 1 & 0 \\ 0 & 0 \\ 0 & 1 \end{bmatrix}$

(h) $H = \begin{bmatrix} 1 \\ 0 \\ 0 \end{bmatrix}$

3 다음 행렬을 기본행 연산을 이용하여 행 사다리꼴로 변형하라.

(a) $A = \begin{bmatrix} 3 & -2 \\ -6 & 1 \end{bmatrix}$

(b) $B = \begin{bmatrix} 2 & 0 \\ 3 & 1 \end{bmatrix}$

(c) $C = \begin{bmatrix} 2 & 0 \\ 5 & 0 \end{bmatrix}$

(d) $D = \begin{bmatrix} 0 & 0 \\ 3 & 2 \end{bmatrix}$

(e) $E = \begin{bmatrix} 2 & 0 & 1 \\ 4 & 1 & 0 \end{bmatrix}$ (f) $F = \begin{bmatrix} 1 & 1 \\ 0 & 0 \\ 0 & 3 \end{bmatrix}$

(g) $G = \begin{bmatrix} 0 & 0 & 0 & 1 \\ 0 & 5 & 0 & 2 \end{bmatrix}$ (h) $H = \begin{bmatrix} 1 & 0 & 1 \\ 0 & 1 & 0 \\ 1 & 0 & 1 \end{bmatrix}$

4 다음 연립선형방정식을 가우스 소거법으로 풀어라.

(a) $\begin{cases} 3x_1 + 2x_2 = 0 \\ -2x_1 + x_2 = -7 \end{cases}$ (b) $\begin{cases} 2x_1 + x_2 = 3 \\ 5x_1 + 2x_2 = 5 \end{cases}$

(c) $\begin{cases} -2x_1 + 3x_2 = -5 \\ -x_1 + x_2 = -3 \end{cases}$ (d) $\begin{cases} 2x_1 - 3x_2 = 3 \\ -x_1 + 2x_2 = -3 \end{cases}$

(e) $\begin{cases} x_1 - 2x_2 + 4x_3 = 3 \\ 2x_1 - x_2 + 4x_3 = 1 \\ x_1 - x_2 + 3x_3 = 0 \end{cases}$ (f) $\begin{cases} x_1 + x_2 + 2x_3 = 4 \\ x_1 + 2x_2 + 4x_3 = 3 \\ 2x_1 + 3x_2 + 5x_3 = 2 \end{cases}$

(g) $\begin{cases} x_1 - x_2 + x_3 = 2 \\ 2x_1 - 3x_2 - x_3 = 0 \\ 2x_1 - x_2 + 4x_3 = 5 \end{cases}$ (h) $\begin{cases} 4x_1 + 3x_2 = 0 \\ 2x_2 - x_3 = 10 \\ -3x_1 + 2x_3 = 15 \end{cases}$

5 가우스 소거법을 이용하여 다음 연립선형방정식이 해를 무수히 많이 갖는지 또는 해를 갖지 않는지를 판정하라.

(a) $\begin{cases} x_1 + 2x_2 = 3 \\ 3x_1 + 6x_2 = 9 \end{cases}$ (b) $\begin{cases} x_1 + 2x_2 = 3 \\ 3x_1 + 6x_2 = 6 \end{cases}$

(c) $\begin{cases} 2x_1 - x_2 = -1 \\ -6x_1 + 3x_2 = 3 \end{cases}$ (d) $\begin{cases} 3x_1 - 2x_2 = -1 \\ -3x_1 + 2x_2 = -1 \end{cases}$

(e) $\begin{cases} x_1 + x_2 + 2x_3 = 2 \\ x_2 - x_3 = -1 \\ x_1 + 2x_2 + x_3 = 1 \end{cases}$ (f) $\begin{cases} x_1 - x_3 = 1 \\ 2x_2 + 3x_3 = 0 \\ 3x_1 + 4x_2 + 3x_3 = 3 \end{cases}$

(g) $\begin{cases} 2x_1 - x_2 + x_3 = 3 \\ x_1 - 2x_2 - x_3 = 1 \\ x_1 + x_2 + 2x_3 = -2 \end{cases}$ (h) $\begin{cases} -x_1 + 2x_2 - x_3 = -2 \\ -x_1 + 3x_2 + 4x_3 = -1 \\ -2x_1 + 5x_2 + 3x_3 = 3 \end{cases}$

6 다음 행렬이 기약행 사다리꼴인지를 판정하고 기약행 사다리꼴이 아니면 그 이유를 설명하라.

(a) $A = \begin{bmatrix} 1 & 1 & 0 \\ 0 & 1 & 1 \\ 0 & 0 & 1 \end{bmatrix}$

(b) $B = \begin{bmatrix} 0 & 0 & 1 \\ 0 & 1 & 0 \\ 1 & 0 & 0 \end{bmatrix}$

(c) $C = \begin{bmatrix} 1 & 0 & 1 \\ 0 & 1 & 0 \\ 0 & 0 & 0 \end{bmatrix}$

(d) $D = \begin{bmatrix} 1 & 9 & 6 \\ 0 & 0 & 1 \\ 0 & 0 & 0 \end{bmatrix}$

(e) $E = \begin{bmatrix} 0 & 1 & 0 & 0 & -2 \\ 0 & 0 & 2 & 1 & 0 \end{bmatrix}$

(f) $F = \begin{bmatrix} 1 & 2 & 3 & 4 & 5 \\ 0 & 0 & 0 & 0 & 0 \end{bmatrix}$

(g) $G = \begin{bmatrix} 0 \\ 1 \\ 0 \\ 0 \end{bmatrix}$

(h) $H = [1\ 3\ 5\ 7\ 9]$

7 다음 행렬을 기약행 사다리꼴로 변형하라.

(a) $A = \begin{bmatrix} 4 & 3 \\ 2 & 1 \end{bmatrix}$

(b) $B = \begin{bmatrix} 2 & 0 \\ 7 & -1 \end{bmatrix}$

(c) $C = \begin{bmatrix} 2 & 3 \\ 0 & 0 \end{bmatrix}$

(d) $D = \begin{bmatrix} 0 & -2 \\ -3 & 0 \end{bmatrix}$

(e) $E = \begin{bmatrix} 1 & 2 & 3 & 4 \\ 2 & 3 & 4 & 5 \end{bmatrix}$

(f) $F = \begin{bmatrix} 2 & 0 & 1 & 6 \\ 2 & 0 & 2 & 4 \end{bmatrix}$

(g) $G = \begin{bmatrix} 1 & 3 & 2 & 4 & 0 \\ 2 & 1 & 2 & 0 & 1 \\ 1 & 2 & 1 & 3 & 1 \end{bmatrix}$

(h) $H = \begin{bmatrix} 0 & 1 & 2 & 2 & 3 \\ 1 & 0 & 4 & 1 & 2 \\ 2 & 1 & 3 & 2 & 0 \end{bmatrix}$

8 다음 연립선형방정식을 가우스-조단 소거법으로 풀어라.

(a) $\begin{cases} 3x_1 + 2x_2 = 0 \\ -2x_1 + x_2 = -7 \end{cases}$

(b) $\begin{cases} 2x_1 + x_2 = 3 \\ 5x_1 + 2x_2 = 5 \end{cases}$

(c) $\begin{cases} -2x_1 + 3x_2 = -5 \\ -x_1 + x_2 = -3 \end{cases}$

(d) $\begin{cases} 2x_1 - 3x_2 = 3 \\ -x_1 + 2x_2 = -3 \end{cases}$

(e) $\begin{cases} x_1 - 2x_2 + 4x_3 = 3 \\ 2x_1 - x_2 + 4x_3 = 1 \\ x_1 - x_2 + 3x_3 = 0 \end{cases}$

(f) $\begin{cases} x_1 + x_2 + 2x_3 = 4 \\ x_1 + 2x_2 + 4x_3 = 3 \\ 2x_1 + 3x_2 + 5x_3 = 2 \end{cases}$

(g) $\begin{cases} x_1 - x_2 + x_3 = 2 \\ 2x_1 - 3x_2 - x_3 = 0 \\ 2x_1 - x_2 + 4x_3 = 5 \end{cases}$ (h) $\begin{cases} 4x_1 + 3x_2 = 0 \\ 2x_2 - x_3 = 10 \\ -3x_1 + 2x_3 = 15 \end{cases}$

9 다음 선형방정식의 해를 구하라.

(a) $3x_1 - 2x_2 = 0$ (b) $-2x_1 + x_2 = -1$

(c) $x_1 + 2x_2 + 3x_3 = 4$ (d) $2x_1 + x_3 = 2$

(e) $x_1 - x_2 + x_3 - x_4 = 1$ (f) $x_1 - 4x_4 = 0$

(g) $x_1 + x_2 - x_4 = 5$ (h) $x_1 + x_3 - x_4 = 5$

10 다음 연립선형방정식을 가우스 소거법으로 풀어라.

(a) $\begin{cases} x_1 + x_2 + 2x_3 = 3 \\ x_2 - 2x_3 = 2 \end{cases}$ (b) $\begin{cases} x_1 + x_3 = 0 \\ 2x_1 + x_2 + 2x_3 = 3 \end{cases}$

(c) $\begin{cases} x_1 + 3x_2 + 4x_3 = -2 \\ -6x_2 - 8x_3 = 3 \end{cases}$ (d) $\begin{cases} x_1 + 2x_2 + 3x_3 = 0 \\ 4x_1 + 5x_2 + 6x_3 = 0 \end{cases}$

(e) $\begin{cases} x_1 + 2x_3 + x_4 = 3 \\ x_1 + 2x_2 + x_3 + 2x_4 = 2 \end{cases}$ (f) $\begin{cases} x_1 + 3x_2 + 2x_3 + 2x_4 = 3 \\ x_1 + 3x_2 + x_4 = 2 \end{cases}$

(g) $\begin{cases} x_1 + x_2 + x_3 = 0 \\ x_2 + x_3 + x_4 = 0 \\ x_3 + x_4 = 1 \end{cases}$ (h) $\begin{cases} x_1 + x_2 + x_3 + x_4 = 1 \\ x_1 + x_2 + x_3 = 2 \\ x_1 + x_2 = 3 \end{cases}$

11 다음 연립선형방정식을 가우스-조단 소거법으로 풀어라.

(a) $\begin{cases} x_1 + x_2 + 2x_3 = 3 \\ x_2 - 2x_3 = 2 \end{cases}$ (b) $\begin{cases} x_1 + x_3 = 0 \\ 2x_1 + x_2 + 2x_3 = 3 \end{cases}$

(c) $\begin{cases} x_1 + 3x_2 + 4x_3 = -2 \\ -6x_2 - 8x_3 = 3 \end{cases}$ (d) $\begin{cases} x_1 + 2x_2 + 3x_3 = 0 \\ 4x_1 + 5x_2 + 6x_3 = 0 \end{cases}$

(e) $\begin{cases} x_1 + 2x_3 + x_4 = 3 \\ x_1 + 2x_2 + x_3 + 2x_4 = 2 \end{cases}$ (f) $\begin{cases} x_1 + 3x_2 + 2x_3 + 2x_4 = 3 \\ x_1 + 3x_2 + x_4 = 2 \end{cases}$

(g) $\begin{cases} x_1 + x_2 + x_3 = 0 \\ x_2 + x_3 + x_4 = 0 \\ x_3 + x_4 = 1 \end{cases}$ (h) $\begin{cases} x_1 + x_2 + x_3 + x_4 = 1 \\ x_1 + x_2 + x_3 = 2 \\ x_1 + x_2 = 3 \end{cases}$

12 다음 명제가 참인지 거짓인지를 판정하라.

(a) 행렬 A가 기약행 사다리꼴이면 A는 행 사다리꼴이다.

(b) 행렬 A가 행 사다리꼴이면 A는 기약행 사다리꼴이다.

(c) 영행렬은 행 사다리꼴이다.

(d) 3개의 변수를 갖는 3개의 선형방정식에 대한 첨가행렬은 4×3 행렬이다.

(e) 3개의 변수를 갖는 3개의 선형방정식으로 이루어진 연립선형방정식은 항상 해를 1개만 갖는다.

(f) 주어진 행렬의 행 사다리꼴은 유일하다.

(g) 연립선형방정식에 대한 첨가행렬이 $\left[\begin{array}{cccc|c} 1 & 0 & 3 & 1 & 0 \\ 0 & 0 & 0 & 0 & 1 \end{array}\right]$일 때 연립선형방정식은 고정변수를 2개 갖는다.

(h) 연립선형방정식에 대한 첨가행렬이 $\left[\begin{array}{cccc|c} 1 & 0 & 3 & 1 & 0 \\ 0 & 1 & 2 & 0 & 0 \end{array}\right]$일 때 연립선형방정식은 자유변수를 2개 갖는다.

2절 행렬식

이 절에서는 정사각행렬을 하나의 스칼라에 대응시키는 수학적 규칙과 계산법에 대하여 알아보고자 한다.

1차, 2차, 3차 정사각행렬의 행렬식

A가 정사각행렬일 때 A를 하나의 스칼라에 대응시키는 규칙을 행렬식(determinant)이라고 하고 $\mathrm{Det}(A)$ 또는 $|A|$로 나타낸다. 정사각행렬 A에 대응하는 스칼라는 양의 값일 수도 있고 0일 수도 있고 음의 값일 수도 있다.

$n = 1, 2$인 경우의 n차 정사각행렬의 행렬식을 다음과 같이 정의한다.

정의 1　$n = 1, 2$일 때 n차 정사각행렬의 행렬식

(1) 1차 정사각행렬 $A = [a]$의 행렬식은 다음과 같이 정의한다.

$$\mathrm{Det}(A) = |a| = a$$

(2) 2차 정사각행렬 $A = \begin{bmatrix} a & b \\ c & d \end{bmatrix}$의 행렬식은 다음과 같이 정의한다.

$$\mathrm{Det}(A) = \begin{vmatrix} a & b \\ c & d \end{vmatrix} = ad - bc$$

1차 정사각행렬의 정의에서 $|a|$는 행렬식을 나타낼 뿐 절댓값을 의미하는 것은 아니다. 예를 들어 $A = [3]$이면 $\mathrm{Det}(A) = |3| = 3$이고 $B = [-2]$이면 $\mathrm{Det}(B) = |-2| = -2$이다.

[정의 1]에서 1차 정사각행렬의 행렬식 정의는 자연스럽게 받아들일 수 있는데, 2차 정사각행렬의 행렬식 정의는 어떤 의미가 있을까? 예를 들어 $A=\begin{bmatrix}1 & 2\\0 & 3\end{bmatrix}$일 때 A의 두 열벡터[4] $\boldsymbol{v}_1=\begin{bmatrix}1\\0\end{bmatrix}$, $\boldsymbol{v}_2=\begin{bmatrix}2\\3\end{bmatrix}$을 이웃한 두 변으로 갖는 평행사변형을 그리고 넓이를 구하면 그 넓이가 행렬식과 같다.

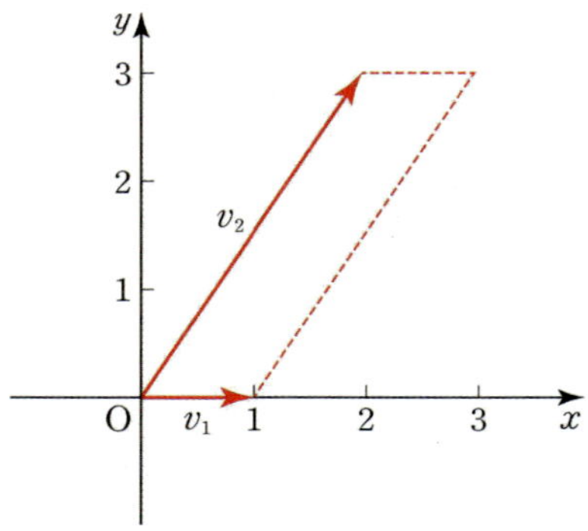

[그림 1] 2차 정사각행렬의 행렬식

행렬식으로 넓이를 언급할 때는 행렬의 열벡터의 순서에 주의해야 한다. 행렬 A의 첫 번째 열벡터 $\boldsymbol{v}_1$에서 반시계방향으로 회전한 곳에 $\boldsymbol{v}_2$가 있는 경우는 행렬식이 넓이가 되지만, $\boldsymbol{v}_2$가 $\boldsymbol{v}_1$의 시계방향으로 회전한 곳에 있는 경우 행렬식은 $-$(넓이)가 된다. 예를 들어 $A=\begin{bmatrix}2 & 0\\3 & 1\end{bmatrix}$이면 행렬 A의 두 열벡터 $\boldsymbol{v}_1=\begin{bmatrix}2\\3\end{bmatrix}$, $\boldsymbol{v}_2=\begin{bmatrix}1\\0\end{bmatrix}$을 이웃한 두 변으로 갖는 평행사변형을 그리고 넓이를 구하면 3이지만 행렬식은 -3이다.

예제 1

다음 행렬의 행렬식을 구하라.

(a) $A=\begin{bmatrix}1 & 2\\3 & 4\end{bmatrix}$

(b) $B=\begin{bmatrix}3 & 1\\2 & -4\end{bmatrix}$

(c) $C=\begin{bmatrix}-2 & -3\\4 & 6\end{bmatrix}$

(d) $D=\begin{bmatrix}-3 & -5\\7 & -1\end{bmatrix}$

| 풀이 |

(a) $\text{Det}(A)=1\cdot 4-2\cdot 3=-2$

(b) $\text{Det}(B)=3\cdot(-4)-1\cdot 2=-14$

---

4 $\mathbb{R}^2$의 벡터에 대해서는 3장에서 자세히 다룬다.

(c) $\text{Det}(C) = (-2) \cdot 6 - (-3) \cdot 4 = 0$

(d) $\text{Det}(D) = (-3) \cdot (-1) - (-5) \cdot 7 = 38$

이제 $n = 3$일 때 n차 정사각행렬의 정의를 알아보자.

정의 2 **3차 정사각행렬의 행렬식**

$A = \begin{bmatrix} a_{11} & a_{12} & a_{13} \\ a_{21} & a_{22} & a_{23} \\ a_{31} & a_{32} & a_{33} \end{bmatrix}$ 일 때 A의 행렬식은 다음과 같이 정의한다.

$$\begin{aligned} \text{Det}(A) &= \begin{vmatrix} a_{11} & a_{12} & a_{13} \\ a_{21} & a_{22} & a_{23} \\ a_{31} & a_{32} & a_{33} \end{vmatrix} \\ &= a_{11}a_{22}a_{33} + a_{12}a_{23}a_{31} + a_{13}a_{21}a_{32} - a_{11}a_{23}a_{32} - a_{12}a_{21}a_{33} - a_{13}a_{22}a_{31} \end{aligned}$$

[정의 2]에 있는 행렬식을 나타내기 위한 첨자를 암기하는 것은 매우 어렵기 때문에 사루스 방법(Sarrus method)을 이용하여 쉽게 행렬식을 구한다.

정리 1 **사루스 방법으로 3차 행렬의 행렬식을 구하는 방법**

① **[단계 1]** 3×3 행렬에서 [그림 2]와 같이 왼쪽 위에서 오른쪽 아래로 향하는 선을 그어 그 선에 있는 3개의 원소들을 곱하면 각각 $a_{11}a_{22}a_{33}$, $a_{12}a_{23}a_{31}$, $a_{13}a_{21}a_{32}$이고 이 값들을 더한다.

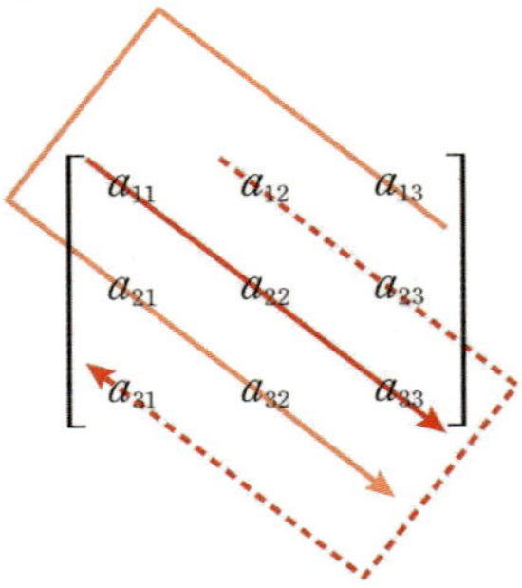

[그림 2] 사루스 방법으로 3차 행렬의 행렬식을 구하는 방법 (1)

② **[단계 2]** 3×3 행렬에서 [그림 3]과 같이 오른쪽 위에서 왼쪽 아래로 향하는 선을 그어 그 선에 있는 3개의 원소들을 곱하면 각각 $a_{13}a_{22}a_{31}$, $a_{11}a_{23}a_{32}$, $a_{12}a_{21}a_{33}$이고 이 값들을 더한다.

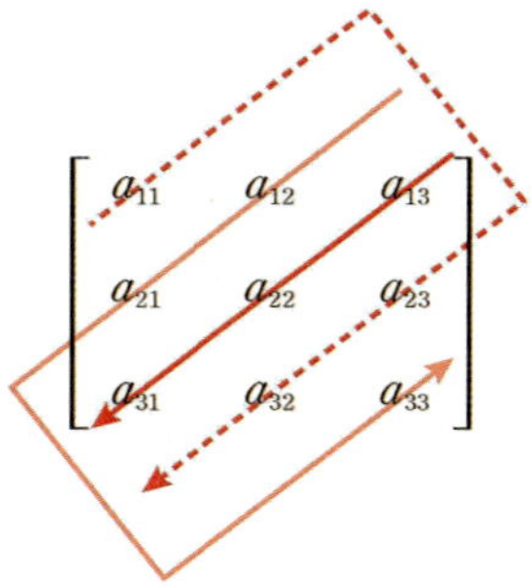

[그림 3] 사루스 방법으로 3차 행렬의 행렬식을 구하는 방법(2)

③ **[단계 3]** [단계 1]의 값에서 [단계 2]의 값을 뺀 값이 $\mathrm{Det}(A)$이다.

[정리 1]을 사용하여 3차 정사각행렬의 행렬식을 구해보자.

예제 2

사루스 방법을 이용하여 다음 행렬의 행렬식을 구하라.

(a) $A = \begin{bmatrix} 1 & 0 & 3 \\ 2 & 5 & 4 \\ 6 & 7 & 8 \end{bmatrix}$ (b) $B = \begin{bmatrix} 2 & -2 & -1 \\ -3 & 1 & 0 \\ 3 & 4 & -4 \end{bmatrix}$

| 풀이 |

(a) $\mathrm{Det}(A) = 1 \cdot 5 \cdot 8 + 0 \cdot 4 \cdot 6 + 3 \cdot 2 \cdot 7 - 3 \cdot 5 \cdot 6 - 0 \cdot 2 \cdot 8 - 1 \cdot 4 \cdot 7$

$= 40 + 0 + 42 - 90 - 0 - 28 = -36$

(b) $\mathrm{Det}(B) = 2 \cdot 1 \cdot (-4) + (-2) \cdot 0 \cdot 3 + (-1) \cdot (-3) \cdot 4$

$-(-1) \cdot 1 \cdot 3 - (-2) \cdot (-3) \cdot (-4) - 2 \cdot 0 \cdot 4$

$= -8 + 0 + 12 + 3 + 24 - 0 = 31$

3차 정사각행렬의 행렬식 정의는 어떤 의미가 있을까? 예를 들어 $A = \begin{bmatrix} 1 & 0 & 1 \\ 0 & 2 & 1 \\ 0 & 0 & 1 \end{bmatrix}$일 때

A 의 세 열벡터 $\boldsymbol{v}_1 = \begin{bmatrix} 1 \\ 0 \\ 0 \end{bmatrix}$, $\boldsymbol{v}_2 = \begin{bmatrix} 0 \\ 2 \\ 0 \end{bmatrix}$, $\boldsymbol{v}_3 = \begin{bmatrix} 1 \\ 1 \\ 1 \end{bmatrix}$을 세 변으로 갖는 평행육면체를 그리고 부피를 구하면 그 부피가 행렬식과 같다.

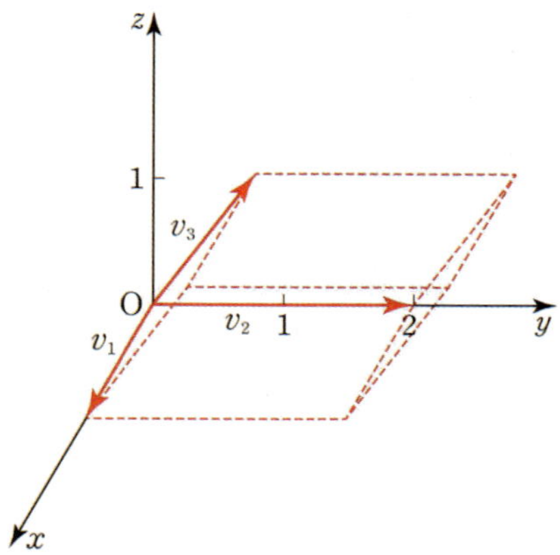

[그림 4] 3차 정사각행렬의 행렬식

2차 정사각행렬의 행렬식으로 부피를 언급할 때는 행렬의 열벡터의 순서에 주의해야 한다. 열 벡터의 위치에 따라서 2차 정사각행렬의 경우와 유사하게 3차 정사각행렬의 행렬식은 $-$(부피)가 되기도 한다.

4차 이상의 정사각행렬의 행렬식은 2차 정사각행렬과 같은 공식도 없고 3차 정사각행렬에 대해 사용한 사루스 방법을 적용하여 구할 수 없다. 4차 이상의 정사각행렬의 행렬식은 소행렬식과 여인수를 이용하여 구하거나 기본행 연산을 이용하여 구해야 한다.

여인수 전개를 이용한 행렬식의 계산

4차 이상의 정사각행렬의 행렬식을 구하는 방법을 알아보기 위하여 3차 정사각행렬의 행렬식을 구하는 방법을 다시 검토해 보자.

[정의 2]에 있는 3차 정사각행렬의 행렬식

$$\begin{aligned} \mathrm{Det}(A) &= a_{11}a_{22}a_{33} + a_{12}a_{23}a_{31} + a_{13}a_{21}a_{32} \\ &\quad - a_{11}a_{23}a_{32} - a_{12}a_{21}a_{33} - a_{13}a_{22}a_{31} \end{aligned}$$

을 몇 가지 방법으로 인수분해하고 이를 2차 정사각행렬의 행렬식을 이용하여 나타내면 다음과 같다.

❶ $$\begin{aligned}\mathrm{Det}(A) &= a_{11}(a_{22}a_{33}-a_{23}a_{32})+a_{12}(-a_{21}a_{33}+a_{23}a_{21}) \\ &\qquad +a_{13}(a_{22}a_{32}-a_{22}a_{31}) \\ &= a_{11}(a_{22}a_{33}-a_{23}a_{32})-a_{12}(a_{21}a_{33}-a_{23}a_{21})+a_{13}(a_{22}a_{32}-a_{22}a_{31}) \\ &= a_{11}\begin{vmatrix} a_{22} & a_{23} \\ a_{32} & a_{33}\end{vmatrix} - a_{21}\begin{vmatrix} a_{21} & a_{23} \\ a_{31} & a_{33}\end{vmatrix} + a_{13}\begin{vmatrix} a_{21} & a_{22} \\ a_{31} & a_{32}\end{vmatrix}\end{aligned}$$

이 식은 행렬 A의 1행에 있는 성분들에 대하여 그 성분에 그 성분이 포함된 행과 열을 삭제하여 얻은 2차 정사각행렬의 행렬식을 곱한 값을 연산하여 행렬식을 얻을 수 있음을 설명한다.

❷ $$\begin{aligned}\mathrm{Det}(A) &= a_{12}(-a_{21}a_{33}+a_{23}a_{31})+a_{22}(a_{11}a_{33}-a_{13}a_{31}) \\ &\qquad +a_{32}(-a_{11}a_{13}+a_{13}a_{21}) \\ &= -a_{12}(a_{21}a_{33}-a_{23}a_{31})+a_{22}(a_{11}a_{33}-a_{13}a_{31})-a_{32}(a_{11}a_{13}-a_{13}a_{21}) \\ &= -a_{12}\begin{vmatrix} a_{21} & a_{23} \\ a_{31} & a_{33}\end{vmatrix} + a_{22}\begin{vmatrix} a_{11} & a_{13} \\ a_{31} & a_{33}\end{vmatrix} - a_{23}\begin{vmatrix} a_{11} & a_{13} \\ a_{21} & a_{23}\end{vmatrix}\end{aligned}$$

이 식은 행렬 A의 2열에 있는 성분들에 대하여 그 성분에 그 성분이 포함된 행과 열을 삭제하여 얻은 2차 정사각행렬의 행렬식을 곱한 값을 연산하여 행렬식을 얻을 수 있음을 설명한다.

❶과 ❷의 결과를 쉽게 설명하기 위하여 소행렬식과 여인수를 정의한다.

정의 3 소행렬식과 여인수

$A=[a_{ij}]_{n\times n}$가 n차 정사각행렬이라 하자.

(1) A의 i행과 j열을 제거하여 만든 $(n-1)\times(n-1)$ 행렬의 행렬식을 a_{ij}의 소행렬식(minor)이라 하고 M_{ij}로 나타낸다.

(2) $C_{ij}=(-1)^{i+j}M_{ij}$를 a_{ij}의 여인수(cofactor)라 한다.

[정의 3]을 이용하여 3차 정사각행렬의 소행렬식과 여인수를 구해보자.

예제 3

$A=\begin{bmatrix}1&2&3\\4&5&6\\7&8&9\end{bmatrix}$일 때 다음 소행렬식과 여인수를 구하라.

(a) M_{22}

(b) C_{22}

(c) M_{32}

(d) C_{32}

| 풀이 |

(a) 행렬 A 에서 2행과 2열을 제거하여 얻는 2차 정사각행렬은 $\begin{bmatrix}1&3\\7&9\end{bmatrix}$ 이다. 따라서

$$M_{22}=\begin{vmatrix}1&3\\7&9\end{vmatrix}=9-21=-12$$

이다.

(b) $C_{22}=(-1)^{2+2}M_{22}=M_{22}=-12$

(c) 행렬 A 에서 3행과 2열을 제거하여 얻는 2차 정사각행렬은 $\begin{bmatrix}1&3\\4&6\end{bmatrix}$ 이다. 따라서

$$M_{32}=\begin{vmatrix}1&3\\4&6\end{vmatrix}=6-12=-6$$

이다.

(d) $C_{32}=(-1)^{3+2}M_{32}=-M_{32}=6$

[정의 3]의 소행렬식과 여인수를 이용하여 3차 정사각행렬인 A 의 행렬식을 나타내면 다음과 같다.

❶ $\mathrm{Det}(A)=a_{11}M_{11}-a_{12}M_{12}+a_{13}M_{13}=a_{11}C_{11}+a_{12}C_{12}+a_{13}C_{13}$

❷ $\mathrm{Det}(A)=-a_{21}M_{21}+a_{22}M_{22}-a_{23}M_{23}=a_{21}C_{21}+a_{22}C_{22}+a_{23}C_{23}$

❶은 행렬식을 1행에 대한 여인수 전개(cofactor expansion)를 이용하여 구한 것이고 ❷는 행렬식을 2열에 대한 여인수 전개를 이용하여 구한 것이다. n 이 2 이상의 자연수일 때 n 차 정사각행렬의 여인수는 대응하는 위치에 있는 소행렬식 값에 다음 그림과 같이 + 또는 − 부호를 붙여서 구한다.

$$\begin{matrix} + & - & + & - & \cdots \\ - & + & - & + & \cdots \\ + & - & + & - & \cdots \\ - & + & - & + & \cdots \\ \vdots & \vdots & \vdots & \vdots & \end{matrix}$$

여인수 전개를 이용하여 행렬식을 구할 때는 ❶, ❷ 뿐만 아니라 주어진 행렬의 임의의 행 또는 열을 선택하여 그 행 또는 열에 대한 여인수 전개를 이용해서 구해도 된다. 여인수 전개를 이용한 행렬식의 계산은 2차와 3차 정사각행렬에도 적용할 수 있다. 이를 정리하면 다음과 같다.

정의 4 여인수 전개에 의한 행렬식

n이 2 이상의 자연수이고 $1 \le i,\ j \le n$이라 하자. $A = [a_{ij}]_{n\times n}$가 n차 정사각행렬이고 C_{ij}가 a_{ij}의 여인수일 때 A의 행렬식은 다음과 같이 정의한다.

$$\begin{aligned}\text{Det}(A) &= a_{i1}C_{i1} + a_{i2}C_{i2} + a_{i3}C_{i3} + \cdots + a_{in}C_{in} \\ &= a_{1j}C_{1j} + a_{2j}C_{2j} + a_{3j}C_{3j} + \cdots + a_{nj}C_{nj}\end{aligned}$$

[정의 4]에서

$$\text{Det}(A) = a_{i1}C_{i1} + a_{i2}C_{i2} + a_{i3}C_{i3} + \cdots + a_{in}C_{in}$$

은 행렬식을 임의의 i번째 행에 대한 여인수 전개로 구한 것이고

$$\text{Det}(A) = a_{1j}C_{1j} + a_{2j}C_{2j} + a_{3j}C_{3j} + \cdots + a_{nj}C_{nj}$$

는 행렬식을 임의의 j번째 열에 대한 여인수 전개로 구한 것임을 설명한다.

예제 4

$A = \begin{bmatrix} 1 & 0 & 3 \\ 2 & 5 & 4 \\ 6 & 7 & 8 \end{bmatrix}$의 행렬식을 다음을 이용하여 구하라.

(a) 1행에 대한 여인수 전개

(b) 3열에 대한 여인수 전개

| 풀이 |

(a) 1행에 대한 여인수 전개는 $a_{11}C_{11}+a_{12}C_{12}+a_{13}C_{13}$ 이다.

$$M_{11}=\begin{vmatrix}5 & 4\\7 & 8\end{vmatrix}=12,\ M_{12}=\begin{vmatrix}2 & 4\\6 & 8\end{vmatrix}=-8,\ M_{13}=\begin{vmatrix}2 & 5\\6 & 7\end{vmatrix}=-16$$

이므로

$$C_{11}=M_{11}=12,\ C_{12}=-M_{12}=8,\ C_{13}=M_{13}=-16$$

이다. 따라서

$$\mathrm{Det}(A)=1\,C_{11}+0\,C_{12}+3\,C_{13}=12+0-48=-36$$

이다.

(b) 3열에 대한 여인수 전개는 $a_{13}C_{13}+a_{23}C_{23}+a_{33}C_{33}$ 이다.

$$M_{13}=\begin{vmatrix}2 & 5\\6 & 7\end{vmatrix}=-16,\ M_{23}=\begin{vmatrix}1 & 0\\6 & 7\end{vmatrix}=7,\ M_{33}=\begin{vmatrix}1 & 0\\2 & 5\end{vmatrix}=5$$

이므로

$$C_{13}=M_{13}=-16,\ C_{23}=-M_{23}=-7,\ C_{33}=M_{33}=5$$

이다. 따라서

$$\mathrm{Det}(A)=3\,C_{13}+4\,C_{23}+8\,C_{33}=-48-28+40=-36$$

이다.

[예제 2]와 [예제 4]의 결과는 사루스 방법으로 구한 행렬식의 결과와 여인수 전개를 이용하여 구한 행렬식이 같음을 보여준다.

여인수 전개를 이용하여 행렬식을 구할 때 임의의 행 또는 열을 사용해도 좋지만, 행렬식 계산을 쉽게 하기 위해서는 주어진 정사각행렬에서 0이 가장 많이 들어있는 행 또는 열을 선택하고 그 행 또는 그 열에 대한 여인수 전개를 하는 것이 좋다.

예제 5

다음 행렬의 행렬식을 구하라.

(a) $A = \begin{bmatrix} 1 & 0 & 2 & 3 \\ 2 & 0 & 5 & -1 \\ -3 & 0 & 2 & 0 \\ 1 & 4 & 0 & -2 \end{bmatrix}$ (b) $B = \begin{bmatrix} 3 & 1 & 0 & -4 \\ 5 & 0 & 0 & 0 \\ 1 & -1 & 2 & -2 \\ -2 & 1 & 3 & 1 \end{bmatrix}$

| 풀이 |

(a) 행렬 A 의 2열에 대한 여인수 전개를 이용한다.

$$\begin{aligned} \mathrm{Det}(A) &= 4\begin{vmatrix} 1 & 2 & 3 \\ 2 & 5 & -1 \\ -3 & 2 & 0 \end{vmatrix} = 4\left(-3\begin{vmatrix} 2 & 3 \\ 5 & -1 \end{vmatrix} - 2\begin{vmatrix} 1 & 3 \\ 2 & -1 \end{vmatrix}\right) \\ &= 4(51 + 14) = 260 \end{aligned}$$

(b) 행렬 B 의 2행에 대한 여인수 전개를 이용한다.

$$\begin{aligned} \mathrm{Det}(B) &= -5\begin{vmatrix} 1 & 0 & -4 \\ -1 & 2 & -2 \\ 1 & 3 & 1 \end{vmatrix} = -5\left(1\begin{vmatrix} 2 & -2 \\ 3 & 1 \end{vmatrix} - 4\begin{vmatrix} -1 & 2 \\ 1 & 3 \end{vmatrix}\right) \\ &= -5(8 + 20) = -140 \end{aligned}$$

n 이 큰 자연수이고 A 가 n 차 정사각행렬일 때 A 의 성분들 중에 0이 거의 없는 경우 여인수 전개를 사용한 행렬식 계산은 복잡하다. 이런 행렬의 행렬식은 기본행 연산을 사용하여 주어진 행렬을 변형하면 쉽게 계산할 수 있다.

기본행 연산을 이용한 행렬식의 계산

이제 기본행 연산과 상삼각행렬의 행렬식을 이용하여 주어진 정사각행렬의 행렬식을 구하는 방법을 알아보자.

상삼각행렬 또는 하삼각행렬의 행렬식

$A = \begin{bmatrix} 1 & 2 \\ 0 & 3 \end{bmatrix}$ 이면 A 는 상삼각행렬이고 $\mathrm{Det}(A) = 3 = 1 \cdot 3$ 이다.

$B = \begin{bmatrix} 2 & 0 \\ 3 & 4 \end{bmatrix}$ 이면 B는 하삼각행렬이고 $\mathrm{Det}(B) = 8 = 2 \cdot 4$ 이다.

$C = \begin{bmatrix} 1 & 2 & 3 \\ 0 & 4 & 5 \\ 0 & 0 & 6 \end{bmatrix}$ 이면 C는 상삼각행렬이고 $\mathrm{Det}(C) = 24 = 1 \cdot 4 \cdot 6$ 이다.

$D = \begin{bmatrix} 2 & 0 & 0 \\ 1 & 3 & 0 \\ 7 & 6 & 5 \end{bmatrix}$ 이면 D는 하삼각행렬이고 $\mathrm{Det}(D) = 30 = 2 \cdot 3 \cdot 5$ 이다.

이 예제들로부터 다음 정리를 유추할 수 있다.

정리 2 상삼각행렬과 하삼각행렬의 행렬식

$A = [a_{ij}]_{n \times n}$ 가 상삼각행렬이거나 하삼각행렬이면

$$\mathrm{Det}\,(A) = a_{11} \cdot a_{22} \cdot a_{33} \cdot \cdots \cdot a_{nn}$$

이다.

A가 대각행렬이면 A는 상삼각행렬인 동시에 하삼각행렬이므로 [정리 2]를 적용할 수 있다.

예제 6

다음 행렬의 행렬식을 구하라.

(a) $A = \begin{bmatrix} 3 & -4 \\ 0 & 7 \end{bmatrix}$

(b) $B = \begin{bmatrix} -5 & 0 \\ -2 & 6 \end{bmatrix}$

(c) $C = \begin{bmatrix} 3 & 2 & 1 \\ 0 & -3 & 0 \\ 0 & 0 & 4 \end{bmatrix}$

(d) $D = \begin{bmatrix} -2 & 0 & 0 \\ 0 & 2 & 0 \\ 0 & 0 & 3 \end{bmatrix}$

| 풀이 |

(a) A는 상삼각행렬이므로 $\mathrm{Det}(A) = 3 \cdot 7 = 21$ 이다.

(b) B는 하삼각행렬이므로 $\mathrm{Det}(B) = (-5) \cdot 6 = -30$ 이다.

(c) C는 상삼각행렬이므로 $\mathrm{Det}(C) = 3 \cdot (-3) \cdot 4 = -36$ 이다.

(d) D는 대각행렬이므로 $\mathrm{Det}(D) = (-2) \cdot 2 \cdot 3 = -12$ 이다.

[정리 2]는 상삼각행렬 또는 하삼각행렬에만 적용된다. 예를 들어 $A = \begin{bmatrix} 0 & 0 & 1 \\ 0 & 2 & 3 \\ 4 & 5 & 9 \end{bmatrix}$는 상삼각행렬도 아니고 하삼각행렬도 아니므로 [정리 2]를 적용할 수 없다.

이제 주어진 정사각행렬에 기본행 연산을 1번 사용했을 때 주어진 행렬의 행렬식이 어떻게 바뀌는지 알아보자.

두 행을 바꾼 정사각행렬의 행렬식

$A = \begin{bmatrix} 1 & 2 \\ 3 & 4 \end{bmatrix}$이면 $\text{Det}(A) = 4 - 6 = -2$이다. $B = \begin{bmatrix} 3 & 4 \\ 1 & 2 \end{bmatrix}$는 행렬 A의 두 행을 바꾸어 얻은 행렬이고

$$\text{Det}(B) = 6 - 4 = 2 = -\text{Det}(A)$$

이다.

$D = \begin{bmatrix} 1 & 2 & 0 \\ 0 & 2 & 1 \\ 2 & 0 & 1 \end{bmatrix}$이면 $\text{Det}(D) = 6$이다. D의 1행과 2행을 바꾼 행렬을 D_{12}, 1행과 3행을 바꾼 행렬을 D_{13}, 2행과 3행을 바꾼 행렬을 D_{23}라 하자.

$$D_{12} = \begin{bmatrix} 0 & 2 & 1 \\ 1 & 2 & 0 \\ 2 & 0 & 1 \end{bmatrix}, \quad D_{13} = \begin{bmatrix} 2 & 0 & 1 \\ 0 & 2 & 1 \\ 1 & 2 & 0 \end{bmatrix}, \quad D_{23} = \begin{bmatrix} 1 & 2 & 0 \\ 2 & 0 & 1 \\ 0 & 2 & 1 \end{bmatrix}$$

사루스 방법 또는 여인수 전개를 이용하여 행렬식을 구하면 다음과 같다.

$$\text{Det}(D_{12}) = -6, \quad \text{Det}(D_{13}) = -6, \quad \text{Det}(D_{23}) = -6$$

이 예제들로부터 다음 정리를 유추할 수 있다.

정리 3　두 행을 바꾼 정사각행렬의 행렬식

A가 정사각행렬이고 B가 행렬 A의 두 행을 바꾸어서 얻은 행렬이면

$$\text{Det}(B) = -\text{Det}(A)$$

이다.

[정리 3]을 이용하여 다음 예제를 풀어보자.

예제 7

$A=\begin{bmatrix} a & b & c \\ d & e & f \\ g & h & i \end{bmatrix}$이고 $\text{Det}(A)=3$일 때 다음 행렬의 행렬식을 구하라.

(a) $B=\begin{bmatrix} g & h & i \\ d & e & f \\ a & b & c \end{bmatrix}$ (b) $C=\begin{bmatrix} g & h & i \\ a & b & c \\ d & e & f \end{bmatrix}$

| 풀이 |

(a) B는 행렬 A의 1행과 3행을 바꾸어서 얻어진 행렬이므로 [정리 3]에 의하여

$$\text{Det}(B) = -\text{Det}(A) = -3$$

이다.

(b) C는 행렬 A의 2행과 3행을 바꾼 후 다시 1행과 2행을 바꾸어서 얻어진 행렬이므로 [정리 3]을 2번 적용하여

$$\text{Det}(C) = -(-\text{Det}(A)) = 3$$

이다.

○ 한 행에 0이 아닌 상수 k를 곱하여 얻은 정사각행렬의 행렬식

$A=\begin{bmatrix} 1 & 2 \\ 3 & 4 \end{bmatrix}$이면 $\text{Det}(A)=4-6=-2$이다. $B=\begin{bmatrix} 3 & 6 \\ 3 & 4 \end{bmatrix}$이면 B는 행렬 A의 1행에 3을 곱하여 얻은 행렬이고

$$\text{Det}(B) = 12-18 = -6 = 3\cdot(-2) = 3\text{Det}(A)$$

이다. $C=\begin{bmatrix} 1 & 2 \\ -6 & -8 \end{bmatrix}$이면 C는 행렬 A의 2행에 -2를 곱하여 얻은 행렬이고

$$\text{Det}(C) = -8+12 = 4 = (-2)\cdot(-2) = (-2)\text{Det}(A)$$

이다. 이 예제들로부터 다음 정리를 유추할 수 있다.

정리 4 **한 행에 상수를 곱한 정사각행렬의 행렬식**

A가 정사각행렬이고 B가 행렬 A의 한 행에 0이 아닌 상수 k를 곱하여 얻은 행렬이면

$$\mathrm{Det}(B) = k\,\mathrm{Det}(A)$$

이다.

[정리 4]를 이용하여 다음 예제를 풀어보자.

예제 8

$A = \begin{bmatrix} 1 & 2 & 3 \\ 3 & 0 & -2 \\ 1 & -2 & 0 \end{bmatrix}$ 일 때 $\mathrm{Det}(A) = -26$이다. A의 행렬식을 이용하여 다음 행렬의 행렬식을 구하라.

(a) $B = \begin{bmatrix} 1 & 2 & 3 \\ 9 & 0 & -6 \\ 1 & -2 & 0 \end{bmatrix}$

(b) $C = \begin{bmatrix} 1 & 2 & 3 \\ 3 & 0 & -2 \\ -4 & 8 & 0 \end{bmatrix}$

| 풀이 |

(a) B는 행렬 A의 2행에 3을 곱하여 얻은 행렬이므로 [정리 4]에 의하여

$$\mathrm{Det}(B) = 3\,\mathrm{Det}(A) = -78$$

이다.

(b) C는 행렬 A의 3행에 -4를 곱하여 얻은 행렬이므로 [정리 4]에 의하여

$$\mathrm{Det}(C) = -4\,\mathrm{Det}(A) = 104$$

이다.

[정리 4]는 주어진 행렬의 한 행에 0이 아닌 상수가 곱해질 때만 적용된다는 점에 주의해야 한다. 예를 들어 $A = \begin{bmatrix} 1 & 2 \\ 3 & 4 \end{bmatrix}$이면 $\mathrm{Det}(A) = -2$이고 $2A = \begin{bmatrix} 2 & 4 \\ 6 & 8 \end{bmatrix}$의 행렬식은

$$\mathrm{Det}(2A) = 16 - 24 = -8 = 4(-2) = 4\,\mathrm{Det}(A) = 2^2\mathrm{Det}(A) \neq 2\,\mathrm{Det}(A)$$

가 되는데 그 이유는 2가 A 의 한 행에 곱해진 것이 아니라 A 의 모든 행에 곱해졌기 때문이다.

예제 9

A 가 2차 정사각행렬, B 가 3차 정사각행렬이고 $\mathrm{Det}(A) = 3$, $\mathrm{Det}(B) = -2$ 일 때 다음 행렬식을 구하라.

(a) $\mathrm{Det}(2A)$ (b) $\mathrm{Det}(-3A)$

(c) $\mathrm{Det}(4B)$ (d) $\mathrm{Det}(-5B)$

| 풀이 |

(a) A 가 2차 정사각행렬이므로

$$\mathrm{Det}(2A) = 2^2\mathrm{Det}(A) = 4 \cdot 3 = 12$$

이다.

(b) A 가 2차 정사각행렬이므로

$$\mathrm{Det}(-3A) = (-3)^2\mathrm{Det}(A) = 9 \cdot 3 = 27$$

이다.

(c) B 가 3차 정사각행렬이므로

$$\mathrm{Det}(4B) = 4^3\mathrm{Det}(B) = 64 \cdot (-2) = -128$$

이다.

(d) B 가 3차 정사각행렬이므로

$$\mathrm{Det}(-5B) = (-5)^3\mathrm{Det}(B) = (-125) \cdot (-2) = 250$$

이다.

한 행에 상수 k를 곱하여 다른 행에 더하여 얻은 정사각행렬의 행렬식

$A = \begin{bmatrix} 1 & 2 \\ 3 & 4 \end{bmatrix}$ 이면 $\mathrm{Det}(A) = 4-6 = -2$ 이다. $B = \begin{bmatrix} 1 & 2 \\ 5 & 8 \end{bmatrix}$ 는 A 의 1행에 2를 곱하여 2행에 더하여 얻은 행렬이고

$$\mathrm{Det}(B) = 8 - 10 = -2 = \mathrm{Det}(A)$$

이다.

$C=\begin{bmatrix} -8 & -10 \\ 3 & 4 \end{bmatrix}$는 A의 2행에 -3을 곱하여 1행에 더하여 얻은 행렬이고

$$\mathrm{Det}(C) = -32+30=-2=\mathrm{Det}(A)$$

이다. 이 예제들로부터 다음 정리를 유추할 수 있다.

정리 5　한 행에 상수를 곱하여 다른 행에 더하여 얻는 정사각행렬의 행렬식

A가 정사각행렬이고 B가 행렬 A의 한 행에 상수 k를 곱하여 다른 행에 더하여 얻은 행렬이면

$$\mathrm{Det}(B) = \mathrm{Det}(A)$$

이다.

[정리 5]를 이용하여 다음 예제를 풀어보자.

예제 10

$A=\begin{bmatrix} a & b & c \\ d & e & f \\ g & h & i \end{bmatrix}$이고 $\mathrm{Det}(A)=5$일 때 다음 행렬의 행렬식을 구하라.

(a) $B=\begin{bmatrix} a & b & c \\ d & e & f \\ g+2a & h+2b & i+2c \end{bmatrix}$

(b) $C=\begin{bmatrix} a & b & c \\ d-a+g & e-b+h & f-c+i \\ g & h & i \end{bmatrix}$

| 풀이 |

(a) B는 A의 1행에 2를 곱하여 3행에 더해 얻어진 행렬이므로 [정리 5]에 의하여

$$\mathrm{Det}(B) = \mathrm{Det}(A)=5$$

이다.

(b) C는 A의 1행에 -1을 곱하여 2행에 더하고 다시 3행에 1을 곱하여 2행에 더하여 얻어진 행렬이므로 [정리 5]에 의하여

$$\text{Det}(C) = \text{Det}(A) = 5$$

이다.

[정리 3], [정리 4], [정리 5]는 주어진 행렬에 기본행 연산을 하였을 때 행렬식이 어떻게 되는지를 설명하고 있다. 기본행 연산을 사용하여 주어진 정사각행렬을 상삼각행렬로 바꾸면 [정리 2]에 의하여 행렬식을 쉽게 계산할 수 있다.

예제 11

기본행 연산을 이용하여 다음 행렬의 행렬식을 구하라.

(a) $A = \begin{bmatrix} 1 & -2 & 1 \\ -1 & 1 & 3 \\ 2 & -2 & -3 \end{bmatrix}$　　(b) $B = \begin{bmatrix} 1 & 2 & 3 \\ 1 & 4 & 1 \\ 2 & 4 & 6 \end{bmatrix}$

(c) $C = \begin{bmatrix} 1 & 1 & 2 \\ 2 & 2 & 7 \\ 1 & 4 & 3 \end{bmatrix}$　　(d) $D = \begin{bmatrix} 0 & 0 & \frac{3}{2} \\ 1 & 2 & 4 \\ 1 & 5 & 1 \end{bmatrix}$

| 풀이 |

(a) $\text{Det}(A) = \begin{vmatrix} 1 & -2 & 1 \\ -1 & 1 & 3 \\ 2 & -2 & -3 \end{vmatrix}$

$= \begin{vmatrix} 1 & -2 & 1 \\ 0 & -1 & 4 \\ 2 & -2 & -3 \end{vmatrix}$ ([정리 5] 1행에 1을 곱하여 2행에 더한다.)

$= \begin{vmatrix} 1 & -2 & 1 \\ 0 & -1 & 4 \\ 0 & 2 & -5 \end{vmatrix}$ ([정리 5] 1행에 -2를 곱하여 3행에 더한다.)

$= \begin{vmatrix} 1 & -2 & 1 \\ 0 & -1 & 4 \\ 0 & 0 & 3 \end{vmatrix}$ ([정리 5] 2행에 2를 곱하여 3행에 더한다.)

$= -3$ ([정리 2] 상삼각행렬의 행렬식은 대각성분들의 곱이다.)

(b) $\text{Det}(B) = \begin{vmatrix} 1 & 2 & 3 \\ 1 & 4 & 1 \\ 2 & 4 & 6 \end{vmatrix}$

$$= \begin{vmatrix} 1 & 2 & 3 \\ 0 & 2 & -2 \\ 2 & 4 & 6 \end{vmatrix}$$ ([정리 5] 1행에 -1을 곱하여 2행에 더한다.)

$$= \begin{vmatrix} 1 & 2 & 3 \\ 0 & 2 & -2 \\ 0 & 0 & 0 \end{vmatrix}$$ ([정리 5] 1행에 -2를 곱하여 3행에 더한다.)

$= 0$ ([정리 2] 상삼각행렬의 행렬식은 대각성분들의 곱이다.)

(c) $\mathrm{Det}(C) = \begin{vmatrix} 1 & 1 & 2 \\ 2 & 2 & 7 \\ 1 & 4 & 3 \end{vmatrix}$

$$= \begin{vmatrix} 1 & 1 & 2 \\ 0 & 0 & 3 \\ 1 & 4 & 3 \end{vmatrix}$$ ([정리 5] 1행에 -2를 곱하여 2행에 더한다.)

$$= \begin{vmatrix} 1 & 1 & 2 \\ 0 & 0 & 3 \\ 0 & 3 & 1 \end{vmatrix}$$ ([정리 5] 1행에 -1을 곱하여 3행에 더한다.)

$$= -\begin{vmatrix} 1 & 1 & 2 \\ 0 & 3 & 1 \\ 0 & 0 & 3 \end{vmatrix}$$ ([정리 3] 2행과 3행을 바꾼다.)

$= -9$ ([정리 2] 상삼각행렬의 행렬식은 대각성분들의 곱이다.)

(d) $\mathrm{Det}(D) = \begin{vmatrix} 0 & 0 & \frac{3}{2} \\ 1 & 2 & 4 \\ 1 & 5 & 1 \end{vmatrix}$

$$= \frac{3}{2}\begin{vmatrix} 0 & 0 & 1 \\ 1 & 2 & 4 \\ 1 & 5 & 1 \end{vmatrix}$$ ([정리 4] $\begin{bmatrix} 0 & 0 & 1 \\ 1 & 2 & 4 \\ 1 & 5 & 1 \end{bmatrix}$의 1행에 $\frac{3}{2}$을 곱한다.)

$$= \frac{3}{2}\begin{vmatrix} 0 & 0 & 1 \\ 0 & -3 & 3 \\ 1 & 5 & 1 \end{vmatrix}$$ ([정리 5] 3행에 -1을 곱하여 2행에 더한다.)

$$= -\frac{3}{2}\begin{vmatrix} 1 & 5 & 1 \\ 0 & -3 & 3 \\ 0 & 0 & 1 \end{vmatrix}$$ ([정리 3] 1행과 3행을 바꾼다.)

$= \frac{9}{2}$ ([정리 2] 상삼각행렬의 행렬식은 대각성분들의 곱이다.)

정사각행렬의 곱셈은 다음 절에서 다룰 역행렬과 밀접한 관계가 있다.

○ n차 정사각행렬 A와 B의 곱셈에 대한 행렬식

$A=\begin{bmatrix}1&2\\3&4\end{bmatrix}$, $B=\begin{bmatrix}-2&3\\1&2\end{bmatrix}$이면

$$\text{Det}(A)=4-6=-2,\quad \text{Det}(B)=-4-3=-7$$

이다. $AB=\begin{bmatrix}0&7\\-2&17\end{bmatrix}$이므로

$$\text{Det}(AB)=14=(-2)\cdot(-7)=\text{Det}(A)\text{Det}(B)$$

이다.

$C=\begin{bmatrix}2&0&3\\0&4&-1\\-3&-2&1\end{bmatrix}$, $D=\begin{bmatrix}3&-2&1\\-4&2&3\\0&3&-7\end{bmatrix}$이면

$$\text{Det}(C)=40,\quad \text{Det}(D)=-25$$

이다. $CD=\begin{bmatrix}6&5&-19\\-16&5&19\\-1&5&-16\end{bmatrix}$이므로

$$\text{Det}(CD)=-1000=40\cdot(-25)=\text{Det}(C)\text{Det}(D)$$

이다. 이 예제들로부터 다음 정리를 유추할 수 있다.

정리 6 **행렬 곱셈의 행렬식**

A와 B가 n차 정사각행렬일 때

$$\text{Det}(AB)=\text{Det}(A)\cdot\text{Det}(B)$$

이다.

[정리 6]을 이용하여 다음 예제를 풀어보자.

예제 12

$A=\begin{bmatrix}3&4\\2&1\end{bmatrix}$, $B=\begin{bmatrix}5&2\\4&3\end{bmatrix}$일 때 다음 행렬식을 구하라.

(a) $\mathrm{Det}(AB)$ (b) $\mathrm{Det}(BA)$

| 풀이 |

(a) [정리 6]에 의하여

$$\mathrm{Det}(AB) = \mathrm{Det}(A)\mathrm{Det}(B) = (-5)\cdot 7 = -35$$

이다.

(b) [정리 6]에 의하여

$$\mathrm{Det}(BA) = \mathrm{Det}(B)\mathrm{Det}(A) = 7\cdot(-5) = -35$$

이다.

[예제 12]에서

$$AB = \begin{bmatrix} 31 & 18 \\ 14 & 7 \end{bmatrix} \neq \begin{bmatrix} 19 & 22 \\ 18 & 19 \end{bmatrix} = BA$$

이지만 [정리 6]에 의하여

$$\mathrm{Det}(AB) = \mathrm{Det}(A)\mathrm{Det}(B) = \mathrm{Det}(B)\mathrm{Det}(A) = \mathrm{Det}(BA)$$

이다.

[정리 4]와 [정리 6]을 이용하면 다음 행렬식을 쉽게 구할 수 있다.

예제 13

A가 3차 정사각행렬이고 $\mathrm{Det}(A) = -2$일 때 다음 행렬식을 구하라.

(a) $\mathrm{Det}(A^4)$ (b) $\mathrm{Det}(A^5)$

(c) $\mathrm{Det}(-4A^2)$ (d) $\mathrm{Det}(-3A^3)$

| 풀이 |

(a) $\mathrm{Det}(A^4) = (\mathrm{Det}(A))^4 = (-2)^4 = 16$

(b) $\mathrm{Det}(A^5) = (\mathrm{Det}(A))^5 = (-2)^5 = -32$

(c) A가 3차 정사각행렬이므로

$$\mathrm{Det}(-4A^2) = (-4)^3\mathrm{Det}(A^2) = (-4)^3(\mathrm{Det}(A))^2 = -256$$

이다.

(d) A 가 3 차 정사각행렬이므로

$$\mathrm{Det}(-3A^3) = (-3)^3\,\mathrm{Det}(A^3) = (-3)^3\,(\mathrm{Det}(A))^3 = 216$$

이다.

이 절에서는 정사각행렬의 행렬식을 정의하였고 3 차 정사각행렬의 행렬식을 사루스 방법을 사용하여 구하는 방법을 학습하였다. 또한 n 이 3 이상의 자연수일 때 n 차 정사각행렬의 행렬식을 구하는 위하여 여인수 전개, 기본행 연산을 이용하여 구하는 방법을 알아보았다.

Chapter 2.2 연습문제

1 다음 행렬의 행렬식을 구하라.

(a) $A = \begin{bmatrix} 1 & 4 \\ 3 & 2 \end{bmatrix}$ (b) $B = \begin{bmatrix} -5 & 4 \\ 3 & 3 \end{bmatrix}$

(c) $C = \begin{bmatrix} 2 & -3 \\ 0 & 5 \end{bmatrix}$ (d) $D = \begin{bmatrix} -4 & 3 \\ -2 & 0 \end{bmatrix}$

(e) $E = \begin{bmatrix} 3 & -2 \\ 0 & 0 \end{bmatrix}$ (f) $F = \begin{bmatrix} 7 & 0 \\ -1 & 0 \end{bmatrix}$

(g) $G = \begin{bmatrix} -4 & -4 \\ 5 & -5 \end{bmatrix}$ (h) $H = \begin{bmatrix} -5 & -6 \\ -7 & -8 \end{bmatrix}$

2 사루스 방법을 사용하여 다음 행렬의 행렬식을 구하라.

(a) $A = \begin{bmatrix} 1 & 0 & 0 \\ 3 & 2 & 0 \\ 4 & 3 & 2 \end{bmatrix}$ (b) $B = \begin{bmatrix} 0 & 0 & 3 \\ 0 & 5 & -3 \\ 4 & 0 & 2 \end{bmatrix}$

(c) $C = \begin{bmatrix} 2 & 3 & 1 \\ 0 & -4 & 0 \\ 3 & 2 & -1 \end{bmatrix}$ (d) $D = \begin{bmatrix} -1 & -2 & -3 \\ 3 & 0 & 2 \\ 2 & 2 & 2 \end{bmatrix}$

(e) $E = \begin{bmatrix} 1 & 4 & 2 \\ 4 & 2 & 1 \\ 2 & 1 & 4 \end{bmatrix}$ (f) $F = \begin{bmatrix} 1 & 7 & -2 \\ -2 & 4 & 1 \\ 5 & 6 & 2 \end{bmatrix}$

(g) $G = \begin{bmatrix} -2 & 2 & -2 \\ 3 & -3 & 3 \\ -4 & 4 & -4 \end{bmatrix}$ (h) $H = \begin{bmatrix} 2 & -3 & 4 \\ 1 & 4 & -5 \\ 3 & 1 & -1 \end{bmatrix}$

3 다음 행렬에 대하여 소행렬식 M_{23}, M_{31}과 여인수 C_{23}, C_{31}을 구하라.

(a) $A = \begin{bmatrix} 1 & 3 & 2 \\ 5 & 4 & 3 \\ 6 & 1 & 5 \end{bmatrix}$ (b) $B = \begin{bmatrix} 3 & -4 & 5 \\ -2 & -1 & 0 \\ -3 & 11 & 4 \end{bmatrix}$

(c) $C = \begin{bmatrix} -2 & -3 & -7 \\ 0 & 1 & 0 \\ 7 & 4 & 2 \end{bmatrix}$ (d) $D = \begin{bmatrix} 1 & 3 & 0 \\ -2 & -4 & 0 \\ -3 & -4 & 1 \end{bmatrix}$

(e) $E = \begin{bmatrix} 0 & 0 & 0 & 3 \\ 0 & 0 & 2 & 4 \\ 0 & 5 & 1 & 0 \\ 6 & 7 & 8 & 9 \end{bmatrix}$　　(f) $F = \begin{bmatrix} 4 & 3 & 2 & 1 \\ 3 & 2 & 1 & 4 \\ 2 & 1 & 4 & 3 \\ 1 & 2 & 3 & 4 \end{bmatrix}$

(g) $G = \begin{bmatrix} 3 & -2 & 1 & 4 \\ 0 & 0 & 3 & -2 \\ 0 & 1 & 1 & 0 \\ 3 & -2 & 0 & 5 \end{bmatrix}$　　(h) $H = \begin{bmatrix} 1 & 0 & 3 & 0 \\ 0 & -3 & 0 & -4 \\ -1 & 0 & -7 & 0 \\ 0 & 5 & 0 & 9 \end{bmatrix}$

4 2행에 대한 여인수 전개를 이용하여 다음 행렬의 행렬식을 구하라.

(a) $A = \begin{bmatrix} 1 & 0 & 0 \\ 3 & 2 & 0 \\ 4 & 3 & 2 \end{bmatrix}$　　(b) $B = \begin{bmatrix} 0 & 0 & 3 \\ 0 & 5 & -3 \\ 4 & 0 & 2 \end{bmatrix}$

(c) $C = \begin{bmatrix} 2 & 3 & 1 \\ 0 & -4 & 0 \\ 3 & 2 & -1 \end{bmatrix}$　　(d) $D = \begin{bmatrix} -1 & -2 & -3 \\ 3 & 0 & 2 \\ 2 & 2 & 2 \end{bmatrix}$

(e) $E = \begin{bmatrix} 1 & 0 & 3 & 4 \\ 0 & 0 & 3 & 2 \\ 3 & -2 & 0 & 0 \\ 2 & -1 & 1 & 1 \end{bmatrix}$　　(f) $F = \begin{bmatrix} 4 & 3 & 2 & 1 \\ 1 & 0 & -2 & 0 \\ 0 & 3 & 0 & -4 \\ 1 & 2 & 3 & 4 \end{bmatrix}$

(g) $G = \begin{bmatrix} 1 & -2 & 3 & -4 \\ 0 & 3 & 2 & 1 \\ 1 & 0 & 0 & -3 \\ 3 & 5 & 2 & 4 \end{bmatrix}$　　(h) $H = \begin{bmatrix} 0 & 0 & 1 & 4 \\ 0 & 0 & -2 & -3 \\ -1 & -3 & 0 & 0 \\ 2 & 4 & 0 & 0 \end{bmatrix}$

5 2열에 대한 여인수 전개를 이용하여 다음 행렬의 행렬식을 구하라.

(a) $A = \begin{bmatrix} 1 & 4 & 2 \\ 4 & 2 & 1 \\ 2 & 1 & 4 \end{bmatrix}$　　(b) $B = \begin{bmatrix} 1 & 7 & -2 \\ -2 & 4 & 1 \\ 5 & 6 & 2 \end{bmatrix}$

(c) $C = \begin{bmatrix} -2 & 2 & -2 \\ 3 & -3 & 3 \\ -4 & 4 & -4 \end{bmatrix}$　　(d) $D = \begin{bmatrix} 2 & -3 & 4 \\ 1 & 4 & -5 \\ 3 & 1 & -1 \end{bmatrix}$

(e) $E = \begin{bmatrix} 1 & 0 & 3 & 4 \\ 0 & 0 & 3 & 2 \\ 3 & -2 & 0 & 0 \\ 2 & -1 & 1 & 1 \end{bmatrix}$　　(f) $F = \begin{bmatrix} 4 & 3 & 2 & 1 \\ 1 & 0 & -2 & 0 \\ 0 & 3 & 0 & -4 \\ 1 & 2 & 3 & 4 \end{bmatrix}$

(g) $G = \begin{bmatrix} 1 & -2 & 3 & -4 \\ 0 & 3 & 2 & 1 \\ 1 & 0 & 0 & -3 \\ 3 & 5 & 2 & 4 \end{bmatrix}$　　(h) $H = \begin{bmatrix} 0 & 0 & 1 & 4 \\ 0 & 0 & -2 & -3 \\ -1 & -3 & 0 & 0 \\ 2 & 4 & 0 & 0 \end{bmatrix}$

6 여인수 전개를 이용하여 다음 행렬의 행렬식을 구하라.

(a) $A = \begin{bmatrix} 3 & 4 & 5 \\ 0 & 2 & 1 \\ 0 & 0 & 5 \end{bmatrix}$ (b) $B = \begin{bmatrix} 3 & 4 & 5 \\ 2 & 1 & 0 \\ 5 & 0 & 0 \end{bmatrix}$

(c) $C = \begin{bmatrix} 3 & 0 & 0 \\ 6 & 5 & 0 \\ 1 & 2 & 4 \end{bmatrix}$ (d) $D = \begin{bmatrix} 0 & 0 & 3 \\ 0 & 6 & 5 \\ 1 & 2 & 4 \end{bmatrix}$

(e) $E = \begin{bmatrix} 1 & 2 & 0 \\ 4 & 0 & 0 \\ 2 & 3 & 4 \end{bmatrix}$ (f) $F = \begin{bmatrix} 3 & 0 & 2 \\ 0 & 0 & 5 \\ 0 & 7 & 3 \end{bmatrix}$

(g) $G = \begin{bmatrix} 1 & 3 & 2 & 4 \\ 0 & -2 & 0 & 0 \\ 1 & 0 & 3 & 1 \\ 2 & 2 & 0 & 0 \end{bmatrix}$ (h) $H = \begin{bmatrix} 1 & 0 & 1 & 0 \\ 3 & 2 & 1 & 0 \\ 2 & 0 & 2 & 3 \\ 0 & 4 & -1 & 0 \end{bmatrix}$

7 $\begin{vmatrix} a & b & c \\ d & e & f \\ g & h & i \end{vmatrix} = 7$ 일 때 다음 행렬의 행렬식을 구하라.

(a) $A = \begin{bmatrix} a & b & c \\ a+d & b+e & c+f \\ g-a & h-b & i-c \end{bmatrix}$ (b) $B = \begin{bmatrix} a & b & c \\ 2a-d & 2b-e & 2c-f \\ g+3a & h+3b & i+3c \end{bmatrix}$

(c) $C = \begin{bmatrix} a & b & c \\ a+3d & b+3e & c+3f \\ g & h & i \end{bmatrix}$ (d) $D = \begin{bmatrix} 2a & 2b & 2c \\ -3d & -3e & -3f \\ 4g & 4h & 4i \end{bmatrix}$

(e) $E = \begin{bmatrix} a & b & c \\ a+d & b+e & c+f \\ 2g & 2h & 2i \end{bmatrix}$ (f) $F = \begin{bmatrix} a & b & c \\ 3g & 3h & 3i \\ a+2d & b+2e & c+2f \end{bmatrix}$

(g) $G = \begin{bmatrix} g & h & i \\ a & b & c \\ d & e & f \end{bmatrix}$ (h) $H = \begin{bmatrix} a & b & c \\ a+d & b+e & c+f \\ a-d & b-e & c-f \end{bmatrix}$

8 기본행 연산을 이용하여 다음 행렬의 행렬식을 구하라.

(a) $A = \begin{bmatrix} 1 & 2 & 1 \\ 1 & 3 & 2 \\ 1 & 2 & 4 \end{bmatrix}$ (b) $B = \begin{bmatrix} -1 & 2 & 3 \\ 2 & 1 & 0 \\ 3 & 4 & -1 \end{bmatrix}$

(c) $C = \begin{bmatrix} 2 & 3 & -2 \\ 0 & 6 & 2 \\ -1 & -2 & 2 \end{bmatrix}$ (d) $D = \begin{bmatrix} 0 & 2 & -3 \\ 1 & 3 & -2 \\ 2 & 3 & 5 \end{bmatrix}$

(e) $E = \begin{bmatrix} -3 & 4 & 2 \\ 1 & 3 & 3 \\ -2 & 7 & 5 \end{bmatrix}$ (f) $F = \begin{bmatrix} -2 & -2 & 1 \\ 1 & -2 & -2 \\ -1 & -4 & -1 \end{bmatrix}$

(g) $G = \begin{bmatrix} 2 & 0 & 1 & 0 \\ 1 & 1 & 1 & 0 \\ 0 & 2 & 3 & 4 \\ 1 & 3 & 0 & 2 \end{bmatrix}$ (h) $H = \begin{bmatrix} -1 & -1 & 2 & 1 \\ 2 & 2 & 1 & 3 \\ 0 & 3 & 1 & 0 \\ 2 & 1 & 3 & 1 \end{bmatrix}$

9 A가 2차 정사각행렬이고 B가 3차 정사각행렬이며 $\mathrm{Det}(A) = -4$, $\mathrm{Det}(B) = \frac{1}{2}$일 때 다음 행렬식을 구하라.

(a) $\mathrm{Det}(4A)$ (b) $\mathrm{Det}(-3A^2)$

(c) $\mathrm{Det}(A^3)$ (d) $\mathrm{Det}(2A^4)$

(e) $\mathrm{Det}(3B)$ (f) $\mathrm{Det}(-4B^2)$

(g) $\mathrm{Det}(B^3)$ (h) $\mathrm{Det}(4B^4)$

10 다음 행렬에 대하여 $\mathrm{Det}(AB)$와 $\mathrm{Det}(BA)$를 구하라.

(a) $A = \begin{bmatrix} 1 & 3 \\ 0 & -2 \end{bmatrix}$, $B = \begin{bmatrix} 4 & -3 \\ -2 & 0 \end{bmatrix}$

(b) $A = \begin{bmatrix} 4 & 1 \\ 5 & 4 \end{bmatrix}$, $B = \begin{bmatrix} -2 & -3 \\ -4 & 6 \end{bmatrix}$

(c) $A = \begin{bmatrix} 2 & 0 \\ 0 & -3 \end{bmatrix}$, $B = \begin{bmatrix} 0 & -3 \\ 2 & 0 \end{bmatrix}$

(d) $A = \begin{bmatrix} 1 & 3 \\ 4 & 5 \end{bmatrix}$, $B = \begin{bmatrix} 1 & 1 \\ 1 & 1 \end{bmatrix}$

(e) $A = \begin{bmatrix} 1 & 2 & 0 \\ 0 & 2 & 3 \\ 0 & 0 & 4 \end{bmatrix}$, $B = \begin{bmatrix} 2 & 1 & 0 \\ 1 & 0 & 3 \\ 0 & 2 & 1 \end{bmatrix}$

(f) $A = \begin{bmatrix} 1 & 0 & 2 \\ 0 & 3 & 0 \\ 4 & 0 & 5 \end{bmatrix}$, $B = \begin{bmatrix} 0 & 1 & 0 \\ 2 & 0 & 3 \\ 0 & 4 & 0 \end{bmatrix}$

(g) $A = \begin{bmatrix} 1 & 3 & 4 \\ 0 & 1 & 2 \\ 5 & 2 & 1 \end{bmatrix}$, $B = \begin{bmatrix} 2 & 2 & 3 \\ 1 & 1 & 2 \\ 5 & 4 & 3 \end{bmatrix}$

(h) $A = \begin{bmatrix} 0 & -2 & 3 \\ 1 & -1 & 3 \\ 2 & 2 & 4 \end{bmatrix}$, $B = \begin{bmatrix} -1 & 2 & -4 \\ 2 & 0 & 3 \\ 1 & 2 & -1 \end{bmatrix}$

11 다음 명제가 참인지 거짓인지를 판정하라.

(a) A가 n차 정사각행렬이고 A의 모든 성분이 양이면 $\mathrm{Det}(A) \geq 0$이다.

(b) B가 2차 정사각행렬이면 $\mathrm{Det}(B) = \mathrm{Det}(B^T)$이다.

(c) C가 3차 정사각행렬이고 C의 2열에 있는 모든 성분이 0이면 $\mathrm{Det}(C) = 0$이다.

(d) D가 2차 정사각행렬이고 $\mathrm{Det}(D) = 0$이면 D의 어떤 행에 있는 성분들은 모두 0이다.

(e) E가 2차 정사각행렬이고 $\mathrm{Det}(E) = 4$이면

$$\mathrm{Det}(-3E) = -36$$

이다.

(f) F가 2차 정사각행렬이고 $\mathrm{Det}(F) = 2$이면

$$\mathrm{Det}(-3F) = 18$$

이다.

(g) 두 행렬 A와 B에 대하여 AB와 BA가 모두 정의되면

$$\mathrm{Det}(AB) = \mathrm{Det}(BA)$$

이다.

(h) 세 행렬 A, B, C가 n차 정사각행렬이면

$$\mathrm{Det}(ABC) = \mathrm{Det}(A)\mathrm{Det}(B)\mathrm{Det}(C)$$

이다.

3절 역행렬

이 절에서는 정사각행렬의 역행렬의 존재성을 판정하고 가역행렬에 대한 역행렬을 구하는 방법을 알아보고자 한다.

역행렬의 정의

a가 실수일 때 $3 \cdot a = a \cdot 3 = 1$이면 a를 3에 대한 곱셈의 역원이라 하고 $a = 3^{-1}$으로 나타낸다. 이를 일반화하면 두 실수 b와 c에 대하여

$$b \cdot c = c \cdot b = 1$$

이 성립할 때 b를 c에 대한 곱셈의 역원이라 하고 $b = c^{-1}$으로 나타내며 또한 c를 b에 대한 곱셈의 역원이라 하고 $c = b^{-1}$으로 나타낸다. 행렬에서도 이와 비슷하게 I가 단위행렬일 때 두 정사각행렬 A와 B에 대하여

$$AB = BA = I$$

가 성립하는 경우 이를 다음과 같이 정의한다.

정의 1 역행렬

I_n이 n차 단위행렬이고 A가 n차 정사각행렬일 때, 적당한 n차 정사각행렬 B가 존재하여

$$AB = BA = I_n$$

이 성립하면 A를 가역행렬(invertible matrix)이라 하고 B를 A의 역행렬(inverse matrix)이라 한다.

n차 정사각행렬 A가 가역행렬이 아닐 경우 A를 비가역행렬이라 한다. [정의 1]에서 언급한 바와 같이 정사각행렬 A는 역행렬을 가질 수도 있고 갖지 않을 수도 있다. 만일 정사각행렬 A가 역행렬을 가지면 A를 정칙행렬(nonsingular matrix)이라 하고, 정사각행렬 A가 역행렬을 갖지 않으면 A를 특이행렬(singular matrix)이라 한다. 즉, 가역행렬의 다른 표현이 정칙행렬이고 비가역행렬의 다른 표현이 특이행렬이다.

실수에서 곱셈에 대한 역원을 표기한 것과 같이 B가 A의 역행렬일 때 $B = A^{-1}$로 표현한다.

예제 1

다음 두 행렬이 역행렬 관계인지를 판정하라.

(a) $A = \begin{bmatrix} 1 & -2 \\ -1 & 3 \end{bmatrix}$, $B = \begin{bmatrix} 3 & -1 \\ -2 & 1 \end{bmatrix}$ (b) $C = \begin{bmatrix} 2 & -1 & -2 \\ 2 & -1 & -1 \\ -3 & 2 & 3 \end{bmatrix}$, $D = \begin{bmatrix} 1 & 1 & 1 \\ 3 & 0 & 2 \\ -1 & 1 & 0 \end{bmatrix}$

| 풀이 |

(a)
$$AB = \begin{bmatrix} 7 & -3 \\ -9 & 4 \end{bmatrix} \neq I_2$$

이므로 A와 B는 역행렬 관계가 아니다.

(b)
$$CD = DC = \begin{bmatrix} 1 & 0 & 0 \\ 0 & 1 & 0 \\ 0 & 0 & 1 \end{bmatrix} = I_3$$

이므로 C와 D는 역행렬 관계이다.

[예제 1(b)]의 결과에 의하여 행렬 C와 D는 가역행렬이다. 그렇다면, [예제 1(a)]에서 $AB \neq I_2$이므로 행렬 A는 역행렬을 갖지 않는다고 할 수 있을까?

행렬 A에 $F = \begin{bmatrix} 3 & 2 \\ 1 & 1 \end{bmatrix}$을 곱하면

$$AF = FA = \begin{bmatrix} 1 & 0 \\ 0 & 1 \end{bmatrix}$$

이므로 행렬 F는 A의 역행렬이다. 따라서 행렬 A는 역행렬을 갖는다. 앞에서 언급한 바와 같이 정사각행렬은 역행렬을 가질 수도 있고 갖지 않을 수도 있다. 만일 n차 정사각행렬 A가 역행렬을 갖지 않음을 보이려면 모든 n차 정사각행렬 B에 대하여 $AB \neq I_n$ 또는 $BA \neq I_n$임을 보여야 한다.

예제 2

$A = \begin{bmatrix} 1 & 2 \\ 2 & 4 \end{bmatrix}$ 일 때 행렬 A는 비가역행렬임을 증명하라.

| 풀이 |

행렬 A가 가역행렬이면 적당한 2차 정사각행렬 $B = \begin{bmatrix} a & b \\ c & d \end{bmatrix}$가 존재하여

$$\begin{bmatrix} 1 & 2 \\ 2 & 4 \end{bmatrix}\begin{bmatrix} a & b \\ c & d \end{bmatrix} = \begin{bmatrix} 1 & 0 \\ 0 & 1 \end{bmatrix}$$

이 성립해야 한다. 행렬의 곱에 의하여

$$\begin{bmatrix} 1 & 2 \\ 2 & 4 \end{bmatrix}\begin{bmatrix} a & b \\ c & d \end{bmatrix} = \begin{bmatrix} a+2c & b+2d \\ 2a+4c & 2b+4d \end{bmatrix} = \begin{bmatrix} 1 & 0 \\ 0 & 1 \end{bmatrix}$$

이고 행렬의 상등에 의하여

$$\begin{cases} a + 2c = 1 \\ 2a + 4c = 0 \end{cases}$$

이어야 하는데 이 연립선형방정식을 만족하는 실수 a와 c는 존재하지 않는다. 따라서 $AB = BA = I_2$가 성립하는 2차 정사각행렬 B가 존재하지 않으므로 행렬 A는 비가역행렬이다.

행렬의 가역성 판정

주어진 행렬이 n차 정사각행렬이고 n의 값이 큰 경우 [예제 2]와 같은 방식으로 주어진 행렬이 가역행렬인지를 판정하는 것은 매우 어렵다. 하지만 다음 정리를 이용하면 주어진 행렬이 가역행렬인지를 쉽게 판정할 수 있다.

정리 1 가역행렬과 행렬식

A가 n차 정사각행렬일 때 다음은 동치이다.

(1) A는 가역행렬이다.

(2) $\mathrm{Det}(A) \neq 0$이다.

Tip A와 B가 n차 정사각행렬일 때 $\text{Det}(AB) = \text{Det}(A)\text{Det}(B)$ 임을 이용한다.

| 증명 |

(1) ⇒ (2) : A가 가역행렬이면 적당한 n차 정사각행렬 B가 존재하여

$$AB = BA = I_n$$

이다. 따라서 2.2절의 [정리 6]에 의하여

$$\text{Det}(A)\text{Det}(B) = \text{Det}(AB) = \text{Det}(I_n) = 1$$

이므로 $\text{Det}(A) \neq 0$ 이다.

(2) ⇒ (1) : $\text{Det}(A) \neq 0$일 때 C_{ij}를 행렬 A의 여인수라 하자. n차 정사각행렬 B를

$$B = \frac{1}{\text{Det}(A)}\begin{bmatrix} C_{11} & C_{21} & C_{31} & \cdots & C_{n1} \\ C_{12} & C_{22} & c_{31} & \cdots & C_{n2} \\ \vdots & & \vdots & & \vdots \\ C_{1n} & C_{2n} & C_{3n} & \cdots & C_{nn} \end{bmatrix}$$

이라 하면

$$AB = BA = I_n$$

이 성립한다. 따라서 A는 가역행렬이다.

[정리 1]의 증명에서 $AB = BA = I_n$이 성립하는 상세한 과정은 C_{ij}를 성분으로 갖는 수반행렬을 이용한 역행렬 계산법을 설명하는 부분에서 자세히 다루도록 한다. [정리 1]에 의하여 $\text{Det}(A) = 0$이면 A는 비가역행렬이라고 판정한다. 즉, n차 정사각행렬의 행렬식을 이용하면 쉽게 주어진 행렬이 가역행렬인지를 판정할 수 있다.

예제 3

다음 행렬이 가역행렬인지를 판정하라.

(a) $A = \begin{bmatrix} 1 & 6 \\ -3 & 4 \end{bmatrix}$

(b) $B = \begin{bmatrix} 4 & -1 \\ -8 & 2 \end{bmatrix}$

(c) $C = \begin{bmatrix} 2 & 0 & 3 \\ -1 & 2 & 3 \\ 1 & 2 & 6 \end{bmatrix}$

(d) $D = \begin{bmatrix} 3 & 2 & 1 \\ -2 & -1 & 3 \\ 1 & -1 & 5 \end{bmatrix}$

| 풀이 |

(a) $\mathrm{Det}(A) = 22 \neq 0$ 이므로 A는 가역행렬이다.

(b) $\mathrm{Det}(B) = 0$ 이므로 B는 비가역행렬이다.

(c) $\mathrm{Det}(C) = 0$ 이므로 C는 비가역행렬이다.

(d) $\mathrm{Det}(D) = 23 \neq 0$ 이므로 D는 가역행렬이다.

주어진 행렬이 가역행렬이면 주어진 행렬은 역행렬을 갖는다. 이제 주어진 가역행렬의 역행렬을 구하는 방법에 대하여 알아보자.

가역행렬의 역행렬

주어진 행렬이 2차 가역행렬이면 다음 정리를 사용하여 주어진 행렬의 역행렬을 구한다.

정리 2　2차 가역행렬의 역행렬

$A = \begin{bmatrix} a & b \\ c & d \end{bmatrix}$일 때 $\mathrm{Det}(A) = ad - bc \neq 0$이면 A는 가역행렬이고 A^{-1}는 다음과 같다.

$$A^{-1} = \frac{1}{ad-bc}\begin{bmatrix} d & -b \\ -c & a \end{bmatrix}$$

Tip $A^{-1} = \frac{1}{ad-bc}\begin{bmatrix} d & -b \\ -c & a \end{bmatrix}$임을 증명하려면 행렬 A에 $\frac{1}{ad-bc}\begin{bmatrix} d & -b \\ -c & a \end{bmatrix}$를 곱한 결과가 I_2가 됨을 보인다.

| 증명 |

$$\begin{bmatrix} a & b \\ c & d \end{bmatrix}\left(\frac{1}{ad-bc}\begin{bmatrix} d & -b \\ -c & a \end{bmatrix}\right) = \left(\frac{1}{ad-bc}\begin{bmatrix} d & -b \\ -c & a \end{bmatrix}\right)\begin{bmatrix} a & b \\ c & d \end{bmatrix} = \begin{bmatrix} 1 & 0 \\ 0 & 1 \end{bmatrix}$$

이므로 $\frac{1}{ad-bc}\begin{bmatrix} d & -b \\ -c & a \end{bmatrix}$가 A의 역행렬이다.

역행렬을 구할 때는 우선 주어진 행렬의 행렬식이 0인지를 확인해야 한다.

예제 4

다음 2차 정사각행렬의 역행렬을 구하라.

(a) $A = \begin{bmatrix} 1 & 0 \\ 1 & 2 \end{bmatrix}$ (b) $B = \begin{bmatrix} 1 & -4 \\ -4 & 16 \end{bmatrix}$

| 풀이 |

(a)
$$\operatorname{Det}(A) = 2 - 0 \neq 0$$

이므로 A는 가역행렬이다. [정리 2]에 의하여

$$A^{-1} = \frac{1}{ad-bc}\begin{bmatrix} d & -b \\ -c & a \end{bmatrix} = \frac{1}{2-0}\begin{bmatrix} 2 & 0 \\ -1 & 1 \end{bmatrix} = \begin{bmatrix} 1 & 0 \\ -\frac{1}{2} & \frac{1}{2} \end{bmatrix}$$

이다.

(b)
$$\operatorname{Det}(B) = 16 - 16 = 0$$

이므로 행렬 B는 비가역행렬이다. 따라서 행렬 B는 역행렬을 갖지 않는다.

$n \geq 3$일 때 [정리 2]와 같은 n차 가역행렬의 역행렬 공식은 없다.
$n \geq 3$일 때 n차 가역행렬의 역행렬은 기본행렬을 이용하여 구하는 방법과 수반행렬을 이용하여 구하는 방법을 사용하여 구할 수 있다.

기본행렬을 이용하여 역행렬 구하기

가우스 소거법에서 사용하였던 기본행 연산과 관련된 행렬을 다음과 같이 정의한다.

정의 2 기본행렬

n차 단위행렬 I_n에 다음의 세 가지 기본행 연산 중 하나를 단 한 번만 사용하여 얻어진 행렬을 기본행렬(elementary matrix)이라 한다.

(1) 두 행을 교환한다.
(2) 한 행에 0이 아닌 상수를 곱한다.
(3) 한 행에 상수를 곱하여 다른 행에 더한다.

다음 행렬들은 I_3 로부터 얻은 기본행렬의 예이다.

$E_1 = \begin{bmatrix} 1 & 0 & 0 \\ 0 & 0 & 1 \\ 0 & 1 & 0 \end{bmatrix}$, I_3 의 2행과 3행을 교환하여 얻은 기본행렬이다.

$E_2 = \begin{bmatrix} 3 & 0 & 0 \\ 0 & 1 & 0 \\ 0 & 0 & 1 \end{bmatrix}$, I_3 의 1행에 상수 3을 곱하여 얻은 기본행렬이다.

$E_3 = \begin{bmatrix} 1 & 0 & 0 \\ 0 & 1 & 0 \\ -2 & 0 & 1 \end{bmatrix}$, I_3 의 1행에 상수 -2를 곱하여 3행에 더하여 얻은 기본행렬이다.

다음 행렬들도 기본행렬일까?

$E_4 = \begin{bmatrix} 1 & 0 & 0 \\ 0 & 0 & 0 \\ 0 & 0 & 1 \end{bmatrix}$, I_3 의 2행에 상수 0을 곱하여 얻은 행렬이므로 기본행렬이 아니다.

$E_5 = \begin{bmatrix} 0 & 0 & 1 \\ 0 & 2 & 0 \\ 1 & 0 & 0 \end{bmatrix}$, I_3 의 2행에 상수 2를 곱하고 1행과 3행을 교환하여 얻은 행렬이므로 기본행 연산을 2번 적용한 행렬이다. 따라서 기본행렬이 아니다.

앞에서 언급한 3차 기본행렬 E_1, E_2, E_3 가 가역행렬인지 알아보자.

$\begin{bmatrix} 1 & 0 & 0 \\ 0 & 0 & 1 \\ 0 & 1 & 0 \end{bmatrix} \begin{bmatrix} 1 & 0 & 0 \\ 0 & 0 & 1 \\ 0 & 1 & 0 \end{bmatrix} = I_3$ 이므로 E_1 은 가역행렬이다.

$\begin{bmatrix} 3 & 0 & 0 \\ 0 & 1 & 0 \\ 0 & 0 & 1 \end{bmatrix} \begin{bmatrix} \frac{1}{3} & 0 & 0 \\ 0 & 1 & 0 \\ 0 & 0 & 1 \end{bmatrix} = \begin{bmatrix} \frac{1}{3} & 0 & 0 \\ 0 & 1 & 0 \\ 0 & 0 & 1 \end{bmatrix} \begin{bmatrix} 3 & 0 & 0 \\ 0 & 1 & 0 \\ 0 & 0 & 1 \end{bmatrix} = I_3$ 이므로 E_2 는 가역행렬이다.

$\begin{bmatrix} 1 & 0 & 0 \\ 0 & 1 & 0 \\ -2 & 0 & 1 \end{bmatrix} \begin{bmatrix} 1 & 0 & 0 \\ 0 & 1 & 0 \\ 2 & 0 & 1 \end{bmatrix} = \begin{bmatrix} 1 & 0 & 0 \\ 0 & 1 & 0 \\ 2 & 0 & 1 \end{bmatrix} \begin{bmatrix} 1 & 0 & 0 \\ 0 & 1 & 0 \\ -2 & 0 & 1 \end{bmatrix} = I_3$ 이므로 E_3 는 가역행렬이다.

이 결과로부터 다음 정리를 추론할 수 있다.

정리 3 기본행렬의 가역성

모든 기본행렬은 가역행렬이다.

주어진 행렬을 기본행 연산을 사용하여 변형하였을 때 이것을 기본행렬을 사용하여 표현하면 어떻게 될까? 기본행 연산에 의하여

$$A = \begin{bmatrix} 1 & 1 & 2 \\ 0 & 0 & 1 \\ 1 & 2 & 3 \end{bmatrix} \xrightarrow{② \leftrightarrow ③} \begin{bmatrix} 1 & 1 & 2 \\ 1 & 2 & 3 \\ 0 & 0 & 1 \end{bmatrix} = A_1$$

이다. 이때 2행와 3행을 바꾼 것을 단위행렬에 적용한 결과가 기본행렬

$$E_1 = \begin{bmatrix} 1 & 0 & 0 \\ 0 & 0 & 1 \\ 0 & 1 & 0 \end{bmatrix}$$

이므로 기본행 연산을 기본행렬의 곱셈을 이용하여 나타내면 다음과 같다.

$$E_1 A = \begin{bmatrix} 1 & 0 & 0 \\ 0 & 0 & 1 \\ 0 & 1 & 0 \end{bmatrix} \begin{bmatrix} 1 & 1 & 2 \\ 0 & 0 & 1 \\ 1 & 2 & 3 \end{bmatrix} = \begin{bmatrix} 1 & 1 & 2 \\ 1 & 2 & 3 \\ 0 & 0 & 1 \end{bmatrix} = A_1$$

기본행 연산에 의하여

$$A_1 = \begin{bmatrix} 1 & 1 & 2 \\ 1 & 2 & 3 \\ 0 & 0 & 1 \end{bmatrix} \xrightarrow{① \times (-1) + ②} \begin{bmatrix} 1 & 1 & 2 \\ 0 & 1 & 1 \\ 0 & 0 & 1 \end{bmatrix} = A_2$$

이다. 이때 1행에 -1을 곱하여 2행에 더한 것을 단위행렬에 적용한 결과가 기본행렬

$$E_2 = \begin{bmatrix} 1 & 0 & 0 \\ -1 & 1 & 0 \\ 0 & 0 & 1 \end{bmatrix}$$

이므로 기본행 연산을 기본행렬의 곱을 이용하여 나타내면 다음과 같다.

$$E_2 A_1 = E_2 E_1 A = \begin{bmatrix} 1 & 0 & 0 \\ -1 & 1 & 0 \\ 0 & 0 & 1 \end{bmatrix} \begin{bmatrix} 1 & 0 & 0 \\ 0 & 0 & 1 \\ 0 & 1 & 0 \end{bmatrix} \begin{bmatrix} 1 & 1 & 2 \\ 0 & 0 & 1 \\ 1 & 2 & 3 \end{bmatrix} = \begin{bmatrix} 1 & 1 & 2 \\ 0 & 1 & 1 \\ 0 & 0 & 1 \end{bmatrix} = A_2$$

이와 같이 주어진 행렬을 기본행 연산을 이용하여 행 사다리꼴 또는 기약행 사다리꼴로 변형하는 것을 기본행렬을 이용하여 나타내려면 주어진 행렬의 좌측에 기본행 연산과 관

련된 기본행렬을 차례로 곱하면 된다.

다음 정리는 기본행렬을 이용하여 역행렬을 구하는 데 사용되는 [정리 5]를 증명하는 데 이용된다.

정리 4 가역행렬의 곱셈

n차 정사각행렬 A와 B가 가역행렬이면 AB도 가역행렬이다.

Tip AB가 가역행렬임을 보이려면 $(AB)\square = \square(AB) = I_n$인 행렬 $\square$를 제시해야 한다.

| 증명 |

A와 B가 가역행렬이므로 적당한 n차 정사각행렬 C와 D가 존재하여

$$AC = CA = I_n, \quad BD = DB = I_n$$

이 성립한다. 따라서

$$(AB)(DC) = A(BD)C = AI_nC = AC = I_n$$

이고

$$(DC)(AB) = D(CA)B = DI_nB = DB = I_n$$

이 성립하므로 AB도 가역행렬이다.

다음 정리는 가역인 행렬과 기약행 사다리꼴의 관계를 설명하고 이 결과를 이용하면 역행렬을 얻을 수 있다.

정리 5 가역행렬의 기약행 사다리꼴

A가 n차 정사각행렬일 때 다음은 동치이다.

(1) A는 가역행렬이다.

(2) A의 기약행 사다리꼴은 I_n이다.

(3) A는 기본행렬들의 곱셈으로 표현된다.

Tip 기본행렬 $E_1, E_2, \cdots, E_k$를 행렬 A의 좌측에 곱하여 I_n을 얻을 수 있음을 보인다.

| 증명 |

(1) ⇒ (2) : 행렬 A의 기약행 사다리꼴을 B라 하면 적당한 기본행렬 $E_1, E_2, \cdots, E_k$가 존재하여

$$E_k E_{k-1} \cdots E_1 A = B$$

가 성립한다. 만일 $B \neq I_n$이면 행렬 B의 적어도 어느 한 행의 모든 성분은 0이므로

$$\mathrm{Det}(B) = 0$$

이다. 하지만 [정리 1]과 [정리 4]에 의하여

$$\begin{aligned}\mathrm{Det}(E_k E_{k-1} \cdots E_1 A) &= \mathrm{Det}(E_k) \cdot \mathrm{Det}(E_{k-1}) \cdot \cdots \cdot \mathrm{Det}(E_1) \cdot \mathrm{Det}(A) \\ &\neq 0\end{aligned}$$

이므로 모순이다. 따라서 $B = I_n$ 이다.

(2) ⇒ (3) : A의 기약행 사다리꼴이 I_n 이라 하면 적당한 기본행렬 $E_1, E_2, \cdots, E_k$가 존재하여

$$E_k E_{k-1} E_{k-2} \cdots E_1 A = I_n$$

이 성립한다. 따라서

$$E_{k-1} E_{k-2} \cdots E_1 A = E_k^{-1} I_n$$

이고

$$E_{k-2} \cdots E_1 A = E_{k-1}^{-1} E_k^{-1} I_n$$

이며 이 과정을 반복하면

$$A = E_1^{-1} E_2^{-1} \cdots E_{k-1}^{-1} E_k^{-1} I_n = E_1^{-1} E_2^{-1} \cdots E_{k-1}^{-1} E_k^{-1}$$

이다. [정리 3]에 의하여 $E_1^{-1}, E_2^{-1}, \cdots, E_k^{-1}$은 모두 기본행렬이므로 A는 기본행렬들의 곱셈으로 표현된다.

(3) ⇒ (1) : A는 기본행렬들의 곱셈으로 표현된다면 [정리 3]에 의하여 기본행렬은 가역행렬이고 [정리 4]에 의하여 가역행렬들의 곱셈은 가역행렬이므로 A는 가역행렬이다.

[정리 5]의 증명과정을 살펴보자.

행렬 A가 가역행렬이면 적당한 기본행렬 $E_1, E_2, \cdots, E_k$가 존재하여

$$E_k E_{k-1} \cdots E_1 A = I_n$$

이 성립한다. 이 식 양변의 우측에 A^{-1}를 곱하면

$$E_k E_{k-1} \cdots E_1 I_n = E_k E_{k-1} \cdots E_1 A\, A^{-1} = I_n A^{-1} = A^{-1}$$

이다. 이 식의 결과는 가역행렬 A에 기본행렬 $E_1, E_2, \cdots, E_k$를 곱해서 단위행렬이 만들어질 때 I_n에 같은 기본행렬 $E_1, E_2, \cdots, E_k$를 곱하면 그 결과가 A^{-1}임을 설명한다.

$A = \begin{bmatrix} 1 & 2 & 1 \\ 2 & 5 & 2 \\ -1 & -2 & 0 \end{bmatrix}$의 역행렬을 기본행 연산을 이용하여 구해보자.

우선 기본행 연산을 이용하여 A를 기약행 사다리꼴 I_3으로 변형하는 과정은 다음과 같다.

$$\begin{bmatrix} 1 & 2 & 1 \\ 2 & 5 & 2 \\ -1 & -2 & 0 \end{bmatrix} \xrightarrow{①\times(-2)+②} \begin{bmatrix} 1 & 2 & 1 \\ 0 & 1 & 0 \\ -1 & -2 & 0 \end{bmatrix}$$

$$\xrightarrow{①\times 1+③} \begin{bmatrix} 1 & 2 & 1 \\ 0 & 1 & 0 \\ 0 & 0 & 1 \end{bmatrix}$$

$$\xrightarrow{②\times(-2)+①} \begin{bmatrix} 1 & 0 & 1 \\ 0 & 1 & 0 \\ 0 & 0 & 1 \end{bmatrix}$$

$$\xrightarrow{③\times(-1)+①} \begin{bmatrix} 1 & 0 & 0 \\ 0 & 1 & 0 \\ 0 & 0 & 1 \end{bmatrix}$$

이 과정을 $[A \mid I_3]$에 적용하여 보자. 기본행 연산에 의하여

$$\left[\begin{array}{ccc|ccc} 1 & 2 & 1 & 1 & 0 & 0 \\ 2 & 5 & 2 & 0 & 1 & 0 \\ -1 & -2 & 0 & 0 & 0 & 1 \end{array}\right] \xrightarrow{①\times(-2)+②} \left[\begin{array}{ccc|ccc} 1 & 2 & 1 & 1 & 0 & 0 \\ 0 & 1 & 0 & -2 & 1 & 0 \\ -1 & -2 & 0 & 0 & 0 & 1 \end{array}\right]$$

$$\xrightarrow{①\times 1+③} \left[\begin{array}{ccc|ccc} 1 & 2 & 1 & 1 & 0 & 0 \\ 0 & 1 & 0 & -2 & 1 & 0 \\ 0 & 0 & 1 & 1 & 0 & 1 \end{array}\right]$$

$$\xrightarrow{②\times(-2)+①} \left[\begin{array}{ccc|ccc} 1 & 0 & 1 & 5 & -2 & 0 \\ 0 & 1 & 0 & -2 & 1 & 0 \\ 0 & 0 & 1 & 1 & 0 & 1 \end{array}\right]$$

$$\xrightarrow{③\times(-1)+①}\left[\begin{array}{ccc|ccc}1&0&0&4&-2&-1\\0&1&0&-2&1&0\\0&0&1&1&0&1\end{array}\right]$$

이다. 따라서 $A^{-1}=\begin{bmatrix}4&-2&-1\\-2&1&0\\1&0&1\end{bmatrix}$이다.

예제 5

기본행 연산을 이용하여 다음 행렬의 역행렬을 구하라.

(a) $A=\begin{bmatrix}2&3\\4&3\end{bmatrix}$ (b) $B=\begin{bmatrix}0&0&1\\0&2&-1\\1&1&0\end{bmatrix}$

| 풀이 |

(a) 기본행 연산에 의하여

$$\left[\begin{array}{cc|cc}2&3&1&0\\4&3&0&1\end{array}\right]\xrightarrow{①\times(-2)+②}\left[\begin{array}{cc|cc}2&3&1&0\\0&-3&-2&1\end{array}\right]$$

$$\xrightarrow{②\times(-\frac{1}{3})}\left[\begin{array}{cc|cc}2&3&1&0\\0&1&\frac{2}{3}&-\frac{1}{3}\end{array}\right]$$

$$\xrightarrow{②\times(-3)+①}\left[\begin{array}{cc|cc}2&0&-1&1\\0&1&\frac{2}{3}&-\frac{1}{3}\end{array}\right]$$

$$\xrightarrow{①\times\frac{1}{2}}\left[\begin{array}{cc|cc}1&0&-\frac{1}{2}&\frac{1}{2}\\0&1&\frac{2}{3}&-\frac{1}{3}\end{array}\right]$$

이다. 따라서 $A^{-1}=\begin{bmatrix}-\frac{1}{2}&\frac{1}{2}\\\frac{2}{3}&-\frac{1}{3}\end{bmatrix}$이다.

(b) 기본행 연산에 의하여

$$\left[\begin{array}{ccc|ccc}0&0&1&1&0&0\\0&2&-1&0&1&0\\1&1&0&0&0&1\end{array}\right]\xrightarrow{①\leftrightarrow③}\left[\begin{array}{ccc|ccc}1&1&0&0&0&1\\0&2&-1&0&1&0\\0&0&1&1&0&0\end{array}\right]$$

$$\xrightarrow{③\times1+②}\left[\begin{array}{ccc|ccc}1&1&0&0&0&1\\0&2&0&1&1&0\\0&0&1&1&0&0\end{array}\right]$$

$$\xrightarrow{② \times \frac{1}{2}} \left[\begin{array}{ccc|ccc} 1 & 1 & 0 & 0 & 0 & 1 \\ 0 & 1 & 0 & \frac{1}{2} & \frac{1}{2} & 0 \\ 0 & 0 & 1 & 1 & 0 & 0 \end{array}\right]$$

$$\xrightarrow{② \times (-1) + ①} \left[\begin{array}{ccc|ccc} 1 & 0 & 0 & -\frac{1}{2} & -\frac{1}{2} & 1 \\ 0 & 1 & 0 & \frac{1}{2} & \frac{1}{2} & 0 \\ 0 & 0 & 1 & 1 & 0 & 0 \end{array}\right]$$

이다. 따라서 $B^{-1} = \begin{bmatrix} -\frac{1}{2} & -\frac{1}{2} & 1 \\ \frac{1}{2} & \frac{1}{2} & 0 \\ 1 & 0 & 0 \end{bmatrix}$이다.

수반행렬을 이용하여 역행렬 구하기

행렬식 단원에서 행렬식을 계산하기 위하여 소행렬식과 여인수를 도입하였다. 여인수들을 성분으로 갖는 행렬을 다음과 같이 정의한다.

정의 3　여인수행렬과 수반행렬

$A = [a_{ij}]_{n \times n}$가 n차 정사각행렬이고 $1 \le i,\ j \le n$에 대하여 C_{ij}가 행렬 A의 여인수일 때

$$\begin{bmatrix} C_{11} & C_{12} & \cdots & C_{1n} \\ C_{21} & C_{22} & \cdots & C_{2n} \\ \vdots & \vdots & \vdots & \vdots \\ C_{n1} & C_{n2} & \cdots & C_{nn} \end{bmatrix}$$

을 행렬 A의 여인수행렬(cofactor matrix)이라 하고 여인수행렬을 전치한 행렬

$$\begin{bmatrix} C_{11} & C_{21} & \cdots & C_{n1} \\ C_{12} & C_{22} & \cdots & C_{n2} \\ \vdots & \vdots & \vdots & \vdots \\ C_{1n} & C_{2n} & \cdots & C_{nn} \end{bmatrix}$$

을 행렬 A의 수반행렬(adjoint matrix)이라 하며 $\mathrm{adj}(A)$로 나타낸다.

[정의 3]을 이용하여 다음 예제를 풀어보자.

예제 6

$A = \begin{bmatrix} 1 & 0 & 2 \\ -1 & 3 & -1 \\ 1 & -2 & 3 \end{bmatrix}$의 여인수행렬과 수반행렬을 구하라.

| 풀이 |

행렬 A의 여인수는 다음과 같다.

$$C_{11} = \begin{vmatrix} 3 & -1 \\ -2 & 3 \end{vmatrix} = 7,\ C_{12} = -\begin{vmatrix} -1 & -1 \\ 1 & 3 \end{vmatrix} = 2,\ C_{13} = \begin{vmatrix} -1 & 3 \\ 1 & -2 \end{vmatrix} = -1,$$

$$C_{21} = -\begin{vmatrix} 0 & 2 \\ -2 & 3 \end{vmatrix} = -4,\ C_{22} = \begin{vmatrix} 1 & 2 \\ 1 & 3 \end{vmatrix} = 1,\ C_{23} = -\begin{vmatrix} 1 & 0 \\ 1 & -2 \end{vmatrix} = 2,$$

$$C_{31} = \begin{vmatrix} 0 & 2 \\ 3 & -1 \end{vmatrix} = -6,\ C_{32} = -\begin{vmatrix} 1 & 2 \\ -1 & -1 \end{vmatrix} = -1,\ C_{33} = \begin{vmatrix} 1 & 0 \\ -1 & 3 \end{vmatrix} = 3$$

따라서 행렬 A의 여인수행렬은

$$\begin{bmatrix} 7 & 2 & -1 \\ -4 & 1 & 2 \\ -6 & -1 & 3 \end{bmatrix}$$

이고 행렬 A의 수반행렬은

$$\mathrm{adj}(A) = \begin{bmatrix} 7 & 2 & -1 \\ -4 & 1 & 2 \\ -6 & -1 & 3 \end{bmatrix}^T = \begin{bmatrix} 7 & -4 & -6 \\ 2 & 1 & -1 \\ -1 & 2 & 3 \end{bmatrix}$$

이다.

$A = [a_{ij}]_{n\times n}$가 n차 정사각행렬이고 $\mathrm{adj}(A)$가 A의 수반행렬일 때 A와 $\mathrm{adj}(A)$의 곱으로 만들어진 행렬의 성분은 어떻게 될까? $A\,\mathrm{adj}(A)$의 i행의 j번째 성분은 행렬 A의 i행과 행렬 $\mathrm{adj}(A)$의 j열을 곱하여 얻는다.

$$(A\,\mathrm{adj}(A)\text{의 } i\text{ 행의 } j\text{ 번째 성분}) = \begin{bmatrix} a_{i1} & a_{i2} & \cdots & a_{in} \end{bmatrix} \begin{bmatrix} C_{j1} \\ C_{j2} \\ \vdots \\ C_{jn} \end{bmatrix}$$

$$= a_{i1} C_{j1} + a_{i2} C_{j2} + \cdots + a_{in} C_{jn}$$

$a_{i1} C_{j1} + a_{i2} C_{j2} + \cdots + a_{in} C_{jn}$ 을 $i = j$ 인 경우와 $i \neq j$ 인 경우로 나누어 계산해 보자.

❶ $i = j$ 인 경우 :

$$a_{i1} C_{j1} + a_{i2} C_{j2} + \cdots + a_{in} C_{jn}$$

은 행렬 A 의 i 행에 대한 여인수 전개이므로

$$a_{i1} C_{j1} + a_{i2} C_{j2} + \cdots + a_{in} C_{jn} = a_{i1} C_{i1} + a_{i2} C_{i2} + \cdots + a_{in} C_{in} = \mathrm{Det}(A)$$

이다.

❷ $i \neq j$ 인 경우 :

$$a_{i1} C_{j1} + a_{i2} C_{j2} + \cdots + a_{in} C_{jn}$$

은 행렬 A 의 j 행에 $a_{i1}, a_{i2}, \cdots, a_{in}$ 이 있을 때 행렬 A 를 여인수 전개한 것이 되는데 행렬 A 의 i 행과 j 행에 같은 성분들이 있으므로 행렬식은 0 이다.

❶과 ❷의 결과를 종합하면 다음을 얻을 수 있다.

$$A\,\mathrm{adj}(A) = \begin{bmatrix} \mathrm{Det}(A) & 0 & 0 & 0 & \cdots & 0 \\ 0 & \mathrm{Det}(A) & 0 & 0 & \cdots & 0 \\ \vdots & \vdots & \vdots & \vdots & \vdots & \vdots \\ 0 & 0 & 0 & 0 & \cdots & \mathrm{Det}(A) \end{bmatrix}$$

$$= \mathrm{Det}(A) \begin{bmatrix} 1 & 0 & 0 & \cdots & 0 \\ 0 & 1 & 0 & \cdots & 0 \\ \vdots & \vdots & \vdots & \vdots & \vdots \\ 0 & 0 & 0 & \cdots & 1 \end{bmatrix}$$

$$= \mathrm{Det}(A) I_n$$

따라서 $A\left(\dfrac{1}{\mathrm{Det}(A)}\mathrm{adj}(A)\right) = \left(\dfrac{1}{\mathrm{Det}(A)}\mathrm{adj}(A)\right)A = I_n$ 이므로

$$A^{-1} = \frac{1}{\mathrm{Det}(A)}\mathrm{adj}(A)$$

이다.

예제 7

수반행렬을 이용하여 다음 행렬의 역행렬을 구하라.

(a) $A = \begin{bmatrix} 3 & 4 \\ 1 & 2 \end{bmatrix}$ (b) $B = \begin{bmatrix} 1 & 0 & 2 \\ -1 & 3 & -1 \\ 1 & -2 & 3 \end{bmatrix}$

| 풀이 |

(a)
$$C_{11} = 2,\ C_{12} = -1,\ C_{21} = -4,\ C_{22} = 3$$

이므로 $\text{adj}(A) = \begin{bmatrix} 2 & -4 \\ -1 & 3 \end{bmatrix}$이고 $\text{Det}(A) = 2$이다. 따라서

$$A^{-1} = \frac{1}{2}\text{adj}(A) = \frac{1}{2}\begin{bmatrix} 2 & -4 \\ -1 & 3 \end{bmatrix}$$

이다.

(b) [예제 6]에서 $\text{adj}(B) = \begin{bmatrix} 7 & -4 & -6 \\ 2 & 1 & -1 \\ -1 & 2 & 3 \end{bmatrix}$이고 $\text{Det}(B) = 5$이다. 따라서

$$B^{-1} = \frac{1}{5}\text{adj}(B) = \frac{1}{5}\begin{bmatrix} 7 & -4 & -6 \\ 2 & 1 & -1 \\ -1 & 2 & 3 \end{bmatrix}$$

이다.

가역행렬의 성질

이제 가역행렬이 어떤 성질을 갖고 있는지 알아보자.

정리 6 기본적인 가역행렬의 성질

$k \neq 0$가 스칼라이고 A와 B가 모두 n차 가역행렬이면 다음이 성립한다.

(1) $(A^{-1})^{-1} = A$ (2) $(AB)^{-1} = B^{-1}A^{-1}$ (3) $(kA)^{-1} = \dfrac{1}{k}A^{-1}$

Tip $(AB)\square = I_n$ 이면 $\square$가 $(AB)^{-1}$ 인데 $\square$에 $B^{-1}A^{-1}$를 대입하면 등식이 성립함을 보인다.

| 증명 |

(1)
$$AA^{-1} = A^{-1}A = I$$

이므로 A의 역행렬은 A^{-1}이고 A^{-1}의 역행렬은 A이다. 또한 A^{-1}의 역행렬은 $(A^{-1})^{-1}$이므로 A와 $(A^{-1})^{-1}$이 모두 A^{-1}의 역행렬이다. 그러므로 $(A^{-1})^{-1} = A$이다.

(2)
$$AB(B^{-1}A^{-1}) = A(BB^{-1})A^{-1} = AIA^{-1} = AA^{-1} = I$$

이고

$$(B^{-1}A^{-1})AB = B^{-1}(A^{-1}A)B = B^{-1}IB = B^{-1}B = B^{-1}B = I$$

이므로 AB의 역행렬, 즉 $(AB)^{-1}$은 $B^{-1}A^{-1}$이다.

(3)
$$(kA)\left(\frac{1}{k}A^{-1}\right) = k \cdot \frac{1}{k}(AA^{-1}) = I_n$$

이고

$$\left(\frac{1}{k}A^{-1}\right)(kA) = \frac{1}{k} \cdot k(A^{-1}A) = I_n$$

이므로 $(kA)^{-1} = \frac{1}{k}A^{-1}$이다.

[정리 6(2)]는 유한개의 가역행렬의 곱에도 적용 가능하다. 즉, $A_1, A_2, \cdots, A_k$가 모두 n차 가역행렬이면 다음이 성립한다.

$$(A_1A_2\cdots A_k)^{-1} = A_k^{-1}\cdots A_2^{-1}A_1^{-1}$$

다음 예제에서 $(AB)^{-1} = B^{-1}A^{-1}$는 성립하지만 $(AB)^{-1} \neq A^{-1}B^{-1}$일 수 있음을 확인할 수 있다.

예제 8

$A = \begin{bmatrix} 1 & 3 \\ 1 & 2 \end{bmatrix}$, $B = \begin{bmatrix} 4 & 1 \\ 3 & 1 \end{bmatrix}$일 때 다음을 구하라.

(a) $(AB)^{-1}$

(b) $A^{-1}B^{-1}$

(c) $B^{-1}A^{-1}$

(d) $(3A)^{-1}$

| 풀이 |

(a) $AB = \begin{bmatrix} 13 & 4 \\ 10 & 3 \end{bmatrix}$이므로 $(AB)^{-1} = \begin{bmatrix} -3 & 4 \\ 10 & -13 \end{bmatrix}$이다.

(b) $A^{-1}B^{-1} = \begin{bmatrix} -2 & 3 \\ 1 & -1 \end{bmatrix}\begin{bmatrix} 1 & -1 \\ -3 & 4 \end{bmatrix} = \begin{bmatrix} -11 & 14 \\ 4 & -5 \end{bmatrix}$

(c) $B^{-1}A^{-1} = \begin{bmatrix} 1 & -1 \\ -3 & 4 \end{bmatrix}\begin{bmatrix} -2 & 3 \\ 1 & -1 \end{bmatrix} = \begin{bmatrix} -3 & 4 \\ 10 & -13 \end{bmatrix}$

(d) $(3A)^{-1} = \frac{1}{3}A^{-1} = \frac{1}{3}\begin{bmatrix} -2 & 3 \\ 1 & -1 \end{bmatrix} = \begin{bmatrix} -\frac{2}{3} & 1 \\ \frac{1}{3} & -\frac{1}{3} \end{bmatrix}$

A가 가역행렬이고 A의 행렬식을 알고 있으면 A^{-1}를 구하지 않고 A^{-1}의 행렬식을 구할 수 있다.

정리 7 역행렬의 행렬식

A가 가역행렬이면 $\mathrm{Det}(A^{-1}) = \dfrac{1}{\mathrm{Det}(A)}$이다.

Tip $AA^{-1} = I$이고 $\mathrm{Det}(I) = 1$임을 이용한다.

| 증명 |

A가 가역행렬이면 $AA^{-1} = I$이다. 2.2절의 [정리 6]에 의하여

$$\mathrm{Det}(A)\mathrm{Det}(A^{-1}) = \mathrm{Det}(AA^{-1}) = \mathrm{Det}(I) = 1$$

이다. 따라서 $\mathrm{Det}(A^{-1}) = \dfrac{1}{\mathrm{Det}(A)}$이다.

[정리 7]을 이용하여 다음 예제를 풀어보자.

예제 9

$A = \begin{bmatrix} 1 & 4 \\ 1 & 5 \end{bmatrix}$, $B = \begin{bmatrix} 2 & 2 \\ 3 & 1 \end{bmatrix}$일 때 다음을 구하라.

(a) $\mathrm{Det}(A^{-1})$

(b) $\mathrm{Det}((AB)^{-1})$

| 풀이 |

(a) $\text{Det}(A) = 5 - 4 = 1$ 이므로 $\text{Det}(A^{-1}) = \dfrac{1}{\text{Det}(A)} = 1$ 이다.

(b) $\text{Det}(B) = 2 - 6 = -4$ 이므로 $\text{Det}(B^{-1}) = \dfrac{1}{\text{Det}(B)} = -\dfrac{1}{4}$ 이다. 따라서

$$\text{Det}((AB)^{-1}) = \text{Det}(B^{-1}A^{-1}) = \text{Det}(B^{-1})\text{Det}(A^{-1}) = (-\frac{1}{4}) \cdot 1 = -\frac{1}{4}$$

이다.

역행렬을 이용한 연립선형방정식의 해법

2.1절에서 연립선형방정식의 해법으로 가우스 소거법과 가우스-조단 소거법을 제시하였다. 이제 연립선형방정식을 행렬을 이용하여 $AX = B$로 표현했을 때 계수행렬 A가 가역행렬이면 다음이 성립한다.

$$AX = B \Rightarrow A^{-1}AX = A^{-1}B \Rightarrow X = A^{-1}B$$

역행렬을 이용한 연립선형방정식의 해법을 이용하여 다음 예제를 풀어보자.

예제 10

역행렬을 이용하여 다음 연립선형방정식의 해를 구하라.

(a) $\begin{cases} x_1 + 4x_2 = 1 \\ x_1 + 5x_2 = 4 \end{cases}$

(b) $\begin{cases} x_1 + x_2 + x_3 = 1 \\ x_1 + 2x_2 + x_3 = 2 \\ x_1 + 2x_3 = 3 \end{cases}$

| 풀이 |

(a) 연립선형방정식을 행렬을 이용하여 표현하면 다음과 같다.

$$\begin{bmatrix} 1 & 4 \\ 1 & 5 \end{bmatrix} \begin{bmatrix} x_1 \\ x_2 \end{bmatrix} = \begin{bmatrix} 1 \\ 4 \end{bmatrix}$$

$A = \begin{bmatrix} 1 & 4 \\ 1 & 5 \end{bmatrix}$의 역행렬은 $A^{-1} = \begin{bmatrix} 5 & -4 \\ -1 & 1 \end{bmatrix}$이므로

$$\begin{bmatrix} x_1 \\ x_2 \end{bmatrix} = A^{-1}\begin{bmatrix} 1 \\ 4 \end{bmatrix} = \begin{bmatrix} 5 & -4 \\ -1 & 1 \end{bmatrix}\begin{bmatrix} 1 \\ 4 \end{bmatrix} = \begin{bmatrix} -11 \\ 3 \end{bmatrix}$$

이다. 따라서 $x_1 = -11$, $x_2 = 3$이다.

(b) 연립선형방정식을 행렬을 이용하여 표현하면 다음과 같다.

$$\begin{bmatrix} 1 & 1 & 1 \\ 1 & 2 & 1 \\ 1 & 0 & 2 \end{bmatrix}\begin{bmatrix} x_1 \\ x_2 \\ x_3 \end{bmatrix} = \begin{bmatrix} 1 \\ 2 \\ 3 \end{bmatrix}$$

$A = \begin{bmatrix} 1 & 1 & 1 \\ 1 & 2 & 1 \\ 1 & 0 & 2 \end{bmatrix}$의 역행렬은 $A^{-1} = \begin{bmatrix} 4 & -2 & -1 \\ -1 & 1 & 0 \\ -2 & 1 & 1 \end{bmatrix}$이므로

$$\begin{bmatrix} x_1 \\ x_2 \\ x_3 \end{bmatrix} = A^{-1}\begin{bmatrix} 1 \\ 2 \\ 3 \end{bmatrix} = \begin{bmatrix} 4 & -2 & -1 \\ -1 & 1 & 0 \\ -2 & 1 & 1 \end{bmatrix}\begin{bmatrix} 1 \\ 2 \\ 3 \end{bmatrix} = \begin{bmatrix} -3 \\ 1 \\ 3 \end{bmatrix}$$

이다. 따라서 $x_1 = -3$, $x_2 = 1$, $x_3 = 3$이다.

크래머 법칙을 이용한 연립선형방정식의 해법

연립선형방정식이 행렬을 이용하여 $AX = B$로 표현되고 계수행렬 A가 가역행렬일 때 A^{-1}를 구하거나 A를 기약행 사다리꼴로 바꾸는 과정은 복잡하다. 또한 A를 행 사다리꼴로 바꾸면 x_1을 구하기 위하여 x_n, x_{n-1}, $\cdots$, x_2를 모두 구해야 하는 어려움이 있다. 하지만 다음에 제시하는 크래머 법칙(Cramer's rule)을 사용하면 이 문제를 해결할 수 있다.

정리 8 크래머 법칙

연립선형방정식이 행렬을 이용하여 $AX = B$로 표현되고 계수행렬 A가 가역행렬일 때 X의 성분 x_i는

$$x_i = \frac{\mathrm{Det}(M_i)}{\mathrm{Det}(A)}$$

이다. 이때 M_i는 계수행렬 A의 i 열의 성분을 B로 대체한 행렬이다.

만일 $A = \begin{bmatrix} 1 & 2 & 3 \\ 4 & 5 & 6 \\ 7 & 8 & 9 \end{bmatrix}$, $B = \begin{bmatrix} 1 \\ 1 \\ 1 \end{bmatrix}$ 이면 [정리 8]의 M_1은 $M_1 = \begin{bmatrix} 1 & 2 & 3 \\ 1 & 5 & 6 \\ 1 & 8 & 9 \end{bmatrix}$ 이고 M_2는 $M_2 = \begin{bmatrix} 1 & 1 & 3 \\ 4 & 1 & 6 \\ 7 & 1 & 9 \end{bmatrix}$ 이며 M_3는 $M_3 = \begin{bmatrix} 1 & 2 & 1 \\ 4 & 5 & 1 \\ 7 & 8 & 1 \end{bmatrix}$ 이다.

예제 11

크래머 법칙을 이용하여 다음 연립선형방정식의 해를 구하라.

$$\begin{cases} x_1 + x_2 + x_3 = 1 \\ x_1 + 2x_2 + x_3 = 2 \\ x_1 + 2x_3 = 3 \end{cases}$$

| 풀이 |

연립선형방정식을 행렬을 이용하여 표현하면 다음과 같다.

$$\begin{bmatrix} 1 & 1 & 1 \\ 1 & 2 & 1 \\ 1 & 0 & 2 \end{bmatrix} \begin{bmatrix} x_1 \\ x_2 \\ x_3 \end{bmatrix} = \begin{bmatrix} 1 \\ 2 \\ 3 \end{bmatrix}$$

계수행렬은 $A = \begin{bmatrix} 1 & 1 & 1 \\ 1 & 2 & 1 \\ 1 & 0 & 2 \end{bmatrix}$ 이고 크래머 법칙의 M_1, M_2, M_3 는 다음과 같다.

$$M_1 = \begin{bmatrix} 1 & 1 & 1 \\ 2 & 2 & 1 \\ 3 & 0 & 2 \end{bmatrix}, \quad M_2 = \begin{bmatrix} 1 & 1 & 1 \\ 1 & 2 & 1 \\ 1 & 3 & 2 \end{bmatrix}, \quad M_3 = \begin{bmatrix} 1 & 1 & 1 \\ 1 & 2 & 2 \\ 1 & 0 & 3 \end{bmatrix}$$

따라서 크래머 법칙에 의하여

$$x_1 = \frac{\mathrm{Det}(M_1)}{\mathrm{Det}(A)} = \frac{-3}{1} = -3, \quad x_2 = \frac{\mathrm{Det}(M_2)}{\mathrm{Det}(A)} = \frac{1}{1} = 1, \quad x_3 = \frac{\mathrm{Det}(M_3)}{\mathrm{Det}(A)} = \frac{3}{1} = 3$$

이다. 그러므로 연립선형방정식의 해는 $x_1 = -3$, $x_2 = 1$, $x_3 = 3$ 이다.

[예제 11]의 연립선형방정식은 [예제 10(b)]와 같고, 역행렬을 이용한 해와 크래머 법칙을 이용한 해가 같음을 알 수 있다. 앞서 언급한 바와 같이 연립선형방정식의 특별한 변수의 해만을 구하는데 크래머 법칙이 유용하지만 연립선형방정식의 모든 변수의 해를 구하고자 한다면 크래머 법칙이 가장 좋다고 할 수는 없다.

이 절에서는 역행렬의 존재성과 역행렬을 구하는 방법 그리고 역행렬의 성질을 학습하였다. 역행렬의 존재성은 행렬식을 이용하여 판정하는 방법을 알아보았고, 역행렬이 존재할 때 역행렬을 구하는 방법으로 기본행렬을 이용하는 방법과 수반행렬을 이용하는 방법을 제시하였다. 또한 두 행렬의 곱에 대한 역행렬의 성질을 학습하였고 연립선형방정식의 해를 구하는 방법으로 역행렬을 이용한 방법과 크래머 법칙을 소개하였다.

Chapter 2.3 연습문제

1 다음 두 행렬이 역행렬 관계인지를 판정하라.

(a) $\begin{bmatrix} 1 & -6 \\ 1 & -5 \end{bmatrix}$, $\begin{bmatrix} -5 & 6 \\ -1 & 1 \end{bmatrix}$

(b) $\begin{bmatrix} 3 & 5 \\ 4 & 7 \end{bmatrix}$, $\begin{bmatrix} 7 & 5 \\ -4 & 3 \end{bmatrix}$

(c) $\begin{bmatrix} -1 & 0 \\ 0 & -1 \end{bmatrix}$, $\begin{bmatrix} -1 & 0 \\ 0 & -1 \end{bmatrix}$

(d) $\begin{bmatrix} 0 & 1 \\ 1 & 0 \end{bmatrix}$, $\begin{bmatrix} 0 & 1 \\ 1 & 0 \end{bmatrix}$

(e) $\begin{bmatrix} 0 & 2 \\ 1 & 5 \end{bmatrix}$, $\begin{bmatrix} -\frac{5}{2} & 1 \\ -\frac{1}{2} & 0 \end{bmatrix}$

(f) $\begin{bmatrix} 1 & 2 \\ 3 & 0 \end{bmatrix}$, $\begin{bmatrix} 0 & \frac{1}{3} \\ \frac{1}{2} & -\frac{1}{6} \end{bmatrix}$

(g) $\begin{bmatrix} 1 & 1 & 0 \\ 0 & 1 & 0 \\ 0 & 1 & 1 \end{bmatrix}$, $\begin{bmatrix} 1 & -1 & 0 \\ 0 & 1 & 0 \\ 0 & -1 & 1 \end{bmatrix}$

(h) $\begin{bmatrix} 1 & 0 & 1 \\ 0 & 1 & 1 \\ 0 & 1 & 0 \end{bmatrix}$, $\begin{bmatrix} 1 & 1 & 1 \\ 0 & 0 & 1 \\ 0 & 1 & -1 \end{bmatrix}$

2 [정의 1]을 이용하여 다음 행렬이 비가역행렬임을 증명하라.

(a) $A = \begin{bmatrix} 1 & 4 \\ 3 & 12 \end{bmatrix}$

(b) $B = \begin{bmatrix} -3 & 1 \\ 9 & -3 \end{bmatrix}$

(c) $C = \begin{bmatrix} 1 & 2 \\ 0 & 0 \end{bmatrix}$

(d) $D = \begin{bmatrix} 2 & 0 \\ 3 & 0 \end{bmatrix}$

(e) $C = \begin{bmatrix} -5 & -3 \\ 25 & 15 \end{bmatrix}$

(f) $D = \begin{bmatrix} -4 & 22 \\ -2 & 11 \end{bmatrix}$

(g) $E = \begin{bmatrix} 2 & 7 \\ -1 & -\frac{7}{2} \end{bmatrix}$

(h) $F = \begin{bmatrix} -3 & 8 \\ \frac{1}{2} & -\frac{4}{3} \end{bmatrix}$

3 다음 행렬이 가역행렬인지를 판정하라.

(a) $A = \begin{bmatrix} 2 & 5 \\ 4 & -8 \end{bmatrix}$

(b) $B = \begin{bmatrix} -3 & -9 \\ 1 & 3 \end{bmatrix}$

(c) $C = \begin{bmatrix} 1 & 2 & 3 \\ -1 & -1 & 1 \\ 0 & 1 & 4 \end{bmatrix}$

(d) $D = \begin{bmatrix} 1 & 0 & -2 \\ -1 & 2 & -3 \\ 0 & 2 & 4 \end{bmatrix}$

(e) $E = \begin{bmatrix} 1 & 0 & 3 \\ 0 & 1 & 3 \\ 1 & 1 & 0 \end{bmatrix}$

(f) $F = \begin{bmatrix} -1 & -1 & 2 \\ -1 & -2 & 1 \\ -2 & -1 & 1 \end{bmatrix}$

(g) $G = \begin{bmatrix} 1 & 2 & 1 & 2 \\ 2 & 0 & 1 & 0 \\ 1 & 1 & 1 & 3 \\ 0 & 0 & 0 & 2 \end{bmatrix}$

(h) $H = \begin{bmatrix} 1 & -1 & -1 & 2 \\ 3 & -1 & -1 & 1 \\ 4 & -2 & -2 & 3 \\ 5 & 0 & 0 & 0 \end{bmatrix}$

4 다음 2차 정사각행렬의 역행렬을 구하라.

(a) $A = \begin{bmatrix} 1 & 2 \\ 1 & -2 \end{bmatrix}$

(b) $B = \begin{bmatrix} 3 & 2 \\ -2 & -3 \end{bmatrix}$

(c) $C = \begin{bmatrix} -4 & 0 \\ 0 & 3 \end{bmatrix}$

(d) $D = \begin{bmatrix} 0 & 3 \\ -4 & 0 \end{bmatrix}$

(e) $E = \begin{bmatrix} 4 & -2 \\ -14 & 7 \end{bmatrix}$

(f) $F = \begin{bmatrix} 11 & 2 \\ 44 & 8 \end{bmatrix}$

(g) $G = \begin{bmatrix} 3 & 15 \\ -3 & 15 \end{bmatrix}$

(h) $H = \begin{bmatrix} 4 & 5 \\ 8 & -10 \end{bmatrix}$

5 다음 행렬이 기본행렬인지를 판정하라.

(a) $A = \begin{bmatrix} 1 & -3 \\ 0 & 1 \end{bmatrix}$

(b) $B = \begin{bmatrix} 1 & 0 \\ 3 & 2 \end{bmatrix}$

(c) $C = \begin{bmatrix} -1 & -2 \\ 0 & 1 \end{bmatrix}$

(d) $D = \begin{bmatrix} 0 & 1 \\ 1 & 0 \end{bmatrix}$

(e) $E = \begin{bmatrix} 1 & 0 & 1 \\ 0 & 1 & 0 \\ 0 & 0 & 1 \end{bmatrix}$

(f) $F = \begin{bmatrix} 1 & 0 & 1 \\ 0 & 1 & 0 \\ 0 & 0 & 3 \end{bmatrix}$

(g) $G = \begin{bmatrix} 1 & 0 & 1 \\ 0 & 0 & 1 \\ 0 & 1 & 0 \end{bmatrix}$

(h) $H = \begin{bmatrix} 1 & 0 & 1 \\ 0 & 0 & 0 \\ 0 & 0 & -7 \end{bmatrix}$

6 기본행 연산을 이용하여 다음 행렬의 역행렬을 구하라.

(a) $A = \begin{bmatrix} 1 & 7 \\ 1 & 5 \end{bmatrix}$

(b) $B = \begin{bmatrix} -3 & 1 \\ 4 & -2 \end{bmatrix}$

(c) $C = \begin{bmatrix} -5 & -6 \\ 3 & 4 \end{bmatrix}$

(d) $D = \begin{bmatrix} 3 & 8 \\ -2 & -5 \end{bmatrix}$

(e) $E = \begin{bmatrix} 2 & 3 & 4 \\ 5 & 3 & 1 \\ 2 & 1 & 1 \end{bmatrix}$

(f) $F = \begin{bmatrix} 1 & 1 & 7 \\ 2 & 0 & 5 \\ 3 & 2 & 2 \end{bmatrix}$

(g) $G=\begin{bmatrix} -2 & 3 & -4 \\ 3 & -2 & 1 \\ 3 & 1 & 1 \end{bmatrix}$ (h) $H=\begin{bmatrix} -1 & -3 & -5 \\ 4 & 5 & 6 \\ 0 & 2 & -4 \end{bmatrix}$

7 다음 행렬의 여인수행렬과 수반행렬을 구하라.

(a) $A=\begin{bmatrix} 1 & 4 \\ 2 & 9 \end{bmatrix}$ (b) $B=\begin{bmatrix} -3 & 7 \\ 3 & 1 \end{bmatrix}$

(c) $C=\begin{bmatrix} -1 & 11 \\ 2 & 17 \end{bmatrix}$ (d) $D=\begin{bmatrix} -2 & -7 \\ -3 & 9 \end{bmatrix}$

(e) $E=\begin{bmatrix} 1 & 3 & 6 \\ 4 & 3 & 1 \\ 4 & 1 & 0 \end{bmatrix}$ (f) $F=\begin{bmatrix} 1 & 0 & 5 \\ 2 & 0 & 7 \\ 3 & 2 & 0 \end{bmatrix}$

(g) $G=\begin{bmatrix} -5 & 2 & -6 \\ 4 & -2 & 0 \\ 3 & 1 & 3 \end{bmatrix}$ (h) $H=\begin{bmatrix} -1 & 3 & -4 \\ 4 & 4 & 1 \\ 0 & 1 & -3 \end{bmatrix}$

8 수반행렬을 이용하여 다음 행렬의 역행렬을 구하라.

(a) $A=\begin{bmatrix} 1 & 4 \\ 2 & 9 \end{bmatrix}$ (b) $B=\begin{bmatrix} -3 & 7 \\ 3 & 1 \end{bmatrix}$

(c) $C=\begin{bmatrix} -1 & 11 \\ 2 & 17 \end{bmatrix}$ (d) $D=\begin{bmatrix} -2 & -7 \\ -3 & 9 \end{bmatrix}$

(e) $E=\begin{bmatrix} 1 & 3 & 6 \\ 4 & 3 & 1 \\ 4 & 1 & 0 \end{bmatrix}$ (f) $F=\begin{bmatrix} 1 & 0 & 5 \\ 2 & 0 & 7 \\ 3 & 2 & 0 \end{bmatrix}$

(g) $G=\begin{bmatrix} -5 & 2 & -6 \\ 4 & -2 & 0 \\ 3 & 1 & 3 \end{bmatrix}$ (h) $H=\begin{bmatrix} -1 & 3 & -4 \\ 4 & 4 & 1 \\ 0 & 1 & -3 \end{bmatrix}$

9 $A=\begin{bmatrix} 2 & 3 \\ 3 & 5 \end{bmatrix}$, $B=\begin{bmatrix} 5 & -1 \\ 4 & -1 \end{bmatrix}$, $C=\begin{bmatrix} 2 & 7 \\ 1 & 4 \end{bmatrix}$일 때 다음을 구하라.

(a) $(AB)^{-1}$ (b) $(BA)^{-1}$

(c) $A^{-1}B^{-1}$ (d) $B^{-1}A^{-1}$

(e) $(5A)^{-1}$ (f) $(-4B)^{-1}$

(g) $(ABC)^{-1}$ (h) $(CBA)^{-1}$

10 역행렬을 이용하여 다음 연립선형방정식의 해를 구하라.

(a) $\begin{cases} 3x_1 + 2x_2 = 0 \\ -2x_1 + x_2 = -7 \end{cases}$

(b) $\begin{cases} 2x_1 + x_2 = 3 \\ 5x_1 + 2x_2 = 5 \end{cases}$

(c) $\begin{cases} -2x_1 + 3x_2 = -5 \\ -x_1 + x_2 = -3 \end{cases}$

(d) $\begin{cases} 2x_1 - 3x_2 = 3 \\ -x_1 + 2x_2 = -3 \end{cases}$

(e) $\begin{cases} 2x_1 + 3x_2 = -8 \\ -3x_1 + x_2 = 1 \end{cases}$

(f) $\begin{cases} x_1 - x_2 = 0 \\ 3x_1 - 2x_2 = 0 \end{cases}$

(g) $\begin{cases} -x_1 + 3x_2 = 5 \\ -2x_1 - x_2 = 6 \end{cases}$

(h) $\begin{cases} 7x_1 - x_2 = 1 \\ 3x_1 - 2x_2 = 5 \end{cases}$

11 역행렬을 이용하여 다음 연립선형방정식의 해를 구하라.

(a) $\begin{cases} x_1 - 2x_2 + 4x_3 = 3 \\ 2x_1 - x_2 + 4x_3 = 1 \\ x_1 - x_2 + 3x_3 = 0 \end{cases}$

(b) $\begin{cases} x_1 + x_2 + 2x_3 = 4 \\ x_1 + 2x_2 + 4x_3 = 3 \\ 2x_1 + 3x_2 + 5x_3 = 2 \end{cases}$

(c) $\begin{cases} x_1 - x_2 + x_3 = 2 \\ 2x_1 - 3x_2 - x_3 = 0 \\ 2x_1 - x_2 + 4x_3 = 5 \end{cases}$

(d) $\begin{cases} 4x_1 + 3x_2 = 0 \\ 2x_2 - x_3 = 10 \\ -3x_1 + 2x_3 = 15 \end{cases}$

(e) $\begin{cases} x_1 + 2x_2 + x_3 = 2 \\ -x_1 - x_2 + 2x_3 = 6 \\ x_1 + 3x_3 = 10 \end{cases}$

(f) $\begin{cases} x_1 - x_2 + 2x_3 = 10 \\ x_1 + 3x_2 = -6 \\ 2x_2 + x_3 = 0 \end{cases}$

(g) $\begin{cases} x_1 + x_2 + 2x_3 + x_4 = 4 \\ -x_1 + x_2 + 3x_3 + 4x_4 = 5 \\ -x_2 + 3x_3 + 2x_4 = 0 \\ x_1 + 4x_3 + x_4 = 2 \end{cases}$

(h) $\begin{cases} x_1 + x_2 + 3x_3 + x_4 = 0 \\ x_1 - x_2 + x_3 - x_4 = 0 \\ 2x_1 + x_2 + x_3 + 2x_4 = -4 \\ -x_1 + 2x_2 + 2x_3 - x_4 = 2 \end{cases}$

12 크래머의 법칙을 사용하여 x_2 의 값을 구하라.

(a) $\begin{cases} 3x_1 + 2x_2 = 0 \\ -2x_1 + x_2 = -7 \end{cases}$

(b) $\begin{cases} 2x_1 + x_2 = 3 \\ 5x_1 + 2x_2 = 5 \end{cases}$

(c) $\begin{cases} -2x_1 + 3x_2 = -5 \\ -x_1 + x_2 = -3 \end{cases}$

(d) $\begin{cases} 2x_1 - 3x_2 = 3 \\ -x_1 + 2x_2 = -3 \end{cases}$

(e) $\begin{cases} x_1 - 2x_2 + 4x_3 = 3 \\ 2x_1 - x_2 + 4x_3 = 1 \\ x_1 - x_2 + 3x_3 = 0 \end{cases}$

(f) $\begin{cases} x_1 + x_2 + 2x_3 = 4 \\ x_1 + 2x_2 + 4x_3 = 3 \\ 2x_1 + 3x_2 + 5x_3 = 2 \end{cases}$

(g) $\begin{cases} x_1 - x_2 + x_3 = 2 \\ 2x_1 - 3x_2 - x_3 = 0 \\ 2x_1 - x_2 + 4x_3 = 5 \end{cases}$ (h) $\begin{cases} 4x_1 + 3x_2 \qquad = 0 \\ \qquad 2x_2 - x_3 = 10 \\ -3x_1 \qquad + 2x_3 = 15 \end{cases}$

13 다음 명제가 참인지 거짓인지 판정하라.

(a) A와 B가 n차 정사각행렬이고 $AB \neq I_n$이면 A는 특이행렬이다.

(b) A가 n차 정사각행렬이고 특이행렬이면 행렬 A의 기약행 사다리꼴은 I_n이다.

(c) A와 B가 n차 정사각행렬이고 가역행렬이면 AB도 가역행렬이다.

(d) AB가 가역행렬이면 행렬 A와 B는 모두 가역행렬이다.

(e) $\begin{bmatrix} 1 & 0 & 0 \\ 0 & -1 & 0 \\ 0 & 0 & 1 \end{bmatrix}$은 기본행렬이다.

(f) $\begin{bmatrix} 0 & 0 & 1 \\ 0 & 1 & 0 \\ 1 & 0 & 0 \end{bmatrix}$은 기본행렬이다.

(g) 연립선형방정식을 행렬을 이용하여 $AX = B$로 나타냈을 때 A가 가역행렬이면

$$X = BA^{-1}$$

이다.

(h) A, B, C가 n차 정사각행렬이고 가역행렬이면

$$(ABC)^{-1} = C^{-1}B^{-1}A^{-1}$$

이다.

4절 연립선형방정식의 활용

연립선형방정식은 다양한 분야의 문제를 해결하는 데 중요하게 사용된다. 이 절에서는 연립선형방정식이 필요한 수학 및 공학의 문제를 알아보고 2.1절에서 다룬 가우스 소거법을 사용하여 해를 구하는 방법을 알아보고자 한다.

보간 다항함수

주어진 자료를 모두 지나는 최소 차수의 다항함수를 보간 다항함수(interpolating polynomial)라고 한다. 서로 다른 2개의 자료 (x_1, y_1), (x_2, y_2)가 주어지면 이 자료를 모두 지나는 1차 다항함수는

$$y - y_1 = \frac{y_2 - y_1}{x_2 - x_1}(x - x_1)$$

이다. 일반적으로 n이 자연수일 때 서로 다른 $n+1$개의 자료가 주어지면 주어진 자료를 모두 지나는 n차 다항함수 $P_n(x)$는 유일하게 존재하는데 $P_n(x)$는 연립선형방정식을 이용하여 구할 수 있다.

예제 1

평면상의 세 점 $(-1, -1)$, $(1, 5)$, $(2, 11)$을 모두 지나는 2차 다항함수가 $y = ax^2 + bx + c$일 때, a, b, c의 값을 구하라.

| 풀이 |

2차 다항함수 $y = ax^2 + bx + c$가 점 $(-1, -1)$을 지나므로 $-1 = a - b + c$이다. 2차 다항함수 $y = ax^2 + bx + c$가 점 $(1, 5)$를 지나므로 $5 = a + b + c$이다. 2차 다항함수 $y = ax^2 + bx + c$가 점 $(2, 11)$을 지나므로 $11 = 4a + 2b + c$이다. 따라서 연립선형방정식은

$$\begin{cases} a - \ \ b + c = -1 \\ a + \ \ b + c = 5 \\ 4a + 2b + c = 11 \end{cases}$$

이고 이를 첨가행렬로 나타내면

$$\left[\begin{array}{ccc|c} 1 & -1 & 1 & -1 \\ 1 & 1 & 1 & 5 \\ 4 & 2 & 1 & 11 \end{array}\right]$$

이다. 기본행 연산을 이용하여 첨가행렬을 행 사다리꼴로 바꾸면 다음과 같다.

$$\left[\begin{array}{ccc|c} 1 & -1 & 1 & -1 \\ 1 & 1 & 1 & 5 \\ 4 & 2 & 1 & 11 \end{array}\right] \xrightarrow{①\times(-1)+②} \left[\begin{array}{ccc|c} 1 & -1 & 1 & -1 \\ 0 & 2 & 0 & 6 \\ 4 & 2 & 1 & 11 \end{array}\right]$$

$$\xrightarrow{①\times(-4)+③} \left[\begin{array}{ccc|c} 1 & -1 & 1 & -1 \\ 0 & 2 & 0 & 6 \\ 0 & 6 & -3 & 15 \end{array}\right]$$

$$\xrightarrow{②\times(-3)+③} \left[\begin{array}{ccc|c} 1 & -1 & 1 & -1 \\ 0 & 2 & 0 & 6 \\ 0 & 0 & -3 & -3 \end{array}\right]$$

행 사다리꼴을 연립선형방정식으로 나타내면 다음과 같다.

$$\begin{cases} a - \ \ b + c \ \ = -1 \\ \qquad 2b \qquad = 6 \\ \qquad\quad -3c = -3 \end{cases}$$

따라서 식 ③에서 $c = 1$이고 식 ②에서 $b = 3$이다. $c = 1$과 $b = 3$을 식 ①에 대입하면 $a = 1$이다. 그러므로 $a = 1,\ b = 3,\ c = 1$이다.

평면상의 서로 다른 세 점을 지나는 2차 다항함수는 유일하다. 하지만 평면상의 서로 다른 두 점을 지나는 2차 다항함수는 무수히 많다. 예를 들어 평면상의 서로 다른 두 점 $(0, 0)$과 $(1, 2)$를 지나는 2차 다항함수는

$$y = \frac{3}{2}x^2 - \frac{1}{2}x,\ y = \frac{1}{2}x^2 - \frac{1}{2}x + 1,\ \cdots$$

등이 있다.

예제 2

평면상의 두 점 $(1, 1)$과 $(-1, 2)$를 지나는 이차함수가 $y = ax^2 + bx + c$라 할 때, a, b, c의 값을 구하라.

| 풀이 |

2차 다항함수 $y = ax^2 + bx + c$가 점 $(1, 1)$을 지나므로 $1 = a + b + c$이다.
2차 다항함수 $y = ax^2 + bx + c$가 점 $(-1, 2)$를 지나므로 $2 = a - b + c$이다.
따라서 연립선형방정식은

$$\begin{cases} a + b + c = 1 \\ a - b + c = 2 \end{cases}$$

이므로 이를 첨가행렬로 나타내면

$$\left[\begin{array}{ccc|c} 1 & 1 & 1 & 1 \\ 1 & -1 & 1 & 2 \end{array}\right]$$

이다. 기본행 연산을 이용하여 첨가행렬을 행 사다리꼴로 바꾸면 다음과 같다.

$$\left[\begin{array}{ccc|c} 1 & 1 & 1 & 1 \\ 1 & -1 & 1 & 2 \end{array}\right] \xrightarrow{①\times(-1)+②} \left[\begin{array}{ccc|c} 1 & 1 & 1 & 1 \\ 0 & -2 & 0 & 1 \end{array}\right]$$

행 사다리꼴을 연립선형방정식으로 나타내면 다음과 같다.

$$\begin{cases} a + \ \ b + c = 1 \\ \quad -2b \quad\ \ = 1 \end{cases}$$

임의의 실수 t에 대하여 $c = t$라 하면 식 ②에서 $b = -\frac{1}{2}$이고, $c = t$와 $b = -\frac{1}{2}$을 식 ①에 대입하면 $a = \frac{3}{2} - t$이다. 따라서 임의의 $t \in \mathbb{R}$에 대하여

$$a = \frac{3}{2} - t,\ b = -\frac{1}{2},\ c = t$$

이다.

[예제 2]의 풀이에서 $t = -1$이면 $y = \frac{5}{2}x^2 - \frac{1}{2}x - 1$이고 $t = 0$이면 $y = \frac{3}{2}x^2 - \frac{1}{2}x$이며 $t = 1$이면 $y = \frac{1}{2}x^2 - \frac{1}{2}x + 1$이다. [그림 1]에서 알 수 있듯이 세 2차 다항함수

는 모두 두 점 $(1, 1)$과 $(-1, 2)$를 지난다.

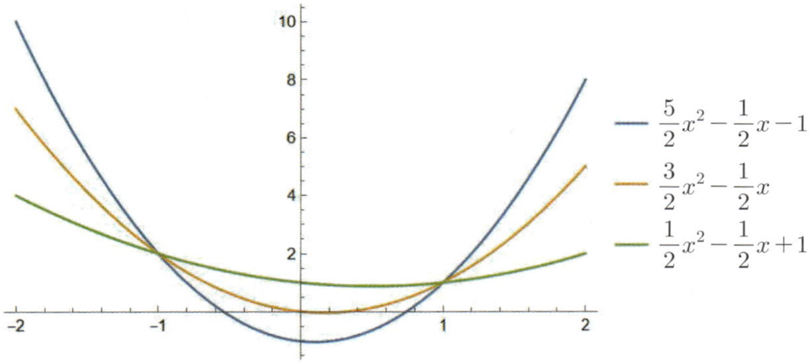

[그림 1] 두 점 $(1, 1)$과 $(-1, 2)$를 지나는 이차함수

키르히호프의 전류·전압법칙

이 법칙은 독일의 물리학자인 키르히호프가 옴의 법칙(Ohm's law)을 발전시켜 만든 법칙으로 전류의 법칙과 전압의 법칙이 있다.

정리 1 키르히호프의 법칙

(1) 제1법칙 : 키르히호프의 전류법칙
어떤 회로망 중에서 임의의 한 접속점에서 유입되는 전류의 합은 유출되는 전류의 합과 같다.

(2) 제2법칙 : 키르히호프의 전압법칙
회로망 중 임의의 폐회로에서 정해진 방향의 기전력의 합은 그 방향으로 흐르는 전류에 의한 저항에 걸리는 전압의 합과 같다.

전압의 법칙을 수학으로 표현하면 전압을 V, 전류를 I, 저항을 R이라 할 때 $V = I \times R$로 표현된다.

예제 3

다음 그림과 같은 전기회로가 있을 때 전류 I_1, I_2, I_3의 값을 구하라.

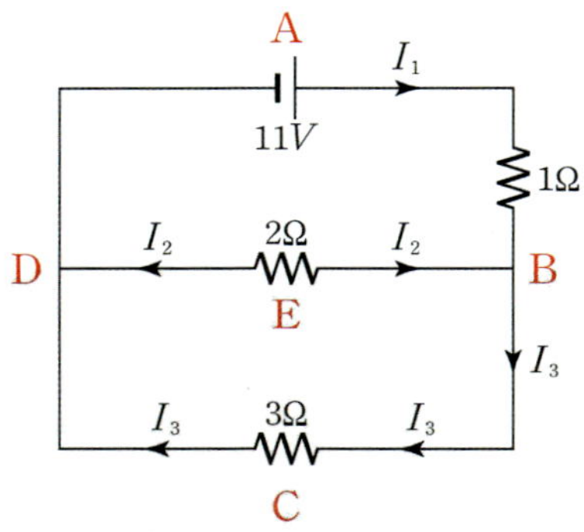

| 풀이 |

키르히호프의 전류법칙에 의하여 접속지점 B에서 다음 선형방정식을 얻는다.

$$I_1 = I_2 + I_3$$

키르히호프의 전압법칙에 의하여 회로 ABEDA에서 다음 선형방정식을 얻는다.

$$I_1 + 2I_2 = 11$$

키르히호프의 전압법칙에 의하여 회로 ABCDA에서 다음 선형방정식을 얻는다.

$$I_1 + 3I_3 = 11$$

이 선형방정식들로부터 다음 연립선형방정식을 얻는다.

$$\begin{cases} I_1 - I_2 - I_3 = 0 \\ I_1 + 2I_2 = 11 \\ I_1 + 3I_3 = 11 \end{cases}$$

연립선형방정식을 첨가행렬로 나타내면

$$\left[\begin{array}{ccc|c} 1 & -1 & -1 & 0 \\ 1 & 2 & 0 & 11 \\ 1 & 0 & 3 & 11 \end{array}\right]$$

이다. 기본행 연산을 이용하여 첨가행렬을 행 사다리꼴로 바꾸면 다음과 같다.

$$\begin{bmatrix} 1 & -1 & -1 & | & 0 \\ 1 & 2 & 0 & | & 11 \\ 1 & 0 & 3 & | & 11 \end{bmatrix} \xrightarrow{①\times(-1)+②} \begin{bmatrix} 1 & -1 & -1 & | & 0 \\ 0 & 3 & 1 & | & 11 \\ 1 & 0 & 3 & | & 11 \end{bmatrix}$$

$$\xrightarrow{①\times(-1)+③} \begin{bmatrix} 1 & -1 & -1 & | & 0 \\ 0 & 3 & 1 & | & 11 \\ 0 & 1 & 4 & | & 11 \end{bmatrix}$$

$$\xrightarrow{②\times(-\frac{1}{3})+③} \begin{bmatrix} 1 & -1 & -1 & | & 0 \\ 0 & 3 & 1 & | & 11 \\ 0 & 0 & \frac{11}{3} & | & \frac{22}{3} \end{bmatrix}$$

행 사다리꼴을 연립선형방정식으로 나타내면 다음과 같다.

$$\begin{cases} I_1 - I_2 - I_3 = 0 \\ 3I_2 + I_3 = 11 \\ \frac{11}{3} I_3 = \frac{22}{3} \end{cases}$$

식 ③에서 $I_3 = 2$ 이고 $I_3 = 2$ 를 식 ②에 대입하면 $I_2 = 3$ 이다. $I_3 = 2$ 와 $I_2 = 3$ 을 식 ①에 대입하면 $I_1 = 5$ 이다. 따라서 $I_1 = 5$, $I_2 = 3$, $I_3 = 2$ 이다.

[예제 3]에서 키르히호프의 전류법칙을 접속지점 D에 적용하여도 선형방정식

$$I_1 = I_2 + I_3$$

를 얻게 된다.

다음 예제의 전기회로는 [예제 3]의 경우보다 좀 더 복잡한 경우를 보여준다.

예제 4

다음 그림과 같은 전기회로가 있을 때 전류 I_1, I_2, I_3 의 값을 구하라.

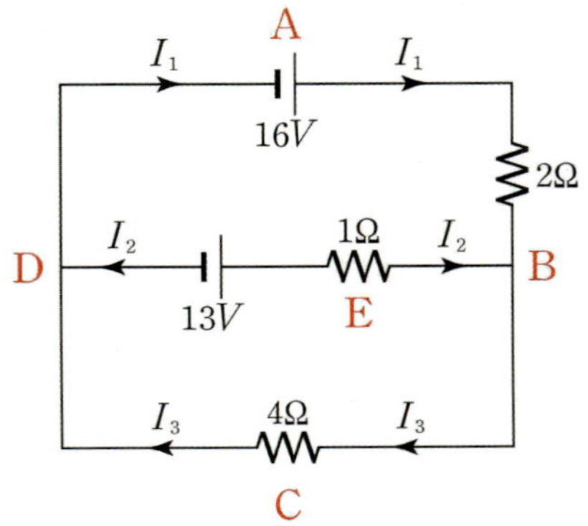

| 풀이 |

키르히호프의 전류법칙에 의하여 접속지점 B에서 다음 선형방정식을 얻는다.

$$I_1 + I_2 = I_3$$

키르히호프의 전압법칙에 의하여 회로 ABCDA에서 다음 선형방정식을 얻는다.

$$2I_1 + 4I_3 = 16$$

키르히호프의 전압법칙에 의하여 회로 EBCDE에서 다음 선형방정식을 얻는다.

$$I_2 + 4I_3 = 13$$

이 선형방정식들로부터 다음 연립선형방정식을 얻는다.

$$\begin{cases} I_1 + I_2 - \ \ I_3 = 0 \\ I_1 \qquad + 2I_3 = 8 \\ \qquad I_2 + 4I_3 = 13 \end{cases}$$

연립선형방정식을 첨가행렬로 나타내면

$$\left[\begin{array}{ccc|c} 1 & 1 & -1 & 0 \\ 1 & 0 & 2 & 8 \\ 0 & 1 & 4 & 13 \end{array}\right]$$

이다. 기본행 연산을 이용하여 첨가행렬을 행 사다리꼴로 바꾸면 다음과 같다.

$$\left[\begin{array}{ccc|c} 1 & 1 & -1 & 0 \\ 1 & 0 & 2 & 8 \\ 0 & 1 & 4 & 13 \end{array}\right] \xrightarrow{①\times(-1)+②} \left[\begin{array}{ccc|c} 1 & 1 & -1 & 0 \\ 0 & -1 & 3 & 8 \\ 0 & 1 & 4 & 13 \end{array}\right]$$

$$\xrightarrow{②\times 1+③} \left[\begin{array}{ccc|c} 1 & 1 & -1 & 0 \\ 0 & -1 & 3 & 8 \\ 0 & 0 & 7 & 21 \end{array}\right]$$

행 사다리꼴을 연립선형방정식으로 나타내면 다음과 같다.

$$\begin{cases} I_1 + I_2 - \ \ I_3 = 0 \\ \quad - I_2 + 3I_3 = 8 \\ \qquad\qquad 7I_3 = 21 \end{cases}$$

식 ③에서 $I_3 = 3$이고 $I_3 = 3$을 식 ②에 대입하면 $I_2 = 1$이다. $I_3 = 3$과 $I_2 = 1$을 식 ①에 대입하면 $I_1 = 2$이다. 따라서 $I_1 = 2,\ I_2 = 1,\ I_3 = 3$이다.

[예제 4]의 풀이에서 키르히호프의 전압법칙을 다른 회로에 적용하여 선형방정식을 얻을 수 있다. 회로 ABEDA에 키르히호프의 전압법칙을 적용하면 선형방정식

$$2I_1 - I_2 = 16 - 13 = 3$$

을 얻을 수 있고 이 선형방정식은 [예제 4]의 풀이에 있는 $I_1 = 2$, $I_2 = 1$을 만족한다.

화학방정식

화학방정식(chemical equation)은 화학반응을 화학식과 기호를 이용하여 나타낸 것으로 반응물은 왼쪽에, 생성물은 오른쪽에 적는다. 질량보존의 법칙에 따라서 화학반응 과정에서 원자가 더 생성되거나 없어지지 않으므로 반응물에서의 원자 수와 생성물에서의 원자 수가 같아지도록 하는 계수를 구해야 한다. 중학교와 고등학교 과정에서는 화학반응식의 계수를 구하기 위하여 미정계수법을 사용하였지만 화학성분별로 얻는 선형방정식들을 모은 연립선형방정식에 대한 가우스 소거법을 사용하면 쉽게 계수를 구할 수 있다.

예제 5

다음은 과산화수소(H_2O_2)를 분해하면 물과 산소가 만들어지는 것에 대한 균형 화학반응식이다.

$$aH_2O_2 \rightarrow bH_2O + cO_2$$

a, b, c의 값을 구하라.

| 풀이 |

원자별로 화학반응 전과 후의 계수가 같아지도록 하는 선형방정식을 구한다.

$$H: 2a = 2b$$
$$O: 2a = b + 2c$$

두 선형방정식으로 연립선형방정식을 만들면 다음과 같다.

$$\begin{cases} 2a - 2b = 0 \\ 2a - b - 2c = 0 \end{cases}$$

연립선형방정식을 첨가행렬로 나타내면

$$\left[\begin{array}{ccc|c} 2 & -2 & 0 & 0 \\ 2 & -1 & -2 & 0 \end{array}\right]$$

이다. 기본행 연산을 이용하여 첨가행렬을 행 사다리꼴로 바꾸면 다음과 같다.

$$\left[\begin{array}{ccc|c} 2 & -2 & 0 & 0 \\ 2 & -1 & -2 & 0 \end{array}\right] \xrightarrow{①\times(-1)+②} \left[\begin{array}{ccc|c} 2 & -2 & 0 & 0 \\ 0 & 1 & -2 & 0 \end{array}\right]$$

행 사다리꼴을 연립선형방정식으로 나타내면 다음과 같다.

$$\begin{cases} 2a - 2b \qquad = 0 \\ \qquad b - 2c = 0 \end{cases}$$

임의의 실수 t에 대하여 $c = t$라 하면 식 ②에서 $b = 2t$이고, $b = 2t$를 식 ①에 대입하면 $a = 2t$이다. 따라서 임의의 $t \in \mathbb{R}$에 대하여

$$a = 2t,\ b = 2t,\ c = t$$

이다.

[예제 5]에서 $t = 1$로 선택하면 균형 화학반응식은 다음과 같다.

$$2\,H_2O_2 \rightarrow 2\,H_2O + O_2$$

이제 [예제 5]보다 복잡한 화학반응식 문제를 풀어보자.

예제 6

다음은 에테인(C_2H_6)을 연소시키면 산소와 결합하여 이산화탄소(CO_2)와 물이 생기는 것에 대한 균형 화학반응식이다.

$$a\,C_2H_6 + b\,O_2 \rightarrow c\,CO_2 + d\,H_2O$$

a, b, c, d의 값을 구하라.

| 풀이 |

원자별로 화학반응 전과 후의 계수가 같아지도록 하는 선형방정식을 구한다.

$$C\ :\ 2a = c$$

$$H\ :\ 6a = 2d$$
$$O\ :\ 2b = 2c + d$$

세 선형방정식으로 연립선형방정식을 만들면 다음과 같다.

$$\begin{cases} 2a \quad\quad - c \quad\quad = 0 \\ 6a \quad\quad\quad\quad - 2d = 0 \\ \quad\quad 2b - 2c - \ d = 0 \end{cases}$$

연립선형방정식을 첨가행렬로 나타내면

$$\left[\begin{array}{cccc|c} 2 & 0 & -1 & 0 & 0 \\ 6 & 0 & 0 & -2 & 0 \\ 0 & 2 & -2 & -1 & 0 \end{array}\right]$$

이다. 기본행 연산을 이용하여 첨가행렬을 행 사다리꼴로 바꾸면 다음과 같다.

$$\left[\begin{array}{cccc|c} 2 & 0 & -1 & 0 & 0 \\ 6 & 0 & 0 & -2 & 0 \\ 0 & 2 & -2 & -1 & 0 \end{array}\right] \xrightarrow{①\times(-3)+②} \left[\begin{array}{cccc|c} 2 & 0 & -1 & 0 & 0 \\ 0 & 0 & 3 & -2 & 0 \\ 0 & 2 & -2 & -1 & 0 \end{array}\right]$$
$$\xrightarrow{②\leftrightarrow③} \left[\begin{array}{cccc|c} 2 & 0 & -1 & 0 & 0 \\ 0 & 2 & -2 & -1 & 0 \\ 0 & 0 & 3 & -2 & 0 \end{array}\right]$$

행 사다리꼴을 연립선형방정식으로 나타내면 다음과 같다.

$$\begin{cases} 2a \quad - c \quad\quad = 0 \\ \quad 2b - 2c - \ d = 0 \\ \quad\quad\quad 3c - 2d = 0 \end{cases}$$

임의의 실수 t 에 대하여 $d = t$ 라 하면 식 ③에서 $c = \frac{2}{3}t$ 이고, $d = t$ 와 $c = \frac{2}{3}t$ 를 식 ②에 대입하면 $b = \frac{7}{6}t$ 이다. $c = \frac{2}{3}t$ 를 식 ①에 대입하면 $a = \frac{1}{3}t$ 이다. 따라서 임의의 $t \in \mathbb{R}$ 에 대하여

$$a = \frac{1}{3}t,\ b = \frac{7}{6}t,\ c = \frac{2}{3}t,\ d = t$$

이다.

[예제 6]에서 $t = 12$ 로 선택하면 균형 화학반응식은 다음과 같다.

$$4\,C_2H_6 + 14\,O_2 \ \rightarrow\ 8\,CO_2 + 12\,H_2O$$

화학반응식의 해가 항상 무수히 많은 것은 아니다. 반응물 또는 생성물에 있는 어떤 물질을 고정하는가에 따라 해는 1개만 존재할 수 있다.

예제 7

다음은 이산화질소가 물과 반응하여 질산과 일산화질소가 만들어지는 것에 대한 균형 화학반응식이다.

$$aNO_2 + bH_2O \rightarrow cHNO_3 + NO$$

a, b, c 의 값을 구하라.[5]

| 풀이 |

원자별로 화학반응 전과 후의 계수가 같아지도록 하는 선형방정식을 구한다.

$$\begin{aligned} N &: a = c + 1 \\ O &: 2a + b = 3c + 1 \\ H &: 2b = c \end{aligned}$$

세 선형방정식으로 연립선형방정식을 만들면 다음과 같다.

$$\begin{cases} a \quad\quad - \; c = 1 \\ 2a + b - 3c = 1 \\ \quad\;\; 2b - c = 0 \end{cases}$$

연립선형방정식을 첨가행렬로 나타내면

$$\left[\begin{array}{ccc|c} 1 & 0 & -1 & 1 \\ 2 & 1 & -3 & 1 \\ 0 & 2 & -1 & 0 \end{array}\right]$$

이다. 기본행 연산을 이용하여 첨가행렬을 행 사다리꼴로 바꾸면 다음과 같다.

$$\left[\begin{array}{ccc|c} 1 & 0 & -1 & 1 \\ 2 & 1 & -3 & 1 \\ 0 & 2 & -1 & 0 \end{array}\right] \xrightarrow{①\times(-2)+②} \left[\begin{array}{ccc|c} 1 & 0 & -1 & 1 \\ 0 & 1 & -1 & -1 \\ 0 & 2 & -1 & 0 \end{array}\right]$$

$$\xrightarrow{②\times(-2)+③} \left[\begin{array}{ccc|c} 1 & 0 & -1 & 1 \\ 0 & 1 & -1 & -1 \\ 0 & 0 & 1 & 2 \end{array}\right]$$

행 사다리꼴을 연립선형방정식으로 나타내면 다음과 같다.

---

5 2020년 화학 수능문제에서 발췌

$$\begin{cases} a \quad\;\; - c = 1 \\ \quad\; b - c = -1 \\ \qquad\quad c = 2 \end{cases}$$

$c = 2$를 $b - c = -1$에 대입하면 $b = 1$이고 $a - c = 1$에 대입하면 $a = 3$이다. 따라서 $a = 3,\ b = 1,\ c = 2$이다.

교차로

교통이 혼잡한 도시에서는 원활한 교통을 위해 자동차의 교통 흐름을 분석하고 개선하는 것은 매우 중요하다. 교통 흐름과 관련하여 교차로는 도로 교통체계의 핵심 부분 중 하나로, 다양한 도로가 교차하는 지점을 말한다. 도로에서 차량 통행과 관련된 교통 흐름을 개선하려면 교차로에 진입하는 차량의 수와 교차로에서 진출하는 차량의 수를 구하는 것이 매우 중요한 문제이다.

(출처: 세계일보)

[그림 2] 교차로

예제 8

다음 그림은 일방통행으로 되어 있는 어느 도시의 교차로 A, B, C와 교차로에 진입 및 진출하는 자동차의 수를 나타낸다. 교차로에 진입한 자동차는 반드시 교차로에서 진출한다고 할 때, x, y, z의 값을 구하라.

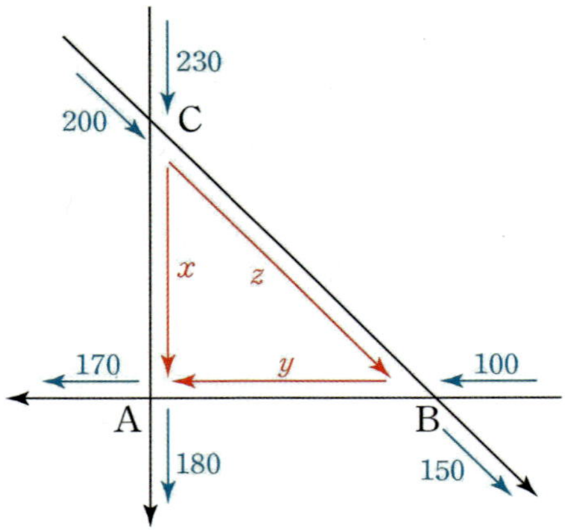

| 풀이 |

각각의 교차로에 진입하는 차량의 수와 진출하는 차량의 수가 같아지도록 하는 선형방정식을 구한다.

	진입		진출
교차로 A :	$x + y$	$=$	$170 + 180$
교차로 B :	$z + 100$	$=$	$y + 200$
교차로 C :	$220 + 230$	$=$	$x + z$

세 선형방정식으로 연립선형방정식을 만들면 다음과 같다.

$$\begin{cases} x + y = 350 \\ y - z = -100 \\ x + z = 450 \end{cases}$$

연립선형방정식을 첨가행렬로 나타내면

$$\left[\begin{array}{ccc|c} 1 & 1 & 0 & 350 \\ 0 & 1 & -1 & -100 \\ 1 & 0 & 1 & 450 \end{array}\right]$$

이다. 기본행 연산을 이용하여 첨가행렬을 행 사다리꼴로 바꾸면 다음과 같다.

$$\left[\begin{array}{ccc|c} 1 & 1 & 0 & 350 \\ 0 & 1 & -1 & -100 \\ 1 & 0 & 1 & 450 \end{array}\right] \xrightarrow{①\times(-1)+③} \left[\begin{array}{ccc|c} 1 & 1 & 0 & 350 \\ 0 & 1 & -1 & -100 \\ 0 & -1 & 1 & 100 \end{array}\right]$$

$$\xrightarrow{②\times(-1)+③}\left[\begin{array}{ccc|c}1 & 1 & 0 & 350\\ 0 & 1 & -1 & -100\\ 0 & 0 & 0 & 0\end{array}\right]$$

행 사다리꼴을 연립선형방정식으로 나타내면 다음과 같다.

$$\begin{cases} x+y \qquad = 350 \\ \qquad y-z = -100 \end{cases}$$

자동차 대수의 문제이므로 100 이상의 임의의 자연수 n에 대하여 $z=n$이라 하면 식 ② 에서 $y=n-100$이고 $y=n-100$을 식 ①에 대입하면 $x=-n+450$이다. 따라서 100 이상 450 이하의 자연수 n에 대하여

$$x=-n+450,\ y=n-100,\ z=n$$

이다.

이제 [예제 8]보다 복잡한 교차로 문제를 풀어보자.

예제 9

다음 그림은 일방통행으로 되어있는 어느 도시의 교차로 A, B, C, D와 교차로에 진입 및 진출하는 자동차의 수를 나타낸다. 교차로에 진입한 자동차는 반드시 교차로에서 진출한다고 할 때, x, y, z, w의 값을 구하라.

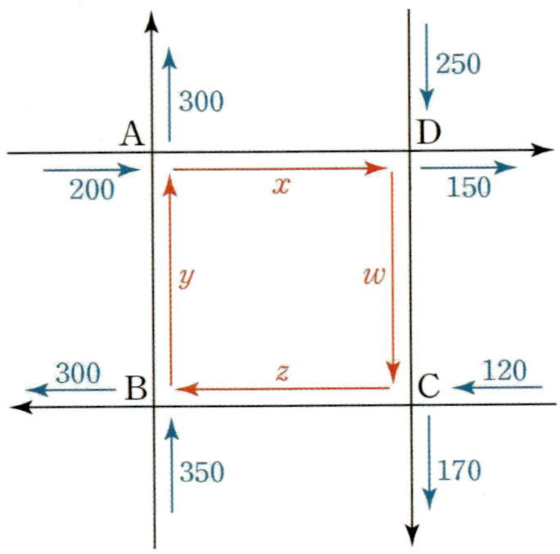

| 풀이 |

각각의 교차로에 진입하는 차량의 수와 진출하는 차량의 수가 같아지도록 하는 선형방정식을 구한다.

$$\begin{array}{lcccc} & \text{진입} & & \text{진출} \\ \text{교차로 A}: & y+200 & = & x+300 \\ \text{교차로 B}: & z+350 & = & y+300 \\ \text{교차로 C}: & w+120 & = & z+170 \\ \text{교차로 D}: & x+250 & = & w+150 \end{array}$$

네 선형방정식으로 연립선형방정식을 만들면 다음과 같다.

$$\begin{cases} x-y = -100 \\ y-z = 50 \\ z-w = -50 \\ x-w = -100 \end{cases}$$

연립선형방정식을 첨가행렬로 나타내면

$$\left[\begin{array}{cccc|c} 1 & -1 & 0 & 0 & -100 \\ 0 & 1 & -1 & 0 & 50 \\ 0 & 0 & 1 & -1 & -50 \\ 1 & 0 & 0 & -1 & -100 \end{array}\right]$$

이다. 기본행 연산을 이용하여 첨가행렬을 행 사다리꼴로 바꾸면 다음과 같다.

$$\left[\begin{array}{cccc|c} 1 & -1 & 0 & 0 & -100 \\ 0 & 1 & -1 & 0 & 50 \\ 0 & 0 & 1 & -1 & -50 \\ 1 & 0 & 0 & -1 & -100 \end{array}\right] \xrightarrow{①\times(-1)+④} \left[\begin{array}{cccc|c} 1 & -1 & 0 & 0 & -100 \\ 0 & 1 & -1 & 0 & 50 \\ 0 & 0 & 1 & -1 & -50 \\ 0 & 1 & 0 & -1 & 0 \end{array}\right]$$

$$\xrightarrow{②\times(-1)+④} \left[\begin{array}{cccc|c} 1 & -1 & 0 & 0 & -100 \\ 0 & 1 & -1 & 0 & 50 \\ 0 & 0 & 1 & -1 & -50 \\ 0 & 0 & 1 & -1 & -50 \end{array}\right]$$

$$\xrightarrow{③\times(-1)+④} \left[\begin{array}{cccc|c} 1 & -1 & 0 & 0 & -100 \\ 0 & 1 & -1 & 0 & 50 \\ 0 & 0 & 1 & -1 & -50 \\ 0 & 0 & 0 & 0 & 0 \end{array}\right]$$

행 사다리꼴을 연립선형방정식으로 나타내면 다음과 같다.

$$\begin{cases} x-y = -100 \\ y-z = 50 \\ z-w = -50 \end{cases}$$

자동차 대수의 문제이므로 100 이상의 임의의 자연수 n에 대하여 $w=n$이라 하면 식 ③에서 $z=n-50$이고 $z=n-50$을 식 ②에 대입하면 $y=n$이다. $y=n$을 식 ①에 대입하면 $x=n-100$이다. 따라서 100 이상의 자연수 n에 대하여

$$x=n-100,\ y=n,\ z=n-50,\ w=n$$

이다.

이 절에서는 다양한 분야에 적용되고 있는 연립선형방정식을 풀어보았다. 조건에 따라서 해는 1개만 존재하는 문제의 풀이와 식의 균형을 맞추는 무수히 많은 해를 갖는 문제의 풀이를 가우스 소거법을 사용하여 구하는 방법을 학습하였다.

Chapter 2.4 연습문제

❶ 평면상의 세 점 $(-2, 1)$, $(-1, 2)$, $(1, -2)$를 모두 지나는 2차 다항함수가 $y = ax^2 + bx + c$일 때, a, b, c의 값을 구하라.

❷ 평면상의 네 점 $(-1, 3)$, $(0, 2)$, $(1, -1)$, $(2, 12)$를 모두 지나는 3차 다항함수가 $y = ax^3 + bx^2 + cx + d$일 때, a, b, c, d의 값을 구하라.

❸ 평면상의 두 점 $(-2, 1)$, $(1, -2)$를 모두 지나는 2차 다항함수가 $y = ax^2 + bx + c$일 때, a, b, c의 값을 구하라.

❹ 다음 그림과 같은 전기회로가 있을 때 전류 I_1, I_2, I_3의 값을 구하라.

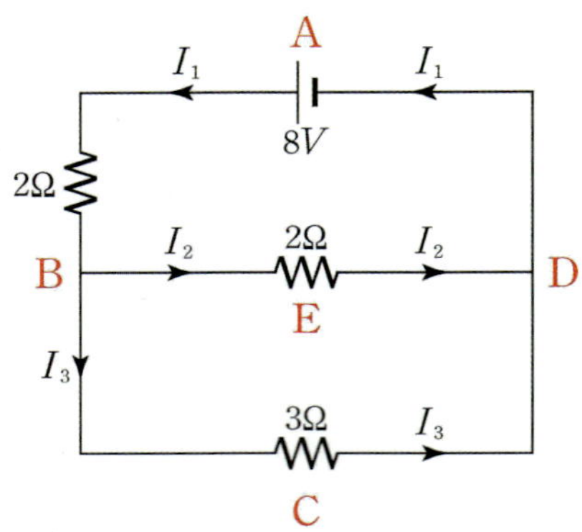

❺ 다음 그림과 같은 전기회로가 있을 때 전류 I_1, I_2, I_3의 값을 구하라.

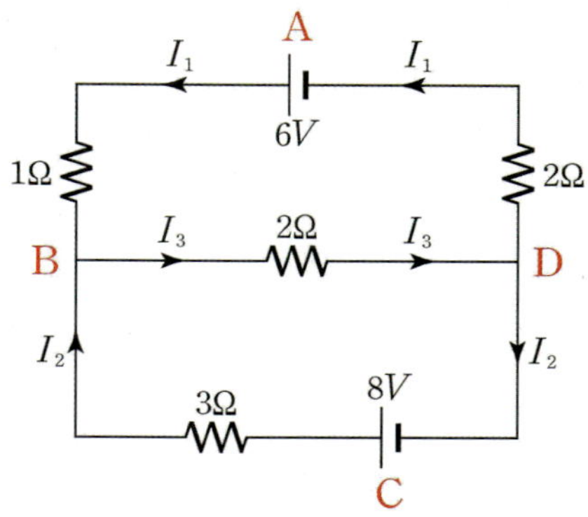

6 다음은 질소 기체(N_2)와 수소 기체(H_2)가 반응하면 암모니아(NH_3)가 생성되는 것에 대한 균형 화학반응식이다.

$$a\,N_2 + b\,H_2 \;\rightarrow\; c\,NH_3$$

a, b, c 의 값을 구하라.

7 다음은 메테인(CH_4)을 연소시키면 산소(O_2)와 결합하여 이산화탄소(CO_2)와 물이 생기는 것에 대한 균형 화학반응식이다.

$$a\,CH_4 + b\,O_2 \;\rightarrow\; c\,CO_2 + d\,H_2O$$

a, b, c, d 의 값을 구하라.

8 다음은 산화철(Fe_2O_3)과 일산화탄소(CO)가 결합하여 철(Fe)과 이산화탄소(CO_2)가 생기는 것에 대한 균형 화학반응식이다.

$$a\,Fe_2O_3 + b\,CO \;\rightarrow\; c\,Fe + d\,CO_2$$

a, b, c, d 의 값을 구하라.

9 다음 그림은 일방통행으로 되어있는 어느 도시의 교차로 A, B, C와 교차로에 진입 및 진출하는 자동차의 수를 나타낸다. 교차로에 진입한 자동차는 반드시 교차로에서 진출한다고 할 때, x, y, z의 값을 구하라.

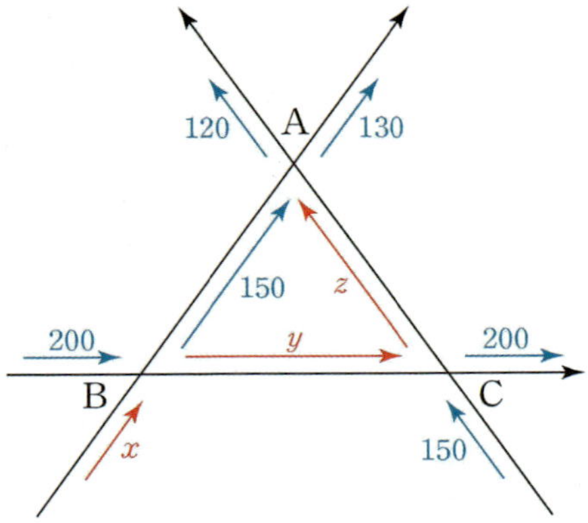

10 다음 그림은 일방통행으로 되어있는 어느 도시의 교차로 A, B, C, D와 교차로에 진입 및 진출하는 자동차의 수를 나타낸다. 교차로에 진입한 자동차는 반드시 교차로에서 진출한다고 할 때, x, y, z, w의 값을 구하라.

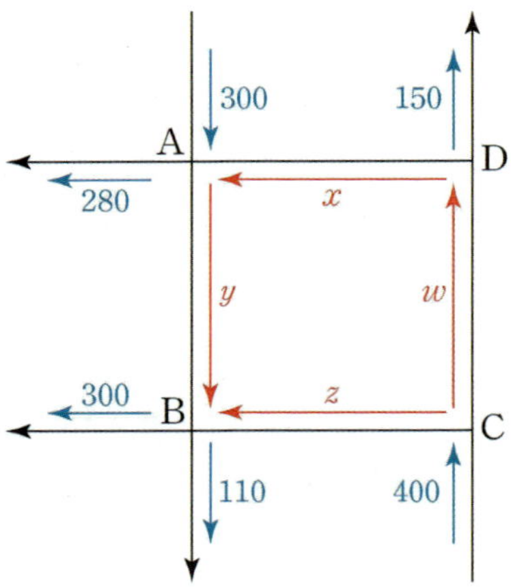

Chapter

03

벡터

Vectors

| 학습목표 |

- $\mathbb{R}^n$의 벡터를 정의하고 벡터의 표현법과 벡터의 크기를 구하는 방법을 학습한다.
- 벡터의 덧셈과 스칼라 곱셈, 두 벡터 사이의 거리를 구하는 방법을 익힌다.
- 벡터의 내적을 정의하고 스칼라 사영과 벡터 사영을 구하는 방법을 학습한다.
- 벡터의 외적을 정의하고 외적의 의미를 이해한다.

CHAPTER 3 PREVIEW

인공지능과 벡터 : 사람의 언어를 이해하는 원리

ChatGPT와 같은 인공지능이 어떻게 사람이 쓴 글을 이해하고 대화를 나눌 수 있을까요? 그것은 바로 '자연어 처리(NLP)'라는 기술 덕분입니다. 자연어 처리 기술은 컴퓨터가 사람의 언어를 이해하고 처리할 수 있도록 도와줍니다.

ChatGPT의 개발 과정에서 첫 번째 단계는 사람들이 사용하는 단어들을 숫자로 변환하여 컴퓨터가 이해할 수 있는 형태로 만드는 임베딩(embedding) 과정입니다. 이 과정에서 각 단어는 벡터라는 수치로 변환됩니다. 벡터는 단어의 의미를 수치적으로 표현하며, 컴퓨터가 단어들 사이의 관계를 이해할 수 있도록 돕습니다. 예를 들어, 비슷한 의미를 갖는 단어들은 벡터 상에서 서로 가까운 위치에 배치되고, 의미가 다른 단어들은 벡터 상에서 더 먼 거리를 두고 배치됩니다.

예를 들어, '고양이'와 '강아지'는 의미가 비슷하므로 이 두 단어는 벡터 공간에서 가까운 거리를 가집니다. 반면, '강아지'와 '자동차'는 의미가 크게 다르기 때문에 두 단어의 벡터는 멀리 떨어져 있게 됩니다. 이렇게 단어를 벡터로 변환함으로써, 컴퓨터는 단어들 사이의 의미적 유사성을 이해하고 처리할 수 있게 됩니다.

이제 벡터가 어떻게 단어의 의미를 수치화하는지 예를 들어 보겠습니다. 예를 들어, '고양이'라는 단어는 벡터 [1.2, 0.9, 1.1]로, '강아지'라는 단어는 벡터 [1.1, 1.0, 1.2]로 표현된다고 합시다. 이 두 벡터는 매우 비슷한 값들을 가지고 있기 때문에, 컴퓨터는 '고양이'와 '강아지'가 의미상 유사하다고 판단할 수 있습니다. 반면, '자동차'라는 단어는 벡터 [5.0, 4.8, 5.2]로 표현되며, 이 벡터는 '고양이'와 '강아지'의 벡터와 멀리 떨어져 있습니다. 따라서 컴퓨터는 '자동차'와 '고양이', 그리고 '자동차'와 '강아지'의 의미가 다르다는 것을 알 수 있습니다.

1절 $\mathbb{R}^n$ 의 벡터

벡터는 벡터공간에 속한 원소를 의미한다. 4장에서 벡터공간에 대한 엄밀한 정의를 다루기 전에 이 절에서는 고등학교 과정에서 다뤘던 유클리드 벡터공간인 $\mathbb{R}^n$ 의 벡터의 정의와 성질에 대해 알아보기로 한다.

물리학에서 스칼라(scalar)는 크기만을 갖는 물리량을, 벡터(vector)는 크기와 방향을 갖는 물리량을 의미한다. 예를 들어, 속력(speed)은 스칼라이고 속도(velocity)는 벡터이다. 고등학교 수학에서는 벡터를 좌표평면 또는 좌표공간에서 화살표를 이용하여 표현하였다. 시작점이 A이고 끝점이 B인 좌표평면 위의 벡터는 $\overrightarrow{AB}$라 하고 [그림 1]과 같이 나타낸다.

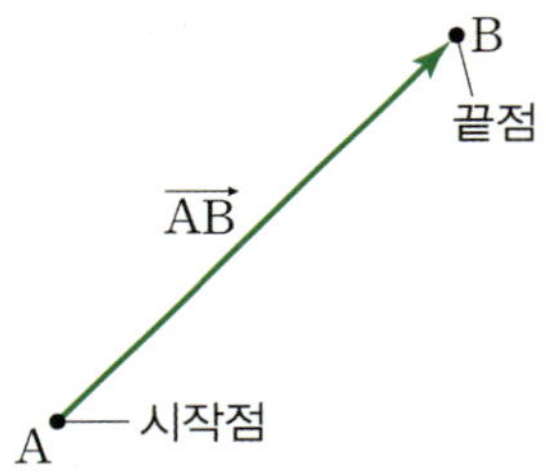

[그림 1] 평면에서의 벡터

시작점이 C이고 끝점이 D인 좌표공간 위의 벡터는 $\overrightarrow{CD}$라 하고 [그림 2]와 같이 나타낸다.

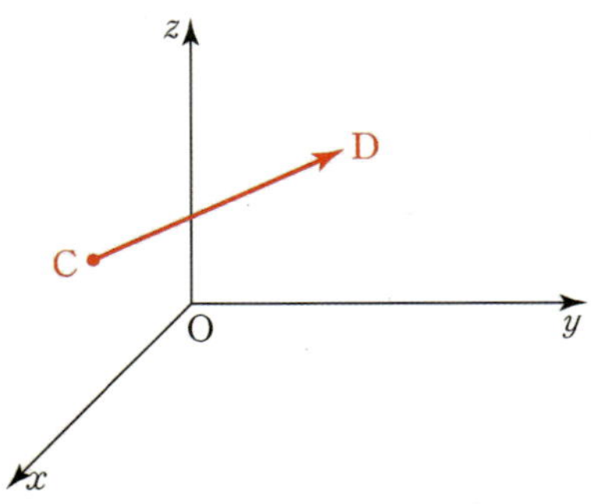

[그림 2] 공간에서의 벡터

또한 시작점이 원점 O이고 끝점이 P인 벡터 $\overrightarrow{OP}$를 위치벡터(position vector)라 한다. 이제 기하적 관점이 아닌 대수적 관점에서 벡터를 이해하기 위한 표현법을 알아보자.

벡터의 표현

벡터의 표현법은 다양하다. 많은 선형대수학 교재에서 성분이 차례로 1, 2, 3인 $\mathbb{R}^3$의 벡터를 표현하는 방법으로

$$(1,2,3),\quad <1,2,3>,\ [1\ \ 2\ \ 3],\ \begin{bmatrix}1\\2\\3\end{bmatrix}$$

을 사용하고 있는데 선형대수학의 관점에서 성분이 차례로 1, 2, 3인 $\mathbb{R}^3$의 벡터를 3×1 행렬인 $\begin{bmatrix}1\\2\\3\end{bmatrix}$으로 나타내는 것이 벡터를 행렬과 연계하여 이론을 전개하고 계산을 하는데 편리하다. 따라서 $\mathbb{R}^2$와 $\mathbb{R}^3$는 다음과 같이 정의한다.

$$\mathbb{R}^2=\left\{\begin{bmatrix}x_1\\x_2\end{bmatrix} : x_1,\, x_2\in\mathbb{R}\right\},\quad \mathbb{R}^3=\left\{\begin{bmatrix}x_1\\x_2\\x_3\end{bmatrix} : x_1,\, x_2,\, x_3\in\mathbb{R}\right\}$$

벡터는 행렬의 특별한 경우이므로 벡터의 전치도 행렬의 전치와 같은 방법으로 정의한다. 예를 들어 $\boldsymbol{u}=\begin{bmatrix}3\\5\end{bmatrix}\in\mathbb{R}^2$, $\boldsymbol{v}=\begin{bmatrix}2\\3\\4\end{bmatrix}\in\mathbb{R}^3$이면

$$\boldsymbol{u}^T=[3\ \ 5],\ \boldsymbol{v}^T=[2\ 3\ 4]$$

이다. 벡터의 표현법에 따라서 좌표공간의 두 점 $\mathrm{A}(x_1,\, x_2,\, x_3)$, $\mathrm{B}(y_1,\, y_2,\, y_3)$에 대하여

$$\overrightarrow{\mathrm{AB}}=\begin{bmatrix}y_1-x_1\\y_2-x_2\\y_3-x_3\end{bmatrix}$$

로 정의한다.

예제 1

다음 두 점에 대하여 $\overrightarrow{\mathrm{AB}}$와 $\overrightarrow{\mathrm{BA}}$를 구하라.

(a) $\mathrm{A}(1,2,3)$, $\mathrm{B}(4,0,-1)$

(b) A$(-2,\ -3,1)$, B$(-5,1,\ -2)$

| 풀이 |

(a) $\overrightarrow{AB} = \begin{bmatrix} 4-1 \\ 0-2 \\ -1-3 \end{bmatrix}$, $\overrightarrow{BA} = \begin{bmatrix} 1-4 \\ 2-0 \\ 3-(-1) \end{bmatrix} = \begin{bmatrix} -3 \\ 2 \\ 4 \end{bmatrix}$

(b) $\overrightarrow{AB} = \begin{bmatrix} -5-(-2) \\ 1-(-3) \\ -2-1 \end{bmatrix} = \begin{bmatrix} -3 \\ 4 \\ -3 \end{bmatrix}$, $\overrightarrow{BA} = \begin{bmatrix} -2-(-5) \\ -3-1 \\ 1-(-2) \end{bmatrix} = \begin{bmatrix} 3 \\ -4 \\ 3 \end{bmatrix}$

[예제 1]에서 알 수 있듯이 $\overrightarrow{AB} = -\overrightarrow{BA}$이다. 이것은 $\overrightarrow{AB}$와 $\overrightarrow{BA}$는 크기는 같지만 방향이 반대인 벡터임을 설명한다.

일반적으로 자연수 n에 대하여 벡터공간 $\mathbb{R}^n$은 다음과 같이 정의한다.

정의 1 **n차원 벡터공간과 벡터**

n이 자연수일 때,

$$\mathbb{R}^n = \left\{ \begin{bmatrix} x_1 \\ x_2 \\ \vdots \\ x_n \end{bmatrix} : x_i \in \mathbb{R},\ i = 1, 2, \cdots, n \right\}$$

을 n차원 유클리드 벡터공간(n dimensional Euclidean vetor space)이라 하고, $\mathbb{R}^n$의 원소 $\begin{bmatrix} x_1 \\ x_2 \\ \vdots \\ x_n \end{bmatrix}$을 n차원 벡터(n-dimensional vector)라 한다.

[정의 1]에서 n이 2인 경우 벡터공간은 평면이고 n이 3인 경우 벡터공간은 입체공간으로 이 벡터공간에서는 기하적 설명이 가능하지만 n이 4 이상인 경우 벡터공간에 대한 기하적 설명은 불가능하고 대수적 설명만 가능하다.

벡터는 행렬의 특별한 형태이므로 벡터를 영어 알파벳 대문자로 표현해도 되지만 굵은 소문자 또는 소문자 위에 화살표를 표시하는 방법을 사용하는 것이 일반적이다.

$$\boldsymbol{a} = \begin{bmatrix} 1 \\ 2 \\ 3 \end{bmatrix}, \quad \vec{a} = \begin{bmatrix} 1 \\ 2 \\ 3 \end{bmatrix}$$

본 교재에서는 시작점과 끝점이 표시해야 하는 벡터를 제외하고 벡터를 굵은 소문자를 이용하여 표기하기로 한다. 2장에서 연립선형방정식

$$\begin{cases} x_1 + 2x_2 + 3x_3 = 4 \\ 5x_1 + 6x_2 + 7x_3 = 8 \end{cases}$$

을 행렬의 곱셈을 이용해서 다음과 같이 표현했다.

$$\begin{bmatrix} 1 & 2 & 3 \\ 5 & 6 & 7 \end{bmatrix} \begin{bmatrix} x_1 \\ x_2 \\ x_3 \end{bmatrix} = \begin{bmatrix} 4 \\ 8 \end{bmatrix} \quad \Leftrightarrow \quad AX = B$$

이제 $\boldsymbol{x} = \begin{bmatrix} x_1 \\ x_2 \\ x_3 \end{bmatrix}$, $\boldsymbol{b} = \begin{bmatrix} 4 \\ 8 \end{bmatrix}$이라 하면 연립선형방정식은 다음과 같이 표현할 수 있다.

$$\begin{bmatrix} 1 & 2 & 3 \\ 5 & 6 & 7 \end{bmatrix} \begin{bmatrix} x_1 \\ x_2 \\ x_3 \end{bmatrix} = \begin{bmatrix} 4 \\ 8 \end{bmatrix} \quad \Leftrightarrow \quad A\boldsymbol{x} = \boldsymbol{b}$$

벡터는 행렬의 특별한 경우에 해당하므로 행렬의 연산 규칙이 벡터에도 모두 적용된다.

벡터의 덧셈과 스칼라 곱셈

벡터의 덧셈과 스칼라 곱셈에 대한 수학적 정의는 다음과 같다.

정의 2 벡터의 덧셈과 스칼라 곱셈

k가 스칼라이고 $\boldsymbol{u} = \begin{bmatrix} u_1 \\ u_2 \\ \vdots \\ u_n \end{bmatrix}$, $\boldsymbol{v} = \begin{bmatrix} v_1 \\ v_2 \\ \vdots \\ v_n \end{bmatrix} \in \mathbb{R}^n$일 때 벡터의 덧셈과 스칼라 곱셈은 다음과 같이 정의한다.

$$(1)\ \boldsymbol{u}+\boldsymbol{v}=\begin{bmatrix} u_1+v_1 \\ u_2+v_2 \\ \vdots \\ u_n+v_n \end{bmatrix} \qquad (2)\ k\boldsymbol{u}=\begin{bmatrix} ku_1 \\ ku_2 \\ \vdots \\ ku_n \end{bmatrix}$$

앞에서 언급한 바와 같이 벡터의 덧셈과 스칼라 곱셈은 벡터가 행렬의 특별한 경우이므로 행렬의 덧셈과 스칼라 곱셈의 정의와 같음을 알 수 있다. 또한 벡터의 뺄셈은 벡터의 덧셈과 스칼라 곱셈으로부터 유도할 수 있다.

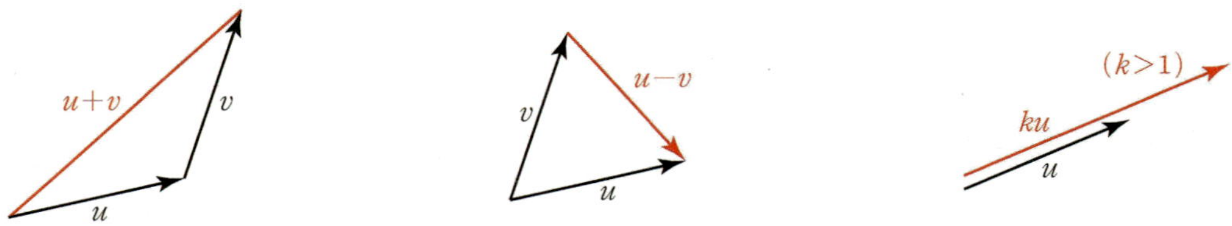

[그림 3] 벡터의 덧셈, 벡터의 뺄셈, 벡터의 스칼라 곱셈

예제 2

$\boldsymbol{u}=\begin{bmatrix} 3 \\ 2 \\ 4 \end{bmatrix}$, $\boldsymbol{v}=\begin{bmatrix} 2 \\ -1 \\ -3 \end{bmatrix}$일 때 다음을 구하라.

(a) $\boldsymbol{u}+\boldsymbol{v}$　　　　(b) $\boldsymbol{u}-\boldsymbol{v}$

(c) $4\boldsymbol{u}$　　　　(d) $-3\boldsymbol{v}$

| 풀이 |

(a) $\boldsymbol{u}+\boldsymbol{v}=\begin{bmatrix} 3+2 \\ 2+(-1) \\ 4+(-3) \end{bmatrix}=\begin{bmatrix} 5 \\ 1 \\ 1 \end{bmatrix}$　　(b) $\boldsymbol{u}-\boldsymbol{v}=\begin{bmatrix} 3-2 \\ 2-(-1) \\ 4-(-3) \end{bmatrix}=\begin{bmatrix} 1 \\ 3 \\ 7 \end{bmatrix}$

(c) $4\boldsymbol{u}=4\begin{bmatrix} 3 \\ 2 \\ 4 \end{bmatrix}=\begin{bmatrix} 12 \\ 8 \\ 16 \end{bmatrix}$　　(d) $-3\boldsymbol{v}=(-3)\begin{bmatrix} 2 \\ -1 \\ -3 \end{bmatrix}=\begin{bmatrix} -6 \\ 3 \\ 9 \end{bmatrix}$

벡터의 연산에 필요한 기본 성질은 다음과 같다.

정리 1　벡터의 기본 연산

k와 l이 스칼라이고 $\boldsymbol{u}, \boldsymbol{v}, \boldsymbol{w} \in \mathbb{R}^n$일 때 다음이 성립한다.

(1) $\boldsymbol{u}+\boldsymbol{v}=\boldsymbol{v}+\boldsymbol{u}$

(2) $\boldsymbol{u}+(\boldsymbol{v}+\boldsymbol{w})=(\boldsymbol{u}+\boldsymbol{v})+\boldsymbol{w}$

(3) $\boldsymbol{u}+\mathbf{0}=\mathbf{0}+\boldsymbol{u}=\boldsymbol{u}$

(4) $\boldsymbol{u}-\boldsymbol{u}=\boldsymbol{u}+(-\boldsymbol{u})=\mathbf{0}$

(5) $1\boldsymbol{u}=\boldsymbol{u}$

(6) $k(\boldsymbol{u}+\boldsymbol{v})=k\boldsymbol{u}+k\boldsymbol{v}$

(7) $(k+l)\boldsymbol{u}=k\boldsymbol{u}+l\boldsymbol{u}$

(8) $(kl)\boldsymbol{u}=k(l\boldsymbol{u})$

Tip 벡터를 성분을 이용하여 표현하고 실수의 교환법칙을 적용한다.

| 증명 |

(1) $\boldsymbol{u}=\begin{bmatrix}u_1\\u_2\\\vdots\\u_n\end{bmatrix},\ \boldsymbol{v}=\begin{bmatrix}v_1\\v_2\\\vdots\\v_n\end{bmatrix}\in\mathbb{R}^n$ 이라 하면

$$\boldsymbol{u}+\boldsymbol{v}=\begin{bmatrix}u_1\\u_2\\\vdots\\u_n\end{bmatrix}+\begin{bmatrix}v_1\\v_2\\\vdots\\v_n\end{bmatrix}=\begin{bmatrix}u_1+v_1\\u_2+v_2\\\vdots\\u_n+v_n\end{bmatrix}=\begin{bmatrix}v_1+u_1\\v_2+u_2\\\vdots\\v_n+u_n\end{bmatrix}=\begin{bmatrix}v_1\\v_2\\\vdots\\v_n\end{bmatrix}+\begin{bmatrix}u_1\\u_2\\\vdots\\u_n\end{bmatrix}=\boldsymbol{v}+\boldsymbol{u}$$

이다.

나머지 증명은 연습문제로 한다.

벡터의 크기

벡터는 크기와 방향을 갖는다고 했는데 $\mathbb{R}^n$에 속하는 벡터의 크기는 다음과 같이 정의한다.

정의 3 벡터의 크기

$\boldsymbol{u}=\begin{bmatrix}u_1\\u_2\\\vdots\\u_n\end{bmatrix}\in\mathbb{R}^n$ 일 때 벡터 $\boldsymbol{u}$ 의 크기는

$$\|\boldsymbol{u}\| = \sqrt{u_1^2 + u_2^2 + \cdots + u_n^2}$$

으로 정의한다. 이때 $\|\boldsymbol{u}\|$를 벡터 $\boldsymbol{u}$ 의 유클리드 노름(Euclidean norm)이라 한다.

일반적으로 $\mathbb{R}^n$에 속한 벡터의 노름을 구한다는 것은 유클리드 노름을 구하는 것을 의미한다.[6] $\boldsymbol{u} = \begin{bmatrix} u_1 \\ u_2 \end{bmatrix} \in \mathbb{R}^2$일 때 $\|\boldsymbol{u}\| = \sqrt{u_1^2 + u_2^2}$ 은 피타고라스 정리를 이용하여 벡터의 크기를 나타냄을 알 수 있다.

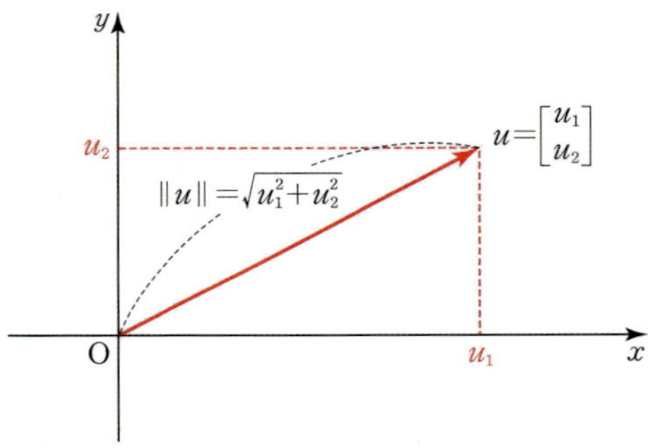

[그림 4] 벡터의 크기

예제 3

다음 벡터의 크기를 구하라.

(a) $\boldsymbol{u} = \begin{bmatrix} 1 \\ -2 \end{bmatrix}$ (b) $\boldsymbol{v} = \begin{bmatrix} 0.6 \\ 0.8 \end{bmatrix}$

(c) $\boldsymbol{w} = \begin{bmatrix} -3 \\ -2 \\ 1 \end{bmatrix}$ (d) $\boldsymbol{x} = \begin{bmatrix} 0 \\ 0 \\ -1 \end{bmatrix}$

| 풀이 |

(a) $\|\boldsymbol{u}\| = \sqrt{1^2 + (-2)^2} = \sqrt{5}$

(b) $\|\boldsymbol{v}\| = \sqrt{0.6^2 + 0.8^2} = \sqrt{1} = 1$

(c) $\|\boldsymbol{w}\| = \sqrt{(-3)^2 + (-2)^2 + 1^2} = \sqrt{14}$

6 주어진 벡터의 노름에는 유클리드 노름 외에 다양한 노름이 가능하며 대표적으로 l_p 노름도 있다.

(d) $\|\boldsymbol{x}\| = \sqrt{0^2 + 0^2 + (-1)^2} = \sqrt{1} = 1$

[예제 3(b)]와 [예제 3(d)]의 벡터 $\boldsymbol{v}$와 $\boldsymbol{x}$ 의 크기는 1인데, 이와 관련된 수학적 정의는 다음과 같다.

정의 4 단위벡터

$\boldsymbol{u} \in \mathbb{R}^n$ 이고 $\|\boldsymbol{u}\| = 1$ 이면 벡터 $\boldsymbol{u}$ 를 단위벡터(unit vector)라 한다.

실수 3에 대하여 $\dfrac{3}{|3|}$ 의 값은 1이고 $-\dfrac{3}{|3|}$ 의 값은 -1이다. 또한 $-\boldsymbol{v}$ 는 벡터 $\boldsymbol{v}$ 와 반대 방향의 벡터이다. 이 개념들을 이용하면 영벡터가 아닌 임의의 벡터 $\boldsymbol{u}$ 에 대하여 $\dfrac{\boldsymbol{u}}{\|\boldsymbol{u}\|}$ 의 크기는 1이고 벡터 $\boldsymbol{u}$ 와 같은 방향의 벡터임을 알 수 있다. 또한 $-\dfrac{\boldsymbol{u}}{\|\boldsymbol{u}\|}$ 의 크기는 1이고 벡터 $\boldsymbol{u}$ 와 반대 방향의 벡터임을 알 수 있다. 이를 정리하면 다음과 같다.

정리 4 같은 방향과 반대 방향의 단위벡터

$\boldsymbol{u} \in \mathbb{R}^n$ 이고 $\boldsymbol{u} \neq \boldsymbol{0}$ 이라 하자.

(1) $\dfrac{\boldsymbol{u}}{\|\boldsymbol{u}\|}$ 는 벡터 $\boldsymbol{u}$와 같은 방향의 단위벡터이다.

(2) $-\dfrac{\boldsymbol{u}}{\|\boldsymbol{u}\|}$ 는 벡터 $\boldsymbol{u}$와 반대 방향의 단위벡터이다.

[정리 4]를 이용하여 다음 예제를 풀어보자.

예제 4

주어진 벡터에 대하여 같은 방향의 단위벡터와 반대 방향의 단위벡터를 구하라.

(a) $\boldsymbol{u} = \begin{bmatrix} -2 \\ 3 \end{bmatrix}$　　(b) $\boldsymbol{v} = \begin{bmatrix} 3 \\ 0 \\ 1 \end{bmatrix}$

| 풀이 |

(a)
$$\|\boldsymbol{u}\| = \sqrt{(-2)^2 + 3^2} = \sqrt{13}$$

이므로 벡터 $\boldsymbol{u}$와 같은 방향의 단위벡터는 $\frac{1}{\sqrt{13}}\begin{bmatrix}-2\\3\end{bmatrix}$이고, 벡터 $\boldsymbol{u}$와 반대 방향의 단위벡터는 $-\frac{1}{\sqrt{13}}\begin{bmatrix}-2\\3\end{bmatrix}$이다.

(b)
$$\|\boldsymbol{v}\| = \sqrt{3^2 + 0^2 + 1^2} = \sqrt{10}$$

이므로 벡터 $\boldsymbol{v}$와 같은 방향의 단위벡터는 $\frac{1}{\sqrt{10}}\begin{bmatrix}3\\0\\1\end{bmatrix}$이고, 벡터 $\boldsymbol{v}$와 반대 방향의 단위벡터는 $-\frac{1}{\sqrt{10}}\begin{bmatrix}3\\0\\1\end{bmatrix}$이다.

$\mathbb{R}^n$의 대표적인 단위벡터를 다음과 같이 정의한다.

정의 5 표준단위벡터

$\mathbb{R}^n$의 벡터

$$\boldsymbol{e}_1 = \begin{bmatrix}1\\0\\0\\\vdots\\0\end{bmatrix},\ \boldsymbol{e}_2 = \begin{bmatrix}0\\1\\0\\\vdots\\0\end{bmatrix},\ \cdots,\ \boldsymbol{e}_n = \begin{bmatrix}0\\0\\\vdots\\0\\1\end{bmatrix}$$

을 표준단위벡터(standard unit vector)라 한다.

[정의 5]에서 표준단위벡터는 표준단위벡터가 속한 차원에 따라서 다른 형태를 갖는다. 예를 들어 $\mathbb{R}^2$의 표준단위벡터 $\boldsymbol{e}_1$은 $\boldsymbol{e}_1 = \begin{bmatrix}1\\0\end{bmatrix}$이지만 $\mathbb{R}^4$의 표준단위벡터 $\boldsymbol{e}_1$은 $\boldsymbol{e}_1 = \begin{bmatrix}1\\0\\0\\0\end{bmatrix}$이다. 특별히 $\mathbb{R}^3$의 표준단위벡터는 $\boldsymbol{e}_1, \boldsymbol{e}_2, \boldsymbol{e}_3$ 대신

$$\boldsymbol{i} = \begin{bmatrix}1\\0\\0\end{bmatrix},\quad \boldsymbol{j} = \begin{bmatrix}0\\1\\0\end{bmatrix},\quad \boldsymbol{k} = \begin{bmatrix}0\\0\\1\end{bmatrix}$$

로 나타낸다. 표준단위벡터는 어떻게 사용될까? $\mathbb{R}^n$에 속한 임의의 벡터는 $\mathbb{R}^n$의 표준단위벡터들을 이용하여 표현할 수 있다. 예를 들어 $\boldsymbol{u} = \begin{bmatrix} 1 \\ -2 \\ 3 \end{bmatrix}$는

$$\boldsymbol{u} = \begin{bmatrix} 1 \\ -2 \\ 3 \end{bmatrix} = \begin{bmatrix} 1 \\ 0 \\ 0 \end{bmatrix} + \begin{bmatrix} 0 \\ -2 \\ 0 \end{bmatrix} + \begin{bmatrix} 0 \\ 0 \\ 3 \end{bmatrix} = \begin{bmatrix} 1 \\ 0 \\ 0 \end{bmatrix} - 2\begin{bmatrix} 0 \\ 1 \\ 0 \end{bmatrix} + 3\begin{bmatrix} 0 \\ 0 \\ 1 \end{bmatrix}$$

이므로

$$\boldsymbol{u} = \boldsymbol{i} - 2\boldsymbol{j} + 3\boldsymbol{k}$$

로 표현된다.

예제 5

주어진 벡터를 표준단위벡터를 이용하여 표현하라.

(a) $\boldsymbol{u} = \begin{bmatrix} -4 \\ -3 \\ 2 \end{bmatrix}$　　　　(b) $\boldsymbol{v} = \begin{bmatrix} 2 \\ 0 \\ 3 \\ 0 \end{bmatrix}$

| 풀이 |

(a) $\boldsymbol{u} \in \mathbb{R}^3$이고 $\mathbb{R}^3$의 표준단위벡터는 $\boldsymbol{i}, \boldsymbol{j}, \boldsymbol{k}$이다.

$$\begin{bmatrix} -4 \\ -3 \\ 2 \end{bmatrix} = -4\begin{bmatrix} 1 \\ 0 \\ 0 \end{bmatrix} - 3\begin{bmatrix} 0 \\ 1 \\ 0 \end{bmatrix} + 2\begin{bmatrix} 0 \\ 0 \\ 1 \end{bmatrix}$$

이므로

$$\boldsymbol{u} = -4\boldsymbol{i} - 3\boldsymbol{j} + 2\boldsymbol{k}$$

이다.

(b) $\boldsymbol{v} \in \mathbb{R}^4$이고 $\mathbb{R}^4$의 표준단위벡터는 $\boldsymbol{e}_1, \boldsymbol{e}_2, \boldsymbol{e}_3, \boldsymbol{e}_4$이다.

$$\begin{bmatrix} 2 \\ 0 \\ 3 \\ 0 \end{bmatrix} = 2\begin{bmatrix} 1 \\ 0 \\ 0 \\ 0 \end{bmatrix} + 0\begin{bmatrix} 0 \\ 1 \\ 0 \\ 0 \end{bmatrix} + 3\begin{bmatrix} 0 \\ 0 \\ 1 \\ 0 \end{bmatrix} + 0\begin{bmatrix} 0 \\ 0 \\ 0 \\ 1 \end{bmatrix}$$

이므로

$$v = 2e_1 + 0e_2 + 3e_3 + 0e_4 = 2e_1 + 3e_3$$

이다.

벡터의 노름은 다음과 같은 성질을 갖는다.

정리 6 노름의 성질

k가 스칼라이고 $\boldsymbol{u}, \boldsymbol{v} \in \mathbb{R}^n$일 때 다음이 성립한다.

(1) $\|\boldsymbol{u}\| \geq 0$

(2) $\|\boldsymbol{u}\| = 0 \Leftrightarrow \boldsymbol{u} = \boldsymbol{0}$

(3) $\|k\boldsymbol{u}\| = |k|\,\|\boldsymbol{u}\|$

Tip $\sqrt{k^2} = |k|$임을 이용한다.

| 증명 |

(1) $\|\boldsymbol{u}\| = \sqrt{u_1^2 + u_2^2 + \cdots + u_n^2} \geq 0$

(2) $\|\boldsymbol{u}\| = 0$이면 $u_1^2 + u_2^2 + \cdots + u_n^2 = 0$이므로

$$u_1 = u_2 = \cdots = u_n = 0$$

이다. 따라서 $\boldsymbol{u} = \boldsymbol{0}$이다. 역으로, $\boldsymbol{u} = \boldsymbol{0}$이면 $u_1 = u_2 = \cdots = u_n = 0$이므로

$$u_1^2 + u_2^2 + \cdots + u_n^2 = 0$$

이다. 따라서 $\|\boldsymbol{u}\| = \sqrt{u_1^2 + u_2^2 + \cdots + u_n^2} = 0$이다.

(3) $\|k\boldsymbol{u}\| = \sqrt{(ku_1)^2 + (ku_2)^2 + \cdots + (ku_n)^2} = \sqrt{k^2(u_1^2 + u_2^2 + \cdots + u_n^2)}$
$= |k|\sqrt{u_1^2 + u_2^2 + \cdots + u_n^2} = |k|\,\|\boldsymbol{u}\|$

두 벡터의 덧셈을 기하적으로 표현하면 $\|\boldsymbol{u}\|$, $\|\boldsymbol{v}\|$, $\|\boldsymbol{u}+\boldsymbol{v}\|$를 세 변의 길이로 갖는 삼각형을 얻을 수 있다. 삼각형의 두 변의 길이의 합은 나머지 변의 길이보다 크기 때문에 벡터의 노름은 다음과 같은 성질을 갖는다.

$$\| \boldsymbol{u} + \boldsymbol{v} \| \leq \| \boldsymbol{u} \| + \| \boldsymbol{v} \|$$

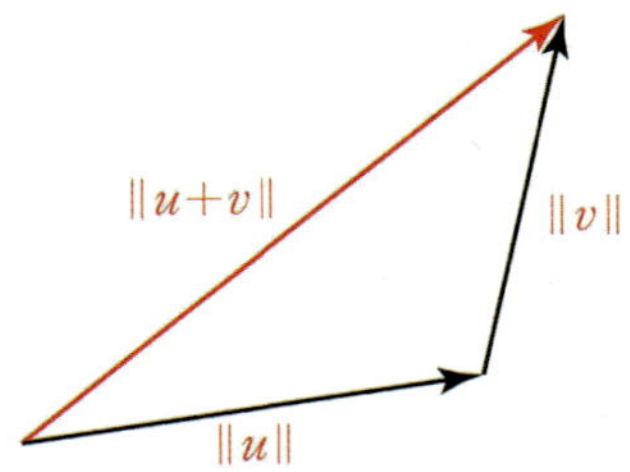

[그림 5] $\| \boldsymbol{u} \|$, $\| \boldsymbol{v} \|$, $\| \boldsymbol{u} + \boldsymbol{v} \|$를 세 변의 길이로 갖는 삼각형

예제 6

다음 식이 성립하는 $\boldsymbol{u}, \boldsymbol{v} \in \mathbb{R}^2$를 구하라.

(a) $\| \boldsymbol{u} + \boldsymbol{v} \| = \| \boldsymbol{u} \| + \| \boldsymbol{v} \|$

(b) $\| \boldsymbol{u} + \boldsymbol{v} \| < \| \boldsymbol{u} \| + \| \boldsymbol{v} \|$

| 풀이 |

(a) $\boldsymbol{u} = \begin{bmatrix} 1 \\ 0 \end{bmatrix}$, $\boldsymbol{v} = \begin{bmatrix} 2 \\ 0 \end{bmatrix}$이라 하면 $\boldsymbol{u} + \boldsymbol{v} = \begin{bmatrix} 3 \\ 0 \end{bmatrix}$이다. $\| \boldsymbol{u} \| = 1$, $\| \boldsymbol{v} \| = 2$이고 $\| \boldsymbol{u} + \boldsymbol{v} \| = 3$ 이므로

$$\| \boldsymbol{u} + \boldsymbol{v} \| = 3 = \| \boldsymbol{u} \| + \| \boldsymbol{v} \|$$

이다.

(b) $\boldsymbol{u} = \begin{bmatrix} 1 \\ 0 \end{bmatrix}$, $\boldsymbol{v} = \begin{bmatrix} 0 \\ 2 \end{bmatrix}$라 하면 $\boldsymbol{u} + \boldsymbol{v} = \begin{bmatrix} 1 \\ 2 \end{bmatrix}$이다. $\| \boldsymbol{u} \| = 1$, $\| \boldsymbol{v} \| = 2$이고 $\| \boldsymbol{u} + \boldsymbol{v} \| = \sqrt{5}$ 이므로

$$\| \boldsymbol{u} + \boldsymbol{v} \| = \sqrt{5} < 3 = \| \boldsymbol{u} \| + \| \boldsymbol{v} \|$$

이다.

노름의 활용 : 두 벡터 사이의 거리

두 벡터 사이의 거리는 다양한 방법으로 정의할 수 있다. 피타고라스 정리를 이용한 두 벡터 사이의 유클리드 거리는 노름을 이용하여 다음과 같이 정의한다.

정의 6　유클리드 거리

$\boldsymbol{u}, \boldsymbol{v} \in \mathbb{R}^n$일 때 두 벡터 사이의 유클리드 거리(Euclidean distance)는 다음과 같이 정의한다.

$$d(\boldsymbol{u}, \boldsymbol{v}) = \| \boldsymbol{u} - \boldsymbol{v} \|$$

[정의 6]을 이용하여 다음 예제를 풀어보자.

예제 7

주어진 두 벡터 $\boldsymbol{u}$와 $\boldsymbol{v}$ 사이의 유클리드 거리를 구하라.

(a) $\boldsymbol{u} = \begin{bmatrix} 1 \\ 2 \end{bmatrix}, \ \boldsymbol{v} = \begin{bmatrix} 3 \\ 1 \end{bmatrix}$　　(b) $\boldsymbol{u} = \begin{bmatrix} 1 \\ -1 \\ 1 \end{bmatrix}, \ \boldsymbol{v} = \begin{bmatrix} 2 \\ -1 \\ -1 \end{bmatrix}$

| 풀이 |

(a) $\boldsymbol{u} - \boldsymbol{v} = \begin{bmatrix} -2 \\ 1 \end{bmatrix}$이므로 두 벡터 $\boldsymbol{u}$와 $\boldsymbol{v}$ 사이의 유클리드 거리는

$$d(\boldsymbol{u}, \boldsymbol{v}) = \| \boldsymbol{u} - \boldsymbol{v} \| = \sqrt{(-2)^2 + 1^2} = \sqrt{5}$$

이다.

(b) $\boldsymbol{u} - \boldsymbol{v} = \begin{bmatrix} -1 \\ 0 \\ 2 \end{bmatrix}$이므로 두 벡터 $\boldsymbol{u}$와 $\boldsymbol{v}$ 사이의 유클리드 거리는

$$d(\boldsymbol{u}, \boldsymbol{v}) = \| \boldsymbol{u} - \boldsymbol{v} \| = \sqrt{(-1)^2 + 0^2 + 2^2} = \sqrt{5}$$

이다.

$\boldsymbol{u}, \boldsymbol{v} \in \mathbb{R}^n$ 에 대하여 유클리드 거리 외에 다양한 거리를 정의할 수 있다. 대표적으로 인공지능 분야에서 사용되는 맨해튼 거리는 다음과 같이 정의한다.

정의 7 맨해튼 거리

$\boldsymbol{u}, \boldsymbol{v} \in \mathbb{R}^n$ 일 때 두 벡터 사이의 맨해튼 거리(Manhattan distance)는 다음과 같이 정의한다.

$$d_1(\boldsymbol{u}, \boldsymbol{v}) = \| \boldsymbol{u} - \boldsymbol{v} \|_1 = \sum_{i=1}^{n} |u_i - v_i|$$

다음 그림은 유클리드 거리와 맨해튼 거리의 차이를 설명한다. 두 벡터 사이의 거리를 파란선을 따라서 거리를 측정한 것이 유클리드 거리이고 빨간선이나 노란선처럼 계단을 따라 이동하듯이 거리를 측정한 것이 맨해튼 거리이다.

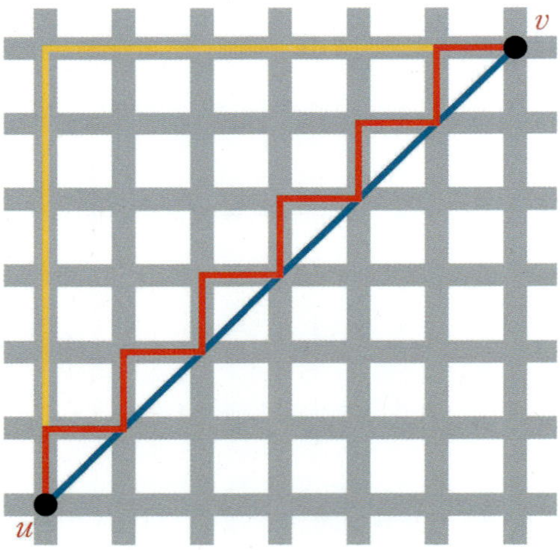

[그림 6] 유클리드 거리와 맨해튼 거리

예제 8

주어진 두 벡터 $\boldsymbol{u}$ 와 $\boldsymbol{v}$ 사이의 맨해튼 거리를 구하라.

(a) $\boldsymbol{u} = \begin{bmatrix} 1 \\ 2 \end{bmatrix}, \quad \boldsymbol{v} = \begin{bmatrix} 3 \\ 1 \end{bmatrix}$

(b) $\boldsymbol{u} = \begin{bmatrix} 1 \\ -1 \\ 1 \end{bmatrix}, \quad \boldsymbol{v} = \begin{bmatrix} 2 \\ -1 \\ -1 \end{bmatrix}$

| 풀이 |

(a) 두 벡터 $\boldsymbol{u}$ 와 $\boldsymbol{v}$ 사이의 맨해튼 거리는

$$d_1(\boldsymbol{u}, \boldsymbol{v}) = \| \boldsymbol{u} - \boldsymbol{v} \|_1 = |1-3| + |2-1| = 3$$

이다.

(b) 두 벡터 $\boldsymbol{u}$ 와 $\boldsymbol{v}$ 사이의 맨해튼 거리는

$$d_1(\boldsymbol{u}, \boldsymbol{v}) = \| \boldsymbol{u} - \boldsymbol{v} \|_1 = |1-2| + |-1-(-1)| + |1-(-1)| = 3$$

이다.

이 절에서는 엄밀한 벡터공간을 정의하기 전에 고등학교 과정에서 다뤘던 유클리드 벡터공간인 $\mathbb{R}^n$ 의 정의와 기본적인 성질에 대하여 학습하였다. 벡터를 $n \times 1$ 행렬로 표현하여 행렬과 연계성을 갖게 하였고 일반적인 유클리드 거리의 개념과 다른 맨해튼 거리의 개념도 도입하였다.

Chapter 3.1 연습문제

1 다음 두 점에 대하여 $\overrightarrow{AB}$와 $\overrightarrow{BA}$를 구하라.

(a) $A(1, 4)$, $B(4, 1)$

(b) $A(-2, -5)$, $B(2, 5)$

(c) $A(0, 1, 3)$, $B(7, 8, 7)$

(d) $A(-1, -5, 4)$, $B(-3, -4, 4)$

(e) $A(0, 0, 0)$, $B(2, 0, -1)$

(f) $A(4, 3, -2)$, $B(0, 0, 0)$

(g) $A(1, 2, 0, 0)$, $B(0, 0, 1, 2)$

(h) $A(-2, -3, -1, 0)$, $B(0, -2, -3, -1)$

2 $\boldsymbol{u} = \begin{bmatrix} 3 \\ -1 \end{bmatrix}$, $\boldsymbol{v} = \begin{bmatrix} -2 \\ 4 \end{bmatrix}$일 때 다음을 구하라.

(a) $\boldsymbol{u} + \boldsymbol{v}$

(b) $\boldsymbol{u} - \boldsymbol{v}$

(c) $7\boldsymbol{u}$

(d) $-2\boldsymbol{v}$

(e) $2\boldsymbol{u} + 3\boldsymbol{v}$

(f) $3\boldsymbol{u} - 4\boldsymbol{v}$

(g) $-4\boldsymbol{u} + 5\boldsymbol{v}$

(h) $-5\boldsymbol{u} - 6\boldsymbol{v}$

3 k와 l이 스칼라이고 $\boldsymbol{u}, \boldsymbol{v}, \boldsymbol{w} \in \mathbb{R}^n$일 때 다음이 성립함을 증명하라.

(a) $\boldsymbol{u} + (\boldsymbol{v} + \boldsymbol{w}) = (\boldsymbol{u} + \boldsymbol{v}) + \boldsymbol{w}$

(b) $k(\boldsymbol{u} + \boldsymbol{v}) = k\boldsymbol{u} + k\boldsymbol{v}$

(c) $(k + l)\boldsymbol{u} = k\boldsymbol{u} + l\boldsymbol{u}$

(d) $(kl)\boldsymbol{u} = k(l\boldsymbol{u})$

4 다음 벡터의 크기를 구하라. (단, p, q, r, s는 실수이다.)

(a) $\boldsymbol{a} = \begin{bmatrix} 3 \\ 0 \end{bmatrix}$

(b) $\boldsymbol{b} = \begin{bmatrix} 0 \\ -3 \end{bmatrix}$

(c) $\boldsymbol{c} = \begin{bmatrix} 1 \\ -3 \\ -4 \end{bmatrix}$

(d) $\boldsymbol{d} = \begin{bmatrix} -2 \\ 0 \\ 2 \end{bmatrix}$

(e) $\boldsymbol{u} = \begin{bmatrix} \sqrt{2} \\ 0 \\ \sqrt{3} \end{bmatrix}$ (f) $\boldsymbol{v} = \begin{bmatrix} \pi \\ 0 \\ \pi^2 \end{bmatrix}$

(g) $\boldsymbol{w} = \begin{bmatrix} 2 \\ 3 \\ 4 \\ 1 \end{bmatrix}$ (h) $\boldsymbol{x} = \begin{bmatrix} -p \\ -q \\ r \\ s \end{bmatrix}$

5 주어진 벡터에 대하여 같은 방향의 단위벡터와 반대 방향의 단위벡터를 구하라.

(a) $\boldsymbol{a} = \begin{bmatrix} 2 \\ 0 \end{bmatrix}$ (b) $\boldsymbol{b} = \begin{bmatrix} 0 \\ -2 \end{bmatrix}$

(c) $\boldsymbol{c} = \begin{bmatrix} -2 \\ -3 \\ -4 \end{bmatrix}$ (d) $\boldsymbol{d} = \begin{bmatrix} 4 \\ 3 \\ 2 \end{bmatrix}$

(e) $\boldsymbol{u} = \begin{bmatrix} 1 \\ 0 \\ \sqrt{3} \end{bmatrix}$ (f) $\boldsymbol{v} = \begin{bmatrix} -\sqrt{6} \\ 0 \\ -\sqrt{5} \end{bmatrix}$

(g) $\boldsymbol{w} = \begin{bmatrix} 0 \\ 3 \\ 0 \\ 1 \end{bmatrix}$ (h) $\boldsymbol{x} = \begin{bmatrix} 1 \\ -1 \\ 1 \\ -1 \end{bmatrix}$

6 주어진 벡터를 표준단위벡터를 이용하여 표현하라.

(a) $\boldsymbol{a} = \begin{bmatrix} 7 \\ 0 \end{bmatrix}$ (b) $\boldsymbol{b} = \begin{bmatrix} 0 \\ -4 \end{bmatrix}$

(c) $\boldsymbol{c} = \begin{bmatrix} -2 \\ -3 \end{bmatrix}$ (d) $\boldsymbol{d} = \begin{bmatrix} 4 \\ -3 \end{bmatrix}$

(e) $\boldsymbol{u} = \begin{bmatrix} 4 \\ 0 \\ \sqrt{2} \end{bmatrix}$ (f) $\boldsymbol{v} = \begin{bmatrix} -1 \\ 2 \\ -\sqrt{3} \end{bmatrix}$

(g) $\boldsymbol{w} = \begin{bmatrix} 0 \\ 0 \\ 4 \\ 1 \end{bmatrix}$ (h) $\boldsymbol{x} = \begin{bmatrix} 1 \\ -2 \\ 2 \\ -1 \end{bmatrix}$

7 $\boldsymbol{u} = \begin{bmatrix} 1 \\ 2 \\ 3 \end{bmatrix}$, $\boldsymbol{v} = \begin{bmatrix} 4 \\ -1 \\ 1 \end{bmatrix}$일 때 다음 유클리드 노름을 구하라.

(a) $\|\boldsymbol{u}\|$

(b) $\|\boldsymbol{v}\|$

(c) $\|\boldsymbol{u} + \boldsymbol{v}\|$

(d) $\|\boldsymbol{u}\| + \|\boldsymbol{v}\|$

(e) $\|\boldsymbol{u} - \boldsymbol{v}\|$

(f) $\|\boldsymbol{u}\| - \|\boldsymbol{v}\|$

(g) $\|5\boldsymbol{u}\|$

(h) $\|-6\boldsymbol{v}\|$

8 주어진 두 벡터 $\boldsymbol{u}$ 와 $\boldsymbol{v}$ 사이의 유클리드 거리와 맨해튼 거리를 구하라.

(a) $\boldsymbol{u} = \begin{bmatrix} 3 \\ 0 \end{bmatrix}$, $\boldsymbol{v} = \begin{bmatrix} 0 \\ 3 \end{bmatrix}$

(b) $\boldsymbol{u} = \begin{bmatrix} 4 \\ 0 \end{bmatrix}$, $\boldsymbol{v} = \begin{bmatrix} 0 \\ -4 \end{bmatrix}$

(c) $\boldsymbol{u} = \begin{bmatrix} 1 \\ 4 \end{bmatrix}$, $\boldsymbol{v} = \begin{bmatrix} -2 \\ 3 \end{bmatrix}$

(d) $\boldsymbol{u} = \begin{bmatrix} -5 \\ -3 \end{bmatrix}$, $\boldsymbol{v} = \begin{bmatrix} 5 \\ 3 \end{bmatrix}$

(e) $\boldsymbol{u} = \begin{bmatrix} 1 \\ 2 \\ 3 \end{bmatrix}$, $\boldsymbol{v} = \begin{bmatrix} 3 \\ 2 \\ 1 \end{bmatrix}$

(f) $\boldsymbol{u} = \begin{bmatrix} 2 \\ 0 \\ 1 \end{bmatrix}$, $\boldsymbol{v} = \begin{bmatrix} 1 \\ 0 \\ -1 \end{bmatrix}$

(g) $\boldsymbol{u} = \begin{bmatrix} 3 \\ 0 \\ 0 \end{bmatrix}$, $\boldsymbol{v} = \begin{bmatrix} 0 \\ 2 \\ -3 \end{bmatrix}$

(h) $\boldsymbol{u} = \begin{bmatrix} -4 \\ -2 \\ -1 \end{bmatrix}$, $\boldsymbol{v} = \begin{bmatrix} -5 \\ 2 \\ -3 \end{bmatrix}$

9 다음 명제가 참인지 거짓인지를 판정하라.

(a) $\boldsymbol{u} \in \mathbb{R}^n$일 때 $\boldsymbol{u}^T$는 $n \times 1$ 행렬이다.

(b) A와 B가 좌표공간의 두 점일 때 $\overrightarrow{\mathrm{AB}} = -\overrightarrow{\mathrm{BA}}$이다.

(c) $\boldsymbol{u} = \begin{bmatrix} a \\ b \end{bmatrix} \in \mathbb{R}^2$이고 $a \neq b$이면 $\|\boldsymbol{u}\| > 0$이다.

(d) $\boldsymbol{u} \in \mathbb{R}^n$일 때 $\|\boldsymbol{u}\| = \|-\boldsymbol{u}\|$이다.

(e) $\mathbb{R}^4$에는 표준단위벡터가 4개 있다.

(f) $\boldsymbol{u}, \boldsymbol{v} \in \mathbb{R}^n$이면 $\|\boldsymbol{u}\| + \|\boldsymbol{v}\| \le \|\boldsymbol{u} - \boldsymbol{v}\|$이다.

(g) $\boldsymbol{u} \in \mathbb{R}^n$이고 $\boldsymbol{u} \neq \boldsymbol{0}$이면 $\|\boldsymbol{u}\| \le \left\| \dfrac{\boldsymbol{u}}{\|\boldsymbol{u}\|} \right\|$이다.

(h) $\boldsymbol{u} \in \mathbb{R}^n$이고 $\boldsymbol{u} \neq \boldsymbol{0}$이면 $\|\boldsymbol{u}\| \ge \left\| \dfrac{\boldsymbol{u}}{\|\boldsymbol{u}\|} \right\|$이다.

2절 벡터의 내적

1절에서는 벡터에 스칼라를 곱하는 스칼라 곱셈을 학습하였다. 이 절에서는 두 벡터를 곱하는 방법 중 하나인 내적에 대해 알아보고자 한다.

$\mathbb{R}^n$에서 벡터의 내적

벡터의 내적은 차원이 같은 두 벡터를 하나의 실수에 대응시키는 대표적인 연산으로 수학적 정의는 다음과 같다.

정의 1 벡터의 내적

$\boldsymbol{u} = \begin{bmatrix} u_1 \\ u_2 \\ \vdots \\ u_n \end{bmatrix}$, $\boldsymbol{v} = \begin{bmatrix} v_1 \\ v_2 \\ \vdots \\ v_n \end{bmatrix} \in \mathbb{R}^n$ 일 때 $\boldsymbol{u}$와 $\boldsymbol{v}$의 내적(inner product)은

$$\boldsymbol{u}^T \cdot \boldsymbol{v} = [u_1 \ u_2 \ \cdots \ u_n] \begin{bmatrix} v_1 \\ v_2 \\ \vdots \\ v_n \end{bmatrix} = u_1 v_1 + u_2 v_2 + \cdots + u_n v_n$$

으로 정의한다. $\boldsymbol{u}^T \cdot \boldsymbol{v}$는 '$\boldsymbol{u}$와 $\boldsymbol{v}$의 내적' 또는 '$\boldsymbol{u}$ dot $\boldsymbol{v}$'라고 읽는다.

[정의 1]을 분석해 보자.

(i) 앞에서 언급한 바와 같이 벡터는 행렬의 특별한 경우이다. 따라서 $\boldsymbol{u}^T$는 $1 \times n$ 행렬, $\boldsymbol{v}$는 $n \times 1$ 행렬이고 $\boldsymbol{u}^T \cdot \boldsymbol{v}$는 $1 \times n$ 행렬과 $n \times 1$ 행렬의 행렬 곱셈으로 설명할

수 있다. 다만 행렬 곱셈의 결과는 1×1 행렬이지만 벡터의 내적은 행렬이 아닌 스칼라로 표현한다는 것만 다를 뿐이다.

(ii) [정의 1]에서 $\boldsymbol{v}^T \cdot \boldsymbol{u}$를 구하면 어떻게 될까?

$$\boldsymbol{v}^T \cdot \boldsymbol{u} = [v_1 \;\; v_2 \;\; \cdots \;\; v_n] \begin{bmatrix} u_1 \\ u_2 \\ \vdots \\ u_n \end{bmatrix} = v_1 u_1 + v_2 u_2 + \cdots + v_n u_n$$

이므로

$$\boldsymbol{v}^T \cdot \boldsymbol{u} = \boldsymbol{u}^T \cdot \boldsymbol{v}$$

임을 알 수 있다. 이 결과로부터 두 벡터의 내적은 교환법칙이 성립함을 알 수 있다.

예제 1

다음 두 벡터 $\boldsymbol{u}$와 $\boldsymbol{v}$의 내적을 구하라.

(a) $\boldsymbol{u} = \begin{bmatrix} 1 \\ 2 \end{bmatrix}, \;\; \boldsymbol{v} = \begin{bmatrix} 3 \\ 4 \end{bmatrix}$ (b) $\boldsymbol{u} = \begin{bmatrix} 3 \\ 1 \end{bmatrix}, \;\; \boldsymbol{v} = \begin{bmatrix} -2 \\ 2 \end{bmatrix}$

(c) $\boldsymbol{u} = \begin{bmatrix} 1 \\ 0 \\ -1 \end{bmatrix}, \;\; \boldsymbol{v} = \begin{bmatrix} -2 \\ 1 \\ -2 \end{bmatrix}$ (d) $\boldsymbol{u} = \begin{bmatrix} 2 \\ 2 \\ -3 \end{bmatrix}, \;\; \boldsymbol{v} = \begin{bmatrix} -1 \\ -2 \\ 4 \end{bmatrix}$

| 풀이 |

(a) $\boldsymbol{u}^T \cdot \boldsymbol{v} = [1 \;\; 2] \begin{bmatrix} 3 \\ 4 \end{bmatrix} = 3 + 8 = 11$

(b) $\boldsymbol{u}^T \cdot \boldsymbol{v} = [3 \;\; 1] \begin{bmatrix} -2 \\ 2 \end{bmatrix} = -6 + 2 = -4$

(c) $\boldsymbol{u}^T \cdot \boldsymbol{v} = [1 \;\; 0 \;\; -1] \begin{bmatrix} -2 \\ 1 \\ -2 \end{bmatrix} = -2 + 0 + 2 = 0$

(d) $\boldsymbol{u}^T \cdot \boldsymbol{v} = [2 \;\; 2 \;\; -3] \begin{bmatrix} -1 \\ -2 \\ 4 \end{bmatrix} = -2 - 4 - 12 = -18$

[예제 1]의 결과에서 알 수 있듯이 두 벡터를 내적한 결과는 양의 값, 0, 음의 값이 모두 가능하다.

벡터의 내적에 관한 기본적인 성질은 다음과 같다.

정리 1 내적의 기본 성질

k가 스칼라이고 $\boldsymbol{u}, \boldsymbol{v}, \boldsymbol{w} \in \mathbb{R}^n$일 때 다음이 성립한다.

(1) $(\boldsymbol{u}+\boldsymbol{v})^T \cdot \boldsymbol{w} = \boldsymbol{u}^T \cdot \boldsymbol{w} + \boldsymbol{v}^T \cdot \boldsymbol{w}$

(2) $k(\boldsymbol{u}^T \cdot \boldsymbol{v}) = (k\boldsymbol{u}^T) \cdot \boldsymbol{v} = \boldsymbol{u}^T \cdot (k\boldsymbol{v})$

(3) $\boldsymbol{u}^T \cdot \boldsymbol{u} = \|\boldsymbol{u}\|^2$

(4) $\boldsymbol{u}^T \cdot \boldsymbol{u} = 0$이기 위한 필요충분조건은 $\boldsymbol{u} = \boldsymbol{0}$인 것이다.

Tip $\boldsymbol{u}, \boldsymbol{v}, \boldsymbol{w} \in \mathbb{R}^n$의 성분을 이용하여 정리가 성립함을 증명한다.

| 증명 |

(1)과 (2)는 연습문제로 한다.

(3) $\boldsymbol{u} = \begin{bmatrix} u_1 \\ u_2 \\ \vdots \\ u_n \end{bmatrix} \in \mathbb{R}^n$이라 하면

$$\boldsymbol{u}^T \cdot \boldsymbol{u} = u_1^2 + u_2^2 + \cdots + u_n^2 = \left(\sqrt{u_1^2 + u_2^2 + \cdots + u_n^2}\right)^2 = \|\boldsymbol{u}\|^2$$

이다.

(4) $\boldsymbol{u}^T \cdot \boldsymbol{u} = 0$이면 $u_1^2 + u_2^2 + \cdots + u_n^2 = 0$이다. 따라서

$$u_1 = u_2 = \cdots = u_n = 0$$

이므로 $\boldsymbol{u} = \boldsymbol{0}$이다. 역으로 $\boldsymbol{u} = \boldsymbol{0}$이면 $u_1 = u_2 = \cdots = u_n = 0$이므로

$$u_1^2 + u_2^2 + \cdots + u_n^2 = 0$$

이다. 따라서 $\boldsymbol{u}^T \cdot \boldsymbol{u} = u_1^2 + u_2^2 + \cdots + u_n^2 = 0$이다.

[정리 1(3)]에 의하여

$$\|\boldsymbol{u}\| = \sqrt{\boldsymbol{u}^T \cdot \boldsymbol{u}}$$

이고 이것은 $\mathbb{R}^n$의 벡터에 대한 유클리드 노름은 내적에 의하여 유도될 수 있음을 설명한다.

두 벡터의 시작점이 같고 사잇각을 알 때 두 벡터의 내적은 다음 정리를 이용하여 구할 수 있다.

정리 2 내적과 사잇각

$\boldsymbol{u}, \boldsymbol{v} \in \mathbb{R}^n$ 이고 θ 가 $\boldsymbol{u}$ 와 $\boldsymbol{v}$ 의 사잇각이면

$$\boldsymbol{u}^T \cdot \boldsymbol{v} = \|\boldsymbol{u}\|\|\boldsymbol{v}\| \cos\theta$$

이다.

Tip 삼각함수와 관련된 제2코사인법칙을 사용하여 증명한다.

| 증명 |

[그림 1]과 같이 3개의 벡터 $\boldsymbol{u}$, $\boldsymbol{v}$, $\boldsymbol{u}-\boldsymbol{v}$ 로 만들어진 삼각형에 제2코사인법칙을 적용하면

$$\|\boldsymbol{u}-\boldsymbol{v}\|^2 = \|\boldsymbol{u}\|^2 + \|\boldsymbol{v}\|^2 - 2\|\boldsymbol{u}\|\|\boldsymbol{v}\|\cos\theta$$

이다.

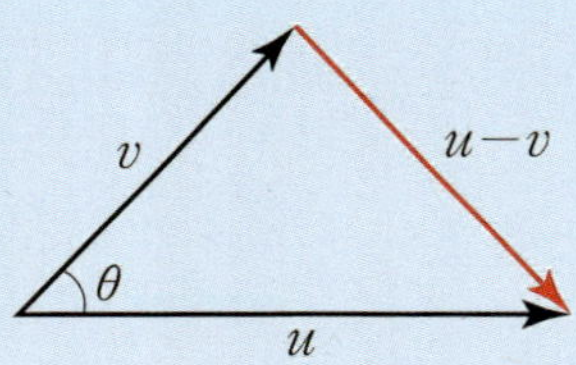

[그림 1] 제2코사인법칙

이때

$$\begin{aligned}\|\boldsymbol{u}-\boldsymbol{v}\|^2 &= (\boldsymbol{u}-\boldsymbol{v})^T \cdot (\boldsymbol{u}-\boldsymbol{v}) = (\boldsymbol{u}^T - \boldsymbol{v}^T) \cdot (\boldsymbol{u}-\boldsymbol{v}) \\ &= \|\boldsymbol{u}\|^2 - 2(\boldsymbol{u}^T \cdot \boldsymbol{v}) + \|\boldsymbol{v}\|^2\end{aligned}$$

이므로

$$\|\boldsymbol{u}\|^2 - 2(\boldsymbol{u}^T \cdot \boldsymbol{v}) + \|\boldsymbol{v}\|^2 = \|\boldsymbol{u}\|^2 + \|\boldsymbol{v}\|^2 - 2\|\boldsymbol{u}\|\|\boldsymbol{v}\|\cos\theta$$

이다. 따라서 $\boldsymbol{u}^T \cdot \boldsymbol{v} = \|\boldsymbol{u}\|\|\boldsymbol{v}\|\cos\theta$ 이다.

[정리 2]의 의미를 알아보자.

초등학교 과정에서 2×3 을 계산할 수 있었던 것은 2와 3이 하나의 직선 위에 있는 두

수이기 때문에 가능하였다. 그렇다면 두 벡터 $\boldsymbol{u}$ 와 $\boldsymbol{v}$ 는 하나의 직선 위에 있을까? 일반적으로 두 벡터 $\boldsymbol{u}$ 와 $\boldsymbol{v}$ 는 방향이 다르기 때문에 하나의 직선 위에 있지 않다. 하지만

$$\|\boldsymbol{u}\|\|\boldsymbol{v}\|\cos\theta = (\|\boldsymbol{u}\|)(\|\boldsymbol{v}\|\cos\theta)$$

에서 $\|\boldsymbol{v}\|\cos\theta$ 는 그 값을 벡터 $\boldsymbol{u}$ 가 놓여져 있는 직선 위의 실숫값에 대응을 시킬 수 있기 때문에 $\|\boldsymbol{u}\|$ 와 곱셈 계산이 가능하다.

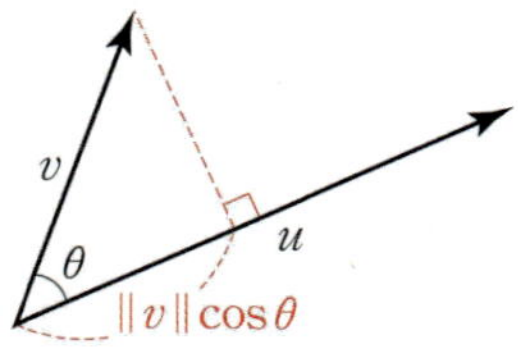

[그림 2] 두 벡터의 내적

예제 2

다음 물음에 답하라.

(a) $\|\boldsymbol{u}\| = 2$, $\|\boldsymbol{v}\| = 3$이고 두 벡터 $\boldsymbol{u}$ 와 $\boldsymbol{v}$ 의 사잇각이 $\frac{\pi}{3}$ 일 때 $\boldsymbol{u}^T \cdot \boldsymbol{v}$ 를 구하라.

(b) $\boldsymbol{u} = \begin{bmatrix} 1 \\ 2 \\ 1 \end{bmatrix}$, $\boldsymbol{v} = \begin{bmatrix} 1 \\ 0 \\ 1 \end{bmatrix}$ 일 때 두 벡터 $\boldsymbol{u}$ 와 $\boldsymbol{v}$ 의 사잇각을 구하라.

| 풀이 |

(a) $\boldsymbol{u}^T \cdot \boldsymbol{v} = \|\boldsymbol{u}\|\|\boldsymbol{v}\|\cos\theta = 6\cos\frac{\pi}{3} = 3$

(b) $\boldsymbol{u}^T \cdot \boldsymbol{v} = 1 + 0 + 1 = 2$, $\|\boldsymbol{u}\| = \sqrt{6}$, $\|\boldsymbol{v}\| = \sqrt{2}$ 이므로

$$\cos\theta = \frac{\boldsymbol{u}^T \cdot \boldsymbol{v}}{\|\boldsymbol{u}\|\|\boldsymbol{v}\|} = \frac{2}{2\sqrt{3}} = \frac{1}{\sqrt{3}}$$

이다. 따라서 $\boldsymbol{u}$ 와 $\boldsymbol{v}$ 의 사잇각은 $\theta = \cos^{-1}\frac{1}{\sqrt{3}}$ 이다.

코시-슈바르츠 부등식은 두 벡터의 노름의 곱과 내적의 대소관계를 설명하며 삼각부등식을 증명하는 데 유용하게 사용된다.

정리 3 코시-슈바르츠 부등식(Cauchy-Schwartz inequality)

$\boldsymbol{u}, \boldsymbol{v} \in \mathbb{R}^n$에 대하여 다음 부등식이 성립한다.

$$|\boldsymbol{u}^T \cdot \boldsymbol{v}| \le \|\boldsymbol{u}\| \|\boldsymbol{v}\|$$

Tip [정리 2]와 $|\cos\theta| \le 1$임을 이용하여 증명한다.

| 증명 |

[정리 2]에 의하여 $\boldsymbol{u}^T \cdot \boldsymbol{v} = \|\boldsymbol{u}\|\|\boldsymbol{v}\|\cos\theta$이다. 이 식의 양변에 절댓값을 취하면

$$|\boldsymbol{u}^T \cdot \boldsymbol{v}| = \|\boldsymbol{u}\| \|\boldsymbol{v}\| |\cos\theta| \le \|\boldsymbol{u}\| \|\boldsymbol{v}\|$$

이다.

[정리 3]을 이용하여 다음 예제를 풀어보자.

예제 3

두 벡터 $\boldsymbol{u}$와 $\boldsymbol{v}$에 대하여 $|\boldsymbol{u}^T \cdot \boldsymbol{v}|$와 $\|\boldsymbol{u}\| \|\boldsymbol{v}\|$를 구하라.

(a) $\boldsymbol{u} = \begin{bmatrix} 1 \\ 2 \end{bmatrix}$, $\boldsymbol{v} = \begin{bmatrix} 2 \\ 4 \end{bmatrix}$

(b) $\boldsymbol{u} = \begin{bmatrix} 1 \\ -3 \end{bmatrix}$, $\boldsymbol{v} = \begin{bmatrix} -2 \\ 4 \end{bmatrix}$

| 풀이 |

(a) $\boldsymbol{u}^T \cdot \boldsymbol{v} = 2 + 8 = 10$ 이므로 $|\boldsymbol{u}^T \cdot \boldsymbol{v}| = 10$ 이다.

$$\|\boldsymbol{u}\| = \sqrt{1+4} = \sqrt{5}, \ \|\boldsymbol{v}\| = \sqrt{4+16} = \sqrt{20}$$

이므로 $\|\boldsymbol{u}\| \|\boldsymbol{v}\| = \sqrt{100} = 10$이다.

(b) $\boldsymbol{u}^T \cdot \boldsymbol{v} = -2 - 12 = -14$이므로 $|\boldsymbol{u}^T \cdot \boldsymbol{v}| = 14$이다.

$$\|\boldsymbol{u}\| = \sqrt{1+9} = \sqrt{10}, \ \|\boldsymbol{v}\| = \sqrt{4+16} = \sqrt{20}$$

이므로 $\|\boldsymbol{u}\| \|\boldsymbol{v}\| = \sqrt{200} = 10\sqrt{2}$ 이다.

[예제 3(a)]에서는 $|\boldsymbol{u}^T \cdot \boldsymbol{u}| = \|\boldsymbol{u}\| \|\boldsymbol{v}\|$이고 [예제 3(b)]에서는 $|\boldsymbol{u}^T \cdot \boldsymbol{u}| < \|\boldsymbol{u}\| \|\boldsymbol{v}\|$임을 알 수 있다. 실제로 두 벡터 $\boldsymbol{u}$와 $\boldsymbol{v}$가 같은 방향 또는 반대 방향의 벡터이면 $|\boldsymbol{u}^T \cdot \boldsymbol{u}| = \|\boldsymbol{u}\| \|\boldsymbol{v}\|$이고 그 외의 경우에는 $|\boldsymbol{u}^T \cdot \boldsymbol{u}| < \|\boldsymbol{u}\| \|\boldsymbol{v}\|$이다. 삼각형의 결정

조건을 이용한 1절과 달리 두 벡터의 내적을 적용하면 벡터의 노름과 관련된 삼각부등식을 증명할 수 있다.

정리 4 삼각부등식(triangle inequality)

$\boldsymbol{u}, \boldsymbol{v} \in \mathbb{R}^n$에 대하여 다음 부등식이 성립한다.

$$\|\boldsymbol{u}+\boldsymbol{v}\| \le \|\boldsymbol{u}\| + \|\boldsymbol{v}\|$$

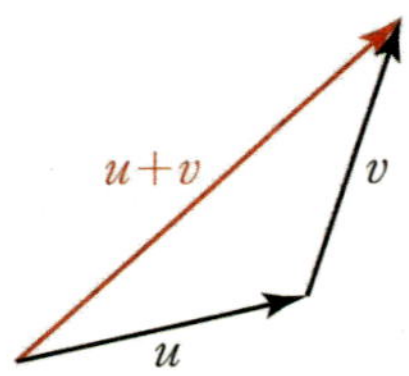

[그림 3] 삼각부등식

Tip 코시-슈바르츠 부등식과 $\|\boldsymbol{u}\|^2 = \boldsymbol{u}^T \cdot \boldsymbol{u}$ 임을 이용하여 증명한다.

| 증명 |

코시-슈바르츠 부등식에 의하여

$$\begin{aligned}
\|\boldsymbol{u}+\boldsymbol{v}\|^2 &= (\boldsymbol{u}+\boldsymbol{v})^T \cdot (\boldsymbol{u}+\boldsymbol{v}) \\
&= (\boldsymbol{u}^T+\boldsymbol{v}^T) \cdot (\boldsymbol{u}+\boldsymbol{v}) \\
&= \boldsymbol{u}^T \cdot \boldsymbol{u} + \boldsymbol{u}^T \cdot \boldsymbol{v} + \boldsymbol{v}^T \cdot \boldsymbol{u} + \boldsymbol{v}^T \cdot \boldsymbol{v} \\
&= \|\boldsymbol{u}\|^2 + 2\boldsymbol{u}^T \cdot \boldsymbol{v} + \|\boldsymbol{v}\|^2 \\
&\le \|\boldsymbol{u}\|^2 + 2\|\boldsymbol{u}\|\,\|\boldsymbol{v}\| + \|\boldsymbol{v}\|^2 \\
&= (\|\boldsymbol{u}\| + \|\boldsymbol{v}\|)^2
\end{aligned}$$

이 성립한다. 따라서 $\|\boldsymbol{u}+\boldsymbol{v}\| \le \|\boldsymbol{u}\| + \|\boldsymbol{v}\|$이다.

다음 예제에서 삼각부등식의 등호와 부등호가 성립하는 경우를 확인해 보자.

예제 4

두 벡터 $\boldsymbol{u}$와 $\boldsymbol{v}$에 대하여 $\|\boldsymbol{u}+\boldsymbol{v}\|$와 $\|\boldsymbol{u}\| + \|\boldsymbol{v}\|$를 구하라.

(a) $\boldsymbol{u} = \begin{bmatrix} 1 \\ 2 \end{bmatrix}$, $\boldsymbol{v} = \begin{bmatrix} 2 \\ 4 \end{bmatrix}$　　(b) $\boldsymbol{u} = \begin{bmatrix} 1 \\ -3 \end{bmatrix}$, $\boldsymbol{v} = \begin{bmatrix} -2 \\ 4 \end{bmatrix}$

| 풀이 |

(a) $\boldsymbol{u}+\boldsymbol{v}=\begin{bmatrix}3\\6\end{bmatrix}$ 이므로 $\|\boldsymbol{u}+\boldsymbol{v}\|=\sqrt{3^2+6^2}=\sqrt{45}=3\sqrt{5}$ 이다.

$\|\boldsymbol{u}\|+\|\boldsymbol{v}\|=\sqrt{5}+\sqrt{20}=\sqrt{5}+2\sqrt{5}=3\sqrt{5}$ 이다.

(b) $\boldsymbol{u}+\boldsymbol{v}=\begin{bmatrix}-1\\1\end{bmatrix}$ 이므로 $\|\boldsymbol{u}+\boldsymbol{v}\|=\sqrt{(-1)^2+1^2}=\sqrt{2}$ 이다.

$\|\boldsymbol{u}\|+\|\boldsymbol{v}\|=\sqrt{10}+\sqrt{20}=\sqrt{10}+2\sqrt{5}$ 이다.

[예제 4(a)]에서 두 벡터 $\boldsymbol{u}$ 와 $\boldsymbol{v}$ 가 같은 방향의 벡터이기 때문에 $\|\boldsymbol{u}+\boldsymbol{v}\|=\|\boldsymbol{u}\|+\|\boldsymbol{v}\|$ 이다. [예제 4(b)]에서는 두 벡터 $\boldsymbol{u}$ 와 $\boldsymbol{v}$ 가 같은 방향의 벡터가 아니기 때문에 $\|\boldsymbol{u}+\boldsymbol{v}\| < \|\boldsymbol{u}\|+\|\boldsymbol{v}\|$ 임을 알 수 있다.

정리 5 평행사변형 등식(parallelogram equality)

$\boldsymbol{u},\ \boldsymbol{v}\in\mathbb{R}^n$에 대하여 다음 부등식이 성립한다.

$$\|\boldsymbol{u}+\boldsymbol{v}\|^2+\|\boldsymbol{u}-\boldsymbol{v}\|^2=2(\|\boldsymbol{u}\|^2+\|\boldsymbol{v}\|^2)$$

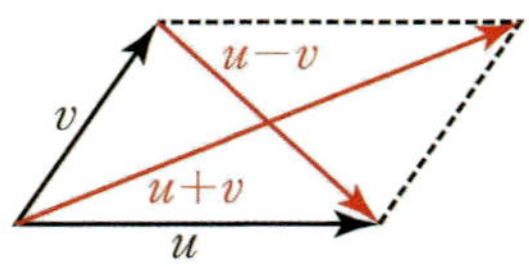

[그림 4] 평행사변형 등식

Tip $\|\boldsymbol{u}\|^2=\boldsymbol{u}^T\cdot\boldsymbol{u}$ 임을 이용하여 증명한다.

| 증명 |

$$\begin{aligned}\|\boldsymbol{u}+\boldsymbol{v}\|^2+\|\boldsymbol{u}-\boldsymbol{v}\|^2&=(\boldsymbol{u}+\boldsymbol{v})^T\cdot(\boldsymbol{u}+\boldsymbol{v})+(\boldsymbol{u}-\boldsymbol{v})^T\cdot(\boldsymbol{u}-\boldsymbol{v})\\&=\|\boldsymbol{u}\|^2+2\boldsymbol{u}^T\cdot\boldsymbol{v}+\|\boldsymbol{v}\|^2+\|\boldsymbol{u}\|^2-2\boldsymbol{u}^T\cdot\boldsymbol{v}+\|\boldsymbol{v}\|^2\\&=2(\|\boldsymbol{u}\|^2+\|\boldsymbol{v}\|^2)\end{aligned}$$

벡터의 직교

[정리 2]에 의하여 $\boldsymbol{u}, \boldsymbol{v} \in \mathbb{R}^n$일 때

$$\boldsymbol{u}^T \cdot \boldsymbol{v} = \|\boldsymbol{u}\|\|\boldsymbol{v}\| \cos\theta$$

이다. 이때 θ가 두 벡터 $\boldsymbol{u}$와 $\boldsymbol{v}$의 사잇각인데 $\theta = 90°$이면 두 벡터 $\boldsymbol{u}$와 $\boldsymbol{v}$가 직교한다는 것을 의미한다. 또한 $\cos\theta = \cos 90° = 0$이므로

$$\boldsymbol{u}^T \cdot \boldsymbol{v} = \|\boldsymbol{u}\|\|\boldsymbol{v}\| \cos\theta = 0$$

이다. 이 결과를 이용하여 벡터의 직교를 다음과 같이 정의한다.

정의 2 벡터의 직교

$\boldsymbol{u}, \boldsymbol{v} \in \mathbb{R}^n$에 대하여

$$\boldsymbol{u}^T \cdot \boldsymbol{v} = 0$$

이면 두 벡터 $\boldsymbol{u}$와 $\boldsymbol{v}$는 직교한다(orthogonal)고 한다. 두 벡터 $\boldsymbol{u}$와 $\boldsymbol{v}$가 직교할 때 $\boldsymbol{u} \perp \boldsymbol{v}$로 나타내며 $\perp$는 'pub'으로 읽는다.

[정의 2]를 이용하여 다음 예제를 풀어보자.

예제 5

다음 두 벡터가 직교하는지를 판정하라.

(a) $\boldsymbol{u} = \begin{bmatrix} 1 \\ 3 \\ -2 \end{bmatrix}, \boldsymbol{v} = \begin{bmatrix} 3 \\ -1 \\ 1 \end{bmatrix}$ (b) $\boldsymbol{u} = \begin{bmatrix} 1 \\ 0 \\ -2 \\ 0 \end{bmatrix}, \boldsymbol{v} = \begin{bmatrix} 2 \\ -1 \\ 1 \\ 4 \end{bmatrix}$

| 풀이 |

(a) $$\boldsymbol{u}^T \cdot \boldsymbol{v} = 3 - 3 - 2 = -2 \neq 0$$

이므로 두 벡터 $\boldsymbol{u}$와 $\boldsymbol{v}$는 직교하지 않는다.

(b) $$u^T \cdot v = 2 + 0 - 2 + 0 = 0$$

이므로 두 벡터 u 와 v 는 직교한다.

$u, v \in \mathbb{R}^n$ 일 때 삼각부등식에 의하여 $\|u + v\|^2 \le \|u\|^2 + \|v\|^2$ 이 성립한다. 하지만 두 벡터 u 와 v 가 직교하면 벡터와 관련된 피타고라스 정리를 얻을 수 있다.

정리 6 피타고라스 정리(Pythagorean theorem)

$u, v \in \mathbb{R}^n$ 이고 두 벡터 u 와 v 가 직교하면 다음이 성립한다.

$$\|u + v\|^2 = \|u\|^2 + \|v\|^2$$

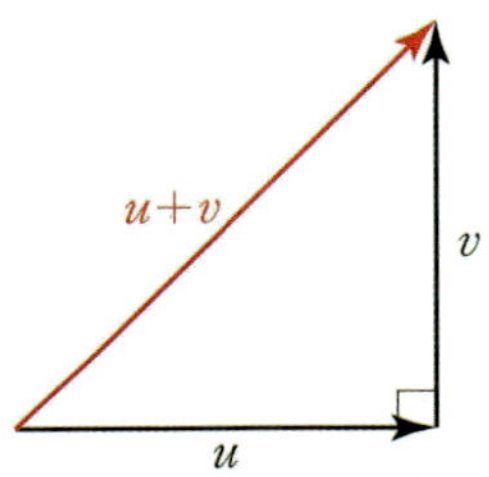

[그림 5] 피타고라스 정리

Tip 두 벡터 u 와 v 가 직교하면 $u^T \cdot v = 0$ 임을 이용하여 증명한다.

| 증명 |

두 벡터 u 와 v 가 직교한다고 가정하였으므로 $u^T \cdot v = 0$ 이다. 따라서

$$\begin{aligned}\|u + v\|^2 &= (u + v)^T \cdot (u + v) \\ &= u^T \cdot u + u^T \cdot v + v^T \cdot u + v^T \cdot v \\ &= \|u\|^2 + 2(u^T \cdot v) + \|v\|^2 \\ &= \|u\|^2 + \|v\|^2\end{aligned}$$

이다.

사영

평면상의 점 (3, 2)를 x축으로 수직으로 내리면 x축 위의 점 (3, 0)에 대응하고, y축으로 수직으로 내리면 y축 위의 점 (0, 2)에 대응한다. 주어진 벡터를 특정한 벡터 방향으로 수직으로 내렸을 때 대응하는 벡터와 벡터의 길이가 각각 벡터 사영과 스칼라 사영이다.

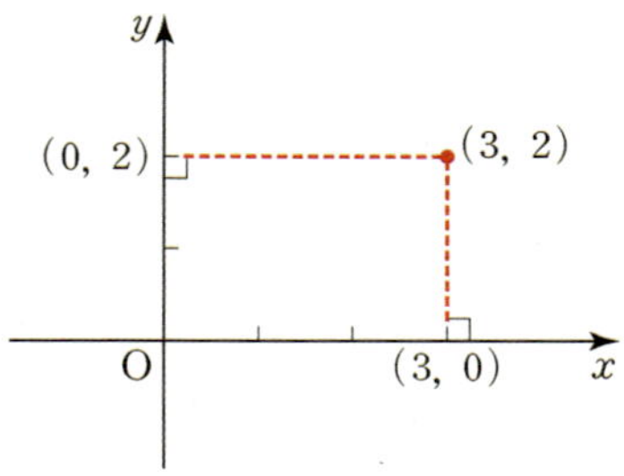

[그림 6] 사영

정의 3 정사영

$\boldsymbol{u}, \boldsymbol{v} \in \mathbb{R}^n$일 때 벡터 $\boldsymbol{v}$를 벡터 $\boldsymbol{u}$ 방향으로 수직으로 내렸을 때 얻는 벡터를 $\boldsymbol{v}$의 $\boldsymbol{u}$ 방향으로의 정사영(orthogonal projection)이라 한다.

정사영은 수직으로 내려서 얻은 벡터이기 때문에 벡터 사영(vector projection)이라고도 하며 벡터 $\boldsymbol{v}$의 벡터 $\boldsymbol{u}$ 방향으로의 벡터 사영은 $\mathrm{Proj}_{\boldsymbol{u}} \boldsymbol{v}$로 표기한다. 또한 벡터 사영의 크기를 스칼라 사영(scalar projection)이라 하고 벡터 $\boldsymbol{v}$의 벡터 $\boldsymbol{u}$ 방향으로의 스칼라 사영은 $\mathrm{Comp}_{\boldsymbol{u}} \boldsymbol{v}$로 표기한다.

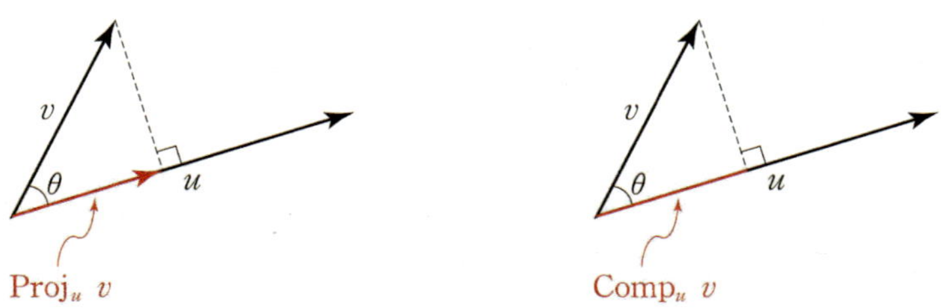

[그림 7] 벡터 사영과 스칼라 사영

벡터 사영은 스칼라 사영으로부터 쉽게 얻을 수 있기 때문에 우선 스칼라 사영을 구하는 방법을 알아보자.

스칼라 사영을 구하는 방법

[단계 1]

[그림 7]에서 벡터 $\boldsymbol{v}$ 의 벡터 $\boldsymbol{u}$ 방향으로의 스칼라 사영은 $\mathrm{Comp}_{\boldsymbol{u}} \boldsymbol{v} = \|\boldsymbol{v}\| \cos\theta$ 이다.

[단계 2]

두 벡터 $\boldsymbol{u}$ 와 $\boldsymbol{v}$ 의 내적은 $\boldsymbol{u}^T \cdot \boldsymbol{v} = \|\boldsymbol{u}\|\|\boldsymbol{v}\|\cos\theta$ 이고 이 식을 정리하면

$$\frac{\boldsymbol{u}^T \cdot \boldsymbol{v}}{\|\boldsymbol{u}\|} = \|\boldsymbol{v}\|\cos\theta$$

이다.

[단계 3]

[단계 1]과 [단계 2]의 결과를 종합하면 벡터 $\boldsymbol{v}$ 의 벡터 $\boldsymbol{u}$ 방향으로의 스칼라 사영은 다음과 같다.

$$\mathrm{Comp}_{\boldsymbol{u}} \boldsymbol{v} = \|\boldsymbol{v}\| \cos\theta = \frac{\boldsymbol{u}^T \cdot \boldsymbol{v}}{\|\boldsymbol{u}\|}$$

스칼라 사영이 크기를 나타내기는 하지만 내적의 결과가 음일 수 있으므로 스칼라 사영의 결과는 음의 값을 가질 수 있다.

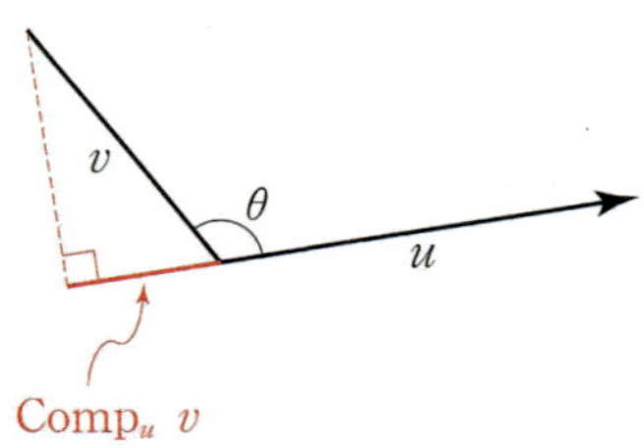

[그림 8] 음의 값을 갖는 스칼라 사영

예제 6

$\boldsymbol{u} = \begin{bmatrix} 2 \\ 1 \\ -2 \end{bmatrix}$, $\boldsymbol{v} = \begin{bmatrix} 1 \\ 0 \\ 2 \end{bmatrix}$ 에 대하여 다음을 구하라.

(a) $\mathrm{Comp}_{\boldsymbol{u}} \boldsymbol{v}$　　(b) $\mathrm{Comp}_{\boldsymbol{v}} \boldsymbol{u}$

| 풀이 |

(a) $$\boldsymbol{u}^T \cdot \boldsymbol{v} = 2 - 4 = -2,\ \|\boldsymbol{u}\|^2 = \boldsymbol{u}^T \cdot \boldsymbol{u} = 4 + 1 + 4 = 9$$

이므로 $\|\boldsymbol{u}\| = 3$ 이다. 따라서

$$\mathrm{Comp}_{\boldsymbol{u}}\, \boldsymbol{v} = \frac{\boldsymbol{u}^T \cdot \boldsymbol{v}}{\|\boldsymbol{u}\|} = -\frac{2}{3}$$

이다.

(b) $$\boldsymbol{v}^T \cdot \boldsymbol{u} = 2 - 4 = -2,\ \|\boldsymbol{v}\|^2 = \boldsymbol{v}^T \cdot \boldsymbol{v} = 1 + 0 + 4 = 5$$

이므로 $\|\boldsymbol{v}\| = \sqrt{5}$ 이다. 따라서

$$\mathrm{Comp}_{\boldsymbol{v}}\, \boldsymbol{u} = \frac{\boldsymbol{v}^T \cdot \boldsymbol{u}}{\|\boldsymbol{v}\|} = -\frac{2}{\sqrt{5}}$$

이다.

벡터 사영은 스칼라 사영에 지정한 방향의 단위벡터를 곱하여 쉽게 얻을 수 있다.

벡터 사영을 구하는 방법

[단계 1]

0이 아닌 벡터 $\boldsymbol{a}$ 의 방향을 지정할 때 $\boldsymbol{a}$ 가 아닌 단위벡터 $\dfrac{\boldsymbol{a}}{\|\boldsymbol{a}\|}$ 를 사용한다.

[단계 2]

[그림 7]에서 벡터 $\boldsymbol{v}$ 의 벡터 $\boldsymbol{u}$ 방향으로의 벡터 사영은 크기를 나타낸 스칼라 사영에 $\boldsymbol{u}$ 방향의 단위벡터인 $\dfrac{\boldsymbol{u}}{\|\boldsymbol{u}\|}$ 를 곱하여 구한다.

[단계 3]

[단계 1]과 [단계 2]의 결과를 종합하면 벡터 $\boldsymbol{v}$ 의 벡터 $\boldsymbol{u}$ 방향으로의 벡터 사영은 다음과 같다.

$$\mathrm{Proj}_{\boldsymbol{u}}\, \boldsymbol{v} = \left(\frac{\boldsymbol{u}^T \cdot \boldsymbol{v}}{\|\boldsymbol{u}\|}\right)\frac{\boldsymbol{u}}{\|\boldsymbol{u}\|} = \left(\frac{\boldsymbol{u}^T \cdot \boldsymbol{v}}{\|\boldsymbol{u}\|\|\boldsymbol{u}\|}\right)\boldsymbol{u} = \frac{\boldsymbol{u}^T \cdot \boldsymbol{v}}{\boldsymbol{u}^T \cdot \boldsymbol{u}}\,\boldsymbol{u}$$

두 벡터 $\boldsymbol{u}$ 와 $\boldsymbol{v}$ 에 대하여 스칼라 사영과 벡터 사영을 구할 때 벡터 $\boldsymbol{u}$ 위로 벡터 $\boldsymbol{v}$ 를 사영하는 것인지 벡터 $\boldsymbol{v}$ 위로 벡터 $\boldsymbol{u}$ 를 사영하는 것인지에 주의하여야 한다.

예제 7

$\boldsymbol{u} = \begin{bmatrix} 2 \\ 1 \\ -2 \end{bmatrix}$, $\boldsymbol{v} = \begin{bmatrix} 1 \\ 0 \\ 2 \end{bmatrix}$에 대하여 다음을 구하라.

(a) $\mathrm{Proj}_{\boldsymbol{u}}\, \boldsymbol{v}$

(b) $\mathrm{Proj}_{\boldsymbol{v}}\, \boldsymbol{u}$

| 풀이 |

(a)
$$\boldsymbol{u}^T \cdot \boldsymbol{v} = 2 - 4 = -2, \quad \|\boldsymbol{u}\|^2 = \boldsymbol{u}^T \cdot \boldsymbol{u} = 4 + 1 + 4 = 9$$

이다. 따라서

$$\mathrm{Proj}_{\boldsymbol{u}}\, \boldsymbol{v} = \frac{\boldsymbol{u}^T \cdot \boldsymbol{v}}{\boldsymbol{u}^T \cdot \boldsymbol{u}} \boldsymbol{u} = -\frac{2}{9} \begin{bmatrix} 2 \\ 1 \\ -2 \end{bmatrix}$$

이다.

(b)
$$\boldsymbol{v}^T \cdot \boldsymbol{u} = 2 - 4 = -2, \ \|\boldsymbol{v}\|^2 = \boldsymbol{v}^T \cdot \boldsymbol{v} = 1 + 0 + 4 = 5$$

이다. 따라서

$$\mathrm{Proj}_{\boldsymbol{v}}\, \boldsymbol{u} = \frac{\boldsymbol{v}^T \cdot \boldsymbol{u}}{\boldsymbol{v}^T \cdot \boldsymbol{v}} \boldsymbol{v} = -\frac{2}{5} \begin{bmatrix} 1 \\ 0 \\ 2 \end{bmatrix}$$

이다.

이 절에서는 두 벡터의 곱셈 중 하나인 내적에 대하여 학습하였다. 내적의 정의로부터 그 의미를 알아보았고 내적을 이용하여 다양한 부등식에 대한 정리를 증명하였다. 또한 벡터의 스칼라 사영과 벡터 사영을 내적을 이용하여 정의하고 학습하였다.

Chapter 3.2 연습문제

1 다음 두 벡터 $\mathbf{u}$와 $\mathbf{v}$의 내적을 구하라.

(a) $\mathbf{u} = \begin{bmatrix} 0 \\ 2 \end{bmatrix}, \quad \mathbf{v} = \begin{bmatrix} 3 \\ 0 \end{bmatrix}$

(b) $\mathbf{u} = \begin{bmatrix} -5 \\ 2 \end{bmatrix}, \quad \mathbf{v} = \begin{bmatrix} 3 \\ -1 \end{bmatrix}$

(c) $\mathbf{u} = \begin{bmatrix} 3 \\ 2 \end{bmatrix}, \quad \mathbf{v} = \begin{bmatrix} 3 \\ 2 \end{bmatrix}$

(d) $\mathbf{u} = \begin{bmatrix} 3 \\ 2 \end{bmatrix}, \quad \mathbf{v} = \begin{bmatrix} -3 \\ -2 \end{bmatrix}$

(e) $\mathbf{u} = \begin{bmatrix} 0 \\ 0 \\ -1 \end{bmatrix}, \quad \mathbf{v} = \begin{bmatrix} -3 \\ 1 \\ 0 \end{bmatrix}$

(f) $\mathbf{u} = \begin{bmatrix} 6 \\ 1 \\ -2 \end{bmatrix}, \quad \mathbf{v} = \begin{bmatrix} 3 \\ -2 \\ 5 \end{bmatrix}$

(g) $\mathbf{u} = \begin{bmatrix} 0 \\ 0 \\ 3 \\ 4 \end{bmatrix}, \quad \mathbf{v} = \begin{bmatrix} 2 \\ 1 \\ 0 \\ 0 \end{bmatrix}$

(h) $\mathbf{u} = \begin{bmatrix} 1 \\ -2 \\ -2 \\ 1 \end{bmatrix}, \quad \mathbf{v} = \begin{bmatrix} -1 \\ 2 \\ 2 \\ -1 \end{bmatrix}$

2 k가 스칼라이고 $\mathbf{u}, \mathbf{v}, \mathbf{w} \in \mathbb{R}^n$일 때 다음이 성립함을 증명하라.

(a) $(\mathbf{u} + \mathbf{v})^T \cdot \mathbf{w} = \mathbf{u}^T \cdot \mathbf{w} + \mathbf{v}^T \cdot \mathbf{w}$

(b) $k(\mathbf{u}^T \cdot \mathbf{v}) = (k\mathbf{u}^T) \cdot \mathbf{v} = \mathbf{u}^T \cdot (k\mathbf{v})$

3 다음 물음에 답하라.

(a) $\|\mathbf{u}\| = 1$, $\|\mathbf{v}\| = 4$이고 두 벡터 $\mathbf{u}$와 $\mathbf{v}$의 사잇각이 $\frac{\pi}{6}$일 때 $\mathbf{u}^T \cdot \mathbf{v}$를 구하라.

(b) $\|\mathbf{u}\| = \frac{3}{4}$, $\|\mathbf{v}\| = \frac{4}{3}$이고 두 벡터 $\mathbf{u}$와 $\mathbf{v}$의 사잇각이 $\frac{2}{3}\pi$일 때 $\mathbf{u}^T \cdot \mathbf{v}$를 구하라.

(c) $\|\mathbf{u}\| = 2$, $\|\mathbf{v}\| = \frac{4}{5}$이고 두 벡터 $\mathbf{u}$와 $\mathbf{v}$의 사잇각이 $\frac{3}{4}\pi$일 때 $\mathbf{u}^T \cdot \mathbf{v}$를 구하라.

(d) $\|\mathbf{u}\| = \frac{5}{3}$, $\|\mathbf{v}\| = \frac{2}{5}$이고 두 벡터 $\mathbf{u}$와 $\mathbf{v}$의 사잇각이 π일 때 $\mathbf{u}^T \cdot \mathbf{v}$를 구하라.

(e) $\boldsymbol{u} = \begin{bmatrix} 2 \\ 2 \\ 0 \end{bmatrix}$, $\boldsymbol{v} = \begin{bmatrix} 1 \\ 0 \\ 3 \end{bmatrix}$일 때 두 벡터 $\boldsymbol{u}$와 $\boldsymbol{v}$의 사잇각을 구하라.

(f) $\boldsymbol{u} = \begin{bmatrix} -1 \\ 2 \\ -3 \end{bmatrix}$, $\boldsymbol{v} = \begin{bmatrix} 2 \\ -2 \\ 1 \end{bmatrix}$일 때 두 벡터 $\boldsymbol{u}$와 $\boldsymbol{v}$의 사잇각을 구하라.

(g) $\boldsymbol{u} = \begin{bmatrix} 2 \\ 1 \\ 0 \end{bmatrix}$, $\boldsymbol{v} = \begin{bmatrix} 1 \\ -2 \\ 7 \end{bmatrix}$일 때 두 벡터 $\boldsymbol{u}$와 $\boldsymbol{v}$의 사잇각을 구하라.

(h) $\boldsymbol{u} = \begin{bmatrix} 1 \\ -1 \\ 0 \end{bmatrix}$, $\boldsymbol{v} = \begin{bmatrix} -1 \\ 1 \\ 0 \end{bmatrix}$일 때 두 벡터 $\boldsymbol{u}$와 $\boldsymbol{v}$의 사잇각을 구하라.

4 두 벡터 $\boldsymbol{u}$와 $\boldsymbol{v}$에 대하여 $|\boldsymbol{u}^T \cdot \boldsymbol{v}|$와 $\|\boldsymbol{u}\|\|\boldsymbol{v}\|$를 구하라.

(a) $\boldsymbol{u} = \begin{bmatrix} 3 \\ -1 \end{bmatrix}$, $\boldsymbol{v} = \begin{bmatrix} -3 \\ 1 \end{bmatrix}$

(b) $\boldsymbol{u} = \begin{bmatrix} -2 \\ 3 \end{bmatrix}$, $\boldsymbol{v} = \begin{bmatrix} -4 \\ 6 \end{bmatrix}$

(c) $\boldsymbol{u} = \begin{bmatrix} 4 \\ 1 \end{bmatrix}$, $\boldsymbol{v} = \begin{bmatrix} -4 \\ 2 \end{bmatrix}$

(d) $\boldsymbol{u} = \begin{bmatrix} 3 \\ -1 \end{bmatrix}$, $\boldsymbol{v} = \begin{bmatrix} -3 \\ 1 \end{bmatrix}$

(e) $\boldsymbol{u} = \begin{bmatrix} 4 \\ -1 \\ -2 \end{bmatrix}$, $\boldsymbol{v} = \begin{bmatrix} -2 \\ 0 \\ 2 \end{bmatrix}$

(f) $\boldsymbol{u} = \begin{bmatrix} 0 \\ 0 \\ -3 \end{bmatrix}$, $\boldsymbol{v} = \begin{bmatrix} 1 \\ 2 \\ 0 \end{bmatrix}$

(g) $\boldsymbol{u} = \begin{bmatrix} 0 \\ 1 \\ 2 \end{bmatrix}$, $\boldsymbol{v} = \begin{bmatrix} 0 \\ -2 \\ -4 \end{bmatrix}$

(h) $\boldsymbol{u} = \begin{bmatrix} 3 \\ 0 \\ -1 \end{bmatrix}$, $\boldsymbol{v} = \begin{bmatrix} -6 \\ 0 \\ 2 \end{bmatrix}$

5 두 벡터 $\boldsymbol{u}$와 $\boldsymbol{v}$에 대하여 $\|\boldsymbol{u} + \boldsymbol{v}\|$와 $\|\boldsymbol{u}\| + \|\boldsymbol{v}\|$를 구하라.

(a) $\boldsymbol{u} = \begin{bmatrix} 3 \\ -1 \end{bmatrix}$, $\boldsymbol{v} = \begin{bmatrix} -3 \\ 1 \end{bmatrix}$

(b) $\boldsymbol{u} = \begin{bmatrix} -2 \\ 3 \end{bmatrix}$, $\boldsymbol{v} = \begin{bmatrix} -4 \\ 6 \end{bmatrix}$

(c) $\boldsymbol{u} = \begin{bmatrix} 3 \\ -1 \end{bmatrix}$, $\boldsymbol{v} = \begin{bmatrix} -4 \\ 2 \end{bmatrix}$

(d) $\boldsymbol{u} = \begin{bmatrix} 0 \\ -2 \end{bmatrix}$, $\boldsymbol{v} = \begin{bmatrix} 0 \\ -5 \end{bmatrix}$

(e) $\boldsymbol{u} = \begin{bmatrix} 4 \\ -1 \\ -2 \end{bmatrix}$, $\boldsymbol{v} = \begin{bmatrix} -2 \\ 0 \\ 2 \end{bmatrix}$

(f) $\boldsymbol{u} = \begin{bmatrix} 0 \\ 0 \\ -3 \end{bmatrix}$, $\boldsymbol{v} = \begin{bmatrix} 1 \\ 2 \\ 0 \end{bmatrix}$

(g) $\boldsymbol{u} = \begin{bmatrix} 1 \\ -2 \\ 3 \end{bmatrix}$, $\boldsymbol{v} = \begin{bmatrix} 2 \\ -4 \\ 6 \end{bmatrix}$

(h) $\boldsymbol{u} = \begin{bmatrix} 1 \\ 0 \\ -1 \end{bmatrix}$, $\boldsymbol{v} = \begin{bmatrix} -1 \\ 0 \\ 1 \end{bmatrix}$

6 다음 두 벡터가 직교하는지를 판정하라.

(a) $\boldsymbol{u} = \begin{bmatrix} 3 \\ -2 \end{bmatrix}$, $\boldsymbol{v} = \begin{bmatrix} -3 \\ 2 \end{bmatrix}$ (b) $\boldsymbol{u} = \begin{bmatrix} 0 \\ -1 \end{bmatrix}$, $\boldsymbol{v} = \begin{bmatrix} 0 \\ 1 \end{bmatrix}$

(c) $\boldsymbol{u} = \begin{bmatrix} -\frac{1}{2} \\ \frac{1}{3} \end{bmatrix}$, $\boldsymbol{v} = \begin{bmatrix} 3 \\ \frac{9}{2} \end{bmatrix}$ (d) $\boldsymbol{u} = \begin{bmatrix} \sqrt{2} \\ \sqrt{3} \end{bmatrix}$, $\boldsymbol{v} = \begin{bmatrix} -\frac{1}{\sqrt{2}} \\ \frac{1}{\sqrt{3}} \end{bmatrix}$

(e) $\boldsymbol{u} = \begin{bmatrix} 1 \\ 0 \\ -4 \end{bmatrix}$, $\boldsymbol{v} = \begin{bmatrix} 4 \\ 3 \\ 1 \end{bmatrix}$ (f) $\boldsymbol{u} = \begin{bmatrix} 5 \\ -1 \\ 0 \end{bmatrix}$, $\boldsymbol{v} = \begin{bmatrix} 5 \\ -1 \\ -4 \end{bmatrix}$

(g) $\boldsymbol{u} = \begin{bmatrix} 1 \\ \sqrt{2} \\ 3 \end{bmatrix}$, $\boldsymbol{v} = \begin{bmatrix} -3 \\ 0 \\ 1 \end{bmatrix}$ (h) $\boldsymbol{u} = \begin{bmatrix} \sqrt{2} \\ 3 \\ 1 \end{bmatrix}$, $\boldsymbol{v} = \begin{bmatrix} 0 \\ -3 \\ -1 \end{bmatrix}$

7 다음 두 벡터가 직교하게 하는 x의 값을 구하라.

(a) $\boldsymbol{u} = \begin{bmatrix} 3 \\ -2 \end{bmatrix}$, $\boldsymbol{v} = \begin{bmatrix} x \\ 2 \end{bmatrix}$ (b) $\boldsymbol{u} = \begin{bmatrix} 1 \\ 2 \end{bmatrix}$, $\boldsymbol{v} = \begin{bmatrix} x+2 \\ 3 \end{bmatrix}$

(c) $\boldsymbol{u} = \begin{bmatrix} x \\ -1 \end{bmatrix}$, $\boldsymbol{v} = \begin{bmatrix} x \\ 1 \end{bmatrix}$ (d) $\boldsymbol{u} = \begin{bmatrix} 2 \\ x+1 \end{bmatrix}$, $\boldsymbol{v} = \begin{bmatrix} -1 \\ x-1 \end{bmatrix}$

(e) $\boldsymbol{u} = \begin{bmatrix} x \\ 0 \\ -4 \end{bmatrix}$, $\boldsymbol{v} = \begin{bmatrix} 4 \\ 5 \\ -x \end{bmatrix}$ (f) $\boldsymbol{u} = \begin{bmatrix} x \\ 1 \\ -4 \end{bmatrix}$, $\boldsymbol{v} = \begin{bmatrix} x+1 \\ 6 \\ 3 \end{bmatrix}$

(g) $\boldsymbol{u} = \begin{bmatrix} x+1 \\ x \\ 0 \end{bmatrix}$, $\boldsymbol{v} = \begin{bmatrix} x+2 \\ -x+1 \\ 3 \end{bmatrix}$ (h) $\boldsymbol{u} = \begin{bmatrix} x-1 \\ x+1 \\ 1 \end{bmatrix}$, $\boldsymbol{v} = \begin{bmatrix} x \\ x-1 \\ -2 \end{bmatrix}$

8 두 벡터 $\boldsymbol{u}$와 $\boldsymbol{v}$에 대하여 $\text{Comp}_{\boldsymbol{v}}\boldsymbol{u}$, $\text{Proj}_{\boldsymbol{v}}\boldsymbol{u}$와 $\text{Comp}_{\boldsymbol{u}}\boldsymbol{v}$, $\text{Proj}_{\boldsymbol{u}}\boldsymbol{v}$를 구하라.

(a) $\boldsymbol{u} = \begin{bmatrix} 1 \\ 1 \end{bmatrix}$, $\boldsymbol{v} = \begin{bmatrix} 2 \\ 0 \end{bmatrix}$ (b) $\boldsymbol{u} = \begin{bmatrix} 1 \\ -1 \end{bmatrix}$, $\boldsymbol{v} = \begin{bmatrix} 0 \\ 3 \end{bmatrix}$

(c) $\boldsymbol{u} = \begin{bmatrix} 4 \\ -2 \end{bmatrix}$, $\boldsymbol{v} = \begin{bmatrix} -4 \\ 2 \end{bmatrix}$ (d) $\boldsymbol{u} = \begin{bmatrix} 2 \\ -1 \end{bmatrix}$, $\boldsymbol{v} = \begin{bmatrix} 4 \\ -2 \end{bmatrix}$

(e) $\boldsymbol{u} = \begin{bmatrix} 0 \\ -1 \end{bmatrix}$, $\boldsymbol{v} = \begin{bmatrix} 0 \\ 1 \end{bmatrix}$ (f) $\boldsymbol{u} = \begin{bmatrix} 0 \\ 3 \end{bmatrix}$, $\boldsymbol{v} = \begin{bmatrix} 2 \\ 0 \end{bmatrix}$

(g) $\boldsymbol{u} = \begin{bmatrix} 1 \\ 0 \\ -2 \end{bmatrix}$, $\boldsymbol{v} = \begin{bmatrix} 3 \\ 3 \\ 1 \end{bmatrix}$ (h) $\boldsymbol{u} = \begin{bmatrix} 4 \\ -1 \\ 0 \end{bmatrix}$, $\boldsymbol{v} = \begin{bmatrix} 4 \\ -1 \\ -3 \end{bmatrix}$

9 다음 명제가 참인지 거짓인지를 판정하라.

(a) $\boldsymbol{u}, \boldsymbol{v} \in \mathbb{R}^n$ 이고 벡터 $\boldsymbol{u}$ 와 $\boldsymbol{v}$ 의 모든 성분이 양이면 $\boldsymbol{u}^T \cdot \boldsymbol{v} > 0$ 이다.

(b) $\boldsymbol{u} = \begin{bmatrix} 1 \\ 2 \\ 3 \end{bmatrix}$ 일 때 벡터 $\boldsymbol{u}$ 에 수직인 벡터는 유일하게 존재한다.

(c) $\boldsymbol{v}$ 가 벡터 $\boldsymbol{u}$ 와 반대 방향의 벡터이면 $|\boldsymbol{u}^T \cdot \boldsymbol{v}| = \|\boldsymbol{u}\|\,\|\boldsymbol{v}\|$ 이다.

(d) $\boldsymbol{v}$ 가 벡터 $\boldsymbol{u}$ 와 반대 방향의 벡터이면 $\|\boldsymbol{u} + \boldsymbol{v}\| = \|\boldsymbol{u}\| + \|\boldsymbol{v}\|$ 이다.

(e) $\boldsymbol{u}, \boldsymbol{v} \in \mathbb{R}^n$ 이고 $\|\boldsymbol{u} + \boldsymbol{v}\|^2 = \|\boldsymbol{u}\|^2 + \|\boldsymbol{v}\|^2$ 이면 $\boldsymbol{u}^T \cdot \boldsymbol{v} = 0$ 이다.

(f) $\|\boldsymbol{u}\| = 2$, $\|\boldsymbol{v}\| = 3$ 이면 $\|\boldsymbol{u} + \boldsymbol{v}\|^2 - \|\boldsymbol{u} - \boldsymbol{v}\|^2 = 2^2 + 3^2 = 13$ 이다.

(g) $\boldsymbol{u}, \boldsymbol{v} \in \mathbb{R}^n$ 이 $\mathbf{0}$ 이 아닌 벡터일 때 $\mathrm{Comp}_{\boldsymbol{v}}\boldsymbol{u} = \mathrm{Comp}_{\boldsymbol{u}}\boldsymbol{v}$ 이다.

(h) $\boldsymbol{u}, \boldsymbol{v} \in \mathbb{R}^n$ 이 $\mathbf{0}$ 이 아닌 벡터일 때 $\mathrm{Proj}_{\boldsymbol{u}}\boldsymbol{v} = (\mathrm{Comp}_{\boldsymbol{u}}\boldsymbol{v})\boldsymbol{u}$ 이다.

3절 벡터의 외적

2절에서는 두 벡터의 곱하는 방법 중 내적에 대하여 알아보았다. 이 절에서는 두 벡터를 곱하는 또 다른 방법인 외적에 대해 알아보고자 한다.

$\mathbb{R}^3$ 에서의 벡터의 외적

두 벡터의 곱셈 중 하나인 내적은 두 벡터가 $\mathbb{R}^n$ 에 속하는 경우 정의할 수 있었다. 내적과 달리 외적은 벡터가 $\mathbb{R}^3$ 에 속하는 경우에만 다음과 같이 정의한다.

정의 1 벡터의 외적

$\boldsymbol{u} = \begin{bmatrix} u_1 \\ u_2 \\ u_3 \end{bmatrix}$, $\boldsymbol{v} = \begin{bmatrix} v_1 \\ v_2 \\ v_3 \end{bmatrix} \in \mathbb{R}^3$ 일 때 $\boldsymbol{u}$ 와 $\boldsymbol{v}$ 의 외적(cross product)은 다음과 같이 정의한다.

$$\boldsymbol{u} \times \boldsymbol{v} = \begin{bmatrix} u_2 v_3 - u_3 v_2 \\ u_3 v_1 - u_1 v_3 \\ u_1 v_2 - u_2 v_1 \end{bmatrix}$$

내적의 결과와 달리 외적의 결과는 벡터로 나타난다. [정의 1]에 있는 외적을 나타내는 벡터의 성분을 암기하는 것이 쉽지 않기 때문에 외적을 구할 때는 다음과 같은 3차 행렬식을 이용하여 구하는 것을 사용한다.

○ 외적을 구하는 방법

[단계 1]

$\boldsymbol{u}=\begin{bmatrix}u_1\\u_2\\u_3\end{bmatrix},\ \boldsymbol{v}=\begin{bmatrix}v_1\\v_2\\v_3\end{bmatrix}\in\mathbb{R}^3$일 때 $\boldsymbol{u}\times\boldsymbol{v}$를 구하려면 행렬식의 1행에는 차례로 $\boldsymbol{i}$, $\boldsymbol{j}$, $\boldsymbol{k}$를 적고, 행렬식의 2행에는 차례로 u_1, u_2, u_3를 적고, 행렬식의 3행에는 차례로 v_1, v_2, v_3를 적은 후 3×3 행렬의 행렬식을 구한다.

$$\boldsymbol{u}\times\boldsymbol{v}=\begin{vmatrix}\boldsymbol{i}&\boldsymbol{j}&\boldsymbol{k}\\u_1&u_2&u_3\\v_1&v_2&v_3\end{vmatrix}$$

이때 $\boldsymbol{i}=\begin{bmatrix}1\\0\\0\end{bmatrix},\ \boldsymbol{j}=\begin{bmatrix}0\\1\\0\end{bmatrix},\ \boldsymbol{k}=\begin{bmatrix}0\\0\\1\end{bmatrix}$은 $\mathbb{R}^3$의 표준단위벡터이다.

[단계 2]

[단계 1]의 행렬식을 구할 때는 반드시 1행의 성분 $\boldsymbol{i}$, $\boldsymbol{j}$, $\boldsymbol{k}$를 이용한 여인수전개를 사용하여 구한다.

$$\boldsymbol{u}\times\boldsymbol{v}=\begin{vmatrix}\boldsymbol{i}&\boldsymbol{j}&\boldsymbol{k}\\u_1&u_2&u_3\\v_1&v_2&v_3\end{vmatrix}=\begin{vmatrix}u_2&u_3\\v_2&v_3\end{vmatrix}\boldsymbol{i}-\begin{vmatrix}u_1&u_3\\v_1&v_3\end{vmatrix}\boldsymbol{j}+\begin{vmatrix}u_1&u_2\\v_1&v_2\end{vmatrix}\boldsymbol{k}$$

외적을 구하는 방법을 사용하여 $\boldsymbol{u}\times\boldsymbol{v}$를 구할 때 주의해야 할 점은 행렬식의 2행에 벡터 $\boldsymbol{u}$의 성분들이, 3행에 벡터 $\boldsymbol{v}$의 성분들이 놓여야 한다는 점이다. 만일 $\boldsymbol{v}\times\boldsymbol{u}$를 구한다면 행렬식의 2행에 벡터 $\boldsymbol{v}$의 성분들이, 3행에 벡터 $\boldsymbol{u}$의 성분들이 놓여야 한다.

예제 1

$\boldsymbol{u}=\begin{bmatrix}1\\2\\0\end{bmatrix},\ \boldsymbol{v}=\begin{bmatrix}3\\0\\1\end{bmatrix}$일 때 다음을 구하라.

(a) $\boldsymbol{u}\times\boldsymbol{v}$

(b) $\boldsymbol{v}\times\boldsymbol{u}$

| 풀이 |

(a) $\boldsymbol{u} \times \boldsymbol{v} = \begin{vmatrix} \boldsymbol{i} & \boldsymbol{j} & \boldsymbol{k} \\ 1 & 2 & 0 \\ 3 & 0 & 1 \end{vmatrix} = \begin{vmatrix} 2 & 0 \\ 0 & 1 \end{vmatrix} \boldsymbol{i} - \begin{vmatrix} 1 & 0 \\ 3 & 1 \end{vmatrix} \boldsymbol{j} + \begin{vmatrix} 1 & 2 \\ 3 & 0 \end{vmatrix} \boldsymbol{k}$

$$= (2-0)\boldsymbol{i} - (1-0)\boldsymbol{j} + (0-6)\boldsymbol{k}$$
$$= 2\boldsymbol{i} - \boldsymbol{j} - 6\boldsymbol{k}$$

(b) $\boldsymbol{v} \times \boldsymbol{u} = \begin{vmatrix} \boldsymbol{i} & \boldsymbol{j} & \boldsymbol{k} \\ 3 & 0 & 1 \\ 1 & 2 & 0 \end{vmatrix} = \begin{vmatrix} 0 & 1 \\ 2 & 0 \end{vmatrix} \boldsymbol{i} - \begin{vmatrix} 3 & 1 \\ 1 & 0 \end{vmatrix} \boldsymbol{j} + \begin{vmatrix} 3 & 0 \\ 1 & 2 \end{vmatrix} \boldsymbol{k}$

$$= (0-2)\boldsymbol{i} - (0-1)\boldsymbol{j} + (6-0)\boldsymbol{k}$$
$$= -2\boldsymbol{i} + \boldsymbol{j} + 6\boldsymbol{k}$$

[예제 1]의 두 벡터 $\boldsymbol{u}$와 $\boldsymbol{v}$에 대하여 내적의 결과는

$$\boldsymbol{u}^T \cdot \boldsymbol{v} = 3 = \boldsymbol{v}^T \cdot \boldsymbol{u}$$

이지만 외적의 결과는

$$\boldsymbol{u} \times \boldsymbol{v} = 2\boldsymbol{i} - \boldsymbol{j} - 6\boldsymbol{k} = -(\boldsymbol{v} \times \boldsymbol{u})$$

이다. 기하적으로 외적은 [그림 1]과 같이 오른손의 엄지와 검지를 직각으로 또한 엄지와 중지를 직각으로 하였을 때 검지를 벡터 $\boldsymbol{u}$로, 중지를 벡터 $\boldsymbol{v}$로 두면 오른손 엄지가 가리키는 수직 방향의 벡터가 $\boldsymbol{u} \times \boldsymbol{v}$이다.

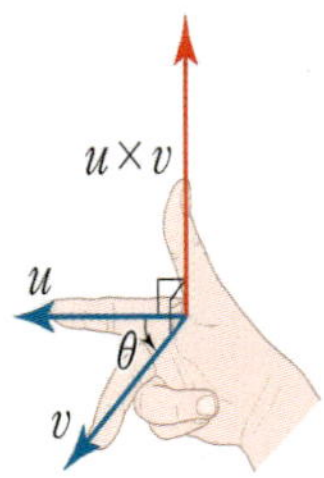

[그림 1] 벡터의 외적

다음 예제에서 외적의 기하적 의미를 확인하여 보자.

예제 2

$\boldsymbol{u} = \begin{bmatrix} 1 \\ 1 \\ -2 \end{bmatrix}$, $\boldsymbol{v} = \begin{bmatrix} -2 \\ 0 \\ 3 \end{bmatrix}$일 때 다음을 구하라.

(a) $(\boldsymbol{u}\times\boldsymbol{v})^T\cdot\boldsymbol{u}$ (b) $(\boldsymbol{u}\times\boldsymbol{v})^T\cdot\boldsymbol{v}$

| 풀이 |

$$\boldsymbol{u}\times\boldsymbol{v}=\begin{vmatrix}\boldsymbol{i}&\boldsymbol{j}&\boldsymbol{k}\\1&1&-2\\-2&0&3\end{vmatrix}=\begin{vmatrix}1&-2\\0&3\end{vmatrix}\boldsymbol{i}-\begin{vmatrix}1&-2\\-2&3\end{vmatrix}\boldsymbol{j}+\begin{vmatrix}1&1\\-2&0\end{vmatrix}\boldsymbol{k}$$
$$=(3-0)\boldsymbol{i}-(3-4)\boldsymbol{j}+(0+2)\boldsymbol{k}$$
$$=3\boldsymbol{i}+\boldsymbol{j}+2\boldsymbol{k}$$

이다.

(a) $(\boldsymbol{u}\times\boldsymbol{v})^T\cdot\boldsymbol{u}=3+1+(-4)=0$

(b) $(\boldsymbol{u}\times\boldsymbol{v})^T\cdot\boldsymbol{v}=-6+0+6=0$

[예제 2]의 결과는 외적의 기하적 의미에서 설명한 바와 같이 $\boldsymbol{u}\times\boldsymbol{v}$와 $\boldsymbol{u}$는 직교하고 $\boldsymbol{u}\times\boldsymbol{v}$와 $\boldsymbol{v}$도 직교한다는 것을 설명한다.

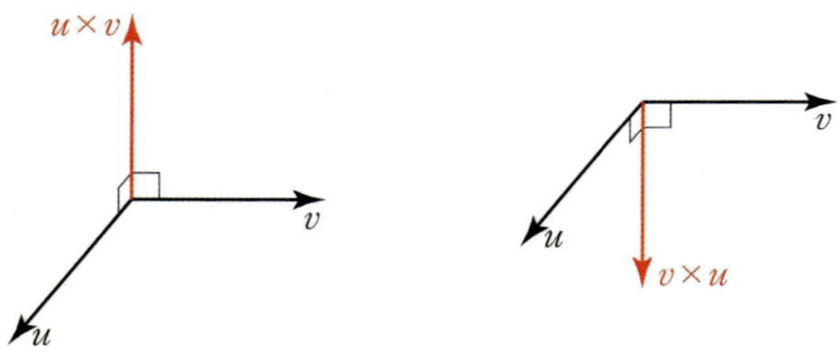

[그림 2] $\boldsymbol{u}\times\boldsymbol{v}$와 $\boldsymbol{v}\times\boldsymbol{u}$

다음 정리는 [예제 1]과 [예제 2]의 결과가 우연한 결과가 아님을 설명하며 평행한 두 벡터를 외적한 결과가 영벡터임도 설명한다.

정리 1 외적의 기본 성질 (1)

$\boldsymbol{u},\ \boldsymbol{v}\in\mathbb{R}^3$일 때 다음이 성립한다.

(1) $\boldsymbol{u}\times\boldsymbol{v}=-(\boldsymbol{v}\times\boldsymbol{u})$

(2) $(\boldsymbol{u}\times\boldsymbol{v})^T\cdot\boldsymbol{u}=0,\ (\boldsymbol{u}\times\boldsymbol{v})^T\cdot\boldsymbol{v}=0$

(3) $\boldsymbol{u}$와 $\boldsymbol{v}$가 평행하면 $\boldsymbol{u}\times\boldsymbol{v}=\boldsymbol{0}$이다.

Tip $\boldsymbol{u}$와 $\boldsymbol{v}$가 평행하면 적당한 스칼라 k가 존재하여 $\boldsymbol{u} = k\boldsymbol{v}$ 임을 이용한다.

| 증명 |

(1) $\boldsymbol{u} = \begin{bmatrix} u_1 \\ u_2 \\ u_3 \end{bmatrix}$, $\boldsymbol{v} = \begin{bmatrix} v_1 \\ v_2 \\ v_3 \end{bmatrix}$라 하면

$$\begin{aligned} \boldsymbol{u} \times \boldsymbol{v} &= \begin{vmatrix} \boldsymbol{i} & \boldsymbol{j} & \boldsymbol{k} \\ u_1 & u_2 & u_3 \\ v_1 & v_2 & v_3 \end{vmatrix} = \begin{vmatrix} u_2 & u_3 \\ v_2 & v_3 \end{vmatrix} \boldsymbol{i} - \begin{vmatrix} u_1 & u_3 \\ v_1 & v_3 \end{vmatrix} \boldsymbol{j} + \begin{vmatrix} u_1 & u_2 \\ v_1 & v_2 \end{vmatrix} \boldsymbol{k} \\ &= (u_2 v_3 - u_3 v_2)\boldsymbol{i} - (u_1 v_3 - u_3 v_1)\boldsymbol{j} + (u_1 v_2 - u_2 v_1)\boldsymbol{k} \end{aligned}$$

이고

$$\begin{aligned} \boldsymbol{v} \times \boldsymbol{u} &= \begin{vmatrix} \boldsymbol{i} & \boldsymbol{j} & \boldsymbol{k} \\ v_1 & v_2 & v_3 \\ u_1 & u_2 & u_3 \end{vmatrix} = \begin{vmatrix} v_2 & v_3 \\ u_2 & u_3 \end{vmatrix} \boldsymbol{i} - \begin{vmatrix} v_1 & v_3 \\ u_1 & u_3 \end{vmatrix} \boldsymbol{j} + \begin{vmatrix} v_1 & v_2 \\ u_1 & u_2 \end{vmatrix} \boldsymbol{k} \\ &= (u_3 v_2 - u_2 v_3)\boldsymbol{i} - (u_3 v_1 - u_1 v_3)\boldsymbol{j} + (u_2 v_1 - u_1 v_2)\boldsymbol{k} \end{aligned}$$

이므로

$$\boldsymbol{u} \times \boldsymbol{v} = -(\boldsymbol{v} \times \boldsymbol{u})$$

이다.

(2) $\boldsymbol{u} = \begin{bmatrix} u_1 \\ u_2 \\ u_3 \end{bmatrix}$, $\boldsymbol{v} = \begin{bmatrix} v_1 \\ v_2 \\ v_3 \end{bmatrix}$라 하면

$$\boldsymbol{u} \times \boldsymbol{v} = (u_2 v_3 - u_3 v_2)\boldsymbol{i} - (u_1 v_3 - u_3 v_1)\boldsymbol{j} + (u_1 v_2 - u_2 v_1)\boldsymbol{k}$$

이다. 따라서

$$\begin{aligned} (\boldsymbol{u} \times \boldsymbol{v})^T \cdot \boldsymbol{u} &= (u_2 v_3 - u_3 v_2)u_1 - (u_1 v_3 - u_3 v_1)u_2 + (u_1 v_2 - u_2 v_1)u_3 \\ &= u_1 u_2 v_3 - u_1 u_3 v_2 - u_1 u_2 v_3 + u_2 u_3 v_1 + u_1 u_3 v_2 - u_2 u_3 v_1 \\ &= 0 \end{aligned}$$

이고

$$\begin{aligned} (\boldsymbol{u} \times \boldsymbol{v})^T \cdot \boldsymbol{v} &= (u_2 v_3 - u_3 v_2)v_1 - (u_1 v_3 - u_3 v_1)v_2 + (u_1 v_2 - u_2 v_1)v_3 \\ &= u_2 v_1 v_3 - u_3 v_1 v_2 - u_1 v_2 v_3 + u_3 v_1 v_2 + u_1 v_2 v_3 - u_2 v_1 v_3 \\ &= 0 \end{aligned}$$

이다.

(3) $\boldsymbol{u}$ 와 $\boldsymbol{v}$ 가 평행하므로 적당한 스칼라 k 가 존재하여 $\boldsymbol{u} = k\boldsymbol{v}$ 이다. 따라서 $\boldsymbol{v} = \begin{bmatrix} v_1 \\ v_2 \\ v_3 \end{bmatrix}$ 라 하면 $\boldsymbol{u} = k\boldsymbol{v} = \begin{bmatrix} kv_1 \\ kv_2 \\ kv_3 \end{bmatrix}$ 이므로

$$\boldsymbol{u} \times \boldsymbol{v} = \begin{vmatrix} \boldsymbol{i} & \boldsymbol{j} & \boldsymbol{k} \\ kv_1 & kv_2 & kv_3 \\ v_1 & v_2 & v_3 \end{vmatrix} = \begin{vmatrix} kv_2 & kv_3 \\ v_2 & v_3 \end{vmatrix} \boldsymbol{i} - \begin{vmatrix} kv_1 & kv_3 \\ v_1 & v_3 \end{vmatrix} \boldsymbol{j} + \begin{vmatrix} kv_1 & kv_2 \\ v_1 & v_2 \end{vmatrix} \boldsymbol{k}$$
$$= 0\boldsymbol{i} - 0\boldsymbol{j} + 0\boldsymbol{k} = \boldsymbol{0}$$

이다.

표준단위벡터의 외적은 다양한 외적과 관련된 연산에서 중요하게 사용된다.

정리 2 표준단위벡터의 외적

$\boldsymbol{i}$, $\boldsymbol{j}$, $\boldsymbol{k}$ 가 표준단위벡터일 때 다음이 성립한다.

(1) $\boldsymbol{i} \times \boldsymbol{j} = \boldsymbol{k}$, $\boldsymbol{j} \times \boldsymbol{k} = \boldsymbol{i}$, $\boldsymbol{k} \times \boldsymbol{i} = \boldsymbol{j}$

(2) $\boldsymbol{j} \times \boldsymbol{i} = -\boldsymbol{k}$, $\boldsymbol{k} \times \boldsymbol{j} = -\boldsymbol{i}$, $\boldsymbol{i} \times \boldsymbol{k} = -\boldsymbol{j}$

(3) $\boldsymbol{i} \times \boldsymbol{i} = \boldsymbol{0}$, $\boldsymbol{j} \times \boldsymbol{j} = \boldsymbol{0}$, $\boldsymbol{k} \times \boldsymbol{k} = \boldsymbol{0}$

[정리 2(1)]과 [정리 2(2)]는 외적을 구하는 방법을 사용하여 증명할 수 있다. [정리 2(3)]은 [정리 1(3)]에 의하여 자명하게 성립한다. [정리 2]의 결과는 다음 방법을 이용하면 쉽게 이해할 수 있다.

○ 표준단위벡터의 외적을 쉽게 이해하는 방법

[단계 1]

서로 다른 문자의 두 표준단위벡터를 외적하면 나머지 문자의 표준단위벡터가 얻어진다.

[단계 2]

외적의 두 표준단위를 나타내는 벡터들이 $\boldsymbol{i} \to \boldsymbol{j} \to \boldsymbol{k} \to \boldsymbol{i}$ 의 순서이면 결과는 나

머지 문자의 표준단위벡터이고 이 순서가 아니면 결과는 나머지 문자의 표준단위벡터 앞에 −를 붙인다.

[단계 3]
같은 문자의 두 표준단위벡터에 대한 외적은 **0** 이다.

[정리 1] 외에 외적은 다음과 같은 성질을 갖는데 증명은 연습문제로 한다.

정리 3 외적의 기본 성질 (2)

k가 스칼라이고 $\boldsymbol{u}, \boldsymbol{v}, \boldsymbol{w} \in \mathbb{R}^3$일 때 다음이 성립한다.

(1) $\boldsymbol{u} \times (\boldsymbol{v} + \boldsymbol{w}) = \boldsymbol{u} \times \boldsymbol{v} + \boldsymbol{u} \times \boldsymbol{w}$

(2) $(\boldsymbol{u} + \boldsymbol{v}) \times \boldsymbol{w} = \boldsymbol{u} \times \boldsymbol{w} + \boldsymbol{v} \times \boldsymbol{w}$

(3) $\boldsymbol{u} \times \boldsymbol{0} = \boldsymbol{0}$, $\boldsymbol{0} \times \boldsymbol{u} = \boldsymbol{0}$

(4) $k(\boldsymbol{u} \times \boldsymbol{v}) = (k\boldsymbol{u}) \times \boldsymbol{v} = \boldsymbol{u} \times (k\boldsymbol{v})$

다음 예제를 통해 [정리 3]이 성립함을 확인해 보자.

예제 3

$\boldsymbol{u} = \begin{bmatrix} 1 \\ 0 \\ 2 \end{bmatrix}$, $\boldsymbol{v} = \begin{bmatrix} 2 \\ 2 \\ 1 \end{bmatrix}$, $\boldsymbol{w} = \begin{bmatrix} -1 \\ 3 \\ 0 \end{bmatrix}$일 때 다음을 구하라.

(a) $(\boldsymbol{u} + \boldsymbol{v}) \times \boldsymbol{w}$

(b) $\boldsymbol{u} \times \boldsymbol{w} + \boldsymbol{v} \times \boldsymbol{w}$

| 풀이 |

(a) $\boldsymbol{u} + \boldsymbol{v} = \begin{bmatrix} 3 \\ 2 \\ 3 \end{bmatrix}$이므로

$$(\boldsymbol{u} + \boldsymbol{v}) \times \boldsymbol{w} = \begin{vmatrix} \boldsymbol{i} & \boldsymbol{j} & \boldsymbol{k} \\ 3 & 2 & 3 \\ -1 & 3 & 0 \end{vmatrix} = -9\boldsymbol{i} - 3\boldsymbol{j} + 11\boldsymbol{k}$$

이다.

(b)
$$\boldsymbol{u}\times\boldsymbol{w}=\begin{vmatrix}\boldsymbol{i}&\boldsymbol{j}&\boldsymbol{k}\\1&0&2\\-1&3&0\end{vmatrix}=-6\boldsymbol{i}-2\boldsymbol{j}+3\boldsymbol{k}$$

이고

$$\boldsymbol{v}\times\boldsymbol{w}=\begin{vmatrix}\boldsymbol{i}&\boldsymbol{j}&\boldsymbol{k}\\2&2&1\\-1&3&0\end{vmatrix}=-3\boldsymbol{i}-\boldsymbol{j}+8\boldsymbol{k}$$

이다. 따라서

$$\begin{aligned}\boldsymbol{u}\times\boldsymbol{w}+\boldsymbol{v}\times\boldsymbol{w}&=(-6\boldsymbol{i}-2\boldsymbol{j}+3\boldsymbol{k})+(-3\boldsymbol{i}-\boldsymbol{j}+8\boldsymbol{k})\\&=-9\boldsymbol{i}-3\boldsymbol{j}+11\boldsymbol{k}\end{aligned}$$

이다.

특별한 세 벡터의 외적은 내적을 이용하여 다음 정리와 같이 구할 수 있다.

정리 4 외적의 기본 성질 (3)

$\boldsymbol{u},\ \boldsymbol{v},\ \boldsymbol{w}\in\mathbb{R}^3$ 일 때 다음이 성립한다.

(1) $\boldsymbol{u}\times(\boldsymbol{v}\times\boldsymbol{w})=(\boldsymbol{u}^T\cdot\boldsymbol{w})\boldsymbol{v}-(\boldsymbol{u}^T\cdot\boldsymbol{v})\boldsymbol{w}$

(2) $(\boldsymbol{u}\times\boldsymbol{v})\times\boldsymbol{w}=(\boldsymbol{u}^T\cdot\boldsymbol{w})\boldsymbol{v}-(\boldsymbol{v}^T\cdot\boldsymbol{w})\boldsymbol{u}$

[정리 4]는 세 벡터의 성분, 내적과 외적의 정의를 이용하여 증명할 수 있다. 다음 예제를 통해서 [정리 4]가 성립함을 확인하여 보자.

예제 4

$\boldsymbol{u}=\begin{bmatrix}1\\1\\3\end{bmatrix},\ \boldsymbol{v}=\begin{bmatrix}2\\0\\1\end{bmatrix},\ \boldsymbol{w}=\begin{bmatrix}1\\0\\-1\end{bmatrix}$ 일 때 다음을 구하라.

(a) $\boldsymbol{u}\times(\boldsymbol{v}\times\boldsymbol{w})$

(b) $(\boldsymbol{u}^T\cdot\boldsymbol{w})\boldsymbol{v}-(\boldsymbol{u}^T\cdot\boldsymbol{v})\boldsymbol{w}$

| 풀이 |

(a)
$$\boldsymbol{v}\times\boldsymbol{w}=\begin{vmatrix}\boldsymbol{i}&\boldsymbol{j}&\boldsymbol{k}\\2&0&1\\1&0&-1\end{vmatrix}=3\boldsymbol{j}$$

이므로

$$\boldsymbol{u} \times (\boldsymbol{v} \times \boldsymbol{w}) = \begin{vmatrix} \boldsymbol{i} & \boldsymbol{j} & \boldsymbol{k} \\ 1 & 1 & 3 \\ 0 & 3 & 0 \end{vmatrix} = -9\boldsymbol{i} + 3\boldsymbol{k}$$

이다.

(b) $\boldsymbol{u}^T \cdot \boldsymbol{w} = -2$, $\boldsymbol{u}^T \cdot \boldsymbol{v} = 5$ 이므로

$$\begin{aligned}(\boldsymbol{u}^T \cdot \boldsymbol{w})\boldsymbol{v} - (\boldsymbol{u}^T \cdot \boldsymbol{v})\boldsymbol{w} &= -2\boldsymbol{v} - 5\boldsymbol{w} \\ &= -2\begin{bmatrix} 2 \\ 0 \\ 1 \end{bmatrix} - 5\begin{bmatrix} 1 \\ 0 \\ -1 \end{bmatrix} \\ &= \begin{bmatrix} -9 \\ 0 \\ 3 \end{bmatrix} = -9\begin{bmatrix} 1 \\ 0 \\ 0 \end{bmatrix} + 3\begin{bmatrix} 0 \\ 0 \\ 1 \end{bmatrix} \\ &= -9\boldsymbol{i} + 3\boldsymbol{k}\end{aligned}$$

이다.

[예제 4]의 벡터 $\boldsymbol{u}, \boldsymbol{v}, \boldsymbol{w}$ 에 대하여 $\boldsymbol{u} \times \boldsymbol{v} = \boldsymbol{i} + 5\boldsymbol{j} - 2\boldsymbol{k}$ 이고

$$(\boldsymbol{u} \times \boldsymbol{v}) \times \boldsymbol{w} = \begin{vmatrix} \boldsymbol{i} & \boldsymbol{j} & \boldsymbol{k} \\ 1 & 5 & -2 \\ 1 & 0 & -1 \end{vmatrix} = -5\boldsymbol{i} - \boldsymbol{j} - 5\boldsymbol{k}$$

이다. 따라서 $\boldsymbol{u} \times (\boldsymbol{v} \times \boldsymbol{w}) \neq (\boldsymbol{u} \times \boldsymbol{v}) \times \boldsymbol{w}$ 이다.

외적의 응용

$\boldsymbol{u}, \boldsymbol{v} \in \mathbb{R}^3$ 일 때 $\boldsymbol{u} \times \boldsymbol{v}$ 의 크기는 기하적으로 어떤 의미를 가질까?

$\boldsymbol{u} = \begin{bmatrix} u_1 \\ u_2 \\ u_3 \end{bmatrix}$, $\boldsymbol{v} = \begin{bmatrix} v_1 \\ v_2 \\ v_3 \end{bmatrix}$ 라 할 때 내적과 외적, 노름의 정의를 이용하면 다음을 얻을 수 있다.

❶ $\|\boldsymbol{u} \times \boldsymbol{v}\|^2 = u_1^2 v_2^2 + u_1^2 v_3^2 + u_2^2 v_1^2 + u_2^2 v_3^2 + u_3^2 v_1^2 + u_3^2 v_2^2$
$\qquad - 2(u_1 u_2 v_1 v_2 + u_1 u_3 v_1 v_3 + u_2 u_3 v_2 v_3)$

❷ $\|\boldsymbol{u}\|^2 \|\boldsymbol{v}\|^2 - (\boldsymbol{u}^T \cdot \boldsymbol{v})^2 = u_1^2 v_2^2 + u_1^2 v_3^2 + u_2^2 v_1^2 + u_2^2 v_3^2 + u_3^2 v_1^2 + u_3^2 v_2^2$
$\qquad - 2(u_1 u_2 v_1 v_2 + u_1 u_3 v_1 v_3 + u_2 u_3 v_2 v_3)$

❶과 ❷에 의하여

$$\|\boldsymbol{u} \times \boldsymbol{v}\|^2 = \|\boldsymbol{u}\|^2 \|\boldsymbol{v}\|^2 - (\boldsymbol{u}^T \cdot \boldsymbol{v})^2$$

이다. 내적의 정의에 의하여 $\boldsymbol{u}^T \cdot \boldsymbol{v} = \|\boldsymbol{u}\|\|\boldsymbol{v}\| \cos\theta$ (단, $0 \le \theta \le \pi$)이므로

$$\begin{aligned}\|\boldsymbol{u} \times \boldsymbol{v}\|^2 &= \|\boldsymbol{u}\|^2 \|\boldsymbol{v}\|^2 - (\boldsymbol{u}^T \cdot \boldsymbol{v})^2 \\ &= \|\boldsymbol{u}\|^2 \|\boldsymbol{v}\|^2 - \|\boldsymbol{u}\|^2 \|\boldsymbol{v}\|^2 \cos^2\theta \\ &= \|\boldsymbol{u}\|^2 \|\boldsymbol{v}\|^2 (1 - \cos^2\theta) \\ &= \|\boldsymbol{u}\|^2 \|\boldsymbol{v}\|^2 \sin^2\theta\end{aligned}$$

이다. 따라서

$$\|\boldsymbol{u} \times \boldsymbol{v}\| = \|\boldsymbol{u}\|\|\boldsymbol{v}\| \sin\theta$$

이고 $\|\boldsymbol{u}\|\|\boldsymbol{v}\| \sin\theta$ 는 두 벡터 $\boldsymbol{u}$ 와 $\boldsymbol{v}$ 를 이웃한 두 변으로 갖는 평행사변형의 넓이를 나타낸다.

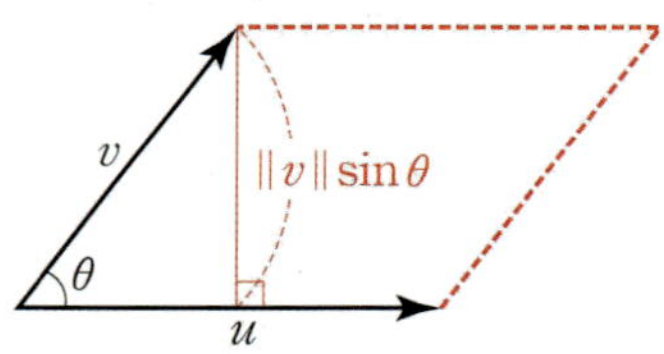

[그림 3] 평행사변형의 넓이

예제 5

평면상의 세 점 A(0, 1, 3), B(1, 3, 2), C(2, 2, 4)에 대하여 다음을 구하라.

(a) 선분 AB와 선분 AC를 이웃한 두 변으로 갖는 평행사변형의 넓이

(b) 세 점 A, B, C를 꼭짓점으로 갖는 삼각형의 넓이

| 풀이 |

(a) $\overrightarrow{\mathrm{AB}} = \begin{bmatrix} 1 \\ 2 \\ -1 \end{bmatrix}$, $\overrightarrow{\mathrm{AC}} = \begin{bmatrix} 2 \\ 1 \\ 1 \end{bmatrix}$ 이므로

$$\overrightarrow{\mathrm{AB}} \times \overrightarrow{\mathrm{AC}} = \begin{vmatrix} \boldsymbol{i} & \boldsymbol{j} & \boldsymbol{k} \\ 1 & 2 & -1 \\ 2 & 1 & 1 \end{vmatrix} = 3\boldsymbol{i} - 3\boldsymbol{j} - 3\boldsymbol{k}$$

이다. 따라서 선분 AB와 선분 AC를 이웃한 두 변으로 갖는 평행사변형의 넓이는

$$\|\overrightarrow{\mathrm{AB}} \times \overrightarrow{\mathrm{AC}}\| = \sqrt{9+9+9} = 3\sqrt{3}$$

이다.

(b) 세 점 A, B, C를 꼭짓점으로 갖는 삼각형의 넓이는 선분 AB와 선분 AC를 이웃한 두 변으로 갖는 평행사변형의 넓이의 $\frac{1}{2}$ 이다. 따라서 삼각형의 넓이는 $\frac{3}{2}\sqrt{3}$ 이다.

이 절에서는 내적과 다른 벡터의 곱셈인 외적에 대하여 학습하였다. 내적은 $\mathbb{R}^n$ 에 대하여 정의할 수 있고 곱셈에 대한 교환법칙이 성립하였지만 외적은 오직 $\mathbb{R}^3$ 에 대해서만 정의할 수 있고 곱셈에 대한 교환법칙이 성립하지 않음을 학습하였다. 외적을 응용하여 두 벡터를 이웃한 두 변으로 갖는 삼각형 또는 평행사변형의 넓이를 구할 수 있음도 이해하였다.

Chapter 3.3 연습문제

1 다음 두 벡터 $\boldsymbol{u}$와 $\boldsymbol{v}$에 대하여 $\boldsymbol{u}\times\boldsymbol{v}$와 $\boldsymbol{v}\times\boldsymbol{u}$를 구하라.

(a) $\boldsymbol{u}=\begin{bmatrix}1\\0\\-1\end{bmatrix},\ \boldsymbol{v}=\begin{bmatrix}-1\\0\\1\end{bmatrix}$

(b) $\boldsymbol{u}=\begin{bmatrix}1\\1\\0\end{bmatrix},\ \boldsymbol{v}=\begin{bmatrix}0\\1\\1\end{bmatrix}$

(c) $\boldsymbol{u}=\begin{bmatrix}1\\2\\0\end{bmatrix},\ \boldsymbol{v}=\begin{bmatrix}0\\2\\3\end{bmatrix}$

(d) $\boldsymbol{u}=\begin{bmatrix}1\\0\\3\end{bmatrix},\ \boldsymbol{v}=\begin{bmatrix}1\\3\\0\end{bmatrix}$

(e) $\boldsymbol{u}=\begin{bmatrix}-2\\1\\1\end{bmatrix},\ \boldsymbol{v}=\begin{bmatrix}1\\-2\\1\end{bmatrix}$

(f) $\boldsymbol{u}=\begin{bmatrix}-3\\0\\2\end{bmatrix},\ \boldsymbol{v}=\begin{bmatrix}1\\4\\2\end{bmatrix}$

(g) $\boldsymbol{u}=\begin{bmatrix}1\\2\\3\end{bmatrix},\ \boldsymbol{v}=\begin{bmatrix}2\\4\\6\end{bmatrix}$

(h) $\boldsymbol{u}=\begin{bmatrix}1\\2\\3\end{bmatrix},\ \boldsymbol{v}=\begin{bmatrix}-2\\-4\\-6\end{bmatrix}$

2 $\boldsymbol{i},\boldsymbol{j},\boldsymbol{k}$가 $\mathbb{R}^3$의 표준단위벡터일 때 다음 외적을 구하라.

(a) $(\boldsymbol{i}\times\boldsymbol{j})\times\boldsymbol{k}$

(b) $(\boldsymbol{i}\times\boldsymbol{j})\times\boldsymbol{j}$

(c) $(\boldsymbol{i}\times\boldsymbol{j})\times\boldsymbol{i}$

(d) $(\boldsymbol{i}\times\boldsymbol{k})\times\boldsymbol{j}$

(e) $(\boldsymbol{i}\times\boldsymbol{k})\times\boldsymbol{k}$

(f) $(\boldsymbol{i}\times\boldsymbol{k})\times\boldsymbol{i}$

(g) $(\boldsymbol{i}\times\boldsymbol{j})\times(\boldsymbol{j}\times\boldsymbol{k})$

(h) $(\boldsymbol{k}\times\boldsymbol{i})\times(\boldsymbol{k}\times\boldsymbol{j})$

3 $\boldsymbol{u}=\begin{bmatrix}3\\-2\\4\end{bmatrix},\ \boldsymbol{v}=\begin{bmatrix}-3\\5\\1\end{bmatrix}$일 때 다음을 구하라.

(a) $(\boldsymbol{u}\times\boldsymbol{v})^T\cdot\boldsymbol{u}$

(b) $(\boldsymbol{u}\times\boldsymbol{v})^T\cdot\boldsymbol{v}$

(c) $(\boldsymbol{v}\times\boldsymbol{u})^T\cdot\boldsymbol{u}$

(d) $(\boldsymbol{v}\times\boldsymbol{u})^T\cdot\boldsymbol{v}$

(e) $\boldsymbol{u}^T\cdot(\boldsymbol{u}\times\boldsymbol{v})$

(f) $\boldsymbol{v}^T\cdot(\boldsymbol{u}\times\boldsymbol{v})$

(g) $\boldsymbol{u}^T\cdot(\boldsymbol{v}\times\boldsymbol{u})$

(h) $\boldsymbol{v}^T\cdot(\boldsymbol{v}\times\boldsymbol{u})$

4 k가 스칼라이고 $\boldsymbol{u}, \boldsymbol{v}, \boldsymbol{w} \in \mathbb{R}^3$일 때 다음을 증명하라.

(a) $\boldsymbol{u} \times (\boldsymbol{v} + \boldsymbol{w}) = \boldsymbol{u} \times \boldsymbol{v} + \boldsymbol{u} \times \boldsymbol{w}$

(b) $(\boldsymbol{u} + \boldsymbol{v}) \times \boldsymbol{w} = \boldsymbol{u} \times \boldsymbol{w} + \boldsymbol{v} \times \boldsymbol{w}$

(c) $\boldsymbol{u} \times \mathbf{0} = \mathbf{0}$, $\mathbf{0} \times \boldsymbol{u} = 0$

(d) $k(\boldsymbol{u} \times \boldsymbol{v}) = (k\boldsymbol{u}) \times \boldsymbol{v} = \boldsymbol{u} \times (k\boldsymbol{v})$

5 다음 세 벡터 $\boldsymbol{u}, \boldsymbol{v}, \boldsymbol{w}$에 대하여 $\boldsymbol{u} \times (\boldsymbol{v} \times \boldsymbol{w})$와 $(\boldsymbol{u} \times \boldsymbol{v}) \times \boldsymbol{w}$를 구하라.

(a) $\boldsymbol{u} = \begin{bmatrix} 1 \\ 0 \\ 0 \end{bmatrix}$, $\boldsymbol{v} = \begin{bmatrix} 0 \\ 1 \\ 0 \end{bmatrix}$, $\boldsymbol{w} = \begin{bmatrix} 0 \\ 0 \\ 1 \end{bmatrix}$

(b) $\boldsymbol{u} = \begin{bmatrix} 1 \\ 0 \\ 0 \end{bmatrix}$, $\boldsymbol{v} = \begin{bmatrix} 1 \\ 1 \\ 0 \end{bmatrix}$, $\boldsymbol{w} = \begin{bmatrix} 1 \\ 1 \\ 1 \end{bmatrix}$

(c) $\boldsymbol{u} = \begin{bmatrix} 1 \\ 1 \\ 0 \end{bmatrix}$, $\boldsymbol{v} = \begin{bmatrix} 0 \\ 1 \\ 1 \end{bmatrix}$, $\boldsymbol{w} = \begin{bmatrix} 1 \\ 0 \\ 1 \end{bmatrix}$

(d) $\boldsymbol{u} = \begin{bmatrix} 1 \\ 2 \\ 0 \end{bmatrix}$, $\boldsymbol{v} = \begin{bmatrix} 0 \\ 1 \\ 2 \end{bmatrix}$, $\boldsymbol{w} = \begin{bmatrix} 2 \\ 0 \\ 1 \end{bmatrix}$

(e) $\boldsymbol{u} = \begin{bmatrix} 1 \\ 0 \\ -1 \end{bmatrix}$, $\boldsymbol{v} = \begin{bmatrix} -1 \\ 1 \\ 0 \end{bmatrix}$, $\boldsymbol{w} = \begin{bmatrix} -1 \\ -1 \\ 1 \end{bmatrix}$

(f) $\boldsymbol{u} = \begin{bmatrix} 1 \\ 2 \\ -3 \end{bmatrix}$, $\boldsymbol{v} = \begin{bmatrix} 0 \\ -1 \\ 0 \end{bmatrix}$, $\boldsymbol{w} = \begin{bmatrix} 2 \\ 3 \\ 4 \end{bmatrix}$

(g) $\boldsymbol{u} = \begin{bmatrix} 2 \\ 1 \\ 1 \end{bmatrix}$, $\boldsymbol{v} = \begin{bmatrix} 3 \\ 1 \\ -1 \end{bmatrix}$, $\boldsymbol{w} = \begin{bmatrix} -2 \\ 0 \\ 3 \end{bmatrix}$

(h) $\boldsymbol{u} = \begin{bmatrix} -1 \\ 3 \\ -2 \end{bmatrix}$, $\boldsymbol{v} = \begin{bmatrix} -2 \\ -3 \\ -4 \end{bmatrix}$, $\boldsymbol{w} = \begin{bmatrix} 2 \\ -2 \\ 3 \end{bmatrix}$

6 $\boldsymbol{u}, \boldsymbol{v}, \boldsymbol{w}, \boldsymbol{x} \in \mathbb{R}^3$일 때 다음 벡터의 곱셈이 정의되는지를 판정하라.

(a) $(\boldsymbol{u}^T \cdot \boldsymbol{v}) \times \boldsymbol{w}$

(b) $(\boldsymbol{u} \times \boldsymbol{v})^T \cdot \boldsymbol{w}$

(c) $(\boldsymbol{u}^T \cdot \boldsymbol{v}) \cdot \boldsymbol{w}$

(d) $(\boldsymbol{u} \times \boldsymbol{v}) \times \boldsymbol{w}$

(e) $(\boldsymbol{u}^T \cdot \boldsymbol{v}) \cdot (\boldsymbol{w}^T \cdot \boldsymbol{x})$ (f) $(\boldsymbol{u} \times \boldsymbol{v}) \times (\boldsymbol{w} \times \boldsymbol{x})$

(g) $(\boldsymbol{u}^T \cdot \boldsymbol{v}) \times (\boldsymbol{w}^T \cdot \boldsymbol{x})$ (h) $(\boldsymbol{u} \times \boldsymbol{v}) \cdot (\boldsymbol{w} \times \boldsymbol{x})$

7 다음 물음에 답하라.

(a) $\overrightarrow{\mathrm{AB}} = \begin{bmatrix} 1 \\ 4 \\ 3 \end{bmatrix}$, $\overrightarrow{\mathrm{AC}} = \begin{bmatrix} 3 \\ 0 \\ 1 \end{bmatrix}$을 이웃한 두 변으로 갖는 평행사변형이 넓이

(b) $\overrightarrow{\mathrm{AB}} = \begin{bmatrix} 4 \\ 1 \\ -1 \end{bmatrix}$, $\overrightarrow{\mathrm{AC}} = \begin{bmatrix} 3 \\ -1 \\ 1 \end{bmatrix}$을 이웃한 두 변으로 갖는 평행사변형이 넓이

(c) $\overrightarrow{\mathrm{AB}} = \begin{bmatrix} 3 \\ 0 \\ -2 \end{bmatrix}$, $\overrightarrow{\mathrm{AC}} = \begin{bmatrix} 1 \\ 2 \\ 0 \end{bmatrix}$을 이웃한 두 변으로 갖는 평형사변형이 넓이

(d) $\overrightarrow{\mathrm{AB}} = \begin{bmatrix} 2 \\ -3 \\ -5 \end{bmatrix}$, $\overrightarrow{\mathrm{AC}} = \begin{bmatrix} 1 \\ 0 \\ 1 \end{bmatrix}$을 이웃한 두 변으로 갖는 평행사변형이 넓이

(e) $\overrightarrow{\mathrm{AB}} = \begin{bmatrix} 1 \\ 1 \\ 1 \end{bmatrix}$, $\overrightarrow{\mathrm{AC}} = \begin{bmatrix} 2 \\ 3 \\ 5 \end{bmatrix}$를 이웃한 두 변으로 갖는 삼각형이 넓이

(f) $\overrightarrow{\mathrm{AB}} = \begin{bmatrix} 2 \\ 0 \\ 0 \end{bmatrix}$, $\overrightarrow{\mathrm{AC}} = \begin{bmatrix} 3 \\ 2 \\ 1 \end{bmatrix}$을 이웃한 두 변으로 갖는 삼각형이 넓이

(g) $\overrightarrow{\mathrm{AB}} = \begin{bmatrix} 2 \\ 0 \\ 3 \end{bmatrix}$, $\overrightarrow{\mathrm{AC}} = \begin{bmatrix} 3 \\ 1 \\ 2 \end{bmatrix}$를 이웃한 두 변으로 갖는 삼각형이 넓이

(h) $\overrightarrow{\mathrm{AB}} = \begin{bmatrix} -1 \\ -2 \\ -1 \end{bmatrix}$, $\overrightarrow{\mathrm{AC}} = \begin{bmatrix} -2 \\ -3 \\ -1 \end{bmatrix}$을 이웃한 두 변으로 갖는 삼각형이 넓이

8 다음 명제가 참인지 거짓인지를 판정하라.

(a) $\boldsymbol{v} \in \mathbb{R}^3$이고 $\boldsymbol{v} \times \boldsymbol{v} = \mathbf{0}$이면 $\boldsymbol{v} = \mathbf{0}$이다.

(b) $\boldsymbol{u}, \boldsymbol{v} \in \mathbb{R}^3$일 때 $\boldsymbol{u} \times \boldsymbol{v}$는 벡터 $-\boldsymbol{v}$와 직교한다.

(c) $\boldsymbol{u}, \boldsymbol{v} \in \mathbb{R}^3$일 때 $(\boldsymbol{u} \times \boldsymbol{v})^T \cdot \boldsymbol{u}$의 결과는 스칼라이다.

(d) $\boldsymbol{u}, \boldsymbol{v} \in \mathbb{R}^3$일 때 $(\boldsymbol{u} + \boldsymbol{v})^T \times \boldsymbol{u}$의 결과는 벡터이다.

(e) $\boldsymbol{i}, \boldsymbol{j}, \boldsymbol{k}$가 $\mathbb{R}^3$의 표준단위벡터이면 $(\boldsymbol{i} \times \boldsymbol{j}) \times (\boldsymbol{k} \times \boldsymbol{j}) = -\boldsymbol{j}$이다.

(f) $\boldsymbol{u}, \boldsymbol{v} \in \mathbb{R}^3$ 일 때 $(\boldsymbol{u} \times \boldsymbol{v})^T \cdot (\boldsymbol{u} + \boldsymbol{v}) = 0$ 이다.

(g) $\boldsymbol{u}, \boldsymbol{v} \in \mathbb{R}^3$ 이고 벡터 $\boldsymbol{u}$ 와 $\boldsymbol{v}$ 가 직교하면 $\boldsymbol{u} \times \boldsymbol{v} = \mathbf{0}$ 이다.

(h) $\| \overrightarrow{\mathrm{AB}} \times \overrightarrow{\mathrm{AC}} \|$ 의 결과는 삼각형 ABC 넓이의 $\frac{1}{2}$ 이다.

Chapter 04

벡터공간
Vector Spaces

| 학습목표 |

- 벡터공간의 정의를 이해하고 부분공간을 판정하는 방법을 익힌다.
- 선형결합, 일차독립, 생성과 차원의 정의와 개념을 이해한다.
- 주어진 행렬의 행공간, 열공간, 영공간을 구하는 방법을 학습한다.
- 그람-슈미츠 직교화 과정을 이용하여 직교기저를 구하는 방법을 익힌다.

CHAPTER 4 PREVIEW

인공지능과 직교 벡터 : 음악에서 노이즈 제거하기

여러분은 음악을 들을 때 배경 소음이 섞여 들려서 불편했던 경험을 한 적이 있나요? 이런 문제를 해결하려면, 음악(원하는 신호)과 배경 소음(노이즈)을 분리해야 합니다.

인공지능과 딥러닝은 방대한 데이터를 학습하면서 그 안에서 중요한 패턴을 찾아냅니다. 하지만 학습 데이터에는 항상 노이즈가 포함되어 있습니다. 이때, 직교 벡터라는 수학적 개념이 노이즈 문제를 해결하는 데 유용한 도구로 작용합니다. 특히, 이 장의 마지막에서 배울 그람-슈미츠 직교화 과정은 데이터를 처리할 때 불필요한 노이즈를 제거하고 의미 있는 정보만 남기는 데 중요한 역할을 합니다.

예를 들어 보겠습니다. 아래의 그래프 중 첫 번째 그래프는 노이즈가 없는 깨끗한 소리를 나타냅니다. 그러나 두 번째 그래프처럼 문제가 생겨 소리에 노이즈가 섞였다고 가정해 봅시다. 이대, 그람-슈미츠 직교화 과정을 적용하면 세 번째 그래프와 같이 원래의 깨끗한 소리를 복원할 수 있습니다!

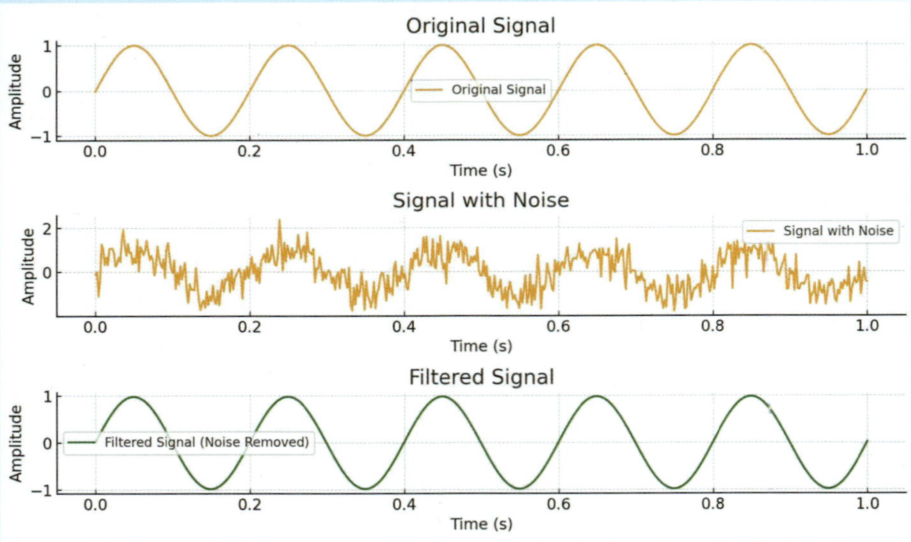

1절 벡터공간과 부분공간

이 절에서는 벡터공간을 정의하고 다양한 부분공간에 대하여 알아보고자 한다.

정의 1 벡터공간

V가 공집합이 아닌 집합이고 덧셈과 스칼라 곱셈에 대하여 다음 성질을 모두 만족하면 $(V, +, \cdot)$을 벡터공간(vector space)이라 한다.

(1) $\mathbf{u}, \mathbf{v} \in V$이면 $\mathbf{u}+\mathbf{v} \in V$이다.
(2) k가 스칼라이고 $\mathbf{u} \in V$일 때 $k\mathbf{u} \in V$이다.
(3) $\mathbf{u}, \mathbf{v} \in V$이면 $\mathbf{u}+\mathbf{v} = \mathbf{v}+\mathbf{u}$이다.
(4) $\mathbf{u}, \mathbf{v}, \mathbf{w} \in V$이면 $(\mathbf{u}+\mathbf{v})+\mathbf{w} = \mathbf{u}+(\mathbf{v}+\mathbf{w})$이다.
(5) $\mathbf{u} \in V$이면 적당한 $\mathbf{0} \in V$가 존재하여 $\mathbf{u}+\mathbf{0} = \mathbf{0}+\mathbf{u} = \mathbf{u}$이다.
(6) $\mathbf{u} \in V$이면 적당한 $-\mathbf{u} \in V$가 존재하여 $\mathbf{u}+(-\mathbf{u}) = (-\mathbf{u})+\mathbf{u} = \mathbf{0}$이다.
(7) k가 스칼라이고 $\mathbf{u}, \mathbf{v} \in V$일 때 $k(\mathbf{u}+\mathbf{v}) = k\mathbf{u}+k\mathbf{v}$이다.
(8) k와 l이 스칼라이고 $\mathbf{u} \in V$일 때 $(k+l)\mathbf{u} = k\mathbf{u}+l\mathbf{u}$이다.
(9) k와 l이 스칼라이고 $\mathbf{u} \in V$일 때 $(kl)\mathbf{u} = k(l\mathbf{u})$이다.
(10) 스칼라 1과 $\mathbf{u} \in V$에 대하여 $1\mathbf{u} = \mathbf{u}$이다.

벡터공간 $(V, +, \cdot)$은 간단히 V로 나타내며 벡터공간 V의 원소 $\mathbf{v}$를 벡터(vector)라 한다.

선형대수학과 공학에서 사용되는 대표적인 벡터공간들은 다음과 같다.

❶ $V = \{\mathbf{0}\}$

덧셈과 임의의 스칼라 k에 대한 스칼라 곱셈을

$$\mathbf{0} + \mathbf{0} = \mathbf{0}, \quad k\mathbf{0} = \mathbf{0}$$

으로 정의하면 V는 벡터공간이다. 이때 V를 영 벡터공간(zero vector space)이라 하며 벡터공간에 속한 원소가 유한개인 유일한 벡터공간이다.

❷ $\mathbb{R}^n = \left\{ \begin{bmatrix} u_1 \\ u_2 \\ \vdots \\ u_n \end{bmatrix} : u_i \in \mathbb{R},\ i = 1, 2, \cdots, n \right\}$

덧셈과 임의의 스칼라 k에 대한 스칼라 곱셈을

$$\begin{bmatrix} u_1 \\ u_2 \\ \vdots \\ u_n \end{bmatrix} + \begin{bmatrix} v_1 \\ v_2 \\ \vdots \\ v_n \end{bmatrix} = \begin{bmatrix} u_1 + v_1 \\ u_2 + v_2 \\ \vdots \\ u_n + v_n \end{bmatrix}, \quad k\begin{bmatrix} u_1 \\ u_2 \\ \vdots \\ u_n \end{bmatrix} = \begin{bmatrix} kv_1 \\ kv_2 \\ \vdots \\ ku_n \end{bmatrix}$$

으로 정의하면 $\mathbb{R}^n$은 벡터공간이다. 이때 $\mathbb{R}^n$을 n차원 유클리드 벡터공간(n dimensional Euclidean vector space)이라 한다.

❸ $M_{m \times n} = \{A : A$는 $m \times n$ 행렬$\}$

덧셈과 임의의 스칼라 k에 대한 스칼라 곱셈을

$$\begin{bmatrix} a_{11} & a_{12} & \cdots & a_{1n} \\ a_{21} & a_{22} & \cdots & a_{2n} \\ \vdots & \vdots & \cdots & \vdots \\ a_{m1} & a_{m2} & \cdots & a_{mn} \end{bmatrix} + \begin{bmatrix} b_{11} & b_{12} & \cdots & b_{1n} \\ b_{21} & b_{22} & \cdots & b_{2n} \\ \vdots & \vdots & \cdots & \vdots \\ b_{m1} & b_{m2} & \cdots & b_{mn} \end{bmatrix} = \begin{bmatrix} a_{11}+b_{11} & a_{12}+b_{12} & \cdots & a_{1n}+b_{1n} \\ a_{21}+b_{21} & a_{22}+b_{22} & \cdots & a_{2n}+b_{2n} \\ \vdots & \vdots & \cdots & \vdots \\ a_{m1}+b_{m1} & a_{m2}+b_{m2} & \cdots & a_{mn}+b_{mn} \end{bmatrix},$$

$$k\begin{bmatrix} a_{11} & a_{12} & \cdots & a_{1n} \\ a_{21} & a_{22} & \cdots & a_{2n} \\ \vdots & \vdots & \cdots & \vdots \\ a_{m1} & a_{m2} & \cdots & a_{mn} \end{bmatrix} = \begin{bmatrix} ka_{11} & ka_{12} & \cdots & ka_{1n} \\ ka_{21} & ka_{22} & \cdots & ka_{2n} \\ \vdots & \vdots & \cdots & \vdots \\ ka_{m1} & ka_{m2} & \cdots & ka_{mn} \end{bmatrix}$$

으로 정의하면 $M_{m \times n}$은 벡터공간이다.

❹ $\Pi_n = \{P_n(x) : P_n(x)$는 n차 이하의 다항함수$\}$

덧셈과 임의의 스칼라 k에 대한 스칼라 곱셈을

$$(a_0 + \cdots + a_n x^n) + (b_0 + \cdots + b_n x^n) = (a_0 + b_0) + \cdots + (a_n + b_n)x^n,$$
$$k(a_0 + a_1 x + \cdots + a_n x^n) = ka_0 + ka_1 x + \cdots + ka_n x^n$$

으로 정의하면 Π_n은 벡터공간이다.

⑤ $C[a, b] = \{f : [a, b] \rightarrow \mathbb{R} : f$는 닫힌구간 $[a, b]$에서 연속인 함수$\}$
덧셈과 임의의 스칼라 k에 대한 스칼라 곱셈을

$$f(x) + g(x) = (f+g)(x), \quad k(f(x)) = (kf)(x)$$

로 정의하면 $C[a, b]$는 벡터공간이다.

②의 벡터공간에 있는 벡터는 고등학교 수학이나 물리학에서 사용한 것과 같이 기하학적으로 화살표를 이용한 표현이 가능하지만 ③, ④, ⑤의 벡터공간에 있는 벡터는 화살표를 이용한 기하적 표현을 할 수 없다.

예제 1

$\Pi_2 = \{P(x) : P(x)$는 2차 이하의 다항함수$\}$일 때 $P(x),\ Q(x),\ R(x) \in \Pi_2$이면 $0 \leq i \leq 2$에 대하여 적당한 실수 $a_i,\ b_i,\ c_i$가 존재하여

$$P(x) = a_0 + a_1 x + a_2 x^2,\ Q(x) = b_0 + b_1 x + b_2 x^2,\ R(x) = c_0 + c_1 x + c_2 x^2$$

이다. Π_2에 덧셈과 임의의 스칼라 곱셈을

$$P(x) + Q(x) = (a_0 + b_0) + (a_1 + b_1)x + (a_2 + b_2)x^2,$$
$$kP(x) = (ka_0) + (ka_1)x + (ka_2)x^2$$

으로 정의하면 $(\Pi_2, +, \cdot)$은 벡터공간임을 증명하라.

| 풀이 |

(1) $P(x),\ Q(x) \in \Pi_2$일 때, 덧셈에 대한 정의에 의하여 $P(x) + Q(x) \in \Pi_2$이다.

(2) k가 스칼라이고 $P(x) \in \Pi_2$일 때, 스칼라 곱셈에 대한 정의에 의하여 $kP(x) \in \Pi_2$이다.

(3) $P(x),\ Q(x) \in \Pi_2$일 때,

$$\begin{aligned} P(x) + Q(x) &= (a_0 + b_0) + (a_1 + b_1)x + (a_2 + b_2)x^2 \\ &= (b_0 + a_0) + (b_1 + a_1)x + (b_2 + a_2)x^2 = Q(x) + P(x) \end{aligned}$$

이다.

(4) $P(x),\ Q(x),\ R(x) \in \Pi_2$일 때

$$\begin{aligned}(P(x)+Q(x))+R(x) &= (a_0+b_0+c_0)+(a_1+b_1+c_1)x+(a_2+b_2+c_2)x^2 \\ &= P(x)+(Q(x)+R(x))\end{aligned}$$

이다.

(5) $P(x) \in \Pi_2$에 대하여 $\mathbf{0} = 0 + 0x + 0x^2 \in \Pi_2$가 존재하여

$$P(x) + \mathbf{0} = \mathbf{0} + P(x) = a_0 + a_1 x + a_2 x^2 = P(x)$$

이다.

(6) $P(x) \in \Pi_2$에 대하여 $-P(x) \in \Pi_2$이고

$$P(x) + (-P(x)) = a_0 + a_1 x + a_2 x^2 - (a_0 - a_1 x - a_2 x^2) = \mathbf{0}$$

이다.

(7) k가 스칼라이고 $P(x)$, $Q(x) \in \Pi_2$일 때

$$\begin{aligned}k(P(x)+Q(x)) &= k((a_0+b_0)+(a_1+b_1)x+(a_2+b_2)x^2) \\ &= k(a_0+a_1x+a_2x^2)+k(b_0+b_1x+b_2x^2) \\ &= kP(x)+kQ(x)\end{aligned}$$

이다.

(8) k와 l이 스칼라이고 $P(x) \in \Pi_2$일 때

$$\begin{aligned}(k+l)P(x) &= (k+l)(a_0+a_1x+a_2x^2) \\ &= k(a_0+a_1x+a_2x^2)+l(a_0+a_1x+a_2x^2) \\ &= kP(x)+lP(x)\end{aligned}$$

이다.

(9) k와 l이 스칼라이고 $P(x) \in \Pi_2$일 때

$$\begin{aligned}(kl)P(x) &= (kl)(a_0+a_1x+a_2x^2) \\ &= k(la_0+la_1x+la_2x^2) = k(l(a_0+a_1x+a_2x^2)) \\ &= k(lP(x))\end{aligned}$$

이다.

(10) 스칼라 1과 $P(x) \in \Pi_2$에 대하여

$$1P(x) = 1(a_0 + a_1 x + a_2 x^2) = a_0 + a_1 x + a_2 x^2 = P(x)$$

이다.

(1)~(10)에 의하여 $(\Pi_2, +, \cdot)$는 벡터공간이다.

주어진 집합에 덧셈 또는 스칼라 곱셈을 임의로 변경해도 벡터공간이 될까? 다음 예제에서 확인해 보자.

예제 2

$\mathbb{R}^2 = \left\{ \begin{bmatrix} u_1 \\ u_2 \end{bmatrix} : u_i \in \mathbb{R},\ i = 1, 2 \right\}$에 덧셈과 임의의 스칼라 k에 대한 스칼라 곱셈을

$$\begin{bmatrix} u_1 \\ u_2 \end{bmatrix} + \begin{bmatrix} v_1 \\ v_2 \end{bmatrix} = \begin{bmatrix} u_1 + 2v_1 \\ u_2 + 2v_2 \end{bmatrix}, \quad k\begin{bmatrix} u_1 \\ u_2 \end{bmatrix} = \begin{bmatrix} ku_1 \\ ku_2 \end{bmatrix}$$

으로 정의하면 $(\mathbb{R}^2, +, \cdot)$가 벡터공간이 되는지를 판정하라.

| 풀이 |

$\boldsymbol{u} = \begin{bmatrix} 1 \\ 1 \end{bmatrix}$, $\boldsymbol{v} = \begin{bmatrix} 2 \\ 2 \end{bmatrix}$라 하면

$$\boldsymbol{u} + \boldsymbol{v} = \begin{bmatrix} 5 \\ 5 \end{bmatrix} \neq \begin{bmatrix} 4 \\ 4 \end{bmatrix} = \boldsymbol{v} + \boldsymbol{u}$$

이므로 [정의 1]의 (3)을 만족하지 않는다. 따라서 $(\mathbb{R}^2, +, \cdot)$는 벡터공간이 아니다.

선형대수학에서는 벡터공간도 중요하지만, 다양한 부분공간을 이해하는 것도 매우 중요하다.

정의 2 부분공간

V가 벡터공간이고 S가 V의 부분집합으로 다음 조건을 모두 만족하면 S를 V의 부분공간(subspace)이라 한다.

(1) $\boldsymbol{u}, \boldsymbol{v} \in S$일 때 $\boldsymbol{u} + \boldsymbol{v} \in S$이다.

(2) k가 스칼라이고 $\boldsymbol{u} \in S$일 때 $k\boldsymbol{u} \in S$이다.

부분공간인지를 판정할 때는 덧셈과 스칼라 곱셈의 결과가 부분집합의 원소인지를 확인해야 한다. 특별하게 덧셈과 스칼라 곱셈을 정의하지 않은 경우 부분집합의 원소에 대한 덧셈은 성분별 덧셈으로, 스칼라 곱셈은 원소에 있는 모든 성분에 스칼라를 곱하는 것으로 정의한 것으로 이해한다.

예제 3

$S=\left\{\begin{bmatrix}x\\y\\0\end{bmatrix} : x,\ y \in \mathbb{R}\right\}$에 덧셈과 스칼라 곱셈을 정의하면 S가 $\mathbb{R}^3$의 부분공간인지를 판정하라.

| 풀이 |

(i) $\boldsymbol{u}=\begin{bmatrix}u_1\\u_2\\0\end{bmatrix},\ \boldsymbol{v}=\begin{bmatrix}v_1\\v_2\\0\end{bmatrix}\in S$라 하면 $\boldsymbol{u}+\boldsymbol{v}=\begin{bmatrix}u_1+v_1\\u_2+v_2\\0\end{bmatrix}\in S$이다.

(ii) k가 스칼라이고 $\boldsymbol{u}=\begin{bmatrix}u_1\\u_2\\0\end{bmatrix}\in S$일 때 $k\boldsymbol{u}=\begin{bmatrix}ku_1\\ku_2\\0\end{bmatrix}\in S$이다.

(i)과 (ii)에 의하여 S는 $\mathbb{R}^3$의 부분공간이다.

[예제 3]에서 S의 벡터가 되려면 벡터의 첫 번째와 두 번째 성분은 어떤 값이어도 상관없지만 세 번째 성분은 반드시 0이어야 한다. 만일 세 번째 성분을 0이 아닌 다른 상수로 하여도 부분공간이 될까?

예제 4

$S=\left\{\begin{bmatrix}x\\y\\1\end{bmatrix} : x,\ y \in \mathbb{R}\right\}$에 덧셈과 스칼라 곱셈을 정의하면 S가 $\mathbb{R}^3$의 부분공간인지를 판정하라.

| 풀이 |

$\boldsymbol{u}=\begin{bmatrix}u_1\\u_2\\1\end{bmatrix},\ \boldsymbol{v}=\begin{bmatrix}v_1\\v_2\\1\end{bmatrix}\in S$ 라 하면

$$\boldsymbol{u}+\boldsymbol{v}=\begin{bmatrix} u_1+v_1 \\ u_2+v_2 \\ 2 \end{bmatrix} \notin S$$

이다. 따라서 S는 $\mathbb{R}^3$의 부분공간이 아니다.

[예제 4]에서 S의 벡터가 되려면 벡터의 첫 번째와 두 번째 성분은 어떤 값이어도 상관없지만 세 번째 성분은 반드시 1이어야 한다. 하지만 벡터의 덧셈 결과 세 번째 성분이 2이므로 두 벡터의 합은 S의 원소가 아니기 때문에 S는 $\mathbb{R}^3$의 부분공간이 아니다. 부분공간임을 증명하려면 정의에 있는 두 가지 조건을 모두 만족한다는 것으로 보여야 하지만 부분공간이 아님을 설명하려면 두 가지 조건 중 하나라도 만족하지 않음을 보이면 된다. 따라서 [예제 4]의 풀이와 다른 방식으로 S가 $\mathbb{R}^3$의 부분공간이 아니라는 다른 설명도 가능하다. 예를 들어, $k=3$일 때 $k\boldsymbol{u}=\begin{bmatrix} 3u_1 \\ 3u_2 \\ 3 \end{bmatrix} \notin S$이므로 [예제 4]의 S는 $\mathbb{R}^3$의 부분공간이 아니라는 설명도 가능하다.

예제 5

$S=\left\{\begin{bmatrix} x_1 \\ x_2 \end{bmatrix} : x_1, x_2 \in \mathbb{R} \text{ 이고 } x_1 = 2x_2\right\}$에 덧셈과 스칼라 곱셈이 정의되면 S가 $\mathbb{R}^2$의 부분공간인지를 판정하라.

| 풀이 |

(i) $\boldsymbol{u}=\begin{bmatrix} u_1 \\ u_2 \end{bmatrix}$, $\boldsymbol{v}=\begin{bmatrix} v_1 \\ v_2 \end{bmatrix} \in S$라 하면 $u_1=2u_2$이고 $v_1=2v_2$이다. 따라서

$$u_1+v_1=2(u_2+v_2)$$

이므로 $\boldsymbol{u}+\boldsymbol{v}=\begin{bmatrix} u_1+v_1 \\ u_2+v_2 \end{bmatrix} \in S$이다.

(ii) $\boldsymbol{u}=\begin{bmatrix} u_1 \\ u_2 \end{bmatrix} \in S$이면 $u_1=2u_2$이다. 따라서 임의의 스칼라 k에 대하여

$$ku_1=k(2u_2)=2(ku_2)$$

이므로 $k\boldsymbol{u} = \begin{bmatrix} ku_1 \\ ku_2 \end{bmatrix} \in S$ 이다.

(i)과 (ii)에 의하여 S는 $\mathbb{R}^2$의 부분공간이다.

이 절에서는 집합 위에 덧셈과 스칼라 곱셈이 정의된 벡터공간의 정의에 대하여 학습하였다. 또한 벡터공간의 부분공간을 정의하고 다양한 부분집합이 부분공간이 될 수 있는지를 판정하는 방법에 대해서도 학습하였다.

Chapter 4.1 연습문제

1 $M_{2\times 2} = \{A : A$ 는 2×2 행렬$\}$ 일 때 덧셈과 임의의 스칼라 k 에 대한 스칼라 곱셈을

$$\begin{bmatrix} a_{11} & a_{12} \\ a_{21} & a_{22} \end{bmatrix} + \begin{bmatrix} b_{11} & b_{12} \\ b_{21} & b_{22} \end{bmatrix} = \begin{bmatrix} a_{11}+b_{11} & a_{12}+b_{12} \\ a_{21}+b_{21} & a_{22}+b_{22} \end{bmatrix},$$

$$k\begin{bmatrix} a_{11} & a_{12} \\ a_{21} & a_{22} \end{bmatrix} = \begin{bmatrix} ka_{11} & ka_{12} \\ ka_{21} & ka_{22} \end{bmatrix}$$

으로 정의하면 $(M_{2\times 2}, +, \cdot)$는 벡터공간임을 증명하라.

2 집합 $\mathbb{R}^2 = \left\{ \begin{bmatrix} u_1 \\ u_2 \end{bmatrix} : u_i \in \mathbb{R},\ i = 1, 2 \right\}$ 에 덧셈과 스칼라 곱셈을

$$\begin{bmatrix} u_1 \\ u_2 \end{bmatrix} + \begin{bmatrix} v_1 \\ v_2 \end{bmatrix} = \begin{bmatrix} u_1+v_1 \\ u_2+v_2 \end{bmatrix}, \quad k\begin{bmatrix} u_1 \\ u_2 \end{bmatrix} = \begin{bmatrix} 3ku_1 \\ 3ku_2 \end{bmatrix}$$

으로 정의하면 $(\mathbb{R}^2, +, \cdot)$는 벡터공간이 되는지를 판정하라.

3 집합 $\mathbb{R}^3 = \left\{ \begin{bmatrix} u_1 \\ u_2 \\ u_3 \end{bmatrix} : u_i \in \mathbb{R},\ i = 1, 2, 3 \right\}$ 에 덧셈과 스칼라 곱셈을

$$\begin{bmatrix} u_1 \\ u_2 \\ u_3 \end{bmatrix} + \begin{bmatrix} v_1 \\ v_2 \\ v_3 \end{bmatrix} = \begin{bmatrix} 2(u_1+v_1) \\ 2(u_2+v_2) \\ 2(u_3+v_3) \end{bmatrix}, \quad k\begin{bmatrix} u_1 \\ u_2 \\ u_3 \end{bmatrix} = \begin{bmatrix} ku_1 \\ ku_2 \\ ku_3 \end{bmatrix}$$

으로 정의하면 $(\mathbb{R}^3, +, \cdot)$는 벡터공간이 되는지를 판정하라.

4 다음 집합에 덧셈과 스칼라 곱셈이 정의되면 $\mathbb{R}^3$ 의 부분공간인지를 판정하라.

(a) $A = \left\{ \begin{bmatrix} a_1 \\ a_2 \\ a_3 \end{bmatrix} : a_1, a_2, a_3 \in \mathbb{R} \text{ 이고 } a_1 = a_3 \right\}$

(b) $B = \left\{ \begin{bmatrix} a_1 \\ 0 \\ 0 \end{bmatrix} : a_1 \in \mathbb{R} \text{ 이고 } a_1 \neq 0 \right\}$

(c) $C = \left\{ \begin{bmatrix} a_1 \\ a_2 \\ a_3 \end{bmatrix} : a_1, a_2, a_3 \in \mathbb{R} \text{ 이고 } a_2 > 0 \right\}$

(d) $D = \left\{ \begin{bmatrix} a_1 \\ a_2 \\ a_3 \end{bmatrix} : a_1, a_2, a_3 \in \mathbb{R} \text{ 이고 } a_1 \neq a_2 \right\}$

(e) $E = \left\{ \begin{bmatrix} a_1 \\ a_2 \\ a_3 \end{bmatrix} : a_1, a_2, a_3 \in \mathbb{R} \text{ 이고 } a_1 a_3 > 0 \right\}$

(f) $F = \left\{ \begin{bmatrix} a_1 \\ a_2 \\ a_3 \end{bmatrix} : a_1, a_2, a_3 \in \mathbb{R} \text{ 이고 } a_1 + a_2 + a_3 = 0 \right\}$

(g) $G = \left\{ \begin{bmatrix} a_1 \\ a_2 \\ a_3 \end{bmatrix} : a_1, a_2, a_3 \in \mathbb{R} \text{ 이고 } a_1 + a_2 + a_3 = 1 \right\}$

(h) $H = \left\{ \begin{bmatrix} a_1 \\ a_2 \\ a_3 \end{bmatrix} : a_1, a_2 \in \mathbb{R} \text{ 이고 } a_1 = a_2, a_3 = 0 \right\}$

5 다음 집합에 덧셈과 스칼라 곱셈이 정의되면 $M_{2 \times 2}$ 의 부분공간인지를 판정하라.

(a) $T_1 = \{A$ 는 2×2 행렬이고 A 는 대각행렬$\}$

(b) $T_2 = \{A$ 는 2×2 행렬이고 A 는 상삼각행렬$\}$

(c) $T_3 = \{A$ 는 2×2 행렬이고 A 는 대칭행렬$\}$

(d) $T_4 = \{A$ 는 2×2 행렬이고 $\mathrm{tr}(A) \geq 0\}$

(e) $T_5 = \left\{ \begin{bmatrix} a & 0 \\ 0 & 0 \end{bmatrix} : a \in \mathbb{R} \text{ 이고 } a \neq 0 \right\}$

(f) $T_6 = \left\{ \begin{bmatrix} a & a \\ b & b \end{bmatrix} : a, b \in \mathbb{R} \right\}$

(g) $T_7 = \left\{ \begin{bmatrix} a & 0 \\ c & 0 \end{bmatrix} : a, c \in \mathbb{R} \text{ 이고 } a + c \neq 0 \right\}$

(h) $T_8 = \left\{ \begin{bmatrix} a & 0 \\ 0 & d \end{bmatrix} : a,\ d \in \mathbb{R}$ 이고 $ad = 0 \right\}$

6 다음 명제가 참인지 거짓인지를 판정하라.

(a) V가 벡터공간이고 $\boldsymbol{v}_1, \boldsymbol{v}_2 \in V$이면 $\boldsymbol{v}_1 - \boldsymbol{v}_2 \in V$이다.

(b) $V = \{1\}$에 덧셈과 스칼라 곱셈이 정의되면 V는 벡터공간이다.

(c) $V = \{[a\ \ b\ \ c] : a, b, c \in \mathbb{R}\}$에 덧셈과 스칼라 곱셈이 정의되면 V는 벡터공간이다.

(d) V가 벡터공간이고 $V \neq \{0\}$이면 V에 속한 벡터의 개수는 무한개이다.

(e) V가 벡터공간이면 $\mathbf{0} \in V$이다.

(f) S가 벡터공간 V의 부분공간이고 $\boldsymbol{v}_1, \boldsymbol{v}_2 \in S$이면 $2\boldsymbol{v}_1 - 3\boldsymbol{v}_2 \in S$이다.

(g) $S_1 = \left\{ \begin{bmatrix} -2x_1 \\ -3x_1 \end{bmatrix} : x_1 \in \mathbb{R} \right\}$에 덧셈과 스칼라 곱셈이 정의되면 S_1은 $\mathbb{R}^2$의 부분공간이다.

(h) $S_2 = \left\{ \begin{bmatrix} x_1 \\ x_2 \end{bmatrix} : x_1,\ x_2 \in \mathbb{R}$ 이고 $x_1 = 3x_2 + 1 \right\}$에 덧셈과 스칼라 곱셈이 정의되면 S_2는 $\mathbb{R}^2$의 부분공간이다.

2절 벡터공간의 생성과 차원

특별한 벡터공간 $V=\{\mathbf{0}\}$을 제외하면 벡터공간의 원소의 개수는 무수히 많기 때문에 벡터의 원소를 일일이 분석하여 벡터공간을 설명하는 것은 불가능하다. 하지만 $\mathbb{R}^n$ 또는 Π_n과 같은 벡터공간은 유한개의 필수적인 벡터를 이용하여 벡터공간의 모든 벡터를 표현할 수 있다. 이 절에서는 이와 관련된 내용에 대해 알아보기로 한다.

벡터들을 이용한 특별한 부분공간을 정의하기 위하여 우선 벡터들의 선형결합을 다음과 같이 정의한다.

정의 1 선형결합

V가 벡터공간이라 하자. $k_1, k_2, \cdots, k_r$이 스칼라이고 $\boldsymbol{v}_1, \boldsymbol{v}_2, \cdots, \boldsymbol{v}_r \in V$일 때

$$k_1\boldsymbol{v}_1 + k_2\boldsymbol{v}_2 + \cdots + k_r\boldsymbol{v}_r$$

을 $\boldsymbol{v}_1, \boldsymbol{v}_2, \cdots, \boldsymbol{v}_r$의 선형결합(linear combination) 또는 일차결합이라 한다.

예를 들어 $\boldsymbol{v}_1 = \begin{bmatrix} 2 \\ 1 \end{bmatrix}, \boldsymbol{v}_2 = \begin{bmatrix} 0 \\ 2 \end{bmatrix}$일 때

$$3\boldsymbol{v}_1 - 2\boldsymbol{v}_2 = \begin{bmatrix} 6 \\ -1 \end{bmatrix}$$

이므로 $\boldsymbol{u} = \begin{bmatrix} 6 \\ -1 \end{bmatrix}$이라 하면 [정의 1]에 의하여 $\boldsymbol{u}$는 $\boldsymbol{v}_1$과 $\boldsymbol{v}_2$의 선형결합이다. 또한

$$-\boldsymbol{v}_1 + 2\boldsymbol{v}_2 = \begin{bmatrix} -2 \\ 3 \end{bmatrix}$$

이므로 $\boldsymbol{w} = \begin{bmatrix} -2 \\ 3 \end{bmatrix}$이라 하면 [정의 1]에 의하여 $\boldsymbol{w}$도 $\boldsymbol{v}_1$과 $\boldsymbol{v}_2$의 선형결합이다.

예제 1

$\boldsymbol{u}$를 $\boldsymbol{v}_1$과 $\boldsymbol{v}_2$의 선형결합으로 표현하라.

(a) $\boldsymbol{u} = \begin{bmatrix} 3 \\ 2 \end{bmatrix}$, $\boldsymbol{v}_1 = \begin{bmatrix} 3 \\ -1 \end{bmatrix}$, $\boldsymbol{v}_2 = \begin{bmatrix} 0 \\ 3 \end{bmatrix}$ (b) $\boldsymbol{u} = \begin{bmatrix} 0 \\ 1 \end{bmatrix}$, $\boldsymbol{v}_1 = \begin{bmatrix} 1 \\ 3 \end{bmatrix}$, $\boldsymbol{v}_2 = \begin{bmatrix} 1 \\ 2 \end{bmatrix}$

| 풀이 |

(a) $\boldsymbol{u} = k_1\boldsymbol{v}_1 + k_2\boldsymbol{v}_2$가 성립하는 k_1과 k_2를 구해야 한다.

$$\begin{bmatrix} 3 \\ 2 \end{bmatrix} = k_1\begin{bmatrix} 3 \\ -1 \end{bmatrix} + k_2\begin{bmatrix} 0 \\ 3 \end{bmatrix} = \begin{bmatrix} 3 & 0 \\ -1 & 3 \end{bmatrix}\begin{bmatrix} k_1 \\ k_2 \end{bmatrix}$$

를 가우스 소거법으로 풀면 다음과 같다.

$$\left[\begin{array}{cc|c} 3 & 0 & 3 \\ -1 & 3 & 2 \end{array}\right] \xrightarrow{① \times \frac{1}{3} + ②} \left[\begin{array}{cc|c} 3 & 0 & 3 \\ 0 & 3 & 3 \end{array}\right]$$

첨가행렬을 연립방정식으로 나타내면

$$\begin{cases} 3k_1 \quad\;\; = 3 \\ \quad\;\; 3k_2 = 3 \end{cases}$$

이다. 따라서 $k_2 = 1$, $k_1 = 1$이므로 $\boldsymbol{u} = \boldsymbol{v}_1 + \boldsymbol{v}_2$이다.

(b) $\boldsymbol{u} = k_1\boldsymbol{v}_1 + k_2\boldsymbol{v}_2$가 성립하는 k_1과 k_2를 구해야 한다.

$$\begin{bmatrix} 0 \\ 1 \end{bmatrix} = k_1\begin{bmatrix} 1 \\ 3 \end{bmatrix} + k_2\begin{bmatrix} 1 \\ 2 \end{bmatrix} = \begin{bmatrix} 1 & 1 \\ 3 & 2 \end{bmatrix}\begin{bmatrix} k_1 \\ k_2 \end{bmatrix}$$

를 가우스 소거법으로 풀면 다음과 같다.

$$\left[\begin{array}{cc|c} 1 & 1 & 0 \\ 3 & 2 & 1 \end{array}\right] \xrightarrow{① \times (-3) + ②} \left[\begin{array}{cc|c} 1 & 1 & 0 \\ 0 & -1 & 1 \end{array}\right]$$

첨가행렬을 연립방정식으로 나타내면

$$\begin{cases} k_1 + k_2 = 0 \\ \quad\; - k_2 = 1 \end{cases}$$

이다. 따라서 $k_2 = -1$, $k_1 = 1$이다. 그러므로 $\boldsymbol{u} = \boldsymbol{v}_1 - \boldsymbol{v}_2$이다.

[예제 1]의 풀이에서 중요한 점은 선형결합으로 표현한다는 것이 연립선형방정식을 푸는 것과 같다는 점이다. 연립선형방정식의 풀이는 다양한 방법이 있으므로 가우스 소거

법 외에 가우스-조단 소거법 또는 역행렬을 이용한 방법을 사용할 수 있다.
이제 주어진 벡터들을 선형결합하여 부분공간을 만들어보자.

정리 1 선형결합과 부분공간

V가 벡터공간이고 $\boldsymbol{v}_1, \boldsymbol{v}_2, \cdots, \boldsymbol{v}_r \in V$일 때

$$W = \{k_1\boldsymbol{v}_1 + k_2\boldsymbol{v}_2 + \cdots + k_r\boldsymbol{v}_r : k_1, k_2, \cdots, k_r \in \mathbb{R}\}$$

는 V의 부분공간이다.

Tip $\boldsymbol{u}, \boldsymbol{w} \in W$와 $k \in \mathbb{R}$에 대하여 $\boldsymbol{u}+\boldsymbol{w} \in W$, $k\boldsymbol{u} \in W$임을 보인다.

| 증명 |

(i) $\boldsymbol{u}, \boldsymbol{w} \in W$이면 적당한 $k_1, k_2, \cdots, k_r \in \mathbb{R}$과 $l_1, l_2, \cdots, l_r \in \mathbb{R}$가 존재하여

$$\boldsymbol{u} = k_1\boldsymbol{v}_1 + k_2\boldsymbol{v}_2 + \cdots + k_r\boldsymbol{v}_r,\ \boldsymbol{w} = l_1\boldsymbol{v}_1 + l_2\boldsymbol{v}_2 + \cdots + l_r\boldsymbol{v}_r$$

이다. 따라서

$$\boldsymbol{u}+\boldsymbol{w} = (k_1+l_1)\boldsymbol{v}_1 + (k_2+l_2)\boldsymbol{v}_2 + \cdots + (k_r+l_r)\boldsymbol{v}_r \in W$$

이다.

(ii) $k \in \mathbb{R}$이고 $\boldsymbol{u} \in W$이면 적당한 $k_1, k_2, \cdots, k_r \in \mathbb{R}$가 존재하여

$$\boldsymbol{u} = k_1\boldsymbol{v}_1 + k_2\boldsymbol{v}_2 + \cdots + k_r\boldsymbol{v}_r$$

이다. 따라서

$$k\boldsymbol{u} = kk_1\boldsymbol{v}_1 + kk_2\boldsymbol{v}_2 + \cdots + kk_r\boldsymbol{v}_r \in W$$

이다.

(i)과 (ii)에 의하여 W는 V의 부분공간이다.

[정리 1]의 부분공간은 다음과 같이 정의한다.

정의 2 생성된 부분공간

V가 벡터공간이고 $\boldsymbol{v}_1, \boldsymbol{v}_2, \cdots, \boldsymbol{v}_r \in V$일 때 $S = \{\boldsymbol{v}_1, \boldsymbol{v}_2, \cdots, \boldsymbol{v}_r\}$라 하자.

$$
\begin{aligned}
W &= \text{Span}\{\boldsymbol{v}_1, \boldsymbol{v}_2, \cdots, \boldsymbol{v}_r\} \\
&= \{k_1\boldsymbol{v}_1 + k_2\boldsymbol{v}_2 + \cdots + k_r\boldsymbol{v}_r : k_1, k_2, \cdots, k_r \in \mathbb{R}\}
\end{aligned}
$$

를 S에 의하여 생성된 부분공간(subspace spanned by S)이라 한다.

[정의 2]와 관련하여 '집합 S는 부분공간 W를 생성한다'고 하고 S를 부분공간 W의 생성집합(spanning set)이라 한다. S가 벡터공간 V의 생성집합이면 벡터공간 V의 임의의 벡터가 S에 속한 벡터들의 선형결합으로 표현된다는 것을 의미한다. 따라서 벡터공간 V의 어떤 벡터가 S에 속한 벡터들의 선형결합으로 표현되지 않는다면 S는 벡터공간 V의 생성집합이 아니다.

예제 2

다음 물음에 답하라.

(a) $S_1 = \left\{\begin{bmatrix}1\\2\end{bmatrix}, \begin{bmatrix}2\\3\end{bmatrix}\right\}$이 $\mathbb{R}^2$의 생성집합인지를 판정하라.

(b) $S_2 = \left\{\begin{bmatrix}1\\2\end{bmatrix}, \begin{bmatrix}2\\4\end{bmatrix}\right\}$가 $\mathbb{R}^2$의 생성집합인지를 판정하라.

| 풀이 |

(a) 임의의 $\begin{bmatrix}p\\q\end{bmatrix} \in \mathbb{R}^2$에 대하여

$$
\begin{bmatrix}p\\q\end{bmatrix} = k_1\begin{bmatrix}1\\2\end{bmatrix} + k_2\begin{bmatrix}2\\3\end{bmatrix} = \begin{bmatrix}1 & 2\\2 & 3\end{bmatrix}\begin{bmatrix}k_1\\k_2\end{bmatrix}
$$

인 k_1, k_2가 존재하는지를 가우스 소거법을 이용하여 확인한다.

$$
\left[\begin{array}{cc|c}1 & 2 & p\\2 & 3 & q\end{array}\right] \xrightarrow{①\times(-2)+②} \left[\begin{array}{cc|c}1 & 2 & p\\0 & -1 & q-2p\end{array}\right]
$$

첨가행렬을 연립방정식으로 나타내면

$$
\begin{cases} k_1 + 2k_2 = p \\ \quad\ - k_2 = q - 2p \end{cases}
$$

이다. 따라서 $k_1 = -3p + 2q$, $k_2 = 2p - q$이다. 그러므로 $S_1 = \left\{\begin{bmatrix}1\\2\end{bmatrix}, \begin{bmatrix}2\\3\end{bmatrix}\right\}$은 $\mathbb{R}^2$의 생성집합이다.

(b) 임의의 $\begin{bmatrix} p \\ q \end{bmatrix} \in \mathbb{R}^2$에 대하여

$$\begin{bmatrix} p \\ q \end{bmatrix} = k_1 \begin{bmatrix} 1 \\ 2 \end{bmatrix} + k_2 \begin{bmatrix} 2 \\ 4 \end{bmatrix} = \begin{bmatrix} 1 & 2 \\ 2 & 4 \end{bmatrix} \begin{bmatrix} k_1 \\ k_2 \end{bmatrix}$$

인 k_1, k_2가 존재하는지를 가우스 소거법을 이용하여 확인한다.

$$\left[\begin{array}{cc|c} 1 & 2 & p \\ 2 & 4 & q \end{array}\right] \xrightarrow{①\times(-2)+②} \left[\begin{array}{cc|c} 1 & 2 & p \\ 0 & 0 & q-2p \end{array}\right]$$

첨가행렬을 연립방정식으로 나타내면

$$\begin{cases} k_1 + 2k_2 = p \\ \qquad\quad 0 = q - 2p \end{cases}$$

이다. 따라서 $q - 2p \neq 0$이면 연립선형방정식을 만족하는 k_1과 k_2는 존재하지 않는다. 그러므로 $S_2 = \left\{ \begin{bmatrix} 1 \\ 2 \end{bmatrix}, \begin{bmatrix} 2 \\ 4 \end{bmatrix} \right\}$는 $\mathbb{R}^2$의 생성집합이 아니다.

[예제 2(a)]에서 $S_1 = \left\{ \begin{bmatrix} 1 \\ 2 \end{bmatrix}, \begin{bmatrix} 2 \\ 3 \end{bmatrix} \right\}$은 $\mathbb{R}^2$의 생성집합인데 $S_3 = \left\{ \begin{bmatrix} 1 \\ 2 \end{bmatrix}, \begin{bmatrix} 2 \\ 3 \end{bmatrix}, \begin{bmatrix} 3 \\ 4 \end{bmatrix} \right\}$라 하면 S_3도 $\mathbb{R}^2$의 생성집합이다. 두 개의 벡터로 된 S_1으로 $\mathbb{R}^2$를 생성할 수 있는데 세 개의 벡터로 된 S_3로 $\mathbb{R}^2$를 생성한다면 S_3에는 $\mathbb{R}^2$를 생성하는 데 필요하지 않은 벡터가 있음을 알 수 있다.

벡터공간을 생성하는 데 필요한 벡터들만으로 생성집합이 구성되어 있는지를 판단하기 위하여 선형독립과 선형종속을 도입한다.

정의 3 선형독립과 선형종속

V가 벡터공간이고 $\boldsymbol{v}_1, \boldsymbol{v}_2, \cdots, \boldsymbol{v}_r \in V$라 하자.

(1) $k_1\boldsymbol{v}_1 + k_2\boldsymbol{v}_2 + \cdots + k_r\boldsymbol{v}_r = \boldsymbol{0}$을 만족하는 스칼라 $k_1, k_2, \cdots, k_r$이

$$k_1 = k_2 = \cdots = k_r = 0$$

뿐이면 $\boldsymbol{v}_1, \boldsymbol{v}_2, \cdots, \boldsymbol{v}_r$은 선형독립(linearly independent) 또는 일차독립이라고 한다.

(2) 스칼라 $k_1, k_2, \cdots, k_r$ 중 적어도 하나의 0이 아닌 k_i가 존재하여

$$k_1 \boldsymbol{v}_1 + k_2 \boldsymbol{v}_2 + \cdots + k_r \boldsymbol{v}_r = \mathbf{0}$$

이 성립하면 $\boldsymbol{v}_1, \boldsymbol{v}_2, \cdots, \boldsymbol{v}_r$ 은 선형종속(linearly dependent) 또는 일차종속이라고 한다.

[정의 3(2)]는 $k_1 \boldsymbol{v}_1 + k_2 \boldsymbol{v}_2 + \cdots + k_r \boldsymbol{v}_r = \mathbf{0}$ 을 만족하는 스칼라 $k_1, k_2, \cdots, k_r$ 이 $k_1 = k_2 = \cdots = k_r = 0$ 외에 다른 것이 있음을 의미한다. 또한 $\boldsymbol{v}_1, \boldsymbol{v}_2, \cdots, \boldsymbol{v}_r$ 이 선형종속이라면 이 중 하나 이상의 벡터는 나머지 벡터들의 선형결합으로 표현할 수 있음을 설명한다.

$\boldsymbol{v}_1, \boldsymbol{v}_2, \cdots, \boldsymbol{v}_r$ 이 선형독립인지를 판정하는 방법

선형독립인지 선형종속인지는 다음 두 가지 방법 중 하나를 사용하여 판정한다.

행렬식을 이용한 판정법

[단계 1]

$\boldsymbol{v}_1, \boldsymbol{v}_2, \cdots, \boldsymbol{v}_r$ 을 차례로 열벡터로 갖는 행렬을 만들었을 때 행렬이 정사각행렬인 경우에 사용한다.

[단계 2]

(i) 행렬식이 0이 아니면 $\boldsymbol{v}_1, \boldsymbol{v}_2, \cdots, \boldsymbol{v}_r$ 은 선형독립이라고 판정한다.

(ii) 행렬식이 0이면 $\boldsymbol{v}_1, \boldsymbol{v}_2, \cdots, \boldsymbol{v}_r$ 은 선형종속이라고 판정한다.

행 사다리꼴을 이용한 판정법

[단계 1]

$\boldsymbol{v}_1, \boldsymbol{v}_2, \cdots, \boldsymbol{v}_r$ 을 차례로 열벡터로 갖는 행렬을 만들고 기본행 연산을 이용하여 행 사다리꼴을 만든다.

[단계 2]

(i) 행 사다리꼴의 선행계수의 개수가 r 개이면 $\boldsymbol{v}_1, \boldsymbol{v}_2, \cdots, \boldsymbol{v}_r$ 은 선형독립이라고 판정한다.

(ii) 행 사다리꼴의 선행계수의 개수가 r 개보다 적으면 $\boldsymbol{v}_1, \boldsymbol{v}_2, \cdots, \boldsymbol{v}_r$ 은 선형종속이라고 판정한다.

행렬식을 이용한 판정법은 정사각행렬에만 적용할 수 있지만 행 사다리꼴을 이용한 판정법은 정사각행렬뿐만이 아니라 모든 행렬에 적용할 수 있다.

예제 3

$\boldsymbol{u} = \begin{bmatrix} 1 \\ 2 \\ 3 \end{bmatrix}$, $\boldsymbol{v} = \begin{bmatrix} 1 \\ 0 \\ 1 \end{bmatrix}$, $\boldsymbol{w} = \begin{bmatrix} 1 \\ 1 \\ 2 \end{bmatrix}$ 가 선형독립인지 또는 선형종속인지를 판정하라.

| 풀이 |

(i) 행렬식을 이용한 판정법을 사용하여 선형독립인지를 판정하여 보자.

$\boldsymbol{u}, \boldsymbol{v}, \boldsymbol{w}$ 를 차례로 열벡터로 갖는 행렬은 $\begin{bmatrix} 1 & 1 & 1 \\ 2 & 0 & 1 \\ 3 & 1 & 2 \end{bmatrix}$ 이고 이 행렬의 행렬식은 다음과 같다.

$$\begin{vmatrix} 1 & 1 & 1 \\ 2 & 0 & 1 \\ 3 & 1 & 2 \end{vmatrix} = 1\begin{vmatrix} 0 & 1 \\ 1 & 2 \end{vmatrix} - 1\begin{vmatrix} 2 & 1 \\ 3 & 2 \end{vmatrix} + 1\begin{vmatrix} 2 & 0 \\ 3 & 1 \end{vmatrix} = -1-1+2=0$$

행렬식을 이용한 판정법에 의하여 $\boldsymbol{u}, \boldsymbol{v}, \boldsymbol{w}$ 는 선형종속이다.

(ii) 행 사다리꼴을 이용한 판정법을 사용하여 선형독립인지를 판정하여 보자.

$\boldsymbol{u}, \boldsymbol{v}, \boldsymbol{w}$ 를 차례로 열벡터로 갖는 행렬은 $\begin{bmatrix} 1 & 1 & 1 \\ 2 & 0 & 1 \\ 3 & 1 & 2 \end{bmatrix}$ 이다. $\begin{bmatrix} 1 & 1 & 1 \\ 2 & 0 & 1 \\ 3 & 1 & 2 \end{bmatrix}$ 를 기본행 연산을 이용하여 행 사다리꼴로 만들면 다음과 같다.

$$\begin{bmatrix} 1 & 1 & 1 \\ 2 & 0 & 1 \\ 3 & 1 & 2 \end{bmatrix} \xrightarrow{①\times(-2)+②} \begin{bmatrix} 1 & 1 & 1 \\ 0 & -2 & -1 \\ 3 & 1 & 2 \end{bmatrix}$$

$$\xrightarrow{①\times(-3)+③}\begin{bmatrix}1&1&1\\0&-2&-1\\0&-2&-1\end{bmatrix}$$

$$\xrightarrow{②\times(-1)+③}\begin{bmatrix}1&1&1\\0&-2&-1\\0&0&0\end{bmatrix}$$

행 사다리꼴의 선행계수가 2개이고 $\boldsymbol{u}$, $\boldsymbol{v}$, $\boldsymbol{w}$ 는 3개의 벡터이므로 행 사다리꼴을 이용한 판정법에 의하여 $\boldsymbol{u}$, $\boldsymbol{v}$, $\boldsymbol{w}$ 는 선형종속이다.

[예제 3]과 달리 다음 예제의 벡터들이 선형독립인지를 판정하려면 행 사다리꼴을 이용한 판정법만 사용할 수 있다.

예제 4

$\boldsymbol{u}=\begin{bmatrix}1\\2\\3\end{bmatrix}$, $\boldsymbol{v}=\begin{bmatrix}1\\0\\2\end{bmatrix}$ 가 선형독립인지 또는 선형종속인지를 판정하라.

| 풀이 |

$\boldsymbol{u}$, $\boldsymbol{v}$ 를 차례로 열벡터로 갖는 행렬은 $\begin{bmatrix}1&1\\2&0\\3&2\end{bmatrix}$ 이다. $\begin{bmatrix}1&1\\2&0\\3&2\end{bmatrix}$ 를 기본행 연산을 이용하여 행 사다리꼴로 만들면 다음과 같다.

$$\begin{bmatrix}1&1\\2&0\\3&2\end{bmatrix}\xrightarrow{①\times(-2)+②}\begin{bmatrix}1&1\\0&-2\\3&2\end{bmatrix}$$

$$\xrightarrow{①\times(-3)+③}\begin{bmatrix}1&1\\0&-2\\0&-1\end{bmatrix}$$

$$\xrightarrow{②\times(-\frac{1}{2})+③}\begin{bmatrix}1&1\\0&-2\\0&0\end{bmatrix}$$

행 사다리꼴의 선행계수가 2개이고 $\boldsymbol{u}$, $\boldsymbol{v}$ 는 2개의 벡터이므로 행 사다리꼴을 이용한 판정법에 의하여 $\boldsymbol{u}$, $\boldsymbol{v}$ 는 선형독립이다.

이제 생성집합과 선형독립을 이용하여 벡터공간의 기저를 다음과 같이 정의한다.

정의 4 기저와 차원

> V가 벡터공간이고 $\boldsymbol{v}_1, \boldsymbol{v}_2, \cdots, \boldsymbol{v}_r \in V$일 때 $S = \{\boldsymbol{v}_1, \boldsymbol{v}_2, \cdots, \boldsymbol{v}_r\}$이라 하자.
> (1) S가 V의 생성집합이고
> (2) $\boldsymbol{v}_1, \boldsymbol{v}_2, \cdots, \boldsymbol{v}_r$이 선형독립이면
> S를 벡터공간 V의 기저(basis)라 한다. 이때 생성집합 S에 있는 벡터의 개수를 V의 차원(dimension)이라 하고 $\mathrm{Dim}(V)$로 나타낸다.

$V = \{\mathbf{0}\}$인 벡터공간의 차원은 0차원으로 정의한다. $1 \le i \le n$에 대하여 $\boldsymbol{e}_i$가 $\mathbb{R}^n$의 표준단위벡터라고 할 때 $S = \{\boldsymbol{e}_1, \boldsymbol{e}_2, \cdots, \boldsymbol{e}_n\}$이라 하자.

(i) 임의의 $\boldsymbol{v} = \begin{bmatrix} v_1 \\ v_2 \\ \vdots \\ v_n \end{bmatrix} \in \mathbb{R}^n$에 대하여

$$\boldsymbol{v} = v_1\boldsymbol{e}_1 + v_2\boldsymbol{e}_2 + \cdots + v_n\boldsymbol{e}_n$$

이므로 S가 $\mathbb{R}^n$의 생성집합이다.

(ii) $\boldsymbol{e}_1, \boldsymbol{e}_2, \cdots, \boldsymbol{e}_n$을 차례로 열벡터로 갖는 행렬은 $\begin{bmatrix} 1 & 0 & 0 & \cdots & 0 \\ 0 & 1 & 0 & \cdots & 0 \\ \vdots & \vdots & \vdots & \cdots & \vdots \\ 0 & 0 & 0 & \cdots & 1 \end{bmatrix}$이고 이 행렬의 행렬식이 1이므로 행렬식을 이용한 판정법에 의하여 $\boldsymbol{e}_1, \boldsymbol{e}_2, \cdots, \boldsymbol{e}_n$은 선형독립이다.

(i)과 (ii)에 의하여 $S = \{\boldsymbol{e}_1, \boldsymbol{e}_2, \cdots, \boldsymbol{e}_n\}$은 $\mathbb{R}^n$의 기저이고 $\mathrm{Dim}(\mathbb{R}^n) = n$이다. 이 결과는 벡터공간을 정의하기 전에 3장에서 $\mathbb{R}^n$을 "n차원 벡터공간"이라고 설명한 근거를 제공한다.

벡터공간의 기저인지를 판정할 때 주어진 벡터를 차례로 열벡터로 갖는 행렬을 만들고 행 사다리꼴을 이용하여 생성집합인지와 선형독립인지를 판정하였다. 하지만 열벡터로 만들어진 행렬이 정사각행렬이면 행렬식을 이용하여 좀 더 간편하게 생성집합과 선형독립을 판정할 수 있다.

예제 5

$\boldsymbol{u}=\begin{bmatrix}1\\0\\1\end{bmatrix}$, $\boldsymbol{v}=\begin{bmatrix}1\\1\\1\end{bmatrix}$, $\boldsymbol{w}=\begin{bmatrix}2\\2\\3\end{bmatrix}$ 일 때 $S=\{\boldsymbol{u},\ \boldsymbol{v},\ \boldsymbol{w}\}$ 가 $\mathbb{R}^3$ 의 기저인지를 판정하라.

| 풀이 |

$\boldsymbol{u}, \boldsymbol{v}, \boldsymbol{w}$ 를 차례로 열벡터로 갖는 행렬을 A 라 하면 $A=\begin{bmatrix}1&1&2\\0&1&2\\1&1&3\end{bmatrix}$ 이다.

$$\begin{aligned}\mathrm{Det}(A) &= 1\begin{vmatrix}1&2\\1&3\end{vmatrix} - 1\begin{vmatrix}0&2\\1&3\end{vmatrix} + 2\begin{vmatrix}0&1\\1&1\end{vmatrix}\\ &= 1-2-2=-3\neq 0\end{aligned}$$

이므로 A^{-1} 가 존재한다.

(i) 임의의 $\begin{bmatrix}a\\b\\c\end{bmatrix}\in\mathbb{R}^3$ 에 대하여

$$\begin{bmatrix}a\\b\\c\end{bmatrix}=k_1\begin{bmatrix}1\\0\\1\end{bmatrix}+k_2\begin{bmatrix}1\\1\\1\end{bmatrix}+k_3\begin{bmatrix}2\\2\\3\end{bmatrix}=\begin{bmatrix}1&1&2\\0&1&2\\1&1&3\end{bmatrix}\begin{bmatrix}k_1\\k_2\\k_3\end{bmatrix}$$

가 성립하는 k_1, k_2, k_3 는

$$\begin{bmatrix}k_1\\k_2\\k_3\end{bmatrix}=A^{-1}\begin{bmatrix}a\\b\\c\end{bmatrix}$$

이다. 따라서 $S=\{\boldsymbol{u}, \boldsymbol{v}, \boldsymbol{w}\}$ 는 $\mathbb{R}^3$ 의 생성집합이다.

(ii) $\mathrm{Det}(A)\neq 0$ 이므로 행렬식을 이용한 판정법에 의하여 $\boldsymbol{u}, \boldsymbol{v}, \boldsymbol{w}$ 는 선형독립이다.

(i)과 (ii)에 의하여 $S=\{\boldsymbol{u}, \boldsymbol{v}, \boldsymbol{w}\}$ 는 $\mathbb{R}^3$ 의 기저이다.

[예제 5]를 일반화하여 보자. n 개의 벡터로 구성된 집합 $S=\{\boldsymbol{v}_1, \boldsymbol{v}_2, \cdots, \boldsymbol{v}_n\}$ 이 $\mathbb{R}^n$ 의 기저인지를 확인하려면 $\boldsymbol{v}_1, \boldsymbol{v}_2, \cdots, \boldsymbol{v}_n$ 을 열벡터로 갖는 행렬의 행렬식이 0인지를 확인하면 된다.

2개의 벡터의 집합이 $\mathbb{R}^3$ 의 기저가 될 수 있을까? 다음 예제를 살펴보자.

예제 6

$\boldsymbol{u}=\begin{bmatrix}1\\0\\1\end{bmatrix}$, $\boldsymbol{v}=\begin{bmatrix}1\\1\\1\end{bmatrix}$ 일 때 $S=\{\boldsymbol{u}, \boldsymbol{v}\}$가 $\mathbb{R}^3$의 기저인지를 판정하라.

| 풀이 |

$\boldsymbol{u}$, $\boldsymbol{v}$를 차례로 열벡터로 갖는 행렬을 B라 하면 $B=\begin{bmatrix}1&1\\0&1\\1&1\end{bmatrix}$이다. 임의의 $\begin{bmatrix}a\\b\\c\end{bmatrix}\in\mathbb{R}^3$에 대하여

$$\begin{bmatrix}a\\b\\c\end{bmatrix}=k_1\begin{bmatrix}1\\0\\1\end{bmatrix}+k_2\begin{bmatrix}1\\1\\1\end{bmatrix}=\begin{bmatrix}1&1\\0&1\\1&1\end{bmatrix}\begin{bmatrix}k_1\\k_2\end{bmatrix}$$

인 k_1, k_2가 존재하는지를 가우스 소거법을 이용하여 확인한다.

$$\left[\begin{array}{cc|c}1&1&a\\0&1&b\\1&1&c\end{array}\right]\xrightarrow{①\times(-1)+③}\left[\begin{array}{cc|c}1&1&a\\0&1&b\\0&0&c-a\end{array}\right]$$

첨가행렬을 연립방정식으로 나타내면

$$\begin{cases}k_1+k_2=a\\ \quad\ \ k_2=b\\ \quad\ \ \ 0=c-a\end{cases}$$

이다. 따라서 $c-a\neq 0$이면 연립선형방정식을 만족하는 k_1과 k_2는 존재하지 않는다. 따라서 $S=\{\boldsymbol{u}, \boldsymbol{v}\}$는 $\mathbb{R}^3$의 생성집합이 아니므로 S는 $\mathbb{R}^3$의 기저가 아니다.

[예제 6]에서 $B=\begin{bmatrix}1&1\\0&1\\1&1\end{bmatrix}$이고 B는 정사각행렬이 아니므로 [예제 5]에서와 같이 행렬식을 이용하여 기저인지를 판정할 수 없다.

4개의 벡터의 집합이 $\mathbb{R}^3$의 기저가 될 수 있을까? 다음 예제를 살펴보자.

예제 7

$\boldsymbol{u}=\begin{bmatrix}1\\0\\1\end{bmatrix}$, $\boldsymbol{v}=\begin{bmatrix}1\\1\\1\end{bmatrix}$, $\boldsymbol{w}=\begin{bmatrix}2\\2\\3\end{bmatrix}$, $\boldsymbol{x}=\begin{bmatrix}1\\0\\2\end{bmatrix}$ 일 때 $S=\{\boldsymbol{u}, \boldsymbol{v}, \boldsymbol{w}, \boldsymbol{x}\}$가 $\mathbb{R}^3$의 기저인지를 판정하라.

| 풀이 |

$\boldsymbol{u}$, $\boldsymbol{v}$, $\boldsymbol{w}$, $\boldsymbol{x}$를 차례로 열벡터로 갖는 행렬을 C라 하면 $C=\begin{bmatrix}1&1&2&1\\0&1&2&0\\1&1&3&2\end{bmatrix}$이다. 행렬 C를 기본행 연산을 이용하여 행 사다리꼴을 만들면 다음과 같다.

$$\begin{bmatrix}1&1&2&1\\0&1&2&0\\1&1&3&2\end{bmatrix}\xrightarrow{①\times(-1)+③}\begin{bmatrix}1&1&2&1\\0&1&2&0\\0&0&1&1\end{bmatrix}$$

행 사다리꼴의 선행계수가 3개이고 $\boldsymbol{u}$, $\boldsymbol{v}$, $\boldsymbol{w}$, $\boldsymbol{x}$는 4개의 벡터이므로 $\boldsymbol{u}$, $\boldsymbol{v}$, $\boldsymbol{w}$, $\boldsymbol{x}$는 선형종속이다. 따라서 $S=\{\boldsymbol{u},\boldsymbol{v},\boldsymbol{w},\boldsymbol{x}\}$는 $\mathbb{R}^3$에서 선형독립이 아니므로 S는 $\mathbb{R}^3$의 기저가 아니다.

[예제 7]에서 $C=\begin{bmatrix}1&1&2&1\\0&1&2&0\\1&1&3&2\end{bmatrix}$이고 C는 정사각행렬이 아니므로 [예제 5]에서와 같이 행렬식을 이용하여 기저인지를 판정할 수 없다. [예제 5], [예제 6], [예제 7]을 살펴보면 다음의 결과를 유추할 수 있다.

❶ 유클리드 벡터공간 $\mathbb{R}^n$에 대하여 생성집합 S에 속한 벡터의 개수가 n개보다 적거나 n개보다 많으면 S는 $\mathbb{R}^n$의 기저가 될 수 없다.

❷ 유클리드 벡터공간 $\mathbb{R}^n$에 대하여 생성집합 S에 속한 벡터의 개수가 n개인 경우 벡터를 열벡터로 갖는 행렬의 행렬식이 0이 아니면 S는 $\mathbb{R}^n$의 기저이고 행렬식이 0이면 S는 $\mathbb{R}^n$의 기저가 아니다.

$\mathbb{R}^n$의 생성된 부분공간의 기저

$1\le r\le n$이라 하자. [정의 2]에서 $\boldsymbol{v}_1, \boldsymbol{v}_2, \cdots, \boldsymbol{v}_r\in\mathbb{R}^n$이고 $S=\{\boldsymbol{v}_1,\boldsymbol{v}_2,\cdots,\boldsymbol{v}_r\}$일 때

$$W=\{k_1\boldsymbol{v}_1+k_2\boldsymbol{v}_2+\cdots+k_r\boldsymbol{v}_r : k_1, k_2, \cdots, k_r\in\mathbb{R}\}$$

를 S에 의하여 생성된 $\mathbb{R}^n$의 부분공간이라고 정의하였다. 이 경우에는 생성집합에 대한 판정없이 $\boldsymbol{v}_1, \boldsymbol{v}_2, \cdots, \boldsymbol{v}_r$이 선형독립이면 $S = \{\boldsymbol{v}_1, \boldsymbol{v}_2, \cdots, \boldsymbol{v}_r\}$는 W의 기저이고 $\mathrm{Dim}(W) = r$이다.

예제 8

$\mathbb{R}^3$의 부분공간 W의 기저와 차원을 구하라.

(a) $W = \left\{ \begin{bmatrix} w_1 \\ w_2 \\ w_3 \end{bmatrix} : w_1 = t, w_2 = 3t, w_3 = -2t, t \in \mathbb{R} \right\}$

(b) $W = \left\{ \begin{bmatrix} w_1 \\ w_2 \\ w_3 \end{bmatrix} : w_1 = t, w_2 = 2s, w_3 = 3s,\ s, t \in \mathbb{R} \right\}$

(c) $W = \left\{ \begin{bmatrix} w_1 \\ w_2 \\ w_3 \end{bmatrix} : w_1 + 2w_2 - w_3 = 0 \right\}$

(d) $W = \left\{ \begin{bmatrix} w_1 \\ w_2 \\ w_3 \end{bmatrix} : w_1 = 4w_3 \right\}$

| 풀이 |

(a)
$$W = \left\{ \begin{bmatrix} t \\ 3t \\ -2t \end{bmatrix} : t \in \mathbb{R} \right\} = \left\{ t \begin{bmatrix} 1 \\ 3 \\ -2 \end{bmatrix} : t \in \mathbb{R} \right\}$$

이므로 $S = \left\{ \begin{bmatrix} 1 \\ 3 \\ -2 \end{bmatrix} \right\}$는 W의 기저이고 $\mathrm{Dim}(W) = 1$이다.

(b)
$$W = \left\{ \begin{bmatrix} t \\ 2s \\ 3s \end{bmatrix} : s, t \in \mathbb{R} \right\} = \left\{ t \begin{bmatrix} 1 \\ 0 \\ 0 \end{bmatrix} + s \begin{bmatrix} 0 \\ 2 \\ 3 \end{bmatrix} : s, t \in \mathbb{R} \right\}$$

이고 $\begin{bmatrix} 1 \\ 0 \\ 0 \end{bmatrix}$과 $\begin{bmatrix} 0 \\ 2 \\ 3 \end{bmatrix}$은 선형독립이다. 따라서 $S = \left\{ \begin{bmatrix} 1 \\ 0 \\ 0 \end{bmatrix}, \begin{bmatrix} 0 \\ 2 \\ 3 \end{bmatrix} \right\}$은 W의 기저이고 $\mathrm{Dim}(W) = 2$이다.

(c) 임의의 실수 s에 대하여 $w_3 = s$, 임의의 실수 t에 대하여 $w_2 = t$라 하면 w_1은 $w_1 = -2w_2 + w_3 = -2t + s$이다. 따라서

$$W = \left\{ \begin{bmatrix} -2t+s \\ t \\ s \end{bmatrix} : t,\, s \in \mathbb{R} \right\} = \left\{ t\begin{bmatrix} -2 \\ 1 \\ 0 \end{bmatrix} + s\begin{bmatrix} 1 \\ 0 \\ 1 \end{bmatrix} : t,\, s \in \mathbb{R} \right\}$$

이고 $\begin{bmatrix} -2 \\ 1 \\ 0 \end{bmatrix}$ 과 $\begin{bmatrix} 1 \\ 0 \\ 1 \end{bmatrix}$ 은 선형독립이다. 따라서 $S = \left\{ \begin{bmatrix} -2 \\ 1 \\ 0 \end{bmatrix}, \begin{bmatrix} 1 \\ 0 \\ 1 \end{bmatrix} \right\}$은 W의 기저이고 $\mathrm{Dim}\,(W) = 2$이다.

(d) 임의의 실수 s에 대하여 $w_3 = s$, 임의의 실수 t에 대하여 $w_2 = t$라 하면 w_1은 $w_1 = 4w_3$에서 $w_1 = 4s$이다. 따라서

$$W = \left\{ \begin{bmatrix} 4s \\ t \\ s \end{bmatrix} : s,\, t \in \mathbb{R} \right\} = \left\{ s\begin{bmatrix} 4 \\ 0 \\ 1 \end{bmatrix} + t\begin{bmatrix} 0 \\ 1 \\ 0 \end{bmatrix} : s,\, t \in \mathbb{R} \right\}$$

이고 $\begin{bmatrix} 4 \\ 0 \\ 1 \end{bmatrix}$ 과 $\begin{bmatrix} 0 \\ 1 \\ 0 \end{bmatrix}$ 은 선형독립이다. 따라서 $S = \left\{ \begin{bmatrix} 4 \\ 0 \\ 1 \end{bmatrix}, \begin{bmatrix} 0 \\ 1 \\ 0 \end{bmatrix} \right\}$은 W의 기저이고 $\mathrm{Dim}\,(W) = 2$이다.

[예제 8(c)]와 [예제 8(d)]의 풀이는 행 사다리꼴을 이용하여 무수히 많은 해를 갖는 연립선형방정식의 해를 구할 때 사용한 방법을 적용하였다. 주어진 부분공간에 대한 기저를 구하면 어떤 좋은 점이 있을까?

[예제 8(a)]에서 $\boldsymbol{v} = \begin{bmatrix} 1 \\ 3 \\ -2 \end{bmatrix}$라 할 때 $\{t\boldsymbol{v} : t \in \mathbb{R}\}$는 $\boldsymbol{v}$를 포함하는 직선을 나타낸다.

[예제 8(c)]에서 $\boldsymbol{v} = \begin{bmatrix} -2 \\ 1 \\ 0 \end{bmatrix}$, $\boldsymbol{w} = \begin{bmatrix} 1 \\ 0 \\ 1 \end{bmatrix}$이라 할 때 $\{t\boldsymbol{v} + s\boldsymbol{w} : s,\, t \in \mathbb{R}\}$는 $\boldsymbol{v}$와 $\boldsymbol{w}$를 포함하는 평면을 나타낸다. 즉, 부분공간을 생성하는 기저를 구하면 생성된 부분공간이 어떤 모습인지를 알 수 있다.

이 절에서는 벡터공간의 생성집합과 생성집합에 속한 벡터들의 선형독립을 판정하는 방법을 이해하고 생성집합과 선형독립을 이용하여 벡터공간의 차원을 정의하였다. 생성집합과 선형독립을 판정하기 위하여 열벡터로 만들어진 행렬이 정사각행렬인 경우에는 행렬식을 사용하고 정사각행렬이 아닌 경우 행 사다리꼴을 사용하여 판정하는 방법을 다뤘다. 또한 벡터공간의 기저를 정의하고 생성된 부분공간의 차원을 구하는 방법도 학습하였다.

Chapter 4.2 연습문제

1 $\boldsymbol{u}$를 $\boldsymbol{v}_1$과 $\boldsymbol{v}_2$의 선형결합으로 표현하라.

(a) $\boldsymbol{u} = \begin{bmatrix} 8 \\ 1 \end{bmatrix}$, $\boldsymbol{v}_1 = \begin{bmatrix} 2 \\ 1 \end{bmatrix}$, $\boldsymbol{v}_2 = \begin{bmatrix} 1 \\ -1 \end{bmatrix}$

(b) $\boldsymbol{u} = \begin{bmatrix} -2 \\ -8 \end{bmatrix}$, $\boldsymbol{v}_1 = \begin{bmatrix} -1 \\ -3 \end{bmatrix}$, $\boldsymbol{v}_2 = \begin{bmatrix} 0 \\ 2 \end{bmatrix}$

(c) $\boldsymbol{u} = \begin{bmatrix} 6 \\ 8 \end{bmatrix}$, $\boldsymbol{v}_1 = \begin{bmatrix} 0 \\ 2 \end{bmatrix}$, $\boldsymbol{v}_2 = \begin{bmatrix} 3 \\ 0 \end{bmatrix}$

(d) $\boldsymbol{u} = \begin{bmatrix} \frac{9}{2} \\ 4 \end{bmatrix}$, $\boldsymbol{v}_1 = \begin{bmatrix} 1 \\ -4 \end{bmatrix}$, $\boldsymbol{v}_2 = \begin{bmatrix} 2 \\ 3 \end{bmatrix}$

(e) $\boldsymbol{u} = \begin{bmatrix} 0 \\ 10 \\ -2 \end{bmatrix}$, $\boldsymbol{v}_1 = \begin{bmatrix} 1 \\ 3 \\ 0 \end{bmatrix}$, $\boldsymbol{v}_2 = \begin{bmatrix} 2 \\ 1 \\ 1 \end{bmatrix}$

(f) $\boldsymbol{u} = \begin{bmatrix} -1 \\ 2 \\ 16 \end{bmatrix}$, $\boldsymbol{v}_1 = \begin{bmatrix} 1 \\ 0 \\ -2 \end{bmatrix}$, $\boldsymbol{v}_2 = \begin{bmatrix} 2 \\ 1 \\ 3 \end{bmatrix}$

(g) $\boldsymbol{u} = \begin{bmatrix} 8 \\ 12 \\ 1 \end{bmatrix}$, $\boldsymbol{v}_1 = \begin{bmatrix} 1 \\ -1 \\ 2 \end{bmatrix}$, $\boldsymbol{v}_2 = \begin{bmatrix} 2 \\ 2 \\ 1 \end{bmatrix}$

(h) $\boldsymbol{u} = \begin{bmatrix} -3 \\ -2 \\ -3 \end{bmatrix}$, $\boldsymbol{v}_1 = \begin{bmatrix} 0 \\ 1 \\ 3 \end{bmatrix}$, $\boldsymbol{v}_2 = \begin{bmatrix} 3 \\ 1 \\ 0 \end{bmatrix}$

2 $\boldsymbol{w}$를 $\boldsymbol{v}_1$, $\boldsymbol{v}_2$, $\boldsymbol{v}_3$의 선형결합으로 표현하라.

(a) $\boldsymbol{w} = \begin{bmatrix} -3 \\ 2 \\ 2 \end{bmatrix}$, $\boldsymbol{v}_1 = \begin{bmatrix} 1 \\ 1 \\ 1 \end{bmatrix}$, $\boldsymbol{v}_2 = \begin{bmatrix} 2 \\ 0 \\ 1 \end{bmatrix}$, $\boldsymbol{v}_3 = \begin{bmatrix} 0 \\ 1 \\ 3 \end{bmatrix}$

(b) $\boldsymbol{w} = \begin{bmatrix} -5 \\ -4 \\ 9 \end{bmatrix}$, $\boldsymbol{v}_1 = \begin{bmatrix} 0 \\ 1 \\ 4 \end{bmatrix}$, $\boldsymbol{v}_2 = \begin{bmatrix} 2 \\ 2 \\ 1 \end{bmatrix}$, $\boldsymbol{v}_3 = \begin{bmatrix} 1 \\ 3 \\ 1 \end{bmatrix}$

(c) $\boldsymbol{w} = \begin{bmatrix} 2 \\ -9 \\ 1 \end{bmatrix}$, $\boldsymbol{v}_1 = \begin{bmatrix} 0 \\ 0 \\ 2 \end{bmatrix}$, $\boldsymbol{v}_2 = \begin{bmatrix} 0 \\ 3 \\ 0 \end{bmatrix}$, $\boldsymbol{v}_3 = \begin{bmatrix} 5 \\ 0 \\ 0 \end{bmatrix}$

(d) $\boldsymbol{w} = \begin{bmatrix} -2 \\ -4 \\ -3 \end{bmatrix}$, $\boldsymbol{v}_1 = \begin{bmatrix} 1 \\ 1 \\ 1 \end{bmatrix}$, $\boldsymbol{v}_2 = \begin{bmatrix} 1 \\ 1 \\ 0 \end{bmatrix}$, $\boldsymbol{v}_3 = \begin{bmatrix} 1 \\ 0 \\ 0 \end{bmatrix}$

(e) $\boldsymbol{w} = \begin{bmatrix} 16 \\ -3 \\ -1 \end{bmatrix}$, $\boldsymbol{v}_1 = \begin{bmatrix} 2 \\ 0 \\ 1 \end{bmatrix}$, $\boldsymbol{v}_2 = \begin{bmatrix} 0 \\ 2 \\ 1 \end{bmatrix}$, $\boldsymbol{v}_3 = \begin{bmatrix} 2 \\ 1 \\ 0 \end{bmatrix}$

(f) $\boldsymbol{w} = \begin{bmatrix} 4 \\ 1 \\ 0 \end{bmatrix}$, $\boldsymbol{v}_1 = \begin{bmatrix} 2 \\ 3 \\ 0 \end{bmatrix}$, $\boldsymbol{v}_2 = \begin{bmatrix} 2 \\ 0 \\ 3 \end{bmatrix}$, $\boldsymbol{v}_3 = \begin{bmatrix} 0 \\ 2 \\ 3 \end{bmatrix}$

(g) $\boldsymbol{w} = \begin{bmatrix} -1 \\ 2 \\ 3 \\ 5 \end{bmatrix}$, $\boldsymbol{v}_1 = \begin{bmatrix} 1 \\ 2 \\ 3 \\ 0 \end{bmatrix}$, $\boldsymbol{v}_2 = \begin{bmatrix} 2 \\ 3 \\ 4 \\ 0 \end{bmatrix}$, $\boldsymbol{v}_3 = \begin{bmatrix} 0 \\ 3 \\ 4 \\ 5 \end{bmatrix}$

(h) $\boldsymbol{w} = \begin{bmatrix} -4 \\ -1 \\ 2 \\ -6 \end{bmatrix}$, $\boldsymbol{v}_1 = \begin{bmatrix} 1 \\ 0 \\ 1 \\ 0 \end{bmatrix}$, $\boldsymbol{v}_2 = \begin{bmatrix} 2 \\ 0 \\ 0 \\ 1 \end{bmatrix}$, $\boldsymbol{v}_3 = \begin{bmatrix} 0 \\ 1 \\ 0 \\ 3 \end{bmatrix}$

3 다음 물음에 답하라.

(a) $S_1 = \left\{ \begin{bmatrix} 1 \\ 5 \end{bmatrix}, \begin{bmatrix} 5 \\ 1 \end{bmatrix} \right\}$이 $\mathbb{R}^2$의 생성집합인지를 판정하라.

(b) $S_2 = \left\{ \begin{bmatrix} 1 \\ -3 \end{bmatrix}, \begin{bmatrix} -2 \\ 6 \end{bmatrix} \right\}$이 $\mathbb{R}^2$의 생성집합인지를 판정하라.

(c) $S_3 = \left\{ \begin{bmatrix} 0 \\ 4 \end{bmatrix}, \begin{bmatrix} -3 \\ 0 \end{bmatrix} \right\}$이 $\mathbb{R}^2$의 생성집합인지를 판정하라.

(d) $S_4 = \left\{ \begin{bmatrix} 2 \\ -5 \end{bmatrix}, \begin{bmatrix} -4 \\ -10 \end{bmatrix} \right\}$이 $\mathbb{R}^2$의 생성집합인지를 판정하라.

(e) $S_5 = \left\{ \begin{bmatrix} 1 \\ 0 \\ 1 \end{bmatrix}, \begin{bmatrix} 2 \\ 1 \\ 0 \end{bmatrix}, \begin{bmatrix} 3 \\ 1 \\ 1 \end{bmatrix} \right\}$이 $\mathbb{R}^3$의 생성집합인지를 판정하라.

(f) $S_6 = \left\{ \begin{bmatrix} 1 \\ 0 \\ 1 \end{bmatrix}, \begin{bmatrix} 2 \\ 1 \\ 1 \end{bmatrix}, \begin{bmatrix} 3 \\ 3 \\ 4 \end{bmatrix} \right\}$가 $\mathbb{R}^3$의 생성집합인지를 판정하라.

(g) $S_7 = \left\{ \begin{bmatrix} 1 \\ 3 \\ 2 \end{bmatrix}, \begin{bmatrix} 2 \\ 1 \\ 2 \end{bmatrix}, \begin{bmatrix} -1 \\ 2 \\ 0 \end{bmatrix} \right\}$이 $\mathbb{R}^3$의 생성집합인지를 판정하라.

(h) $S_8 = \left\{ \begin{bmatrix} -1 \\ 2 \\ 1 \end{bmatrix}, \begin{bmatrix} 0 \\ 1 \\ 1 \end{bmatrix}, \begin{bmatrix} 4 \\ 3 \\ 2 \end{bmatrix} \right\}$가 $\mathbb{R}^3$의 생성집합인지를 판정하라.

4 다음 벡터들이 선형독립인지 또는 선형종속인지를 판정하라.

(a) $\boldsymbol{u} = \begin{bmatrix} 1 \\ 5 \end{bmatrix},\ \boldsymbol{v} = \begin{bmatrix} 5 \\ 1 \end{bmatrix}$ (b) $\boldsymbol{u} = \begin{bmatrix} 1 \\ -3 \end{bmatrix},\ \boldsymbol{v} = \begin{bmatrix} -2 \\ 6 \end{bmatrix}$

(c) $\boldsymbol{u} = \begin{bmatrix} 0 \\ 4 \end{bmatrix},\ \boldsymbol{v} = \begin{bmatrix} -3 \\ 0 \end{bmatrix}$ (d) $\boldsymbol{u} = \begin{bmatrix} 2 \\ -5 \end{bmatrix},\ \boldsymbol{v} = \begin{bmatrix} -4 \\ -10 \end{bmatrix}$

(e) $\boldsymbol{u} = \begin{bmatrix} 1 \\ 0 \\ 1 \end{bmatrix},\ \boldsymbol{v} = \begin{bmatrix} 2 \\ 1 \\ 0 \end{bmatrix},\ \boldsymbol{w} = \begin{bmatrix} 3 \\ 1 \\ 1 \end{bmatrix}$ (f) $\boldsymbol{u} = \begin{bmatrix} 1 \\ 0 \\ 1 \end{bmatrix},\ \boldsymbol{v} = \begin{bmatrix} 2 \\ 1 \\ 1 \end{bmatrix},\ \boldsymbol{w} = \begin{bmatrix} 3 \\ 3 \\ 4 \end{bmatrix}$

(g) $\boldsymbol{u} = \begin{bmatrix} 1 \\ 3 \\ 2 \end{bmatrix},\ \boldsymbol{v} = \begin{bmatrix} 2 \\ 1 \\ 2 \end{bmatrix},\ \boldsymbol{w} = \begin{bmatrix} -1 \\ 2 \\ 0 \end{bmatrix}$ (h) $\boldsymbol{u} = \begin{bmatrix} -1 \\ 2 \\ 1 \end{bmatrix},\ \boldsymbol{v} = \begin{bmatrix} 0 \\ 1 \\ 1 \end{bmatrix},\ \boldsymbol{w} = \begin{bmatrix} 4 \\ 3 \\ 2 \end{bmatrix}$

5 다음 벡터들이 선형독립인지 또는 선형종속인지를 판정하라.

(a) $\boldsymbol{u} = \begin{bmatrix} 1 \\ 3 \end{bmatrix},\ \boldsymbol{v} = \begin{bmatrix} 3 \\ 1 \end{bmatrix},\ \boldsymbol{w} = \begin{bmatrix} 2 \\ 3 \end{bmatrix}$ (b) $\boldsymbol{u} = \begin{bmatrix} 1 \\ 0 \end{bmatrix},\ \boldsymbol{v} = \begin{bmatrix} 0 \\ 1 \end{bmatrix},\ \boldsymbol{w} = \begin{bmatrix} 1 \\ 1 \end{bmatrix}$

(c) $\boldsymbol{u} = \begin{bmatrix} 1 \\ 2 \\ 3 \end{bmatrix},\ \boldsymbol{v} = \begin{bmatrix} 2 \\ 3 \\ 4 \end{bmatrix}$ (d) $\boldsymbol{u} = \begin{bmatrix} 1 \\ 3 \\ -1 \end{bmatrix},\ \boldsymbol{v} = \begin{bmatrix} -2 \\ -6 \\ 2 \end{bmatrix}$

(e) $\boldsymbol{u} = \begin{bmatrix} 1 \\ 0 \\ 2 \\ 0 \end{bmatrix},\ \boldsymbol{v} = \begin{bmatrix} 3 \\ 1 \\ 0 \\ 0 \end{bmatrix}$ (f) $\boldsymbol{u} = \begin{bmatrix} 1 \\ 0 \\ 0 \\ 3 \end{bmatrix},\ \boldsymbol{v} = \begin{bmatrix} -2 \\ 0 \\ 0 \\ -6 \end{bmatrix}$

(g) $\boldsymbol{u} = \begin{bmatrix} 1 \\ 1 \\ 2 \\ 3 \end{bmatrix},\ \boldsymbol{v} = \begin{bmatrix} 3 \\ 1 \\ 2 \\ 0 \end{bmatrix},\ \boldsymbol{w} = \begin{bmatrix} -2 \\ 0 \\ 0 \\ 3 \end{bmatrix}$ (h) $\boldsymbol{u} = \begin{bmatrix} 3 \\ 2 \\ 1 \\ 1 \end{bmatrix},\ \boldsymbol{v} = \begin{bmatrix} 2 \\ 1 \\ 3 \\ 0 \end{bmatrix},\ \boldsymbol{w} = \begin{bmatrix} -2 \\ 0 \\ 0 \\ 3 \end{bmatrix}$

6 다음 벡터의 집합이 $\mathbb{R}^3$ 의 기저인지를 판정하라.

(a) $S_1 = \left\{ \begin{bmatrix} 3 \\ 4 \\ 2 \end{bmatrix}, \begin{bmatrix} 2 \\ 1 \\ 0 \end{bmatrix} \right\}$ (b) $S_2 = \left\{ \begin{bmatrix} -2 \\ 3 \\ 0 \end{bmatrix}, \begin{bmatrix} -2 \\ 5 \\ -1 \end{bmatrix} \right\}$

(c) $S_3 = \left\{ \begin{bmatrix} 3 \\ 4 \\ 2 \end{bmatrix}, \begin{bmatrix} 2 \\ 1 \\ 0 \end{bmatrix}, \begin{bmatrix} -1 \\ -2 \\ 3 \end{bmatrix} \right\}$ (d) $S_4 = \left\{ \begin{bmatrix} 3 \\ 4 \\ 2 \end{bmatrix}, \begin{bmatrix} 2 \\ 1 \\ 0 \end{bmatrix}, \begin{bmatrix} 1 \\ 3 \\ 2 \end{bmatrix} \right\}$

(e) $S_5 = \left\{ \begin{bmatrix} 1 \\ 0 \\ 1 \end{bmatrix}, \begin{bmatrix} 2 \\ 1 \\ 0 \end{bmatrix}, \begin{bmatrix} 3 \\ 1 \\ 1 \end{bmatrix} \right\}$ (f) $S_6 = \left\{ \begin{bmatrix} 1 \\ 0 \\ 1 \end{bmatrix}, \begin{bmatrix} 2 \\ 1 \\ 1 \end{bmatrix}, \begin{bmatrix} 3 \\ 3 \\ 4 \end{bmatrix} \right\}$

(g) $S_7 = \left\{ \begin{bmatrix} 1 \\ 4 \\ 5 \end{bmatrix}, \begin{bmatrix} 3 \\ 1 \\ 2 \end{bmatrix}, \begin{bmatrix} -1 \\ -3 \\ 1 \end{bmatrix}, \begin{bmatrix} 1 \\ 0 \\ 1 \end{bmatrix} \right\}$ (h) $S_8 = \left\{ \begin{bmatrix} -1 \\ 3 \\ -1 \end{bmatrix}, \begin{bmatrix} 1 \\ 0 \\ 0 \end{bmatrix}, \begin{bmatrix} 7 \\ 3 \\ 4 \end{bmatrix}, \begin{bmatrix} 0 \\ 1 \\ 0 \end{bmatrix} \right\}$

7 $\mathbb{R}^4$의 부분공간 W의 기저와 차원을 구하라.

(a) $W = \left\{ \begin{bmatrix} w_1 \\ w_2 \\ w_3 \\ w_4 \end{bmatrix} : w_1 = t,\ w_2 = 4t,\ w_3 = -2t,\ w_4 = -3t,\ \ t \in \mathbb{R} \right\}$

(b) $W = \left\{ \begin{bmatrix} w_1 \\ w_2 \\ w_3 \\ w_4 \end{bmatrix} : w_1 = t,\ w_2 = 4t,\ w_3 = -2s,\ w_4 = -3s,\ \ t,\ s \in \mathbb{R} \right\}$

(c) $W = \left\{ \begin{bmatrix} w_1 \\ w_2 \\ w_3 \\ w_4 \end{bmatrix} : w_1 = t,\ w_2 = 4s,\ w_3 = -2s,\ w_4 = -3r,\ \ t,\ s,\ r \in \mathbb{R} \right\}$

(d) $W = \left\{ \begin{bmatrix} w_1 \\ w_2 \\ w_3 \\ w_4 \end{bmatrix} : w_1 = t + s,\ w_2 = 0,\ w_3 = t,\ w_4 = s,\ t,\ s \in \mathbb{R} \right\}$

(e) $W = \left\{ \begin{bmatrix} w_1 \\ w_2 \\ w_3 \\ w_4 \end{bmatrix} : w_1 = w_2 = w_3 \right\}$

(f) $W = \left\{ \begin{bmatrix} w_1 \\ w_2 \\ w_3 \\ w_4 \end{bmatrix} : w_1 = 3w_4 \right\}$

(g) $W = \left\{ \begin{bmatrix} w_1 \\ w_2 \\ w_3 \\ w_4 \end{bmatrix} : w_2 + 2w_3 + 3w_4 = 0 \right\}$

(h) $W = \left\{ \begin{bmatrix} w_1 \\ w_2 \\ w_3 \\ w_4 \end{bmatrix} : w_1 - 2w_2 + 2w_3 - w_4 = 0 \right\}$

8 다음 명제가 참인지 거짓인지를 판정하라.

(a) 임의의 벡터 $\boldsymbol{v} \in \mathbb{R}^2$는 $\boldsymbol{v}_1 = \begin{bmatrix} 2 \\ 1 \end{bmatrix}$과 $\boldsymbol{v}_2 = \begin{bmatrix} -2 \\ 4 \end{bmatrix}$의 선형결합으로 표현할 수 있다.

(b) $\boldsymbol{v}_1 = \begin{bmatrix} -1 \\ 3 \end{bmatrix}$, $\boldsymbol{v}_2 = \begin{bmatrix} 2 \\ -6 \end{bmatrix}$일 때

$$\{k_1\boldsymbol{v}_1 + k_2\boldsymbol{v}_2 : k_1, k_2 \in \mathbb{R}\} = \{k\boldsymbol{v}_1 : k \in \mathbb{R}\}$$

이다.

(c) V가 벡터공간이고 $\boldsymbol{v}_1, \boldsymbol{v}_2 \in V$이면

$$W = \{k_1\boldsymbol{v}_1 + k_2\boldsymbol{v}_2 : k_1, k_2 \geq 0\}$$

은 V의 부분공간이다.

(d) $S = \{\boldsymbol{a}, \boldsymbol{b}, \boldsymbol{c}\}$가 벡터공간 V의 기저이면 임의의 $\boldsymbol{v} \in V$에 대하여 적당한 스칼라 k_1, k_2, k_3가 존재하여

$$\boldsymbol{v} = k_1\boldsymbol{a} + k_2\boldsymbol{b} + k_3\boldsymbol{c}$$

가 성립한다.

(e) $S = \{\boldsymbol{a}, \boldsymbol{b}, \boldsymbol{c}\}$가 벡터공간 V의 기저이면 $\boldsymbol{a}, \boldsymbol{b}, \boldsymbol{c}$는 선형독립이다.

(f) V가 벡터공간이고 $\boldsymbol{a}, \boldsymbol{b}, \boldsymbol{c} \in V$가 선형독립이면 $S = \{\boldsymbol{a}, \boldsymbol{b}, \boldsymbol{c}\}$는 V의 기저이다.

(g) V가 벡터공간이고 $\boldsymbol{a}, \boldsymbol{b}, \boldsymbol{c} \in V$가 선형독립이면 $\boldsymbol{v} \in V$는 $\boldsymbol{a}, \boldsymbol{b}, \boldsymbol{c}$의 선형결합으로 표현된다.

(h) $\mathrm{Dim}(W) = 6$인 $\mathbb{R}^7$의 부분공간 W가 존재한다.

3절 행렬의 부분공간

이 절에서는 행렬의 중요한 세 가지 부분공간인 행공간, 열공간, 영공간의 정의와 성질 그리고 차원에 대하여 알아보고자 한다.

정의 1 행공간과 열공간

A가 $m \times n$ 행렬이라 하자.

(1) A의 행들에 의하여 생성되는 부분공간을 행공간(row space)이라 하고 $\mathrm{Row}(A)$로 나타낸다.

(2) A의 열들에 의하여 생성되는 부분공간을 열공간(column space)이라 하고 $\mathrm{Col}(A)$로 나타낸다.

[정의 1]에 의하여 $\boldsymbol{r}_1, \boldsymbol{r}_2, \cdots, \boldsymbol{r}_m$이 행렬 A의 행들일 때

$$\begin{aligned}\mathrm{Row}(A) &= \mathrm{Span}\{\boldsymbol{r}_1, \boldsymbol{r}_2, \cdots, \boldsymbol{r}_m\} \\ &= \{\alpha_1\boldsymbol{r}_1 + \alpha_2\boldsymbol{r}_2 + \cdots + \alpha_m\boldsymbol{r}_m : \alpha_1, \alpha_2, \cdots, \alpha_m \in \mathbb{R}\}\end{aligned}$$

이고 $\mathrm{Row}(A) \subset \mathbb{R}^n$이다. 또한 $\boldsymbol{c}_1, \boldsymbol{c}_2, \cdots, \boldsymbol{c}_n$이 행렬 A의 열들일 때

$$\begin{aligned}\mathrm{Col}(A) &= \mathrm{Span}\{\boldsymbol{c}_1, \boldsymbol{c}_2, \cdots, \boldsymbol{c}_n\} \\ &= \{\beta_1\boldsymbol{c}_1 + \beta_2\boldsymbol{c}_2 + \cdots + \beta_n\boldsymbol{c}_n : \beta_1, \beta_2, \cdots, \beta_n \in \mathbb{R}\}\end{aligned}$$

이고 $\mathrm{Col}(A) \subset \mathbb{R}^m$이다.

행공간과 열공간을 표현할 때 주어진 행렬의 모든 행과 모든 열을 다 사용하지 않는 경우도 있다. 만일 $\boldsymbol{r}_1, \boldsymbol{r}_2, \cdots, \boldsymbol{r}_m$이 선형종속이면 1개 이상의 행벡터를 사용하지 않고 행공간을 표현할 수 있다. 예를 들어 $A = \begin{bmatrix} 1 & 2 \\ 3 & 6 \end{bmatrix}$이면 $\boldsymbol{r}_1 = \begin{bmatrix} 1 \\ 2 \end{bmatrix}$, $\boldsymbol{r}_2 = \begin{bmatrix} 3 \\ 6 \end{bmatrix}$이다.

따라서

$$\text{Row}(A) = \text{Span}\{\boldsymbol{r}_1, \boldsymbol{r}_2\} = \{\alpha_1\boldsymbol{r}_1 + \alpha_2\boldsymbol{r}_2 : \alpha_1, \alpha_2 \in \mathbb{R}\}$$

이다. 하지만 $\boldsymbol{r}_2 = 3\boldsymbol{r}_1$ 이므로

$$\text{Row}(A) = \{\alpha_1\boldsymbol{r}_1 : \alpha_1 \in \mathbb{R}\}$$

로 간단히 나타낼 수 있다. 따라서 $S = \{\boldsymbol{r}_1\}$은 Row(A)의 기저이고 Dim(Row(A)) $= 1$이다. 행공간의 경우와 같이 $\boldsymbol{c}_1, \boldsymbol{c}_2, \cdots, \boldsymbol{c}_n$이 선형종속이면 1개 이상의 열벡터를 사용하지 않아도 열공간을 구할 수 있다. 예를 들어 $A = \begin{bmatrix} 1 & 2 \\ 3 & 6 \end{bmatrix}$이면 $\boldsymbol{c}_1 = \begin{bmatrix} 1 \\ 3 \end{bmatrix}$, $\boldsymbol{c}_2 = \begin{bmatrix} 2 \\ 6 \end{bmatrix}$이다. 따라서

$$\text{Col}(A) = \text{Span}\{\boldsymbol{c}_1, \boldsymbol{c}_2\} = \{\beta_1\boldsymbol{c}_1 + \beta_2\boldsymbol{c}_2 : \beta_1, \beta_2 \in \mathbb{R}\}$$

이다. 하지만 $\boldsymbol{c}_2 = 2\boldsymbol{c}_1$이므로

$$\text{Col}(A) = \{\beta_1\boldsymbol{c}_1 : \beta_1 \in \mathbb{R}\}$$

로 간단히 나타낼 수 있다. 따라서 $S = \{\boldsymbol{c}_1\}$은 Col(A)의 기저이고 Dim(Col(A)) $= 1$이다.

행공간과 열공간을 간단히 표현한다는 것은 주어진 행렬에서 반드시 사용해야 할 필요가 없는 행 또는 열을 사용하지 않고 행공간과 열공간을 표현하는 것을 의미한다.

행공간을 간단히 표현하는 방법

[단계 1]
주어진 행렬을 행 사다리꼴로 변형하고 행 사다리꼴에서 모든 성분이 0이 아닌 행을 찾는다.

[단계 2]
찾은 행들에 대응하는 원래의 행들에 의하여 생성된 부분공간이 간단히 표현한 행공간이다.

예를 들어 $A = \begin{bmatrix} 1 & 2 & 3 \\ 1 & 2 & 4 \\ 0 & 0 & 1 \end{bmatrix}$이라 하자. 행렬 A에 기본행 연산을 사용하여 행 사다리꼴을 만들면 다음과 같다.

$$\begin{bmatrix}1&2&3\\1&2&4\\0&0&1\end{bmatrix}\xrightarrow{①\times(-1)+②}\begin{bmatrix}1&2&3\\0&0&1\\0&0&1\end{bmatrix}\xrightarrow{②\times(-1)+③}\begin{bmatrix}1&2&3\\0&0&1\\0&0&0\end{bmatrix}$$

$\begin{bmatrix}1&2&3\\0&0&1\\0&0&0\end{bmatrix}$ 이 A 의 행 사다리꼴이고, 행 사다리꼴에 있는 1행은 A 의 1행에 대응하고, 행 사다리꼴에 있는 2행은 A 의 2행에 대응한다. 따라서 행렬 A 의 행공간을 간단히 나타내면

$$\text{Row}(A)=\left\{\alpha_1\begin{bmatrix}1\\2\\3\end{bmatrix}+\alpha_2\begin{bmatrix}1\\2\\4\end{bmatrix} : \alpha_1,\ \alpha_2\in\mathbb{R}\right\}$$

이다. 그러므로 $S=\left\{\begin{bmatrix}1\\2\\3\end{bmatrix},\ \begin{bmatrix}1\\2\\4\end{bmatrix}\right\}$는 $\text{Row}(A)$의 기저이고 $\text{Dim}(\text{Row}(A))=2$이다.

열공간을 간단히 표현하는 방법

[단계 1]

주어진 행렬이 A 일 때 A^T를 구한다.

[단계 2]

A^T를 행 사다리꼴로 변형하고 행 사다리꼴에서 모든 성분이 0이 아닌 행을 찾는다.

[단계 3]

찾은 행렬에 대응하는 A^T의 원래 행들을 찾고 이에 대응하는 A의 열들에 의하여 생성된 부분공간이 간단히 표현한 열공간이다.

예를 들어 $A=\begin{bmatrix}1&2&3\\1&2&4\\0&0&1\end{bmatrix}$이면 $A^T=\begin{bmatrix}1&1&0\\2&2&0\\3&4&1\end{bmatrix}$이다. 행렬 A^T에 기본행 연산을 사용하여 행 사다리꼴을 만들면 다음과 같다.

$$\begin{bmatrix}1&1&0\\2&2&0\\3&4&1\end{bmatrix}\xrightarrow{①\times(-2)+②}\begin{bmatrix}1&1&0\\0&0&0\\3&4&1\end{bmatrix}\xrightarrow{①\times(-3)+③}\begin{bmatrix}1&1&0\\0&0&0\\0&1&1\end{bmatrix}\xrightarrow{②\leftrightarrow③}\begin{bmatrix}1&1&0\\0&1&1\\0&0&0\end{bmatrix}$$

$\begin{bmatrix}1&1&0\\0&1&1\\0&0&0\end{bmatrix}$이 A^T의 행 사다리꼴이고, 행 사다리꼴에 있는 1행은 A^T의 1행에 대응하고

A^T의 1행은 A의 1열이다. 또한, 행 사다리꼴에 있는 2행은 A^T의 3행에 대응하고 A^T의 3행은 A의 3열이다. 따라서 행렬 A의 열공간을 간단히 나타내면

$$\mathrm{Col}(A) = \left\{ \beta_1 \begin{bmatrix} 1 \\ 1 \\ 0 \end{bmatrix} + \beta_2 \begin{bmatrix} 3 \\ 4 \\ 1 \end{bmatrix} : \beta_1, \beta_2 \in \mathbb{R} \right\}$$

이다. 그러므로 $S = \left\{ \begin{bmatrix} 1 \\ 1 \\ 0 \end{bmatrix}, \begin{bmatrix} 3 \\ 4 \\ 1 \end{bmatrix} \right\}$은 $\mathrm{Col}(A)$의 기저이고 $\mathrm{Dim}(\mathrm{Col}(A)) = 2$이다.

행렬 A의 열공간을 구할 때 A^T를 사용하는 이유는 행에 대한 기본행 연산은 있지만 열에 대해서는 기본행 연산과 같은 기본열 연산이 없기 때문이다.

A의 행 사다리꼴에 모든 성분이 0인 행이 없는 경우 A의 행공간은 A의 모든 행들에 의해 생성되는 부분공간으로 표현되고, A^T의 행 사다리꼴에 모든 성분이 0이 행이 없는 경우 A의 열공간은 A의 모든 열들에 의해 생성되는 부분공간으로 표현된다.

정의 2 행렬의 계수

A가 $m \times n$ 행렬일 때 A의 열공간의 차원을 행렬 A의 계수(rank)라 하고 $\mathrm{Rank}(A)$로 나타낸다.

[정의 2]는 임의의 행렬 A에 대하여 $\mathrm{Rank}(A) = \mathrm{Dim}(\mathrm{Col}(A))$임을 설명한다.

예제 1

다음 행렬의 행공간과 열공간을 간단히 표현하고 행공간과 열공간의 차원을 구하라.

(a) $A = \begin{bmatrix} 1 & 2 & 3 \\ 2 & 4 & 6 \\ 3 & 6 & 9 \end{bmatrix}$ (b) $B = \begin{bmatrix} 1 & 0 & 2 & 1 \\ 1 & 1 & 1 & 2 \\ 0 & 2 & 2 & 1 \end{bmatrix}$

| 풀이 |

(a) 행렬 A에 기본행 연산을 사용하여 행 사다리꼴을 만들면 다음과 같다.

$$\begin{bmatrix} 1 & 2 & 3 \\ 2 & 4 & 6 \\ 3 & 6 & 9 \end{bmatrix} \xrightarrow{① \times (-2) + ②} \begin{bmatrix} 1 & 2 & 3 \\ 0 & 0 & 0 \\ 3 & 6 & 9 \end{bmatrix} \xrightarrow{① \times (-3) + ③} \begin{bmatrix} 1 & 2 & 3 \\ 0 & 0 & 0 \\ 0 & 0 & 0 \end{bmatrix}$$

$\begin{bmatrix} 1 & 2 & 3 \\ 0 & 0 & 0 \\ 0 & 0 & 0 \end{bmatrix}$ 은 A 의 행 사다리꼴이고, 행 사다리꼴에 있는 1행은 A 의 1행에 대응한다.

따라서 행렬 A 의 행공간을 간단히 나타내면

$$\text{Row}(A) = \left\{ \alpha_1 \begin{bmatrix} 1 \\ 2 \\ 3 \end{bmatrix} : \alpha_1 \in \mathbb{R} \right\}$$

이다. 그러므로 $S = \left\{ \begin{bmatrix} 1 \\ 2 \\ 3 \end{bmatrix} \right\}$ 은 $\text{Row}(A)$의 기저이고 $\text{Dim}(\text{Row}(A)) = 1$ 이다.

$A^T = A = \begin{bmatrix} 1 & 2 & 3 \\ 2 & 4 & 6 \\ 3 & 6 & 9 \end{bmatrix}$ 이다. 행렬 A^T에 기본행 연산을 사용하여 행 사다리꼴을 만들면 다음과 같다.

$$\begin{bmatrix} 1 & 2 & 3 \\ 2 & 4 & 6 \\ 3 & 6 & 9 \end{bmatrix} \xrightarrow{① \times (-2) + ②} \begin{bmatrix} 1 & 2 & 3 \\ 0 & 0 & 0 \\ 3 & 6 & 9 \end{bmatrix} \xrightarrow{① \times (-3) + ③} \begin{bmatrix} 1 & 2 & 3 \\ 0 & 0 & 0 \\ 0 & 0 & 0 \end{bmatrix}$$

$\begin{bmatrix} 1 & 2 & 3 \\ 0 & 0 & 0 \\ 0 & 0 & 0 \end{bmatrix}$ 은 A^T의 행 사다리꼴이고, 행 사다리꼴에 있는 1행은 A^T의 1행에 대응하고 A^T의 1행은 A의 1열이다. 따라서 행렬 A의 열공간을 간단히 나타내면

$$\text{Col}(A) = \left\{ \beta_1 \begin{bmatrix} 1 \\ 2 \\ 3 \end{bmatrix} : \beta_1 \in \mathbb{R} \right\}$$

이다. 그러므로 $S = \left\{ \begin{bmatrix} 1 \\ 2 \\ 3 \end{bmatrix} \right\}$ 은 $\text{Col}(A)$ 의 기저이고 $\text{Dim}(\text{Col}(A)) = 1$ 이다.

(b) 행렬 B에 기본행 연산을 사용하여 행 사다리꼴을 만들면 다음과 같다.

$$\begin{bmatrix} 1 & 0 & 2 & 1 \\ 1 & 1 & 1 & 2 \\ 0 & 2 & 2 & 1 \end{bmatrix} \xrightarrow{① \times (-1) + ②} \begin{bmatrix} 1 & 0 & 2 & 1 \\ 0 & 1 & -1 & 1 \\ 0 & 2 & 2 & 1 \end{bmatrix} \xrightarrow{② \times (-2) + ③} \begin{bmatrix} 1 & 0 & 2 & 1 \\ 0 & 1 & -1 & 1 \\ 0 & 0 & 4 & -1 \end{bmatrix}$$

$\begin{bmatrix} 1 & 0 & 2 & 1 \\ 0 & 1 & -1 & 1 \\ 0 & 0 & 4 & -1 \end{bmatrix}$ 은 B 의 행 사다리꼴이고, 행 사다리꼴에 있는 1행은 B의 1행에 대응한다. 행 사다리꼴에 있는 2행은 B의 2행에 대응하고, 행 사다리꼴에 있는 3행은 B의 3행에 대응한다. 따라서 행렬 B의 행공간을 간단히 나타내면

$$\text{Row}(B)=\left\{\alpha_1\begin{bmatrix}1\\0\\2\\1\end{bmatrix}+\alpha_2\begin{bmatrix}1\\1\\1\\2\end{bmatrix}+\alpha_3\begin{bmatrix}0\\2\\2\\1\end{bmatrix}:\alpha_1,\alpha_2,\alpha_3\in\mathbb{R}\right\}$$

이다. 그러므로 $S=\left\{\begin{bmatrix}1\\0\\2\\1\end{bmatrix},\begin{bmatrix}1\\1\\1\\2\end{bmatrix},\begin{bmatrix}0\\2\\2\\1\end{bmatrix}\right\}$은 $\text{Row}(B)$의 기저이고

$\text{Dim}(\text{Row}(B))=3$이다.

$B=\begin{bmatrix}1&0&2&1\\1&1&1&2\\0&2&2&1\end{bmatrix}$이므로 $B^T=\begin{bmatrix}1&1&0\\0&1&2\\2&1&2\\1&2&1\end{bmatrix}$이다.

행렬 B^T에 기본행 연산을 사용하여 행 사다리꼴을 만들면 다음과 같다.

$$\begin{bmatrix}1&1&0\\0&1&2\\2&1&2\\1&2&1\end{bmatrix}\xrightarrow{①\times(-2)+③}\begin{bmatrix}1&1&0\\0&1&2\\0&-1&2\\1&2&1\end{bmatrix}$$

$$\xrightarrow{①\times(-1)+④}\begin{bmatrix}1&1&0\\0&1&2\\0&-1&2\\0&1&1\end{bmatrix}$$

$$\xrightarrow{②\times1+③}\begin{bmatrix}1&1&0\\0&1&2\\0&0&4\\0&1&1\end{bmatrix}$$

$$\xrightarrow{②\times(-1)+④}\begin{bmatrix}1&1&0\\0&1&2\\0&0&4\\0&0&-1\end{bmatrix}$$

$$\xrightarrow{③\times\frac{1}{4}+④}\begin{bmatrix}1&1&0\\0&1&2\\0&0&4\\0&0&0\end{bmatrix}$$

$\begin{bmatrix}1&1&0\\0&1&2\\0&0&4\\0&0&0\end{bmatrix}$은 B^T의 행 사다리꼴이고, 행 사다리꼴에 있는 1행은 B^T의 1행에 대응하고 B^T의 1행은 B의 1열이다. 행 사다리꼴에 있는 2행은 B^T의 2행에 대응하고 B^T의 2행은 B의 2열이다. 또한 행 사다리꼴에 있는 3행은 B^T의 3행에 대응하고 B^T의 3행은 B의 3열이다. 따라서 행렬 B의 열공간을 간단히 나타내면

$$\mathrm{Col}(B) = \left\{ \beta_1 \begin{bmatrix} 1 \\ 1 \\ 0 \end{bmatrix} + \beta_2 \begin{bmatrix} 0 \\ 1 \\ 2 \end{bmatrix} + \beta_3 \begin{bmatrix} 2 \\ 1 \\ 2 \end{bmatrix} : \beta_1, \beta_2, \beta_3 \in \mathbb{R} \right\}$$

이다. 그러므로 $S = \left\{ \begin{bmatrix} 1 \\ 1 \\ 0 \end{bmatrix}, \begin{bmatrix} 0 \\ 1 \\ 2 \end{bmatrix}, \begin{bmatrix} 2 \\ 1 \\ 2 \end{bmatrix} \right\}$는 $\mathrm{Col}(B)$의 기저이고 $\mathrm{Dim}(\mathrm{Col}(B)) = 3$이다.

[정의 2]에 의하여 [예제 1(a)]의 행렬 A의 계수는 1이고 [예제 1(b)]의 행렬 B의 계수는 3이다.

행공간과 열공간을 간단히 표현하는 것은 행공간과 열공간의 차원을 구할 때 중요하게 사용된다. [예제 1(a)]에서 행렬 A는 3×3 행렬이지만 행공간과 열공간의 차원은 각각 1차원이고, [예제 1(b)]에서 행렬 B는 3×4 행렬이지만 행공간과 열공간의 차원은 각각 3차원이다.

일반적으로 임의의 $m \times n$ 행렬 A의 행공간과 열공간의 차원의 관계는 다음과 같다.

정리 1 행공간과 열공간의 차원

A가 $m \times n$ 행렬일 때

$$\mathrm{Dim}(\mathrm{Row}(A)) = \mathrm{Dim}(\mathrm{Col}(A))$$

이다.

[정의 2]와 [정리 1]에 의하여 $\mathrm{Rank}(A) = \mathrm{Dim}(\mathrm{Row}(A))$이다.

이제 예제를 사용하여 주어진 벡터가 행공간 또는 열공간에 속하는지를 판정하는 방법에 대해 알아보자.

주어진 벡터가 행공간의 속하는지를 판정하는 방법

[예제 1(b)]에서 행렬 B의 행공간은

$$\mathrm{Row}(B) = \left\{ \alpha_1 \begin{bmatrix} 1 \\ 0 \\ 2 \\ 1 \end{bmatrix} + \alpha_2 \begin{bmatrix} 1 \\ 1 \\ 1 \\ 2 \end{bmatrix} + \alpha_3 \begin{bmatrix} 0 \\ 2 \\ 2 \\ 1 \end{bmatrix} : \alpha_1, \alpha_2, \alpha_3 \in \mathbb{R} \right\}$$

였다. 벡터 $\begin{bmatrix}1\\4\\2\\3\end{bmatrix}$이 행렬 B의 행공간의 원소인지를 어떻게 판정할까? 벡터 $\begin{bmatrix}1\\4\\2\\3\end{bmatrix}$이 $\mathrm{Row}(B)$에 속하려면

$$\alpha_1\begin{bmatrix}1\\0\\2\\1\end{bmatrix}+\alpha_2\begin{bmatrix}1\\1\\1\\2\end{bmatrix}+\alpha_3\begin{bmatrix}0\\2\\2\\1\end{bmatrix}=\begin{bmatrix}1\\4\\2\\3\end{bmatrix}$$

인 $\alpha_1, \alpha_2, \alpha_3$가 존재해야 한다. 위의 식을 연립선형방정식으로 나타내면

$$\begin{cases}\alpha_1+\alpha_2=1\\ \alpha_2+2\alpha_3=4\\ 2\alpha_1+\alpha_2+2\alpha_3=2\\ \alpha_1+2\alpha_2+\alpha_3=3\end{cases}$$

이다. 연립선형방정식을 첨가행렬로 표현한 후 기본행 연산을 사용하여 행 사다리꼴로 변형하면 다음과 같다.

$$\left[\begin{array}{ccc|c}1&1&0&1\\0&1&2&4\\2&1&2&2\\1&2&1&3\end{array}\right]\xrightarrow{①\times(-2)+③}\left[\begin{array}{ccc|c}1&1&0&1\\0&1&2&4\\0&-1&2&0\\1&2&1&3\end{array}\right]$$

$$\xrightarrow{①\times(-1)+④}\left[\begin{array}{ccc|c}1&1&0&1\\0&1&2&4\\0&-1&2&0\\0&1&1&2\end{array}\right]$$

$$\xrightarrow{②\times1+③}\left[\begin{array}{ccc|c}1&1&0&1\\0&1&2&4\\0&0&4&4\\0&1&1&2\end{array}\right]$$

$$\xrightarrow{②\times(-1)+④}\left[\begin{array}{ccc|c}1&1&0&1\\0&1&2&4\\0&0&4&4\\0&0&-1&-2\end{array}\right]$$

$$\xrightarrow{③\times\frac{1}{4}+④}\left[\begin{array}{ccc|c}1&1&0&1\\0&1&2&4\\0&0&4&4\\0&0&0&-1\end{array}\right]$$

행 사다리꼴의 마지막 행에서 $0\alpha_1+0\alpha_2+0\alpha_3=-1$을 만족하는 $\alpha_1, \alpha_2, \alpha_3$가 존재하지 않으므로 $\begin{bmatrix}1\\4\\2\\3\end{bmatrix}\notin\mathrm{Row}(B)$이다.

주어진 벡터가 열공간의 속하는지를 판정하는 방법

주어진 벡터가 열공간에 속하는지는 어떤 벡터가 행공간에 속하는지를 판정하는 방법과 같은 방법으로 판정한다. [예제 1(b)]에서 행렬 B의 열공간은

$$\mathrm{Col}(B)=\left\{\beta_1\begin{bmatrix}1\\1\\0\end{bmatrix}+\beta_2\begin{bmatrix}0\\1\\2\end{bmatrix}+\beta_3\begin{bmatrix}2\\1\\2\end{bmatrix}:\beta_1,\beta_2,\beta_3\in\mathbb{R}\right\}$$

였다. 벡터 $\begin{bmatrix}1\\2\\2\end{bmatrix}$가 행렬 B의 열공간의 원소인지를 어떻게 판정할까? 벡터 $\begin{bmatrix}1\\2\\2\end{bmatrix}$가 $\mathrm{Col}(B)$에 속하려면

$$\beta_1\begin{bmatrix}1\\1\\0\end{bmatrix}+\beta_2\begin{bmatrix}0\\1\\2\end{bmatrix}+\beta_3\begin{bmatrix}2\\1\\2\end{bmatrix}=\begin{bmatrix}1\\2\\2\end{bmatrix}$$

인 β_1,β_2,β_3가 존재해야 한다. 위의 식을 연립선형방정식으로 나타내면

$$\begin{cases}\beta_1 \qquad\quad +2\beta_3=1\\ \beta_1+\ \beta_2+\ \ \beta_3=2\\ \qquad 2\beta_2+2\beta_3=2\end{cases}$$

이고 연립선형방정식을 첨가행렬로 표현한 후 기본행 연산을 사용하여 행 사다리꼴로 변형하면 다음과 같다.

$$\begin{bmatrix}1&0&2&:&1\\1&1&1&:&2\\0&2&2&:&2\end{bmatrix}\xrightarrow{\text{①}\times(-1)+\text{②}}\begin{bmatrix}1&0&2&:&1\\0&1&-1&:&1\\0&2&2&:&2\end{bmatrix}\xrightarrow{\text{②}\times(-2)+\text{③}}\begin{bmatrix}1&0&2&:&1\\0&1&-1&:&1\\0&0&4&:&0\end{bmatrix}$$

행 사다리꼴로부터 $\beta_1=1,\ \beta_2=1,\ \beta_3=0$이므로 $\begin{bmatrix}1\\2\\2\end{bmatrix}\in\mathrm{Col}(B)$이다.

영공간

이제 행렬과 관련된 중요한 부분공간 중 하나인 영공간에 대하여 알아보자.

정의 3 **영공간**

A가 $m \times n$ 행렬일 때

$$\{\boldsymbol{x} \in \mathbb{R}^n : A\boldsymbol{x} = \mathbf{0}\}$$

을 행렬 A의 영공간(null space)이라 하고 $\mathrm{Null}(A)$로 나타낸다.

행렬 A의 영공간의 다른 표현은 행렬 A의 핵(kernel)이며 $\mathrm{Ker}(A)$로 나타낸다. 또한 $\mathrm{Null}(A)$의 차원을 행렬 A의 퇴화차수(nullity)라 하고 $\mathrm{Nullity}(A)$로 나타낸다.

영공간에는 영벡터 외에 다른 벡터도 속해 있을까?

$A = \begin{bmatrix} 1 & 0 & -1 \\ -1 & 0 & 1 \end{bmatrix}$일 때 $A\begin{bmatrix} x_1 \\ x_2 \\ x_3 \end{bmatrix} = \mathbf{0}$을 만족하는 벡터 $\boldsymbol{x} = \begin{bmatrix} x_1 \\ x_2 \\ x_3 \end{bmatrix}$를 찾아보자.

영벡터 $\mathbf{0} = \begin{bmatrix} 0 \\ 0 \\ 0 \end{bmatrix}$에 대하여 자명하게 $A\mathbf{0} = \mathbf{0}$이다. $\boldsymbol{v} = \begin{bmatrix} 1 \\ 0 \\ 1 \end{bmatrix}$이라 하면 $\boldsymbol{v} \neq \mathbf{0}$이고

$$A\boldsymbol{v} = \begin{bmatrix} 1 & 0 & -1 \\ -1 & 0 & 1 \end{bmatrix}\begin{bmatrix} 1 \\ 0 \\ 1 \end{bmatrix} = \begin{bmatrix} 0 \\ 0 \\ 0 \end{bmatrix} = \mathbf{0}$$

이 성립한다. 따라서 $\mathbf{0},\ \boldsymbol{v} \in \mathrm{Null}(A)$이다.

영공간을 구하는 방법

[단계 1]
행렬 A의 영공간을 구하려면 $A\boldsymbol{x} = \mathbf{0}$을 첨가행렬로 표현한다.

[단계 2]
첨가행렬을 행 사다리꼴로 변형한 후 해를 구한다.

[단계 3]
만일 $A\boldsymbol{x} = \mathbf{0}$의 해가 1개뿐이면 해는 $\boldsymbol{x} = \mathbf{0}$이고, 해가 무수히 많은 경우는 고정변수와 자유변수를 이용하여 영공간의 모든 벡터를 구한다.

영공간을 구하는 방법을 사용하여 다음 예제를 풀어보자.

예제 2

다음 행렬의 영공간을 구하라.

(a) $A = \begin{bmatrix} 1 & 2 & 2 \\ 0 & 1 & 3 \\ 3 & 0 & 1 \end{bmatrix}$ (b) $B = \begin{bmatrix} 1 & 0 & 1 & 0 \\ 1 & 1 & 2 & 3 \end{bmatrix}$

| 풀이 |

(a) $A\boldsymbol{x} = A\begin{bmatrix} x_1 \\ x_2 \\ x_3 \end{bmatrix} = \begin{bmatrix} 0 \\ 0 \\ 0 \end{bmatrix}$ 을 만족하는 $\begin{bmatrix} x_1 \\ x_2 \\ x_3 \end{bmatrix}$ 를 구하기 위하여 A 를 계수행렬로 갖는 첨가행렬을 기본행 연산을 사용하여 행 사다리꼴로 변형하면 다음과 같다.

$$\left[\begin{array}{ccc|c} 1 & 2 & 2 & 0 \\ 0 & 1 & 3 & 0 \\ 3 & 0 & 1 & 0 \end{array}\right] \xrightarrow{①\times(-3)+③} \left[\begin{array}{ccc|c} 1 & 2 & 2 & 0 \\ 0 & 1 & 3 & 0 \\ 0 & -6 & -5 & 0 \end{array}\right] \xrightarrow{②\times 6+③} \left[\begin{array}{ccc|c} 1 & 2 & 2 & 0 \\ 0 & 1 & 3 & 0 \\ 0 & 0 & 13 & 0 \end{array}\right]$$

행 사다리꼴로 변형된 첨가행렬을 연립방정식으로 표현하면

$$\begin{cases} x_1 + 2x_2 + 2x_3 = 0 \\ \qquad\; x_2 + 3x_3 = 0 \\ \qquad\qquad 13x_3 = 0 \end{cases}$$

이므로 $x_3 = 0,\ x_2 = 0,\ x_1 = 0$ 이다. 따라서 $\mathrm{Null}(A) = \left\{ \begin{bmatrix} 0 \\ 0 \\ 0 \end{bmatrix} \right\}$이다.

(b) $B\boldsymbol{x} = B\begin{bmatrix} x_1 \\ x_2 \\ x_3 \\ x_4 \end{bmatrix} = \begin{bmatrix} 0 \\ 0 \end{bmatrix}$을 만족하는 $\begin{bmatrix} x_1 \\ x_2 \\ x_3 \\ x_4 \end{bmatrix}$를 구하기 위하여 B를 계수행렬로 갖는 첨가행렬을 기본행 연산을 사용하여 행 사다리꼴로 변형하면 다음과 같다.

$$\left[\begin{array}{cccc|c} 1 & 0 & 1 & 0 & 0 \\ 1 & 1 & 2 & 3 & 0 \end{array}\right] \xrightarrow{①\times(-1)+②} \left[\begin{array}{cccc|c} 1 & 0 & 1 & 0 & 0 \\ 0 & 1 & 1 & 3 & 0 \end{array}\right]$$

행 사다리꼴로 변형된 첨가행렬 $\left[\begin{array}{cccc|c} 1 & 0 & 1 & 0 & 0 \\ 0 & 1 & 1 & 3 & 0 \end{array}\right]$을 연립선형방정식으로 표현했을 때 1행의 선행계수에 대응하는 변수는 x_1이고 2행의 선행계수에 대응하는 변수는 x_2 이다. 변수 x_4는 자유변수이므로 임의의 실수 t에 대하여 $x_4 = t$로 두고, 변수 x_3도 자유변수이므로 임의의 실수 s에 대하여 $x_3 = s$로 둔다. 기약행 사다리꼴의 식 ②에서

$$x_2 = -x_3 - 3x_4 = -s - 3t$$

이고 기약행 사다리꼴의 식 ①에서

$$x_1 = -x_3 = -s$$

이다. 따라서

$$\text{Null}(B) = \left\{ \begin{bmatrix} -s \\ -s-3t \\ s \\ t \end{bmatrix} : s, t \in \mathbb{R} \right\} = \left\{ s \begin{bmatrix} -1 \\ -1 \\ 1 \\ 0 \end{bmatrix} + t \begin{bmatrix} 0 \\ -3 \\ 0 \\ 1 \end{bmatrix} : s, t \in \mathbb{R} \right\}$$

이다.

[예제 2(b)]의 결과는 행렬 B의 영공간이 두 벡터 $\begin{bmatrix} -1 \\ -1 \\ 1 \\ 0 \end{bmatrix}$과 $\begin{bmatrix} 0 \\ -3 \\ 0 \\ 1 \end{bmatrix}$에 의해서 생성되는 $\mathbb{R}^4$의 부분공간임을 설명한다.

A가 $m \times n$ 행렬일 때 A의 영공간이 $\mathbb{R}^n$의 부분공간이 됨을 다음 정리에서 증명할 수 있다. A의 행공간이 $\mathbb{R}^n$의 부분공간이고 A의 열공간이 $\mathbb{R}^m$의 부분공간이 되는 것도 비슷한 방법으로 증명할 수 있다.

정리 2 영공간과 부분공간

A가 $m \times n$ 행렬일 때 $\text{Null}(A)$는 $\mathbb{R}^n$의 부분공간이다.

Tip $\boldsymbol{v}_1, \boldsymbol{v}_2 \in \text{Null}(A)$일 때 $\boldsymbol{v}_1 + \boldsymbol{v}_2 \in \text{Null}(A)$, k가 스칼라이고 $\boldsymbol{v} \in \text{Null}(A)$일 때 $k\boldsymbol{v} \in \text{Null}(A)$임을 증명한다.

| 증명 |

(i) $\boldsymbol{v}_1, \boldsymbol{v}_2 \in \text{Null}(A)$이라 하면 $A\boldsymbol{v}_1 = \mathbf{0}$, $A\boldsymbol{v}_2 = \mathbf{0}$이다. 따라서

$$A(\boldsymbol{v}_1 + \boldsymbol{v}_2) = A\boldsymbol{v}_1 + A\boldsymbol{v}_2 = \mathbf{0} + \mathbf{0} = \mathbf{0}$$

이므로 $\boldsymbol{v}_1 + \boldsymbol{v}_2 \in \text{Null}(A)$이다.

(ii) k가 스칼라이고 $\boldsymbol{v} \in \text{Null}(A)$이면 $A\boldsymbol{v} = \mathbf{0}$이다. 따라서

$$A(k\boldsymbol{v}) = kA\boldsymbol{v} = k \cdot \mathbf{0} = \mathbf{0}$$

이므로 $k\boldsymbol{v} \in \mathrm{Null}(A)$ 이다.

(ⅰ)과 (ⅱ)에 의하여 $\mathrm{Null}(A)$는 $\mathbb{R}^n$의 부분공간이다.

행렬의 차원정리

[예제 2(a)]에서 다룬 3×3 행렬의 영공간의 차원은 0이다. 이 행렬의 행공간의 차원을 구해보자. 행렬 A에 기본행 연산을 사용하여 행 사다리꼴을 만들면 다음과 같다.

$$\begin{bmatrix} 1 & 2 & 2 \\ 0 & 1 & 3 \\ 3 & 0 & 1 \end{bmatrix} \xrightarrow{①\times(-3)+③} \begin{bmatrix} 1 & 2 & 2 \\ 0 & 1 & 3 \\ 0 & -6 & -5 \end{bmatrix} \xrightarrow{②\times 6+③} \begin{bmatrix} 1 & 2 & 2 \\ 0 & 1 & 3 \\ 0 & 0 & 13 \end{bmatrix}$$

$\begin{bmatrix} 1 & 2 & 2 \\ 0 & 1 & 3 \\ 0 & 0 & 13 \end{bmatrix}$은 A의 행 사다리꼴이고, 행 사다리꼴에 있는 1행은 A의 1행에 대응한다. 행 사다리꼴에 있는 2행은 A의 2행에 대응하고, 행 사다리꼴에 있는 3행은 A의 3행에 대응한다. 따라서 행렬 A의 행공간을 간단히 나타내면

$$\mathrm{Row}(A) = \left\{ \alpha_1 \begin{bmatrix} 1 \\ 2 \\ 2 \end{bmatrix} + \alpha_2 \begin{bmatrix} 0 \\ 1 \\ 3 \end{bmatrix} + \alpha_3 \begin{bmatrix} 3 \\ 0 \\ 1 \end{bmatrix} : \alpha_1, \alpha_2, \alpha_3 \in \mathbb{R} \right\}$$

이다. 그러므로 $S = \left\{ \begin{bmatrix} 1 \\ 2 \\ 2 \end{bmatrix}, \begin{bmatrix} 0 \\ 1 \\ 3 \end{bmatrix}, \begin{bmatrix} 3 \\ 0 \\ 1 \end{bmatrix} \right\}$은 $\mathrm{Row}(A)$의 기저이고 $\mathrm{Dim}(\mathrm{Row}(A)) = 3$ 이다. 따라서

$$\mathrm{Dim}(\mathrm{Row}(A)) + \mathrm{Dim}(\mathrm{Null}(A)) = 3 + 0 = 3$$

이다. [예제 2(b)]에서 다룬 3×4행렬의 영공간의 차원은 2이다. 이 행렬의 행공간의 차원을 구해보자. 행렬 B에 기본행 연산을 사용하여 행 사다리꼴을 만들면 다음과 같다.

$$\begin{bmatrix} 1 & 0 & 1 & 0 \\ 1 & 1 & 2 & 3 \end{bmatrix} \xrightarrow{①\times(-1)+②} \begin{bmatrix} 1 & 0 & 1 & 0 \\ 0 & 1 & 1 & 3 \end{bmatrix}$$

$\begin{bmatrix} 1 & 0 & 1 & 0 \\ 0 & 1 & 1 & 3 \end{bmatrix}$은 B의 행 사다리꼴이고, 행 사다리꼴에 있는 1행은 B의 1행에 대응한다.

행 사다리꼴에 있는 2행은 B의 2행에 대응한다. 따라서 행렬 B의 행공간을 간단히 나타내면

$$\text{Row}(B)=\left\{\beta_1\begin{bmatrix}1\\0\\1\\0\end{bmatrix}+\beta_2\begin{bmatrix}1\\1\\2\\3\end{bmatrix} : \beta_1, \beta_2 \in \mathbb{R}\right\}$$

이다. 그러므로 $S=\left\{\begin{bmatrix}1\\0\\1\\0\end{bmatrix}, \begin{bmatrix}1\\1\\2\\3\end{bmatrix}\right\}$은 $\text{Row}(B)$의 기저이고 $\text{Dim}(\text{Row}(B))=2$이다. 따라서

$$\text{Dim}(\text{Row}(B))+\text{Dim}(\text{Null}(B))=2+2=4$$

이다.

이와 같이 행공간의 차원과 영공간의 차원의 합을 행렬의 크기와 관련하여 정리한 것이 차원정리이다.

정리 3 차원정리(Dimension Theorem)

A가 $m\times n$ 행렬일 때

$$\text{Dim}(\text{Row}(A))+\text{Dim}(\text{Null}(A))=n$$

이다.

A가 $m\times n$ 행렬일 때 [정리 1]에 의하여 [정리 3]은

$$\text{Dim}(\text{Col}(A))+\text{Dim}(\text{Null}(A))=n$$

으로 표현할 수도 있다.

이 절에서는 행렬과 관련된 다양한 부분공간에 대하여 학습하였다. 행렬의 행공간과 열공간을 정의하고 구하는 방법뿐만이 아니라 행렬의 영공간을 구하고 행렬의 부분공간들의 차원 관계를 설명하는 차원정리도 학습하였다.

Chapter 4.3 연습문제

1 다음 행렬의 행공간과 열공간을 간단히 표현하라.

(a) $A = \begin{bmatrix} 1 & 2 \\ 2 & 1 \end{bmatrix}$ (b) $B = \begin{bmatrix} 1 & 5 \\ 5 & 25 \end{bmatrix}$

(c) $C = \begin{bmatrix} 1 & 0 & -2 \\ -2 & 1 & 3 \end{bmatrix}$ (d) $D = \begin{bmatrix} 2 & 3 \\ -2 & -3 \\ 4 & 6 \end{bmatrix}$

(e) $E = \begin{bmatrix} 1 & 2 & 0 & 0 \\ 2 & 4 & 0 & 1 \end{bmatrix}$ (f) $F = \begin{bmatrix} 1 & 0 & 2 & -1 \\ 1 & 1 & 1 & 3 \\ 2 & 4 & 3 & 2 \end{bmatrix}$

(g) $G = \begin{bmatrix} 1 & 2 & 3 \end{bmatrix}$ (h) $H = \begin{bmatrix} 1 \\ 2 \\ 3 \end{bmatrix}$

2 문제 1의 행렬에 대하여 다음을 구하라.

(a) Rank (A) (b) Rank (B)

(c) Rank (C) (d) Rank (D)

(e) Rank (E) (f) Rank (F)

(g) Rank (G) (h) Rank (H)

3 문제 1의 행렬에 대하여 다음을 구하라.

(a) Nullity (A) (b) Nullity (B)

(c) Nullity (C) (d) Nullity (D)

(e) Nullity (E) (f) Nullity (F)

(g) Nullity (G) (h) Nullity (H)

4 $\boldsymbol{v}$가 주어진 행렬의 행공간에 속하는지를 판정하라.

(a) $A = \begin{bmatrix} 1 & 4 \\ 4 & 1 \end{bmatrix}$, $\boldsymbol{v} = \begin{bmatrix} 3 \\ 2 \end{bmatrix}$ (b) $B = \begin{bmatrix} 1 & 2 \\ 4 & 8 \end{bmatrix}$, $\boldsymbol{v} = \begin{bmatrix} 1 \\ 4 \end{bmatrix}$

(c) $C = \begin{bmatrix} 1 & 2 & 3 \\ 1 & 0 & 2 \end{bmatrix}$, $\boldsymbol{v} = \begin{bmatrix} 3 \\ 2 \\ 7 \end{bmatrix}$ (d) $D = \begin{bmatrix} 1 & 2 \\ 2 & 4 \\ 3 & 6 \end{bmatrix}$, $\boldsymbol{v} = \begin{bmatrix} -5 \\ -10 \end{bmatrix}$

(e) $E = \begin{bmatrix} 1 & 2 & 3 \\ 0 & 4 & 5 \\ 0 & 0 & 6 \end{bmatrix}$, $\boldsymbol{v} = \begin{bmatrix} 1 \\ -3 \\ 3 \end{bmatrix}$ (f) $F = \begin{bmatrix} 1 & 0 & -2 \\ -2 & 0 & 4 \\ 1 & 3 & -2 \end{bmatrix}$, $\boldsymbol{v} = \begin{bmatrix} 2 \\ 3 \\ -4 \end{bmatrix}$

(g) $G = \begin{bmatrix} 1 & 1 & 1 & 3 \\ 1 & 4 & 0 & 1 \end{bmatrix}$, $\boldsymbol{v} = \begin{bmatrix} 1 \\ 1 \\ 0 \\ 0 \end{bmatrix}$ (h) $H = \begin{bmatrix} 1 & 2 & 3 & -1 \\ 2 & 0 & 1 & 4 \\ 3 & 1 & 4 & 2 \end{bmatrix}$, $\boldsymbol{v} = \begin{bmatrix} 1 \\ 1 \\ 1 \\ 1 \end{bmatrix}$

5 $\boldsymbol{w}$ 가 주어진 행렬의 열공간에 속하는지를 판정하라.

(a) $A = \begin{bmatrix} 1 & 4 \\ 4 & 1 \end{bmatrix}$, $\boldsymbol{w} = \begin{bmatrix} 1 \\ 5 \end{bmatrix}$ (b) $B = \begin{bmatrix} 1 & 2 \\ 4 & 8 \end{bmatrix}$, $\boldsymbol{w} = \begin{bmatrix} 1 \\ 2 \end{bmatrix}$

(c) $C = \begin{bmatrix} 1 & 2 & 3 \\ 1 & 0 & 2 \end{bmatrix}$, $\boldsymbol{w} = \begin{bmatrix} -5 \\ -7 \end{bmatrix}$ (d) $D = \begin{bmatrix} 1 & 2 \\ 2 & 4 \\ 3 & 6 \end{bmatrix}$, $\boldsymbol{w} = \begin{bmatrix} 2 \\ 3 \\ 4 \end{bmatrix}$

(e) $E = \begin{bmatrix} 1 & 2 & 3 \\ 0 & 4 & 5 \\ 0 & 0 & 6 \end{bmatrix}$, $\boldsymbol{w} = \begin{bmatrix} 7 \\ 3 \\ 0 \end{bmatrix}$ (f) $F = \begin{bmatrix} 1 & 0 & -2 \\ -2 & 0 & 4 \\ 1 & 3 & -2 \end{bmatrix}$, $\boldsymbol{w} = \begin{bmatrix} 2 \\ 3 \\ -4 \end{bmatrix}$

(g) $G = \begin{bmatrix} 1 & 1 & 1 & 3 \\ 1 & 4 & 0 & 1 \end{bmatrix}$, $\boldsymbol{w} = \begin{bmatrix} -2 \\ -3 \end{bmatrix}$ (h) $H = \begin{bmatrix} 1 & 2 & 3 & -1 \\ 2 & 0 & 1 & 4 \\ 3 & 1 & 4 & 2 \end{bmatrix}$, $\boldsymbol{w} = \begin{bmatrix} 1 \\ 1 \\ 1 \end{bmatrix}$

6 다음 행렬의 영공간을 구하라.

(a) $A = \begin{bmatrix} 1 & 2 \\ 2 & 1 \end{bmatrix}$ (b) $B = \begin{bmatrix} 1 & 5 \\ 5 & 25 \end{bmatrix}$

(c) $C = \begin{bmatrix} 1 & 0 & -2 \\ -2 & 1 & 3 \end{bmatrix}$ (d) $D = \begin{bmatrix} 2 & 3 \\ -2 & -3 \\ 4 & 6 \end{bmatrix}$

(e) $E = \begin{bmatrix} 1 & 2 & 0 & 0 \\ 2 & 4 & 0 & 1 \end{bmatrix}$ (f) $F = \begin{bmatrix} 1 & 0 & 2 & -1 \\ 1 & 1 & 1 & 3 \\ 2 & 4 & 3 & 2 \end{bmatrix}$

(g) $G = \begin{bmatrix} 1 & 2 & 3 \end{bmatrix}$ (h) $H = \begin{bmatrix} 1 \\ 2 \\ 3 \end{bmatrix}$

7 다음 명제가 참인지 거짓인지를 판정하라.

(a) A가 2×2행렬이고 $\boldsymbol{v} \in \text{Col}(A)$이면 $\boldsymbol{v} \in \text{Row}(A)$이다.

(b) A가 2×2행렬이고 $\boldsymbol{v} \in \mathbb{R}^2$이면 $\boldsymbol{v} \in \text{Row}(A)$이거나 $\boldsymbol{v} \in \text{Col}(A)$이다.

(c) A가 $m \times n$행렬일 때 $\boldsymbol{v} \in \text{Col}(A)$이면 $-2\boldsymbol{v} \in \text{Col}(A)$이다.

(d) A가 $m \times n$행렬일 때 $\boldsymbol{v} \in \text{Null}(A)$이면 $-\boldsymbol{v} \in \text{Null}(A)$이다.

(e) A가 5×7행렬일 때

$$\text{Dim}(\text{Col}(A)) \neq \text{Dim}(\text{Null}(A))$$

이다.

(f) A가 4×5행렬이고 $\text{Dim}(\text{Row}(A)) = 2$이면

$$\text{Dim}(\text{Row}(A)) < \text{Dim}(\text{Null}(A))$$

이다.

(g) A가 $m \times n$행렬일 때

$$\text{Dim}(\text{Col}(A)) + \text{Dim}(\text{Null}(A)) = m$$

이다.

(h) A가 $m \times n$행렬일 때

$$\text{Dim}(\text{Row}(A)) + \text{Dim}(\text{Col}(A)) = n$$

이다.

4절 그람-슈미트 직교화 과정

이 절에서는 직교집합과 정규직교집합에 대하여 학습하고 벡터공간의 일반 기저를 정규직교기저로 변환하는 정규직교화 과정에 대하여 알아보기로 한다.

정의 1 직교집합과 정규직교집합

V가 벡터공간이고 $S = \{\boldsymbol{v}_i : \boldsymbol{v}_i \in V,\ 1 \le i \le r\}$이라 하자.

(1) $1 \le i, j \le r$에 대하여 $i \ne j$일 때 $\boldsymbol{v}_i^T \cdot \boldsymbol{v}_j = 0$이면 S를 직교집합(orthogonal set)이라 한다.

(2) S가 직교집합이면서 $1 \le i \le r$인 모든 i에 대하여 $\|\boldsymbol{v}_i\| = 1$이면 S를 정규직교집합(orthonormal set)이라 한다.

[정의 1]에 의하여 $\boldsymbol{v}_i^T \cdot \boldsymbol{v}_j \ne 0$인 $\boldsymbol{v}_i, \boldsymbol{v}_j \in S$가 존재하면 S는 직교집합이 아니다.

예제 1

다음 집합이 직교집합인지를 판정하라.

(a) $S_1 = \left\{ \begin{bmatrix} 1 \\ 0 \\ 1 \end{bmatrix}, \begin{bmatrix} 0 \\ 1 \\ 0 \end{bmatrix}, \begin{bmatrix} -1 \\ 0 \\ 1 \end{bmatrix} \right\}$ (b) $S_2 = \left\{ \begin{bmatrix} 1 \\ 1 \\ 0 \end{bmatrix}, \begin{bmatrix} 0 \\ 0 \\ 1 \end{bmatrix}, \begin{bmatrix} 0 \\ 1 \\ -1 \end{bmatrix} \right\}$

| 풀이 |

(a) $\boldsymbol{v}_1 = \begin{bmatrix} 1 \\ 0 \\ 1 \end{bmatrix}, \boldsymbol{v}_2 = \begin{bmatrix} 0 \\ 1 \\ 0 \end{bmatrix}, \boldsymbol{v}_3 = \begin{bmatrix} -1 \\ 0 \\ 1 \end{bmatrix}$이라 하면

$$\boldsymbol{v}_1^T \cdot \boldsymbol{v}_2 = 0,\ \boldsymbol{v}_1^T \cdot \boldsymbol{v}_3 = 0,\ \boldsymbol{v}_2^T \cdot \boldsymbol{v}_3 = 0$$

이다. 따라서 S_1 은 직교집합이다.

(b) $\boldsymbol{v}_1 = \begin{bmatrix} 1 \\ 1 \\ 0 \end{bmatrix}$, $\boldsymbol{v}_2 = \begin{bmatrix} 0 \\ 0 \\ 1 \end{bmatrix}$, $\boldsymbol{v}_3 = \begin{bmatrix} 0 \\ 1 \\ -1 \end{bmatrix}$ 이라 하면

$$\boldsymbol{v}_1^T \cdot \boldsymbol{v}_3 = 1 \neq 0$$

이다. 따라서 S_2 는 직교집합이 아니다.

벡터의 성분에 따라서 주어진 벡터의 집합이 직교집합이 될 수 있다.

예제 2

다음 집합이 직교집합이 되게 하는 a 의 값을 구하라.

(a) $S_1 = \left\{ \begin{bmatrix} 2 \\ a \end{bmatrix}, \begin{bmatrix} a+3 \\ 3 \end{bmatrix} \right\}$

(b) $S_2 = \left\{ \begin{bmatrix} 1 \\ a \\ 0 \end{bmatrix}, \begin{bmatrix} -2 \\ a+1 \\ 3 \end{bmatrix} \right\}$

| 풀이 |

(a) $\boldsymbol{u} = \begin{bmatrix} 2 \\ a \end{bmatrix}$, $\boldsymbol{v} = \begin{bmatrix} a+3 \\ 3 \end{bmatrix}$ 이라 할 때 S_1 이 직교집합이 되려면 $\boldsymbol{u}^T \cdot \boldsymbol{v} = 0$ 이어야 한다.

$$0 = \boldsymbol{u}^T \cdot \boldsymbol{v} = 2(a+3) + 3a = 5a + 6$$

으로부터 $a = -\dfrac{6}{5}$ 이다.

(b) $\boldsymbol{u} = \begin{bmatrix} 1 \\ a \\ 0 \end{bmatrix}$, $\boldsymbol{v} = \begin{bmatrix} -2 \\ a+1 \\ 3 \end{bmatrix}$ 이라 할 때 S_2 가 직교집합이 되려면 $\boldsymbol{u}^T \cdot \boldsymbol{v} = 0$ 이어야 한다.

$$0 = \boldsymbol{u}^T \cdot \boldsymbol{v} = -2 + a(a+1) = a^2 + a - 2 = (a+2)(a-1)$$

로부터 $a = -2$, $a = 1$ 이다.

직교집합을 정규직교집합으로 변환하려면 직교집합의 각각의 벡터를 단위벡터로 바꿔야 한다.

[예제 1(a)]의 S_1 은 직교집합이고

$$\|\boldsymbol{u}_1\| = \sqrt{2}\,,\ \|\boldsymbol{u}_2\| = 1\,,\ \|\boldsymbol{u}_3\| = \sqrt{2}$$

이므로

$$S = \left\{ \frac{1}{\sqrt{2}}\begin{bmatrix}1\\0\\1\end{bmatrix},\ \begin{bmatrix}0\\1\\0\end{bmatrix},\ \frac{1}{\sqrt{2}}\begin{bmatrix}-1\\0\\1\end{bmatrix} \right\}$$

은 정규직교집합이다.

예제 3

다음 집합이 정규직교집합인지를 판정하라.

(a) $S_1 = \left\{ \begin{bmatrix}\frac{1}{\sqrt{3}}\\\frac{1}{\sqrt{3}}\\\frac{1}{\sqrt{3}}\end{bmatrix},\ \begin{bmatrix}1\\0\\-1\end{bmatrix} \right\}$ (b) $S_2 = \left\{ \begin{bmatrix}0\\1\\0\end{bmatrix},\ \begin{bmatrix}\frac{1}{\sqrt{2}}\\0\\\frac{1}{\sqrt{2}}\end{bmatrix} \right\}$

| 풀이 |

(a) $\boldsymbol{u} = \begin{bmatrix}\frac{1}{\sqrt{3}}\\\frac{1}{\sqrt{3}}\\\frac{1}{\sqrt{3}}\end{bmatrix},\ \boldsymbol{v} = \begin{bmatrix}1\\0\\-1\end{bmatrix}$이라 하면 $\boldsymbol{u}^T \cdot \boldsymbol{v} = 0$이지만 $\|\boldsymbol{v}\| = \sqrt{2} \neq 1$이므로 S_1은 정규직교집합이 아니다.

(b) $\boldsymbol{u} = \begin{bmatrix}0\\1\\0\end{bmatrix},\ \boldsymbol{v} = \begin{bmatrix}\frac{1}{\sqrt{2}}\\0\\\frac{1}{\sqrt{2}}\end{bmatrix}$이라 하면 $\boldsymbol{u}^T \cdot \boldsymbol{v} = 0$이고 $\|\boldsymbol{u}\| = 1,\ \|\boldsymbol{v}\| = 1$이다. 따라서 S_2는 정규직교집합이다.

직교집합에 있는 서로 다른 벡터의 내적이 0이 된다는 사실로부터 직교집합에 있는 벡터들이 선형독립임을 설명할 수 있다.

정리 1 **직교집합과 선형독립**

$\boldsymbol{x}, \boldsymbol{y} \in \mathbb{R}^n$가 $\mathbf{0}$이 아닌 벡터이고 $S = \{\boldsymbol{x}, \boldsymbol{y}\}$가 직교집합이면 $\boldsymbol{x}$와 $\boldsymbol{y}$는 선형독립이다.

Tip $\alpha\boldsymbol{x} + \beta\boldsymbol{y} = \mathbf{0}$일 때 $\alpha = \beta = 0$임을 증명한다.

| 증명 |

스칼라 α, β에 대하여 $\alpha\boldsymbol{x} + \beta\boldsymbol{y} = \mathbf{0}$이라 하자. S가 직교집합이므로 $\boldsymbol{x}^T \cdot \boldsymbol{y} = 0$이다. 따라서

$$0 = \boldsymbol{x}^T \cdot \mathbf{0} = \boldsymbol{x}^T \cdot (\alpha\boldsymbol{x} + \beta\boldsymbol{y}) = \alpha(\boldsymbol{x}^T \cdot \boldsymbol{x}) + \beta(\boldsymbol{x}^T \cdot \boldsymbol{y}) = \alpha\|\boldsymbol{x}\|^2$$

이고 $\boldsymbol{x} \neq \mathbf{0}$이므로 $\alpha = 0$이다.

같은 방법으로 S가 직교집합이므로 $\boldsymbol{y}^T \cdot \boldsymbol{x} = 0$이다. 따라서

$$0 = \boldsymbol{y}^T \cdot \mathbf{0} = \boldsymbol{y}^T \cdot (\alpha\boldsymbol{x} + \beta\boldsymbol{y}) = \alpha(\boldsymbol{y}^T \cdot \boldsymbol{x}) + \beta(\boldsymbol{y}^T \cdot \boldsymbol{y}) = \beta\|\boldsymbol{y}\|^2$$

이고 $\boldsymbol{y} \neq \mathbf{0}$이므로 $\beta = 0$이다.

그러므로 $\alpha = \beta = 0$이므로 $\boldsymbol{x}$와 $\boldsymbol{y}$는 선형독립이다.

[정리 1]은 두 벡터에 대해서만 성립하는 것이 아니라 유한개의 벡터에 대하여 성립한다. 즉, $\boldsymbol{x}_1, \boldsymbol{x}_2, \cdots, \boldsymbol{x}_r \in \mathbb{R}^n$가 $\mathbf{0}$이 아닌 벡터이고 $S = \{\boldsymbol{x}_1, \boldsymbol{x}_2, \cdots, \boldsymbol{x}_r\}$가 직교집합이면 $\boldsymbol{x}_1, \boldsymbol{x}_2, \cdots, \boldsymbol{x}_r$은 선형독립이다.

직교화 과정

주어진 벡터공간 V는 다양한 기저를 갖는다. 하지만 기저와 관련된 다양한 문제를 해결하고자 할 때 다음의 정의하는 직교기저와 정규직교기저를 사용하는 것이 편리하다.

정의 2 **직교기저와 정규직교기저**

$\{\boldsymbol{v}_1, \boldsymbol{v}_2, \cdots, \boldsymbol{v}_n\}$이 벡터공간 V의 기저라 하자.

(1) $\{\boldsymbol{v}_1, \boldsymbol{v}_2, \cdots, \boldsymbol{v}_n\}$이 직교집합이면 $\{\boldsymbol{v}_1, \boldsymbol{v}_2, \cdots, \boldsymbol{v}_n\}$을 벡터공간 V의 직교기저(orthogonal basis)라 한다.

(2) $\{\boldsymbol{v}_1, \boldsymbol{v}_2, \cdots, \boldsymbol{v}_n\}$이 정규직교집합이면 $\{\boldsymbol{v}_1, \boldsymbol{v}_2, \cdots, \boldsymbol{v}_n\}$을 벡터공간 V의 정규직교기저(orthonormal basis)라 한다.

벡터공간 V의 임의의 기저 $\{\boldsymbol{x}_1, \boldsymbol{x}_2, \cdots, \boldsymbol{x}_n\}$으로부터 직교기저 $\{\boldsymbol{u}_1, \boldsymbol{u}_2, \cdots, \boldsymbol{u}_n\}$과 정규직교기저 $\{\boldsymbol{v}_1, \boldsymbol{v}_2, \cdots, \boldsymbol{v}_n\}$을 구하는 과정을 그람-슈미트 직교화 과정(Gram-Schmidt orthogonalization process)이라 한다.

정리 2 그람-슈미트 직교화 과정

$\{\boldsymbol{x}_1, \boldsymbol{x}_2, \cdots, \boldsymbol{x}_n\}$이 벡터공간 V의 기저일 때 다음에 정의하는 $\{\boldsymbol{u}_1, \boldsymbol{u}_2, \cdots, \boldsymbol{u}_n\}$은 벡터공간 V의 직교기저이고 $\{\boldsymbol{v}_1, \boldsymbol{v}_2, \cdots, \boldsymbol{v}_n\}$은 벡터공간 V의 정규직교기저이다.

$$\boldsymbol{u}_1 = \boldsymbol{x}_1, \qquad \boldsymbol{v}_1 = \frac{\boldsymbol{u}_1}{\|\boldsymbol{u}_1\|}$$

$$\boldsymbol{u}_2 = \boldsymbol{x}_2 - (\boldsymbol{x}_2^T \cdot \boldsymbol{v}_1)\boldsymbol{v}_1, \qquad \boldsymbol{v}_2 = \frac{\boldsymbol{u}_2}{\|\boldsymbol{u}_2\|}$$

$$\boldsymbol{u}_3 = \boldsymbol{x}_3 - (\boldsymbol{x}_3^T \cdot \boldsymbol{v}_1)\boldsymbol{v}_1 - (\boldsymbol{x}_3^T \cdot \boldsymbol{v}_2)\boldsymbol{v}_2, \qquad \boldsymbol{v}_3 = \frac{\boldsymbol{u}_3}{\|\boldsymbol{u}_3\|}$$

$$\vdots \qquad\qquad \vdots$$

$$\boldsymbol{u}_n = \boldsymbol{x}_n - \sum_{i=1}^{n-1} (\boldsymbol{x}_n^T \cdot \boldsymbol{v}_i)\boldsymbol{v}_i, \qquad \boldsymbol{v}_n = \frac{\boldsymbol{u}_n}{\|\boldsymbol{u}_n\|}$$

그람-슈미트 직교화 과정에서 얻는 벡터 $\boldsymbol{u}_2$가 벡터 $\boldsymbol{u}_1$과 직교한다는 것은 다음 계산으로 설명할 수 있다.

임의의 벡터 $\boldsymbol{x}_1, \boldsymbol{x}_2$에 대하여 $\boldsymbol{x}_1^T \cdot \boldsymbol{x}_2 = \boldsymbol{x}_2^T \cdot \boldsymbol{x}_1$이고 $\boldsymbol{x}_1^T \cdot \boldsymbol{x}_1 = \|\boldsymbol{x}_1\|^2$이므로

$$\begin{aligned}\boldsymbol{u}_1^T \cdot \boldsymbol{u}_2 &= \boldsymbol{x}_1^T \cdot \left(\boldsymbol{x}_2 - (\boldsymbol{x}_2^T \cdot \boldsymbol{v}_1)\boldsymbol{v}_1\right) \\ &= \boldsymbol{x}_1^T \cdot \boldsymbol{x}_2 - (\boldsymbol{x}_2^T \cdot \boldsymbol{v}_1)\left(\boldsymbol{x}_1^T \cdot \boldsymbol{v}_1\right) \\ &= \boldsymbol{x}_1^T \cdot \boldsymbol{x}_2 - \left(\boldsymbol{x}_2^T \cdot \frac{\boldsymbol{x}_1}{\|\boldsymbol{x}_1\|}\right)\left(\boldsymbol{x}_1^T \cdot \frac{\boldsymbol{x}_1}{\|\boldsymbol{x}_1\|}\right)\end{aligned}$$

$$
\begin{aligned}
&= \boldsymbol{x}_1^T \cdot \boldsymbol{x}_2 - (\boldsymbol{x}_2^T \cdot \boldsymbol{x}_1)\left(\frac{\boldsymbol{x}_1^T \cdot \boldsymbol{x}_1}{\|\boldsymbol{x}_1\|^2}\right) \\
&= \boldsymbol{x}_1^T \cdot \boldsymbol{x}_2 - \boldsymbol{x}_2^T \cdot \boldsymbol{x}_1 \\
&= 0
\end{aligned}
$$

이다. 같은 방법으로 집합 $\{\boldsymbol{u}_1, \boldsymbol{u}_2, \cdots, \boldsymbol{u}_n\}$의 서로 다른 벡터들이 직교함을 보일 수 있다.

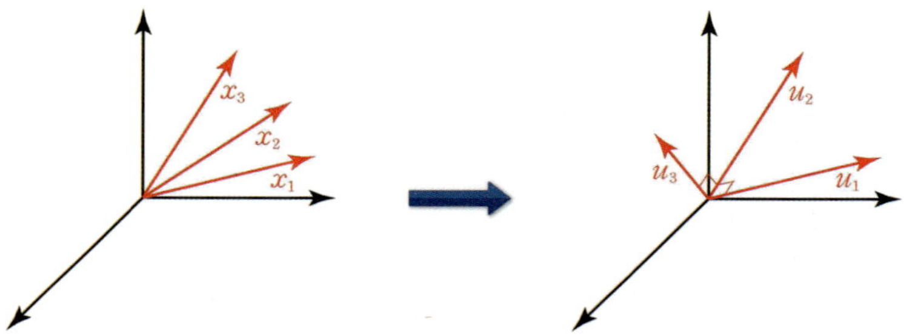

[그림 1] 그람-슈미츠 직교화 과정

[정리 2]의 직교화 과정을 사용하면 임의의 기저를 정규직교기저로 변환할 수 있다.

예제 4

$\boldsymbol{x}_1 = \begin{bmatrix} 0 \\ 2 \\ 0 \end{bmatrix}$, $\boldsymbol{x}_2 = \begin{bmatrix} 1 \\ -1 \\ -1 \end{bmatrix}$, $\boldsymbol{x}_3 = \begin{bmatrix} -1 \\ 1 \\ 0 \end{bmatrix}$으로 생성된 벡터공간에 대한 직교기저와 정규직교기저를 구하라.

| 풀이 |

(i) $\boldsymbol{u}_1$과 $\boldsymbol{v}_1$ 구하기

$$\boldsymbol{u}_1 = \boldsymbol{x}_1 = \begin{bmatrix} 0 \\ 2 \\ 0 \end{bmatrix} \text{이다.}$$

$$\|\boldsymbol{u}_1\| = \sqrt{0+4+0} = 2\text{이므로 } \boldsymbol{v}_1 = \frac{\boldsymbol{u}_1}{\|\boldsymbol{u}_1\|} = \begin{bmatrix} 0 \\ 1 \\ 0 \end{bmatrix} \text{이다.}$$

(ii) $\boldsymbol{u}_2$와 $\boldsymbol{v}_2$ 구하기

$\boldsymbol{x}_2^T \cdot \boldsymbol{v}_1 = -1$ 이므로

$$\boldsymbol{u}_2 = \boldsymbol{x}_2 - (\boldsymbol{x}_2^T \cdot \boldsymbol{v}_1)\boldsymbol{v}_1 = \begin{bmatrix} 1 \\ -1 \\ -1 \end{bmatrix} + \begin{bmatrix} 0 \\ 1 \\ 0 \end{bmatrix} = \begin{bmatrix} 1 \\ 0 \\ -1 \end{bmatrix}$$

이다.

$\|\boldsymbol{u}_2\| = \sqrt{1+0+1} = \sqrt{2}$ 이므로 $\boldsymbol{v}_2 = \dfrac{\boldsymbol{u}_2}{\|\boldsymbol{u}_2\|} = \begin{bmatrix} \frac{1}{\sqrt{2}} \\ 0 \\ -\frac{1}{\sqrt{2}} \end{bmatrix}$ 이다.

(iii) $\boldsymbol{u}_3$ 와 $\boldsymbol{v}_3$ 구하기

$\boldsymbol{x}_3^T \cdot \boldsymbol{v}_1 = 1$ 이고 $\boldsymbol{x}_3^T \cdot \boldsymbol{v}_2 = -\dfrac{1}{\sqrt{2}}$ 이다. 따라서

$$\begin{aligned} \boldsymbol{u}_3 &= \boldsymbol{x}_3 - (\boldsymbol{x}_3^T \cdot \boldsymbol{v}_1)\boldsymbol{v}_1 - (\boldsymbol{x}_3^T \cdot \boldsymbol{v}_2)\boldsymbol{v}_2 \\ &= \begin{bmatrix} -1 \\ 1 \\ 0 \end{bmatrix} - \begin{bmatrix} 0 \\ 1 \\ 0 \end{bmatrix} + \frac{1}{\sqrt{2}} \begin{bmatrix} \frac{1}{\sqrt{2}} \\ 0 \\ -\frac{1}{\sqrt{2}} \end{bmatrix} = \begin{bmatrix} -\frac{1}{2} \\ 0 \\ -\frac{1}{2} \end{bmatrix} \end{aligned}$$

이다.

$\|\boldsymbol{u}_3\| = \sqrt{\dfrac{1}{4} + 0 + \dfrac{1}{4}} = \dfrac{1}{\sqrt{2}}$ 이므로 $\boldsymbol{v}_3 = \dfrac{\boldsymbol{u}_3}{\|\boldsymbol{u}_3\|} = \begin{bmatrix} -\frac{1}{\sqrt{2}} \\ 0 \\ -\frac{1}{\sqrt{2}} \end{bmatrix}$ 이다.

따라서 $\boldsymbol{x}_1 = \begin{bmatrix} 0 \\ 2 \\ 0 \end{bmatrix}$, $\boldsymbol{x}_2 = \begin{bmatrix} 1 \\ -1 \\ -1 \end{bmatrix}$, $\boldsymbol{x}_3 = \begin{bmatrix} -1 \\ 1 \\ 0 \end{bmatrix}$ 으로 생성된 벡터공간에 대한 직교 기저는

$$\left\{ \begin{bmatrix} 0 \\ 2 \\ 0 \end{bmatrix}, \begin{bmatrix} 1 \\ 0 \\ -1 \end{bmatrix}, \begin{bmatrix} -\frac{1}{2} \\ 0 \\ -\frac{1}{2} \end{bmatrix} \right\}$$

이고 정규직교기저는

$$\left\{ \begin{bmatrix} 0 \\ 1 \\ 0 \end{bmatrix}, \begin{bmatrix} \frac{1}{\sqrt{2}} \\ 0 \\ -\frac{1}{\sqrt{2}} \end{bmatrix}, \begin{bmatrix} -\frac{1}{\sqrt{2}} \\ 0 \\ -\frac{1}{\sqrt{2}} \end{bmatrix} \right\}$$

이다.

정리 3 정규직교기저의 선형결합

$S = \{\boldsymbol{v}_1, \boldsymbol{v}_2, \cdots, \boldsymbol{v}_n\}$ 이 벡터공간 V의 정규직교기저라 하자. $\boldsymbol{w}$가 V의 벡터이면

$$\boldsymbol{w} = \alpha_1 \boldsymbol{v}_1 + \alpha_2 \boldsymbol{v}_2 + \cdots + \alpha_n \boldsymbol{v}_n$$

이다. 이때 $1 \le i \le n$에 대하여 $\alpha_i = \boldsymbol{w}^T \cdot \boldsymbol{v}_i$ 이다.

Tip $i \ne j$일 때 $\boldsymbol{v}_i^T \cdot \boldsymbol{v}_j = 0$, $\boldsymbol{v}_i^T \cdot \boldsymbol{v}_i = 1$을 이용한다.

| 증명 |

$S = \{\boldsymbol{v}_1, \boldsymbol{v}_2, \cdots, \boldsymbol{v}_n\}$ 이 정규직교기저이므로 $i \ne j$ 일 때

$$\boldsymbol{v}_i^T \cdot \boldsymbol{v}_j = 0, \quad \boldsymbol{v}_i^T \cdot \boldsymbol{v}_i = 1$$

이다. 또한 S가 벡터공간 V의 기저이므로 적당한 스칼라 $\alpha_1, \alpha_2, \cdots, \alpha_n$ 이 존재하여

$$\boldsymbol{w} = \alpha_1 \boldsymbol{v}_1 + \alpha_2 \boldsymbol{v}_2 + \cdots + \alpha_n \boldsymbol{v}_n$$

이 성립한다. $1 \le i \le n$에 대하여

$$\begin{aligned} \boldsymbol{w}^T \cdot \boldsymbol{v}_i &= (\alpha_1 \boldsymbol{v}_1^T + \alpha_2 \boldsymbol{v}_2^T + \cdots + \alpha_n \boldsymbol{v}_n^T) \cdot \boldsymbol{v}_i \\ &= \alpha_1 \boldsymbol{v}_1^T \cdot \boldsymbol{v}_i + \alpha_2 \boldsymbol{v}_2^T \cdot \boldsymbol{v}_i + \cdots + \alpha_n \boldsymbol{v}_n^T \cdot \boldsymbol{v}_i \\ &= \alpha_i \boldsymbol{v}_i^T \cdot \boldsymbol{v}_i \\ &= \alpha_i \end{aligned}$$

이다.

벡터공간 V에 있는 벡터 $\boldsymbol{v}$를 V의 일반적인 기저의 선형결합으로 표현하기는 다소 어렵지만 벡터 $\boldsymbol{v}$를 정규직교기저의 선형결합으로 표현하는 것은 [정리 3]을 이용하여 쉽게 얻을 수 있다.

예제 5

$\boldsymbol{w} = \begin{bmatrix} 1 \\ 2 \\ 3 \end{bmatrix} \in \mathbb{R}^3$를 정규직교기저 $\left\{ \begin{bmatrix} \frac{1}{\sqrt{2}} \\ \frac{1}{\sqrt{2}} \\ 0 \end{bmatrix}, \begin{bmatrix} -\frac{1}{\sqrt{6}} \\ \frac{1}{\sqrt{6}} \\ \frac{2}{\sqrt{6}} \end{bmatrix}, \begin{bmatrix} \frac{1}{\sqrt{3}} \\ -\frac{1}{\sqrt{3}} \\ \frac{1}{\sqrt{3}} \end{bmatrix} \right\}$의 선형결합으로 표현하라.

| 풀이 |

$\boldsymbol{v}_1 = \begin{bmatrix} \frac{1}{\sqrt{2}} \\ \frac{1}{\sqrt{2}} \\ 0 \end{bmatrix}, \boldsymbol{v}_2 = \begin{bmatrix} -\frac{1}{\sqrt{6}} \\ \frac{1}{\sqrt{6}} \\ \frac{2}{\sqrt{6}} \end{bmatrix}, \boldsymbol{v}_3 = \begin{bmatrix} \frac{1}{\sqrt{3}} \\ -\frac{1}{\sqrt{3}} \\ \frac{1}{\sqrt{3}} \end{bmatrix}$이라 하면

$$\boldsymbol{w}^T \cdot \boldsymbol{v}_1 = \frac{3}{\sqrt{2}},\ \boldsymbol{w}^T \cdot \boldsymbol{v}_2 = \frac{7}{\sqrt{6}},\ \boldsymbol{w}^T \cdot \boldsymbol{v}_3 = \frac{2}{\sqrt{3}}$$

이다. 따라서

$$\boldsymbol{w} = \frac{3}{\sqrt{2}}\boldsymbol{v}_1 + \frac{7}{\sqrt{6}}\boldsymbol{v}_2 + \frac{2}{\sqrt{3}}\boldsymbol{v}_3$$

이다.

이 절에서는 임의의 기저를 정규직교기저로 바꾸는 방법에 대하여 학습하였다. 이를 위하여 우선 임의의 기저를 직교기저로 바꾸고 직교기저를 정규직교기저로 바꾸는 과정을 이해하였고 정규직교기저를 사용하면 벡터공간의 임의의 벡터를 정규직교기저의 선형결합으로 쉽게 표현할 수 있음을 알아보았다.

Chapter 4.4 연습문제

1 다음 집합이 직교집합인지를 판정하라.

(a) $S_1 = \left\{ \begin{bmatrix} 2 \\ -1 \end{bmatrix}, \begin{bmatrix} -1 \\ -2 \end{bmatrix} \right\}$

(b) $S_2 = \left\{ \begin{bmatrix} 3 \\ 0 \end{bmatrix}, \begin{bmatrix} -3 \\ 0 \end{bmatrix} \right\}$

(c) $S_3 = \left\{ \begin{bmatrix} -3 \\ 1 \end{bmatrix}, \begin{bmatrix} -1 \\ 3 \end{bmatrix} \right\}$

(d) $S_4 = \left\{ \begin{bmatrix} \sqrt{3} \\ 2 \end{bmatrix}, \begin{bmatrix} 4 \\ -2\sqrt{3} \end{bmatrix} \right\}$

(e) $S_5 = \left\{ \begin{bmatrix} 1 \\ 1 \\ 1 \end{bmatrix}, \begin{bmatrix} 1 \\ -1 \\ 0 \end{bmatrix}, \begin{bmatrix} -1 \\ 1 \\ 0 \end{bmatrix} \right\}$

(f) $S_6 = \left\{ \begin{bmatrix} 1 \\ 0 \\ -1 \end{bmatrix}, \begin{bmatrix} -2 \\ 1 \\ 2 \end{bmatrix}, \begin{bmatrix} 0 \\ -1 \\ 0 \end{bmatrix} \right\}$

(g) $S_7 = \left\{ \begin{bmatrix} 1 \\ 0 \\ 1 \\ 0 \end{bmatrix}, \begin{bmatrix} 0 \\ 1 \\ 0 \\ 1 \end{bmatrix}, \begin{bmatrix} -1 \\ 0 \\ 1 \\ 0 \end{bmatrix} \right\}$

(h) $S_8 = \left\{ \begin{bmatrix} 1 \\ 0 \\ 0 \\ 1 \end{bmatrix}, \begin{bmatrix} 0 \\ 1 \\ 1 \\ 0 \end{bmatrix}, \begin{bmatrix} -1 \\ 0 \\ 0 \\ -1 \end{bmatrix} \right\}$

2 다음 집합이 직교집합이 되게 하는 a의 값을 구하라.

(a) $S_1 = \left\{ \begin{bmatrix} 1 \\ 3 \end{bmatrix}, \begin{bmatrix} 2 \\ a \end{bmatrix} \right\}$

(b) $S_2 = \left\{ \begin{bmatrix} -2 \\ 3 \end{bmatrix}, \begin{bmatrix} a \\ 4 \end{bmatrix} \right\}$

(c) $S_3 = \left\{ \begin{bmatrix} -2 \\ -5 \end{bmatrix}, \begin{bmatrix} 3 \\ a+1 \end{bmatrix} \right\}$

(d) $S_4 = \left\{ \begin{bmatrix} 7 \\ -1 \end{bmatrix}, \begin{bmatrix} -a-2 \\ 2 \end{bmatrix} \right\}$

(e) $S_5 = \left\{ \begin{bmatrix} 1 \\ 2 \\ 3 \end{bmatrix}, \begin{bmatrix} 4 \\ 5 \\ a \end{bmatrix} \right\}$

(f) $S_6 = \left\{ \begin{bmatrix} -2 \\ 0 \\ 1 \end{bmatrix}, \begin{bmatrix} -3 \\ 1 \\ a \end{bmatrix} \right\}$

(g) $S_7 = \left\{ \begin{bmatrix} 2 \\ -3 \\ a \end{bmatrix}, \begin{bmatrix} a \\ 1 \\ a \end{bmatrix} \right\}$

(h) $S_8 = \left\{ \begin{bmatrix} a \\ 2 \\ 1 \end{bmatrix}, \begin{bmatrix} a+1 \\ a \\ 2 \end{bmatrix} \right\}$

3 다음 집합이 정규직교집합인지를 판정하라.

(a) $S_1 = \left\{ \begin{bmatrix} \frac{1}{2} \\ \frac{1}{2} \end{bmatrix}, \begin{bmatrix} -\frac{1}{2} \\ \frac{1}{2} \end{bmatrix} \right\}$

(b) $S_2 = \left\{ \begin{bmatrix} \frac{1}{\sqrt{2}} \\ \frac{1}{\sqrt{2}} \end{bmatrix}, \begin{bmatrix} \frac{1}{\sqrt{2}} \\ -\frac{1}{\sqrt{2}} \end{bmatrix} \right\}$

(c) $S_3 = \left\{ \begin{bmatrix} 0 \\ 0 \\ 1 \end{bmatrix}, \begin{bmatrix} \frac{1}{\sqrt{2}} \\ -\frac{1}{\sqrt{2}} \\ 0 \end{bmatrix} \right\}$ (d) $S_4 = \left\{ \begin{bmatrix} \frac{1}{\sqrt{2}} \\ -\frac{1}{\sqrt{2}} \\ 0 \end{bmatrix}, \begin{bmatrix} \frac{1}{\sqrt{3}} \\ \frac{1}{\sqrt{3}} \\ \frac{1}{\sqrt{3}} \end{bmatrix} \right\}$

(e) $S_5 = \left\{ \begin{bmatrix} 1 \\ 1 \\ 0 \end{bmatrix}, \begin{bmatrix} -\frac{1}{\sqrt{2}} \\ \frac{1}{\sqrt{2}} \\ 0 \end{bmatrix} \right\}$ (f) $S_6 = \left\{ \begin{bmatrix} \frac{1}{\sqrt{2}} \\ 0 \\ -\frac{1}{\sqrt{2}} \end{bmatrix}, \begin{bmatrix} \frac{1}{\sqrt{3}} \\ 0 \\ \frac{1}{\sqrt{3}} \end{bmatrix} \right\}$

(g) $S_7 = \left\{ \begin{bmatrix} \frac{1}{2} \\ \frac{1}{2} \\ -\frac{1}{2} \\ -\frac{1}{2} \end{bmatrix}, \begin{bmatrix} \frac{1}{\sqrt{2}} \\ 0 \\ \frac{1}{\sqrt{2}} \\ 0 \end{bmatrix} \right\}$ (h) $S_8 = \left\{ \begin{bmatrix} \frac{1}{2} \\ -\frac{1}{2} \\ \frac{1}{2} \\ -\frac{1}{2} \end{bmatrix}, \begin{bmatrix} \frac{1}{\sqrt{2}} \\ \frac{1}{\sqrt{2}} \\ \frac{1}{\sqrt{2}} \\ \frac{1}{\sqrt{2}} \end{bmatrix} \right\}$

4 주어진 벡터들로 생성된 벡터공간에 대하여 그람-슈미츠 직교화 과정을 사용하여 정규직교기저를 구하라.

(a) $\boldsymbol{x}_1 = \begin{bmatrix} 1 \\ 2 \end{bmatrix}, \ \boldsymbol{x}_2 = \begin{bmatrix} 1 \\ 3 \end{bmatrix}$

(b) $\boldsymbol{x}_1 = \begin{bmatrix} 2 \\ 0 \end{bmatrix}, \ \boldsymbol{x}_2 = \begin{bmatrix} 1 \\ -1 \end{bmatrix}$

(c) $\boldsymbol{x}_1 = \begin{bmatrix} 1 \\ 0 \\ 1 \end{bmatrix}, \ \boldsymbol{x}_2 = \begin{bmatrix} 1 \\ 1 \\ 0 \end{bmatrix}$

(d) $\boldsymbol{x}_1 = \begin{bmatrix} 1 \\ 1 \\ 0 \end{bmatrix}, \ \boldsymbol{x}_2 = \begin{bmatrix} 0 \\ 1 \\ 1 \end{bmatrix}$

(e) $\boldsymbol{x}_1 = \begin{bmatrix} 1 \\ 0 \\ 0 \end{bmatrix}, \ \boldsymbol{x}_2 = \begin{bmatrix} 1 \\ 1 \\ 0 \end{bmatrix}, \ \boldsymbol{x}_3 = \begin{bmatrix} 1 \\ 1 \\ 1 \end{bmatrix}$

(f) $\boldsymbol{x}_1 = \begin{bmatrix} 2 \\ 0 \\ 0 \end{bmatrix}, \ \boldsymbol{x}_2 = \begin{bmatrix} 0 \\ 3 \\ 0 \end{bmatrix}, \ \boldsymbol{x}_3 = \begin{bmatrix} 0 \\ 2 \\ 3 \end{bmatrix}$

(g) $\boldsymbol{x}_1 = \begin{bmatrix} 2 \\ 0 \\ 1 \end{bmatrix}$, $\boldsymbol{x}_2 = \begin{bmatrix} 1 \\ 1 \\ 1 \end{bmatrix}$, $\boldsymbol{x}_3 = \begin{bmatrix} 0 \\ 0 \\ 3 \end{bmatrix}$

(h) $\boldsymbol{x}_1 = \begin{bmatrix} 1 \\ -1 \\ 1 \end{bmatrix}$, $\boldsymbol{x}_2 = \begin{bmatrix} -1 \\ 1 \\ 1 \end{bmatrix}$, $\boldsymbol{x}_3 = \begin{bmatrix} -1 \\ -1 \\ 0 \end{bmatrix}$

5 다음 벡터들의 집합 $\{\boldsymbol{x}_1, \boldsymbol{x}_2, \boldsymbol{x}_3\}$는 $\mathbb{R}^3$의 기저이다. 그람-슈미츠 직교화 과정을 사용하여 정규직교기저를 구하라.

(a) $\boldsymbol{x}_1 = \begin{bmatrix} 1 \\ 0 \\ 0 \end{bmatrix}$, $\boldsymbol{x}_2 = \begin{bmatrix} 1 \\ 1 \\ 0 \end{bmatrix}$, $\boldsymbol{x}_3 = \begin{bmatrix} 1 \\ 1 \\ 1 \end{bmatrix}$

(b) $\boldsymbol{x}_1 = \begin{bmatrix} 0 \\ 1 \\ 0 \end{bmatrix}$, $\boldsymbol{x}_2 = \begin{bmatrix} -1 \\ 0 \\ 1 \end{bmatrix}$, $\boldsymbol{x}_3 = \begin{bmatrix} 1 \\ 0 \\ 1 \end{bmatrix}$

(c) $\boldsymbol{x}_1 = \begin{bmatrix} 1 \\ 1 \\ 0 \end{bmatrix}$, $\boldsymbol{x}_2 = \begin{bmatrix} 1 \\ 0 \\ 1 \end{bmatrix}$, $\boldsymbol{x}_3 = \begin{bmatrix} 1 \\ 1 \\ 2 \end{bmatrix}$

(d) $\boldsymbol{x}_1 = \begin{bmatrix} 1 \\ 0 \\ -1 \end{bmatrix}$, $\boldsymbol{x}_2 = \begin{bmatrix} 2 \\ 0 \\ -1 \end{bmatrix}$, $\boldsymbol{x}_3 = \begin{bmatrix} 0 \\ 3 \\ -1 \end{bmatrix}$

(e) $\boldsymbol{x}_1 = \begin{bmatrix} 1 \\ -1 \\ 0 \end{bmatrix}$, $\boldsymbol{x}_2 = \begin{bmatrix} -1 \\ 0 \\ 0 \end{bmatrix}$, $\boldsymbol{x}_3 = \begin{bmatrix} -1 \\ 1 \\ -1 \end{bmatrix}$

(f) $\boldsymbol{x}_1 = \begin{bmatrix} 2 \\ 0 \\ -1 \end{bmatrix}$, $\boldsymbol{x}_2 = \begin{bmatrix} 0 \\ 3 \\ 0 \end{bmatrix}$, $\boldsymbol{x}_3 = \begin{bmatrix} 2 \\ 0 \\ 1 \end{bmatrix}$

(g) $\boldsymbol{x}_1 = \begin{bmatrix} 2 \\ 1 \\ 1 \end{bmatrix}$, $\boldsymbol{x}_2 = \begin{bmatrix} 1 \\ 2 \\ 1 \end{bmatrix}$, $\boldsymbol{x}_3 = \begin{bmatrix} 1 \\ 1 \\ 2 \end{bmatrix}$

(h) $\boldsymbol{x}_1 = \begin{bmatrix} 2 \\ 1 \\ 0 \end{bmatrix}$, $\boldsymbol{x}_2 = \begin{bmatrix} 0 \\ 2 \\ 1 \end{bmatrix}$, $\boldsymbol{x}_3 = \begin{bmatrix} 1 \\ 0 \\ 2 \end{bmatrix}$

6 $\boldsymbol{v}_1 = \begin{bmatrix} \frac{3}{5} \\ 0 \\ \frac{4}{5} \end{bmatrix}$, $\boldsymbol{v}_2 = \begin{bmatrix} 0 \\ 1 \\ 0 \end{bmatrix}$, $\boldsymbol{v}_3 = \begin{bmatrix} -\frac{4}{5} \\ 0 \\ \frac{3}{5} \end{bmatrix}$일 때, $\{\boldsymbol{v}_1, \boldsymbol{v}_2, \boldsymbol{v}_3\}$는 $\mathbb{R}^3$의 정규직교기저이다. 다음 벡터를 정규직교기저 $\{\boldsymbol{v}_1, \boldsymbol{v}_2, \boldsymbol{v}_3\}$의 선형결합으로 표현하라.

(a) $\begin{bmatrix}1\\1\\0\end{bmatrix}$ (b) $\begin{bmatrix}1\\0\\1\end{bmatrix}$

(c) $\begin{bmatrix}1\\2\\3\end{bmatrix}$ (d) $\begin{bmatrix}3\\2\\1\end{bmatrix}$

(e) $\begin{bmatrix}1\\0\\-1\end{bmatrix}$ (f) $\begin{bmatrix}-2\\0\\1\end{bmatrix}$

(g) $\begin{bmatrix}1\\-2\\3\end{bmatrix}$ (h) $\begin{bmatrix}-3\\-2\\1\end{bmatrix}$

7 $\boldsymbol{w} = \begin{bmatrix}2\\3\end{bmatrix} \in \mathbb{R}^2$ 를 다음 정규직교기저의 선형결합으로 표현하라.

(a) $S = \left\{\begin{bmatrix}1\\0\end{bmatrix}, \begin{bmatrix}0\\1\end{bmatrix}\right\}$ (b) $S = \left\{\begin{bmatrix}1\\0\end{bmatrix}, \begin{bmatrix}0\\-1\end{bmatrix}\right\}$

(c) $S = \left\{\begin{bmatrix}\frac{3}{5}\\\frac{4}{5}\end{bmatrix}, \begin{bmatrix}-\frac{4}{5}\\\frac{3}{5}\end{bmatrix}\right\}$ (d) $S = \left\{\begin{bmatrix}\frac{3}{5}\\\frac{4}{5}\end{bmatrix}, \begin{bmatrix}\frac{4}{5}\\-\frac{3}{5}\end{bmatrix}\right\}$

(e) $S = \left\{\begin{bmatrix}\frac{1}{\sqrt{2}}\\\frac{1}{\sqrt{2}}\end{bmatrix}, \begin{bmatrix}-\frac{1}{\sqrt{2}}\\\frac{1}{\sqrt{2}}\end{bmatrix}\right\}$ (f) $S = \left\{\begin{bmatrix}\frac{1}{\sqrt{2}}\\\frac{1}{\sqrt{2}}\end{bmatrix}, \begin{bmatrix}\frac{1}{\sqrt{2}}\\-\frac{1}{\sqrt{2}}\end{bmatrix}\right\}$

(g) $S = \left\{\begin{bmatrix}\frac{1}{2}\\\frac{\sqrt{3}}{2}\end{bmatrix}, \begin{bmatrix}-\frac{\sqrt{3}}{2}\\\frac{1}{2}\end{bmatrix}\right\}$ (h) $S = \left\{\begin{bmatrix}\frac{\sqrt{3}}{2}\\-\frac{1}{2}\end{bmatrix}, \begin{bmatrix}\frac{1}{2}\\\frac{\sqrt{3}}{2}\end{bmatrix}\right\}$

8 다음 명제가 참인지 거짓인지를 판정하라.

(a) $S = \{\boldsymbol{u}_1, \boldsymbol{u}_2, \cdots, \boldsymbol{u}_r\}$가 벡터공간 V의 정규직교집합이면 S는 V의 직교집합이다.

(b) $S = \{\boldsymbol{u}_1, \boldsymbol{u}_2, \cdots, \boldsymbol{u}_r\}$가 벡터공간 V의 부분집합이고 $1 \le i, j \le r$에 대하여 $\boldsymbol{u}_i^T \cdot \boldsymbol{u}_j = 1$이면 S는 정규직교집합이다.

(c) $S = \left\{ \begin{bmatrix} \frac{1}{2} \\ \frac{1}{2} \\ a \end{bmatrix}, \begin{bmatrix} -\frac{1}{\sqrt{2}} \\ \frac{1}{\sqrt{2}} \\ 0 \end{bmatrix} \right\}$은 적당한 a를 선택하면 정규직교집합이 된다.

(d) $S = \left\{ \begin{bmatrix} 1 \\ -1 \\ b \end{bmatrix}, \begin{bmatrix} \frac{1}{\sqrt{2}} \\ \frac{1}{\sqrt{2}} \\ 0 \end{bmatrix} \right\}$은 적당한 b를 선택하면 정규직교집합이 된다.

(e) $\boldsymbol{x}, \boldsymbol{y} \in \mathbb{R}^n$가 $\mathbf{0}$이 아닌 벡터이고 $\boldsymbol{x}$와 $\boldsymbol{y}$는 선형독립이면, $S = \{\boldsymbol{x}, \boldsymbol{y}\}$는 직교집합이다.

(f) V가 벡터공간이고 $\{\boldsymbol{x}_1, \boldsymbol{x}_2, \boldsymbol{x}_3\}$가 V의 기저이면 그람-슈미츠 직교화 과정을 사용하여 V의 정규직교기저 $\{\boldsymbol{y}_1, \boldsymbol{y}_2, \boldsymbol{y}_3\}$를 얻을 수 있다.

(g) $S = \{\boldsymbol{v}_1, \boldsymbol{v}_2, \boldsymbol{v}_3\}$가 벡터공간 V의 정규직교기저이면 $\boldsymbol{w}$가 V의 임의의 벡터일 때 $\boldsymbol{w} = (\boldsymbol{v}_1^T \cdot \boldsymbol{w})\boldsymbol{v}_1 + (\boldsymbol{v}_2^T \cdot \boldsymbol{w})\boldsymbol{v}_2 + (\boldsymbol{v}_3^T \cdot \boldsymbol{w})\boldsymbol{v}_3$이다.

(h) $\{\boldsymbol{v}_1, \boldsymbol{v}_2, \cdots, \boldsymbol{v}_r\}$가 벡터공간 V의 정규직교집합이면 임의의 $\boldsymbol{v} \in V$는 $\boldsymbol{v}_1, \boldsymbol{v}_2, \cdots, \boldsymbol{v}_r$의 선형결합으로 표현된다.

Chapter
05

선형변환
Linear Transformations

| 학습목표 |

- 선형변환을 정의하고 선형변환과 관련된 표준행렬을 이해한다.
- 대표적인 선형변환인 확대, 축소, 회전, 대칭변환과 관련된 행렬을 학습한다.
- 선형변환과 관련된 대표적인 부분공간인 핵과 치역에 대하여 학습한다.
- 선형변환의 합성변환을 구하는 방법과 역변환의 존재성을 판정하는 방법을 익힌다.

인공지능과 선형변환 : 사진의 인식을 위한 훈련 과정

인공지능이 사진 속의 '강아지'를 인식하려면, 다양한 종류의 '강아지'가 담긴 많은 사진을 이용해 훈련을 해야 합니다. 이때, 훈련 효과를 높이기 위해 원본 사진뿐만 아니라 원본 사진을 여러 방식으로 변형한 이미지들도 함께 사용합니다. 이렇게 함으로써 인공지능은 다양한 상황에서도 '강아지'를 인식할 수 있는 능력을 갖추게 됩니다.

실제로 인공지능 학습 과정에서는 행렬의 선형변환을 이용해 주어진 사진을 변형합니다. 확대, 축소, 회전 등은 모두 수학적으로 선형변환인데 이미지의 픽셀 좌표를 새로운 위치로 이동시킵니다. 예를 들어, 왼쪽의 강아지 사진에 $45°$ 회전변환을 적용하면, 오른쪽처럼 회전된 강아지 사진을 얻을 수 있습니다.

원본 강아지 사진

$45°$ 회전변환한 강아지 사진

한 가지 예를 더 알아볼까요? 아래 왼쪽의 고양이 사진에 한쪽 방향으로 기울어지게 하는 선형변환을 적용하면, 오른쪽처럼 한쪽 방향으로 기울어진 고양이 사진이 만들어집니다.

원본 고양이 사진

한쪽 방향으로 기울인 고양이 사진

여기서 잠깐! 위에서 사용한 강아지와 고양이 사진은 모두 인공지능을 이용해 만들어낸 것입니다. 그리고 이 인공지능은 훈련 과정에서 원본 사진과 함께 선형변환된 사진들을 함께 사용했다고 합니다.

1절 선형변환의 정의

이 절에서는 벡터공간들 사이의 선형변환을 정의하는 방법을 알아보고 선형변환과 행렬의 관계를 학습하고자 한다.

정의역 $\mathbb{R}$에 있는 실수를 공역 $\mathbb{R}$에 있는 단 하나의 실수에 대응시킬 때 이를 함수(function)라고 한다. 해석학에서는 이를 확장하여 n이 2 이상의 자연수일 때 정의역 $\mathbb{R}^n$의 점을 공역 $\mathbb{R}$에 있는 단 하나의 실수에 대응시킬 때 이를 다변수 함수라 한다. 또한 m이 2 이상의 자연수일 때 정의역 $\mathbb{R}$에 있는 실수를 공역 $\mathbb{R}^m$의 단 하나의 점에 대응시킬 때 이를 벡터함수라 한다.

$$f : \mathbb{R} \to \mathbb{R},\ f(x) = y,\ \text{함수 또는 일변수 함수}$$
$$F : \mathbb{R}^n \to \mathbb{R},\ F(x_1, x_2, \cdots, x_n) = y,\ \text{다변수 함수}$$
$$F : \mathbb{R} \to \mathbb{R}^m,\ F(t) = (f_1(t), f_2(t), \cdots, f_m(t)),\ \text{벡터함수}$$

이제 정의역과 공역이 벡터공간일 때 정의역의 벡터와 공역의 벡터를 대응시키는 규칙을 다음과 같이 정의한다.

정의 1 변환

V와 W가 벡터공간이라 하자.
L이 V에 속한 임의의 벡터를 벡터공간 W에 속한 단 하나의 벡터를 대응시킬 때 L을 벡터공간 V에서 벡터공간 W로의 **변환(transformation)**이라 정의한다.

L이 벡터공간 V에서 벡터공간 W로의 변환일 때

$$L : V \to W$$

로 나타낸다. 예를 들어 $V = W = \mathbb{R}^2$일 때

$$L_1\left(\begin{bmatrix} x_1 \\ x_2 \end{bmatrix}\right) = \begin{bmatrix} x_1 - 2 \\ x_2 + 1 \end{bmatrix},\ L_2\left(\begin{bmatrix} x_1 \\ x_2 \end{bmatrix}\right) = \begin{bmatrix} x_1^2 \\ x_2^3 \end{bmatrix},\ L_3\left(\begin{bmatrix} x_1 \\ x_2 \end{bmatrix}\right) = \begin{bmatrix} x_2 \\ x_1 \end{bmatrix}$$

으로 정의한 L_1, L_2, L_3는 모두 변환이다.

선형대수학에서는 일반적인 변환이 아닌 선형변환을 다루는데, 선형변환에 대한 수학적 정의는 다음과 같다.

정의 2 **선형변환**

V와 W가 벡터공간이고 $L : V \to W$가 변환이라 하자.
k가 스칼라이고 임의의 $\boldsymbol{u}, \boldsymbol{v} \in V$에 대하여

(1) $L(\boldsymbol{u} + \boldsymbol{v}) = L(\boldsymbol{u}) + L(\boldsymbol{v})$
(2) $L(k\boldsymbol{u}) = kL(\boldsymbol{u})$

가 성립하면, L을 벡터공간 V에서 벡터공간 W로의 선형변환(linear transformation)이라 한다.

[정의 2]에서 $V = W$인 경우 L을 선형연산자(linear operator)라 한다.

공학적 계산에 필요한 선형변환을 다룰 때 정의역과 공역의 벡터공간으로 유클리드 벡터공간 $\mathbb{R}^n$을 주로 사용한다.

예제 1

다음 변환 L이 벡터공간 $\mathbb{R}^2$에서 벡터공간 $\mathbb{R}^3$로의 선형변환인지를 판정하라.

(a) $L\left(\begin{bmatrix} u_1 \\ u_2 \end{bmatrix}\right) = \begin{bmatrix} u_2 \\ u_1 \\ u_1 + u_2 \end{bmatrix}$　　(b) $L\left(\begin{bmatrix} u_1 \\ u_2 \end{bmatrix}\right) = \begin{bmatrix} u_1 \\ 2u_2 \\ u_1 + 2 \end{bmatrix}$

| 풀이 |

(a) $\boldsymbol{u} = \begin{bmatrix} u_1 \\ u_2 \end{bmatrix}$, $\boldsymbol{v} = \begin{bmatrix} v_1 \\ v_2 \end{bmatrix} \in \mathbb{R}^2$라 하면

$$L(\boldsymbol{u}+\boldsymbol{v}) = L\left(\begin{bmatrix} u_1+v_1 \\ u_2+v_2 \end{bmatrix}\right) = \begin{bmatrix} u_2+v_2 \\ u_1+v_1 \\ u_1+u_2+v_1+v_2 \end{bmatrix}$$

$$= \begin{bmatrix} u_2 \\ u_1 \\ u_1+u_2 \end{bmatrix} + \begin{bmatrix} v_2 \\ v_1 \\ v_1+v_2 \end{bmatrix} = L(\boldsymbol{u}) + L(\boldsymbol{v})$$

이다. 또한 k가 스칼라일 때

$$L(k\boldsymbol{u}) = L\left(\begin{bmatrix} ku_1 \\ ku_2 \end{bmatrix}\right) = \begin{bmatrix} ku_2 \\ ku_1 \\ ku_1+ku_2 \end{bmatrix} = k\begin{bmatrix} u_2 \\ u_1 \\ u_1+u_2 \end{bmatrix} = kL(\boldsymbol{u})$$

이다. 따라서 L은 벡터공간 $\mathbb{R}^2$에서 벡터공간 $\mathbb{R}^3$로의 선형변환이다.

(b) $\boldsymbol{u} = \begin{bmatrix} u_1 \\ u_2 \end{bmatrix}$, $\boldsymbol{v} = \begin{bmatrix} v_1 \\ v_2 \end{bmatrix} \in \mathbb{R}^2$라 하면

$$L(\boldsymbol{u}+\boldsymbol{v}) = L\left(\begin{bmatrix} u_1+v_1 \\ u_2+v_2 \end{bmatrix}\right) = \begin{bmatrix} u_1+v_1 \\ 2u_2+2v_2 \\ u_1+v_1+2 \end{bmatrix}$$

이지만

$$L(\boldsymbol{u}) + L(\boldsymbol{v}) = \begin{bmatrix} u_1 \\ 2u_2 \\ u_1+2 \end{bmatrix} + \begin{bmatrix} v_1 \\ 2v_2 \\ v_1+2 \end{bmatrix} = \begin{bmatrix} u_1+v_1 \\ 2u_2+2v_2 \\ u_1+v_1+4 \end{bmatrix}$$

이므로

$$L(\boldsymbol{u}+\boldsymbol{v}) \neq L(\boldsymbol{u}) + L(\boldsymbol{v})$$

이다. 따라서 L은 벡터공간 $\mathbb{R}^2$에서 벡터공간 $\mathbb{R}^3$로의 선형변환이 아니다.

[예제 1(b)]의 풀이에서는 $L(\boldsymbol{u}+\boldsymbol{v}) \neq L(\boldsymbol{u}) + L(\boldsymbol{v})$임을 보여서 선형변환이 아님을 설명하였다. 하지만 다른 방법으로 L이 선형변환이 아님을 설명할 수도 있다. 만일 스칼라 k를 $k=0$으로 선택하면

$$L(k\boldsymbol{u}) = L\left(\begin{bmatrix} 0 \\ 0 \end{bmatrix}\right) = \begin{bmatrix} 0 \\ 0 \\ 2 \end{bmatrix} \neq \begin{bmatrix} 0 \\ 0 \\ 0 \end{bmatrix} = 0L(\boldsymbol{u}) = kL(\boldsymbol{u})$$

이므로 L은 벡터공간 $\mathbb{R}^2$에서 벡터공간 $\mathbb{R}^3$로의 선형변환이 아님을 설명할 수 있다. [예제 1(a)]와 같은 일반적인 선형변환 외에 대표적인 선형변환으로 영변환과 항등변환이 있다.

❶ 영변환

$L : \mathbb{R}^n \to \mathbb{R}^m$이 변환이고 임의의 $\boldsymbol{v} \in \mathbb{R}^n$에 대하여

$$L(\boldsymbol{v}) = \mathbf{0}$$

으로 정의하면

(i) 임의의 $\boldsymbol{v}_1, \boldsymbol{v}_2 \in \mathbb{R}^n$에 대하여 $L(\boldsymbol{v}_1 + \boldsymbol{v}_2) = \mathbf{0} = L(\boldsymbol{v}_1) + L(\boldsymbol{v}_2)$이다.

(ii) 스칼라 k와 임의의 $\boldsymbol{v} \in \mathbb{R}^n$에 대하여 $L(k\boldsymbol{v}) = \mathbf{0} = kL(\boldsymbol{v})$이다.

따라서 L은 선형변환이고 이 선형변환을 영변환(zero transformation)이라 한다.

❷ 항등변환

$L : \mathbb{R}^m \to \mathbb{R}^m$이 변환이고 임의의 $\boldsymbol{v} \in \mathbb{R}^m$에 대하여

$$L(\boldsymbol{v}) = \boldsymbol{v}$$

로 정의하면

(i) 임의의 $\boldsymbol{v}_1, \boldsymbol{v}_2 \in \mathbb{R}^m$에 대하여 $L(\boldsymbol{v}_1 + \boldsymbol{v}_2) = \boldsymbol{v}_1 + \boldsymbol{v}_2 = L(\boldsymbol{v}_1) + L(\boldsymbol{v}_2)$이다.

(ii) 스칼라 k와 임의의 $\boldsymbol{v} \in \mathbb{R}^m$에 대하여 $L(k\boldsymbol{v}) = k\boldsymbol{v} = kL(\boldsymbol{v})$이다.

따라서 L은 선형변환이고 이 선형변환을 항등변환(identity transformation)이라 한다.

선형변환과 행렬

벡터공간 $\mathbb{R}^n$에서 벡터공간 $\mathbb{R}^m$으로의 선형변환은 행렬과 어떤 관계가 있을까? [예제 1(a)]의 변환 $L\left(\begin{bmatrix} u_1 \\ u_2 \end{bmatrix}\right) = \begin{bmatrix} u_2 \\ u_1 \\ u_1 + u_2 \end{bmatrix}$는 벡터공간 $\mathbb{R}^2$에서 벡터공간 $\mathbb{R}^3$로의 선형변환이다. 이때

$$\begin{bmatrix} u_2 \\ u_1 \\ u_1 + u_2 \end{bmatrix} = \begin{bmatrix} 0 & 1 \\ 1 & 0 \\ 1 & 1 \end{bmatrix} \begin{bmatrix} u_1 \\ u_2 \end{bmatrix}$$

이므로 $\boldsymbol{u} = \begin{bmatrix} u_1 \\ u_2 \end{bmatrix}$, $A = \begin{bmatrix} 0 & 1 \\ 1 & 0 \\ 1 & 1 \end{bmatrix}$이라 하면 선형변환은

$$L(\boldsymbol{u}) = A\boldsymbol{u}$$

로 나타낼 수 있고 A는 3×2 행렬이다.

다른 예를 살펴보자. 변환 $L : \mathbb{R}^3 \to \mathbb{R}^2$를

$$L\left(\begin{bmatrix} u_1 \\ u_2 \\ u_3 \end{bmatrix}\right) = \begin{bmatrix} u_1 + u_2 \\ 3u_3 \end{bmatrix}$$

로 정의하면 L은 벡터공간 $\mathbb{R}^3$에서 벡터공간 $\mathbb{R}^2$로의 선형변환이다. 이때

$$\begin{bmatrix} u_1 + u_2 \\ 3u_3 \end{bmatrix} = \begin{bmatrix} 1 & 1 & 0 \\ 0 & 0 & 3 \end{bmatrix} \begin{bmatrix} u_1 \\ u_2 \\ u_3 \end{bmatrix}$$

이므로 $\boldsymbol{u} = \begin{bmatrix} u_1 \\ u_2 \\ u_3 \end{bmatrix}$, $B = \begin{bmatrix} 1 & 1 & 0 \\ 0 & 0 & 3 \end{bmatrix}$이라 하면 선형변환은

$$L(\boldsymbol{u}) = B\boldsymbol{u}$$

로 나타낼 수 있고 B는 2×3 행렬이다.

이 예제들로부터 다음 정리를 추론할 수 있다.

정리 1 선형변환과 행렬

$L : \mathbb{R}^n \to \mathbb{R}^m$이 선형변환이면 적당한 $m \times n$ 행렬 A가 존재하여 모든 $\boldsymbol{u} \in \mathbb{R}^n$에 대하여

$$L(\boldsymbol{u}) = A\boldsymbol{u}$$

이다.

[정리 1]의 행렬 A를 선형변환 L에 대한 표준행렬(standard matrix)이라 하며 표준행렬은

다음의 방법으로 구한다.

표준행렬을 구하는 방법

[단계 1]

$L : \mathbb{R}^n \to \mathbb{R}^m$이 선형변환이면 선형변환 L에 대한 표준행렬 A는 $m \times n$ 행렬이다.

[단계 2]

A의 1열의 성분들은 $L(\boldsymbol{e}_1)$, 2열의 성분들은 $L(\boldsymbol{e}_2)$, $\cdots$, n열의 성분들은 $L(\boldsymbol{e}_n)$이다. 이때 $\boldsymbol{e}_i$는 $\mathbb{R}^n$의 i번째 표준단위벡터이다.

[단계 3]

따라서 선형변환 L에 대한 표준행렬 A는 다음과 같다.

$$A = [\, L(\boldsymbol{e}_1) \;\; L(\boldsymbol{e}_2) \;\; \cdots \;\; L(\boldsymbol{e}_n) \,]$$

표준행렬을 구하는 방법을 사용하여 다음 예제를 풀어보자.

예제 2

다음 선형변환 L에 대한 표준행렬 A를 구하라.

(a) $L\left(\begin{bmatrix} u_1 \\ u_2 \end{bmatrix}\right) = \begin{bmatrix} 2u_2 \\ u_1 \\ u_1 + u_2 \\ 2u_1 - 3u_2 \end{bmatrix}$

(b) $L\left(\begin{bmatrix} u_1 \\ u_2 \\ u_3 \\ u_4 \end{bmatrix}\right) = \begin{bmatrix} u_1 + u_2 + u_3 \\ u_2 - 4u_4 \end{bmatrix}$

| 풀이 |

(a) $L : \mathbb{R}^2 \to \mathbb{R}^4$이므로 A는 4×2 행렬이다.

$$L\left(\begin{bmatrix} 1 \\ 0 \end{bmatrix}\right) = \begin{bmatrix} 0 \\ 1 \\ 1 \\ 2 \end{bmatrix};\; L\left(\begin{bmatrix} 0 \\ 1 \end{bmatrix}\right) = \begin{bmatrix} 2 \\ 0 \\ 1 \\ -3 \end{bmatrix}$$

이므로 선형변환 L에 대한 표준행렬은 $A = \begin{bmatrix} 0 & 2 \\ 1 & 0 \\ 1 & 1 \\ 2 & -3 \end{bmatrix}$이다.

(b) $L : \mathbb{R}^4 \to \mathbb{R}^2$ 이므로 A는 2×4 행렬이다.

$$L\left(\begin{bmatrix}1\\0\\0\\0\end{bmatrix}\right)=\begin{bmatrix}1\\0\end{bmatrix},\ L\left(\begin{bmatrix}0\\1\\0\\0\end{bmatrix}\right)=\begin{bmatrix}1\\1\end{bmatrix},\ L\left(\begin{bmatrix}0\\0\\1\\0\end{bmatrix}\right)=\begin{bmatrix}1\\0\end{bmatrix},\ L\left(\begin{bmatrix}0\\0\\0\\1\end{bmatrix}\right)=\begin{bmatrix}0\\-4\end{bmatrix}$$

이므로 선형변환 L에 대한 표준행렬은 $A=\begin{bmatrix}1 & 1 & 1 & 0\\0 & 1 & 0 & -4\end{bmatrix}$이다.

벡터공간 $\mathbb{R}^2$의 기하와 관련하여 확대 또는 축소, 회전, 대칭 및 정사영과 관련된 선형변환이 있다.

❶ 확대변환과 축소변환

$a > 0,\ b > 0$일 때 $A=\begin{bmatrix}a & 0\\0 & b\end{bmatrix}$를 표준행렬로 갖는 선형변환은 x축 방향으로 a배만큼, y축 방향으로 b배만큼 도형을 확대 또는 축소한다.

[그림 1]은 $A=\begin{bmatrix}2 & 0\\0 & \frac{1}{2}\end{bmatrix}$일 때 A를 표준행렬로 갖는 선형변환에 의하여 정사각형 영역이 x축 방향으로 2배 확대되고, y축 방향으로 $\frac{1}{2}$배 축소된 직사각형 영역으로 변환됨을 보여준다.

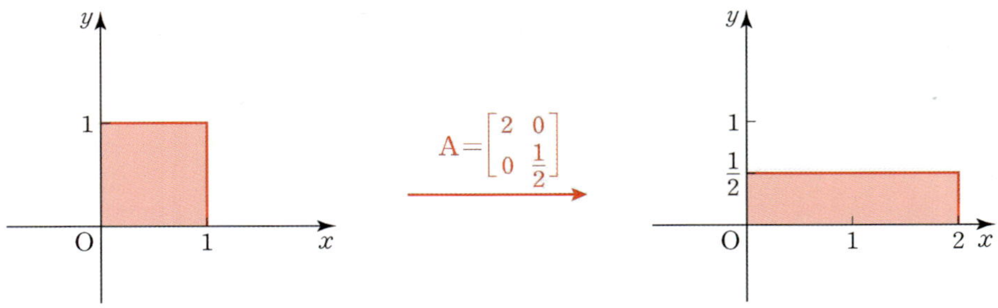

[그림 1] 확대변환과 축소변환

❷ 회전변환

$A=\begin{bmatrix}\cos\theta & -\sin\theta\\ \sin\theta & \cos\theta\end{bmatrix}$를 표준행렬로 갖는 선형변환은 주어진 도형을 θ만큼 회전한다.

[그림 2]는 $A=\begin{bmatrix} \cos\frac{\pi}{4} & -\sin\frac{\pi}{4} \\ \sin\frac{\pi}{4} & \cos\frac{\pi}{4} \end{bmatrix}=\begin{bmatrix} \frac{1}{\sqrt{2}} & -\frac{1}{\sqrt{2}} \\ \frac{1}{\sqrt{2}} & \frac{1}{\sqrt{2}} \end{bmatrix}$일 때 A를 표준행렬로 갖는 선형변환에 의하여 정사각형 영역이 반시계방향으로 $\frac{\pi}{4}$ 만큼 회전한 정사각형 영역으로 변환됨을 보여준다.

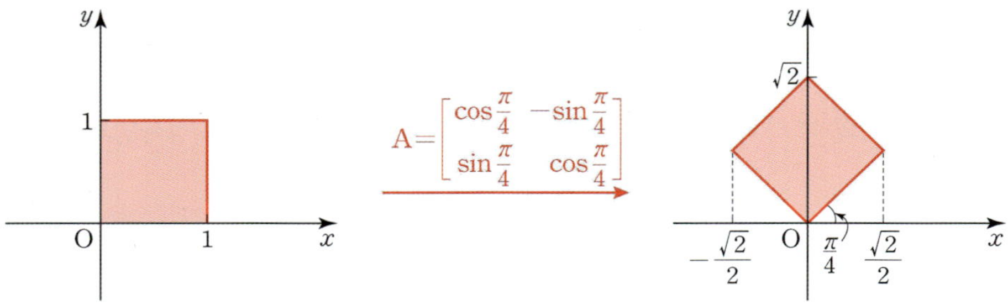

[그림 2] 회전변환

❸ 대칭변환

$A=\begin{bmatrix} 1 & 0 \\ 0 & -1 \end{bmatrix}$ 을 표준행렬로 갖는 선형변환은 주어진 도형을 x 축에 대하여 대칭시키고,

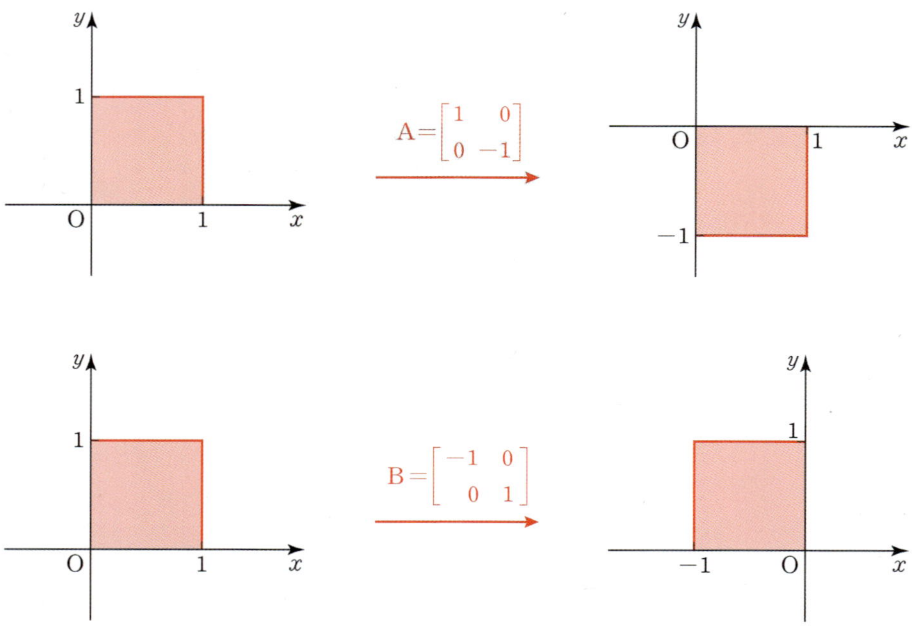

[그림 3] x 축 대칭변환과 y 축 대칭변환

$B = \begin{bmatrix} -1 & 0 \\ 0 & 1 \end{bmatrix}$을 표준행렬로 갖는 선형변환은 주어진 도형을 y축에 대하여 대칭시킨다.

[그림 3]은 $A = \begin{bmatrix} 1 & 0 \\ 0 & -1 \end{bmatrix}$일 때 A를 표준행렬로 갖는 선형변환에 의하여 정사각형 영역이 x축 방향에 대하여 대칭인 정사각형 영역으로 변환되고 $B = \begin{bmatrix} -1 & 0 \\ 0 & 1 \end{bmatrix}$일 때 B를 표준행렬로 갖는 선형변환에 의하여 정사각형 영역이 y축 방향에 대하여 대칭인 정사각형 영역으로 변환됨을 보여준다.

$C = \begin{bmatrix} 0 & 1 \\ 1 & 0 \end{bmatrix}$을 표준행렬로 갖는 선형변환은 주어진 도형을 직선 $y = x$에 대하여 대칭시킨다.

[그림 4]는 행렬 C를 표준행렬로 갖는 선형변환에 의하여 정사각형 영역이 $y = x$축에 대칭된 영역으로 변환됨을 보여준다.

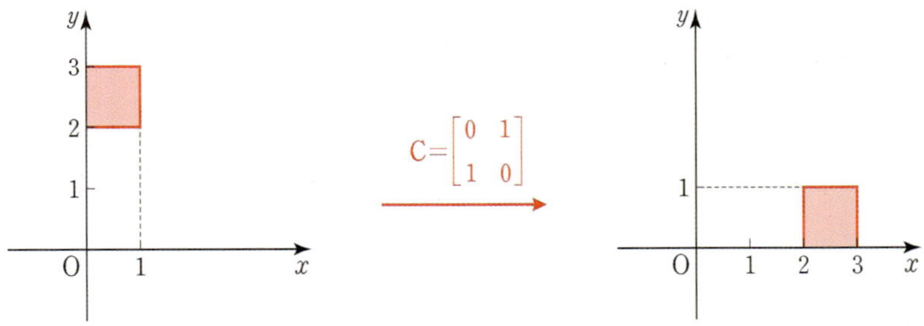

[그림 4] $y = x$축 대칭변환

❹ 정사영변환

$A = \begin{bmatrix} 1 & 0 \\ 0 & 0 \end{bmatrix}$을 표준행렬로 갖는 선형변환은 주어진 도형을 x축에 사영시키고, $B = \begin{bmatrix} 0 & 0 \\ 0 & 1 \end{bmatrix}$을 표준행렬로 갖는 선형변환은 주어진 도형을 y축에 대하여 사영시킨다.

[그림 5]는 $A = \begin{bmatrix} 1 & 0 \\ 0 & 0 \end{bmatrix}$일 때 A를 표준행렬로 갖는 선형변환에 의하여 정사각형 영역이 x축 위의 선분으로 변환되고 $B = \begin{bmatrix} 0 & 0 \\ 0 & 1 \end{bmatrix}$일 때 B를 표준행렬로 갖는 선형변환에 의하여 정사각형 영역이 y축 위의 선분으로 변환됨을 보여준다.

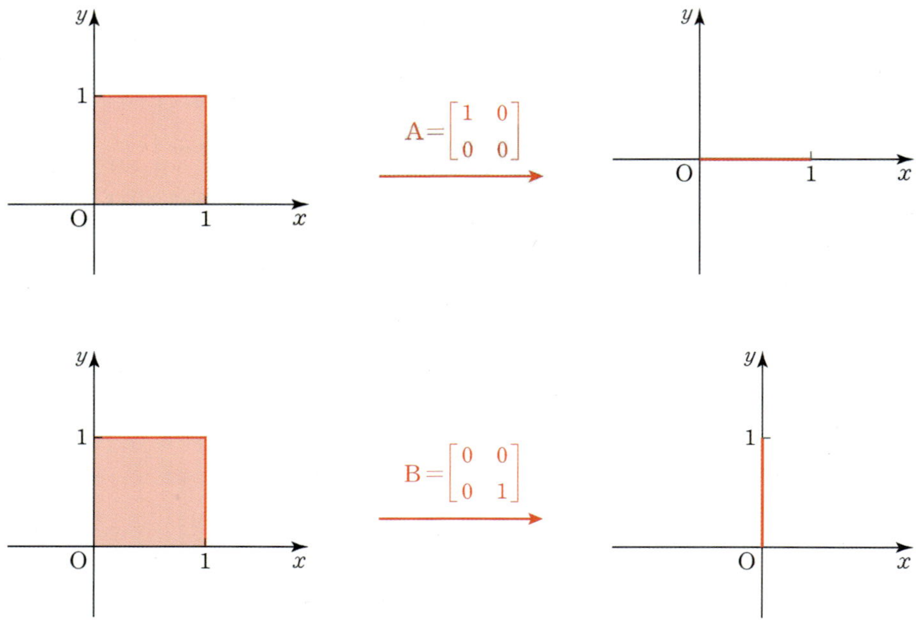

[그림 5] 정사영변환

❺ 층밀림변환

$A=\begin{bmatrix}1 & k\\0 & 1\end{bmatrix}$을 표준행렬로 갖는 선형변환은 정의역의 점들에 대하여 y는 그대로 두고 x는 $x+ky$로 이동시키고 $B=\begin{bmatrix}1 & 0\\k & 1\end{bmatrix}$을 표준행렬로 갖는 선형변환은 정의역의 점들에 대하여 x는 그대로 두고 y는 $y+kx$로 이동시킨다.

[그림 6]은 $A=\begin{bmatrix}1 & 1\\0 & 1\end{bmatrix}$일 때 A를 표준행렬로 갖는 선형변환에 의하여 정사각형 영역이 꼭짓점이 $(0, 0)$, $(1, 0)$, $(2, 1)$, $(1, 1)$인 평행사변형 영역으로 변환되고 $B=\begin{bmatrix}1 & 0\\\frac{1}{2} & 1\end{bmatrix}$일 때 B를 표준행렬로 갖는 선형변환에 의하여 정사각형 영역이 꼭짓점이 $(0, 0)$, $(1, \frac{1}{2})$, $(1, \frac{3}{2})$, $(0, 1)$인 평행사변형 영역으로 변환됨을 보여준다.

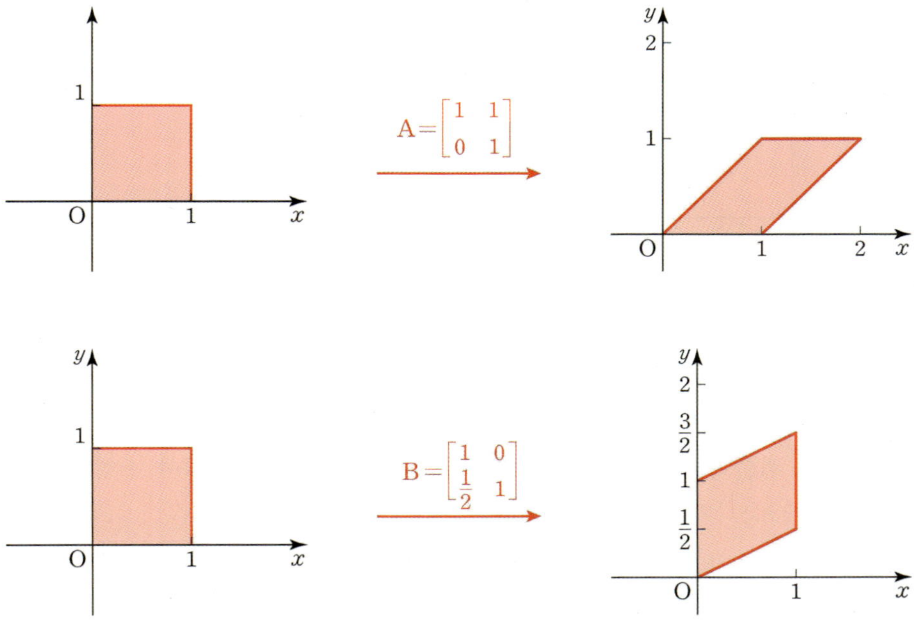

[그림 6] 층밀림변환

예제 3

D가 꼭짓점이 (1, 1), (−1, 1), (−1, −1), (1, −1)인 정사각형의 영역일 때 행렬 $A = \begin{bmatrix} 1 & -3 \\ 0 & 1 \end{bmatrix}$을 표준행렬로 갖는 선형변환에 의한 결과를 그림으로 나타내라.

| 풀이 |

$$A\begin{bmatrix} 1 \\ 1 \end{bmatrix} = \begin{bmatrix} -2 \\ 1 \end{bmatrix},\ A\begin{bmatrix} -1 \\ 1 \end{bmatrix} = \begin{bmatrix} -4 \\ 1 \end{bmatrix},$$

$$A\begin{bmatrix} -1 \\ -1 \end{bmatrix} = \begin{bmatrix} 2 \\ -1 \end{bmatrix},\ A\begin{bmatrix} 1 \\ -1 \end{bmatrix} = \begin{bmatrix} 4 \\ -1 \end{bmatrix}$$

이므로 선형변환에 의하여 점 (1, 1)은 점 (−2, 1)에, 점 (−1, 1)은 점 (−4, 1)에, 점 (−1, −1)은 점 (2, −1)에, 점 (1, −1)은 점 (4, −1)에 대응한다. 따라서 선형변환에 의한 결과는 그림과 같은 평행사변형 영역이다.

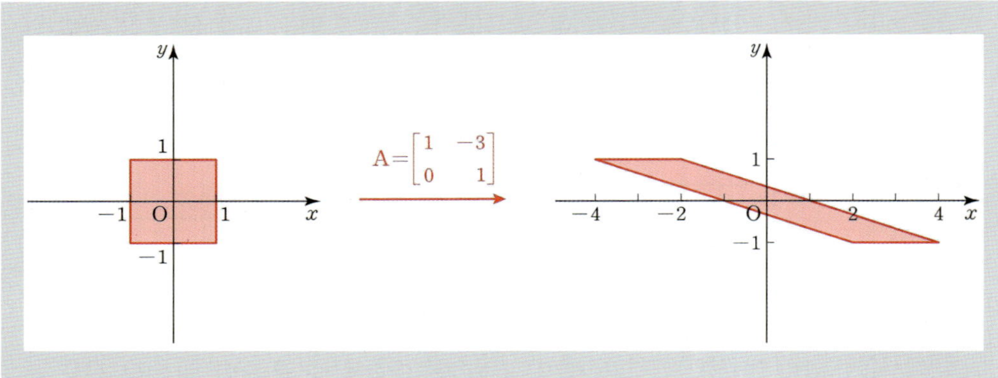

이 절에서는 변환과 선형변환의 정의를 살펴보았다. 주어진 변환이 선형변환인 경우 선형변환에 대응하는 표준행렬이 존재한다는 것을 확인하였고 표준단위벡터를 이용하여 표준행렬을 구하는 방법을 학습하였다. 대표적인 선형변환인 확대변환, 축소변환, 회전변환, 대칭변환, 정사영변환과 층밀림변환을 학습하고 주어진 변환에 의하여 영역이 어떻게 변환되는지를 알아보았다.

Chapter 5.1 연습문제

1 다음 변환 L이 선형변환인지를 판정하라.

(a) $L\left(\begin{bmatrix} u_1 \\ u_2 \end{bmatrix}\right) = \begin{bmatrix} u_1 \\ u_2 - u_1 \\ u_1 - u_2 \end{bmatrix}$

(b) $L\left(\begin{bmatrix} u_1 \\ u_2 \end{bmatrix}\right) = \begin{bmatrix} u_1 \\ 1 - u_1 \\ 1 - u_2 \end{bmatrix}$

(c) $L\left(\begin{bmatrix} u_1 \\ u_2 \\ u_3 \end{bmatrix}\right) = \begin{bmatrix} u_1 \\ u_2 \end{bmatrix}$

(d) $L\left(\begin{bmatrix} u_1 \\ u_2 \\ u_3 \end{bmatrix}\right) = \begin{bmatrix} 2u_1 \\ 2u_2 - 1 \end{bmatrix}$

(e) $L\left(\begin{bmatrix} u_1 \\ u_2 \\ u_3 \end{bmatrix}\right) = \begin{bmatrix} u_1 \\ u_2 \\ 0 \end{bmatrix}$

(f) $L\left(\begin{bmatrix} u_1 \\ u_2 \\ u_3 \end{bmatrix}\right) = \begin{bmatrix} 1 \\ u_2 \\ u_3 \end{bmatrix}$

(g) $L\left(\begin{bmatrix} u_1 \\ u_2 \\ u_3 \end{bmatrix}\right) = \begin{bmatrix} u_1 + u_2 \end{bmatrix}$

(h) $L\left(\begin{bmatrix} u_1 \\ u_2 \\ u_3 \end{bmatrix}\right) = \begin{bmatrix} u_1(u_2 + u_3) \end{bmatrix}$

2 다음 선형변환 L에 대한 표준행렬 A를 구하라.

(a) $L\left(\begin{bmatrix} u_1 \\ u_2 \end{bmatrix}\right) = \begin{bmatrix} u_1 + u_2 \\ u_1 - u_2 \end{bmatrix}$

(b) $L\left(\begin{bmatrix} u_1 \\ u_2 \end{bmatrix}\right) = \begin{bmatrix} 3u_2 \\ 2u_1 \end{bmatrix}$

(c) $L\left(\begin{bmatrix} u_1 \\ u_2 \end{bmatrix}\right) = \begin{bmatrix} 2u_1 \\ 3u_2 \\ 3u_1 - 2u_2 \end{bmatrix}$

(d) $L\left(\begin{bmatrix} u_1 \\ u_2 \end{bmatrix}\right) = \begin{bmatrix} u_1 + 2u_2 \end{bmatrix}$

(e) $L\left(\begin{bmatrix} u_1 \\ u_2 \\ u_3 \end{bmatrix}\right) = \begin{bmatrix} u_1 \\ 0 \\ u_3 \end{bmatrix}$

(f) $L\left(\begin{bmatrix} u_1 \\ u_2 \\ u_3 \end{bmatrix}\right) = \begin{bmatrix} 3u_3 \\ 2u_2 \\ u_1 \end{bmatrix}$

(g) $L\left(\begin{bmatrix} u_1 \\ u_2 \\ u_3 \end{bmatrix}\right) = \begin{bmatrix} u_2 - u_1 \\ u_3 - u_2 \end{bmatrix}$

(h) $L\left(\begin{bmatrix} u_1 \\ u_2 \\ u_3 \end{bmatrix}\right) = \begin{bmatrix} 3u_2 \end{bmatrix}$

3 D가 꼭짓점이 $(0,0)$, $(1,0)$, $(1,1)$, $(0,1)$인 정사각형의 영역일 때 다음 행렬을 표준행렬로 갖는 선형변환에 의한 결과를 그림으로 나타내라.

(a) $A=\begin{bmatrix}2&0\\0&1\end{bmatrix}$

(b) $A=\begin{bmatrix}1&0\\0&3\end{bmatrix}$

(c) $A=\begin{bmatrix}2&0\\0&3\end{bmatrix}$

(d) $A=\begin{bmatrix}-3&0\\0&1\end{bmatrix}$

(e) $A=\begin{bmatrix}-1&0\\0&-1\end{bmatrix}$

(f) $A=\begin{bmatrix}0&1\\1&0\end{bmatrix}$

(g) $A=\begin{bmatrix}1&3\\0&1\end{bmatrix}$

(h) $A=\begin{bmatrix}1&0\\-2&1\end{bmatrix}$

4 다음 명제가 참인지 거짓인지 판정하라.

(a) $L:\mathbb{R}^2\to\mathbb{R}^2$가 변환이면 L은 선형변환이다.

(b) $L:\mathbb{R}^2\to\mathbb{R}^2$가 $L\left(\begin{bmatrix}x\\y\end{bmatrix}\right)=\begin{bmatrix}x\\1\end{bmatrix}$이면 L은 선형변환이다.

(c) $L:\mathbb{R}^2\to\mathbb{R}^3$가 $L\left(\begin{bmatrix}x\\y\end{bmatrix}\right)=\begin{bmatrix}x\\y\\0\end{bmatrix}$이면 L은 선형변환이다.

(d) $L:\mathbb{R}^2\to\mathbb{R}^4$가 선형변환이면 L에 대한 표준행렬은 2×4 행렬이다.

(e) $\boldsymbol{v}_1, \boldsymbol{v}_2\in V$이고 $L:V\to W$가 선형변환이면 $L(\boldsymbol{v}_1-\boldsymbol{v}_2)=L(\boldsymbol{v}_1)-L(\boldsymbol{v}_2)$이다.

(f) $L:\mathbb{R}^2\to\mathbb{R}^2$가 선형변환이면 삼각형 영역을 L로 변환한 결과는 삼각형 영역이다.

(g) $\begin{bmatrix}\frac{1}{\sqrt{2}}&-\frac{1}{\sqrt{2}}\\\frac{1}{\sqrt{2}}&\frac{1}{\sqrt{2}}\end{bmatrix}$은 적당한 회전 각도를 갖는 회전변환에 대한 표준행렬이다.

(h) 행렬 A가 선형변환 $L:\mathbb{R}^2\to\mathbb{R}^2$에 대한 표준행렬이면 $\mathrm{Det}(A)\neq 0$이다.

2절 선형변환의 성질

이 절에서는 선형변환의 특징을 나타내는 몇 가지 성질을 학습하고, 선형변환과 관련된 중요한 부분공간들에 대하여 알아보고자 한다.

해석학에서 다루는 단사함수, 전사함수, 전단사함수와 같은 방법으로 선형변환에도 단사 선형변환, 전사 선형변환, 전단사 선형변환을 정의한다.

정의 1 단사 선형변환, 전사 선형변환, 전단사 선형변환

V와 W가 벡터공간이고 $L : V \to W$가 선형변환이라 하자.

(1) 임의의 $\boldsymbol{v}_1, \boldsymbol{v}_2 \in V$에 대하여 $L(\boldsymbol{v}_1) = L(\boldsymbol{v}_2)$일 때 $\boldsymbol{v}_1 = \boldsymbol{v}_2$이면 L을 단사 선형변환(injective linear transformation)이라 한다.

(2) $\text{Range}(L) = \{L(\boldsymbol{v}) : \boldsymbol{v} \in V\} = W$이면 L을 전사 선형변환(surjective linear transformation)이라 한다.

(3) 변환 L이 단사 선형변환이고 또한 전사 선형변환이면 L을 전단사 선형변환(bijective linear transformation)이라 한다.

[정의 1]을 이용하여 주어진 선형변환이 단사 선형변환인지를 알아보자.

예제 1

다음 선형변환 L_1과 L_2가 단사 선형변환인지를 판정하라.

(a) $L_1 : \mathbb{R}^2 \to \mathbb{R}^2,\ L_1\left(\begin{bmatrix} x_1 \\ x_2 \end{bmatrix}\right) = \begin{bmatrix} x_1 + x_2 \\ 2x_2 \end{bmatrix}$

(b) $L_2 : \mathbb{R}^2 \to \mathbb{R}^2,\ L_2\left(\begin{bmatrix} x_1 \\ x_2 \end{bmatrix}\right) = \begin{bmatrix} x_1 \\ 0 \end{bmatrix}$

| 풀이 |

(a) $\boldsymbol{v}_1 = \begin{bmatrix} x_1 \\ x_2 \end{bmatrix}$, $\boldsymbol{v}_2 = \begin{bmatrix} y_1 \\ y_2 \end{bmatrix} \in \mathbb{R}^2$ 이고 $L_1(\boldsymbol{v}_1) = L_1(\boldsymbol{v}_2)$ 라 하면

$$L_1(\boldsymbol{v}_1) = \begin{bmatrix} x_1 + x_2 \\ 2x_2 \end{bmatrix} = \begin{bmatrix} y_1 + y_2 \\ 2y_2 \end{bmatrix} = L_1(\boldsymbol{v}_2)$$

이다. 행렬의 상등에 의하여

$$\begin{cases} x_1 + \ x_2 = y_1 + y_2 \\ \qquad 2x_2 = 2y_2 \end{cases}$$

이므로 $x_1 = y_1$, $x_2 = y_2$ 이다. 따라서

$$\boldsymbol{v}_1 = \begin{bmatrix} x_1 \\ x_2 \end{bmatrix} = \begin{bmatrix} y_1 \\ y_2 \end{bmatrix} = \boldsymbol{v}_2$$

이므로 L_1 은 단사 선형변환이다.

(b) $\boldsymbol{v}_1 = \begin{bmatrix} 2 \\ 1 \end{bmatrix}$, $\boldsymbol{v}_2 = \begin{bmatrix} 2 \\ 3 \end{bmatrix} \in \mathbb{R}^2$ 라 하면

$$L_2(\boldsymbol{v}_1) = \begin{bmatrix} 2 \\ 0 \end{bmatrix} = L_2(\boldsymbol{v}_2)$$

이다. 하지만 $\boldsymbol{v}_1 \neq \boldsymbol{v}_2$ 이므로 L_2 는 단사 선형변환이 아니다.

[정의 1]을 사용하여 주어진 선형변환이 전사 선형변환인지를 확인하는 것은 쉽지 않다. 따라서 주어진 선형변환 $L : V \to W$ 가 전사 선형변환인지를 확인하려면 임의의 $\boldsymbol{w} \in W$ 에 대하여

$$L(\boldsymbol{v}) = \boldsymbol{w}$$

가 성립하는 $\boldsymbol{v} \in V$ 가 존재하는지를 확인해야 한다.

예제 2

다음 선형변환 L_1 과 L_2 가 전사 선형변환인지를 판정하라.

(a) $L_1 : \mathbb{R}^2 \to \mathbb{R}^2$, $L_1\left(\begin{bmatrix} x_1 \\ x_2 \end{bmatrix}\right) = \begin{bmatrix} x_1 \\ x_1 - x_2 \end{bmatrix}$

(b) $L_2 : \mathbb{R}^2 \to \mathbb{R}^2$, $L_2\left(\begin{bmatrix} x_1 \\ x_2 \end{bmatrix}\right) = \begin{bmatrix} 0 \\ 3x_2 \end{bmatrix}$

| 풀이 |

(a) 임의의 $\begin{bmatrix} y_1 \\ y_2 \end{bmatrix} \in \mathbb{R}^2$에 대하여

$$L_1\left(\begin{bmatrix} x_1 \\ x_2 \end{bmatrix}\right) = \begin{bmatrix} x_1 \\ x_1 - x_2 \end{bmatrix} = \begin{bmatrix} y_1 \\ y_2 \end{bmatrix}$$

가 성립하는 $\begin{bmatrix} x_1 \\ x_2 \end{bmatrix}$가 존재하는지를 확인해야 한다. 행렬의 상등에 의하여

$$\begin{cases} x_1 \qquad = y_1 \\ x_1 - x_2 = y_2 \end{cases}$$

를 만족하는 x_1과 x_2의 값은 $x_1 = y_1$, $x_2 = y_1 - y_2$이다. 따라서 임의의 $\begin{bmatrix} y_1 \\ y_2 \end{bmatrix} \in \mathbb{R}^2$에 대하여 $\begin{bmatrix} y_1 \\ y_1 - y_2 \end{bmatrix} \in \mathbb{R}^2$가 존재하여

$$L_1\left(\begin{bmatrix} y_1 \\ y_1 - y_2 \end{bmatrix}\right) = \begin{bmatrix} y_1 \\ y_2 \end{bmatrix}$$

이 성립하므로 L_1은 전사 선형변환이다.

(b) $\boldsymbol{w} = \begin{bmatrix} 1 \\ 3 \end{bmatrix} \in \mathbb{R}^2$라 하면 임의의 $\begin{bmatrix} x_1 \\ x_2 \end{bmatrix} \in \mathbb{R}^2$에 대하여

$$L_2\left(\begin{bmatrix} x_1 \\ x_2 \end{bmatrix}\right) = \begin{bmatrix} 0 \\ 3x_2 \end{bmatrix} \neq \begin{bmatrix} 1 \\ 3 \end{bmatrix} = \boldsymbol{w}$$

이다. 따라서 L_2는 전사 선형변환이 아니다.

선형변환과 관련된 중요한 부분집합인 핵과 치역의 수학적 정의는 다음과 같다.

정의 2 핵과 치역

V와 W가 벡터공간이고 $L : V \to W$가 선형변환이라 하자.

(1) 벡터공간 V의 부분집합

$$\mathrm{Ker}(L) = \{\boldsymbol{v} \in V : L(\boldsymbol{v}) = \mathbf{0}\}$$

을 선형변환 L의 핵(kernel)이라 한다.

(2) 벡터공간 W의 부분집합

$$\text{Range}(L) = \{L(\mathbf{v}) : \mathbf{v} \in V\}$$

를 선형변환 L의 치역(range)이라 한다.

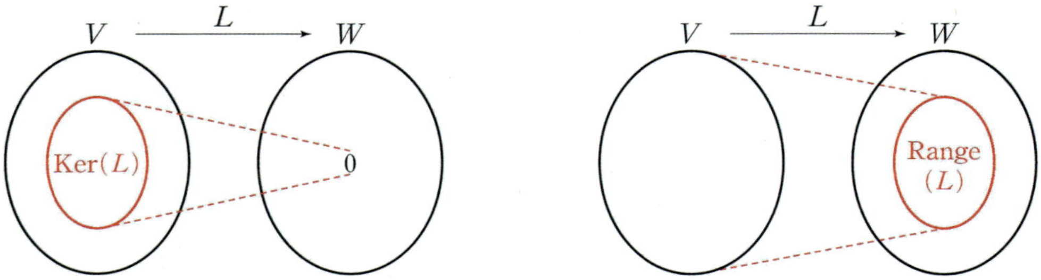

[그림 1] 선형변환의 핵과 치역

예를 들어 선형변환 $L : \mathbb{R}^2 \to \mathbb{R}^2$가

$$L\left(\begin{bmatrix} x_1 \\ x_2 \end{bmatrix}\right) = \begin{bmatrix} x_1 + 2x_2 \\ 2x_1 + 4x_2 \end{bmatrix}$$

이면 $L\left(\begin{bmatrix} 0 \\ 0 \end{bmatrix}\right) = \begin{bmatrix} 0 \\ 0 \end{bmatrix}$ 외에 $L\left(\begin{bmatrix} -2 \\ 1 \end{bmatrix}\right) = \begin{bmatrix} 0 \\ 0 \end{bmatrix}$이고 $L\left(\begin{bmatrix} 2 \\ -1 \end{bmatrix}\right) = \begin{bmatrix} 0 \\ 0 \end{bmatrix}$이다. 따라서

$$\begin{bmatrix} 0 \\ 0 \end{bmatrix}, \begin{bmatrix} -2 \\ 1 \end{bmatrix}, \begin{bmatrix} 2 \\ -1 \end{bmatrix} \in \text{Ker}(L)$$

이다. 또한 $L\left(\begin{bmatrix} 0 \\ 0 \end{bmatrix}\right) = \begin{bmatrix} 0 \\ 0 \end{bmatrix}$, $L\left(\begin{bmatrix} 0 \\ 1 \end{bmatrix}\right) = \begin{bmatrix} 2 \\ 4 \end{bmatrix}$, $L\left(\begin{bmatrix} 1 \\ 1 \end{bmatrix}\right) = \begin{bmatrix} 3 \\ 6 \end{bmatrix}$이므로

$$\begin{bmatrix} 0 \\ 0 \end{bmatrix}, \begin{bmatrix} 2 \\ 4 \end{bmatrix}, \begin{bmatrix} 3 \\ 6 \end{bmatrix} \in \text{Range}(L)$$

이다.

$L : V \to W$가 선형변환일 때 [정의 2]에서 핵은 V의 부분집합이고 치역은 W의 부분집합이라고 하였지만, 다음 정리는 선형변환 L의 핵은 V의 부분공간이고 선형변환 L의 치역은 W의 부분공간임을 설명한다.

정리 1 선형변환과 부분공간

V와 W가 벡터공간이고 $L : V \to W$가 선형변환이라 하자.

(1) $\mathrm{Ker}(L)$은 V의 부분공간이다.

(2) $\mathrm{Range}(L)$은 W의 부분공간이다.

Tip $\boldsymbol{v}_1, \boldsymbol{v}_2 \in \mathrm{Ker}(L)$일 때 $\boldsymbol{v}_1 + \boldsymbol{v}_2 \in \mathrm{Ker}(L)$, k가 스칼라이고 $\boldsymbol{v} \in \mathrm{Ker}(L)$일 때 $k\boldsymbol{v} \in \mathrm{Ker}(L)$임을 보여서 (1)을 증명한다.

| 증명 |

(1) $\boldsymbol{v}_1, \boldsymbol{v}_2 \in \mathrm{Ker}(L)$이라 하면

$$L(\boldsymbol{v}_1) = \mathbf{0},\ L(\boldsymbol{v}_2) = \mathbf{0}$$

이다. 따라서

$$L(\boldsymbol{v}_1 + \boldsymbol{v}_2) = L(\boldsymbol{v}_1) + L(\boldsymbol{v}_2) = \mathbf{0} + \mathbf{0} = \mathbf{0}$$

이므로 $\boldsymbol{v}_1 + \boldsymbol{v}_2 \in \mathrm{Ker}(L)$이다. k가 스칼라이고 $\boldsymbol{v} \in \mathrm{Ker}(L)$이라 하면

$$L(\boldsymbol{v}) = \mathbf{0}$$

이다. 따라서

$$L(k\boldsymbol{v}) = kL(\boldsymbol{v}) = k\mathbf{0} = \mathbf{0}$$

이므로 $k\boldsymbol{v} \in \mathrm{Ker}(L)$이다.

(2) $\boldsymbol{w}_1, \boldsymbol{w}_2 \in \mathrm{Range}(L)$이라 하면 적당한 $\boldsymbol{v}_1, \boldsymbol{v}_2 \in V$가 존재하여

$$L(\boldsymbol{v}_1) = \boldsymbol{w}_1,\ L(\boldsymbol{v}_2) = \boldsymbol{w}_2$$

이다. 따라서

$$\boldsymbol{w}_1 + \boldsymbol{w}_2 = L(\boldsymbol{v}_1) + L(\boldsymbol{v}_2) = L(\boldsymbol{v}_1 + \boldsymbol{v}_2) \in \mathrm{Range}(L)$$

이므로 $\boldsymbol{w}_1 + \boldsymbol{w}_2 \in \mathrm{Range}(L)$이다. k가 스칼라이고 $\boldsymbol{w} \in \mathrm{Range}(L)$이라 하면 적당한 $\boldsymbol{v} \in V$가 존재하여

$$L(\boldsymbol{v}) = \boldsymbol{w}$$

이다. 따라서

$$k\boldsymbol{w} = kL(\boldsymbol{v}) = L(k\boldsymbol{v}) \in \mathrm{Range}(L)$$

이므로 $k\boldsymbol{w} \in \text{Range}(L)$ 이다.

치역공간은 상공간(image space)이라고 불리기도 한다.
선형변환 L에 대한 표준행렬을 이용하면 $\text{Ker}(L)$과 $\text{Range}(L)$을 쉽게 구할 수 있다.

선형변환 L의 핵공간을 구하는 방법

[단계 1]
선형변환 L에 대한 표준행렬 A를 구한다.

[단계 2]
기본행 연산과 행 사다리꼴을 사용하여 $A\boldsymbol{x} = \mathbf{0}$을 만족하는 $\boldsymbol{x}$의 집합이 $\text{Ker}(L)$이다.

선형변환의 핵공간을 구하는 방법을 사용하여 다음 예제를 풀어보자.

예제 3

$L : \mathbb{R}^2 \to \mathbb{R}^2$가 $L\left(\begin{bmatrix} x_1 \\ x_2 \end{bmatrix}\right) = \begin{bmatrix} x_1 + 2x_2 \\ 2x_1 + 4x_2 \end{bmatrix}$일 때 $\text{Ker}(L)$을 구하라.

| 풀이 |
선형변환 L에 대한 표준행렬은

$$A = [\,L(\boldsymbol{e}_1)\ \ L(\boldsymbol{e}_2)\,] = \begin{bmatrix} 1 & 2 \\ 2 & 4 \end{bmatrix}$$

이다. 따라서 기본행 연산에 의하여

$$\begin{bmatrix} 1 & 2 \\ 2 & 4 \end{bmatrix} \xrightarrow{\text{①} \times (-2) + \text{②}} \begin{bmatrix} 1 & 2 \\ 0 & 0 \end{bmatrix}$$

이고 $\begin{bmatrix} 1 & 2 \\ 0 & 0 \end{bmatrix}$은 행 사다리꼴이다.

$$\begin{bmatrix} 1 & 2 \\ 0 & 0 \end{bmatrix}\begin{bmatrix} x_1 \\ x_2 \end{bmatrix} = \begin{bmatrix} 0 \\ 0 \end{bmatrix}$$

에서 x_1은 선행계수에 대응하므로 고정변수이고 x_2는 선행계수에 대응하지 않으므로 자유변수이다. 따라서 임의의 실수 t에 대하여 $x_2 = t$라 두면 식 ①에서 $x_1 = -2t$이다. 그러므로

$$\text{Ker}(L) = \left\{ \begin{bmatrix} -2t \\ t \end{bmatrix} : t \in \mathbb{R} \right\} = \left\{ t \begin{bmatrix} -2 \\ 1 \end{bmatrix} : t \in \mathbb{R} \right\}$$

이다.

[예제 3]에서 $S = \left\{ \begin{bmatrix} -2 \\ 1 \end{bmatrix} \right\}$은 $\text{Ker}(L)$의 기저이고 $\text{Dim}(\text{Ker}(L)) = 1$이다.

○ 선형변환 L의 치역공간을 구하는 방법

[단계 1]
선형변환 L에 대한 표준행렬 A를 구한다.

[단계 2]
기본행 연산과 행 사다리꼴을 이용하여 구한 표준행렬 A의 열공간이 $\text{Range}(L)$이다.

[단계 2]에 언급된 열공간을 구하는 방법은 4.3절에서 학습하였다.
이제 선형변환의 치역공간을 구하는 방법을 사용하여 다음 예제를 풀어보자.

예제 4

$L : \mathbb{R}^2 \to \mathbb{R}^2$가 $L\left(\begin{bmatrix} x_1 \\ x_2 \end{bmatrix}\right) = \begin{bmatrix} x_1 + 2x_2 \\ 2x_1 + 4x_2 \end{bmatrix}$일 때 $\text{Range}(L)$을 구하라.

| 풀이 |
선형변환 L에 대한 표준행렬은

$$A = [\, L(\boldsymbol{e}_1) \;\; L(\boldsymbol{e}_2) \,] = \begin{bmatrix} 1 & 2 \\ 2 & 4 \end{bmatrix}$$

이다. 따라서 $A^T = \begin{bmatrix} 1 & 2 \\ 2 & 4 \end{bmatrix}$이고 행렬 A^T에 기본행 연산을 사용하여 행 사다리꼴을 만들면 다음과 같다.

$$\begin{bmatrix}1 & 2\\ 2 & 4\end{bmatrix} \xrightarrow{①\times(-2)+②} \begin{bmatrix}1 & 2\\ 0 & 0\end{bmatrix}$$

$\begin{bmatrix}1 & 2\\ 0 & 0\end{bmatrix}$이 A^T의 행 사다리꼴이고 행 사다리꼴에 있는 1행은 A^T의 1행에 대응하고 A^T의 1행은 A의 1열이다. 따라서 행렬 A의 열공간은

$$\mathrm{Col}(A) = \left\{\alpha\begin{bmatrix}1\\ 2\end{bmatrix} : \alpha \in \mathbb{R}\right\} = \mathrm{Range}(L)$$

이다.

[예제 4]에서 $S = \left\{\begin{bmatrix}1\\ 2\end{bmatrix}\right\}$는 $\mathrm{Range}(L)$의 기저이고 $\mathrm{Dim}(\mathrm{Range}(L)) = 1$이다.

V와 W가 벡터공간이고 $L : V \to W$가 선형변환일 때 정의역인 벡터공간 V의 차원, 핵공간의 차원, 치역공간의 차원 사이에 다음의 관계가 성립한다.

정리 2 선형변환의 계수정리

V와 W가 벡터공간이고 $L : V \to W$가 선형변환이면 다음이 성립한다.

$$\mathrm{Dim}(V) = \mathrm{Dim}(\mathrm{Ker}(L)) + \mathrm{Dim}(\mathrm{Range}(L))$$

[예제 3]과 [예제 4]에서

$$\mathrm{Dim}(\mathbb{R}^2) = 2 = 1 + 1 = \mathrm{Dim}(\mathrm{Ker}(L)) + \mathrm{Dim}(\mathrm{Range}(L))$$

이 성립함을 확인할 수 있다. 다음 예제에서도 선형변환의 계수정리가 적용되는지를 확인해 보자.

예제 5

$L : \mathbb{R}^3 \to \mathbb{R}^2$가 $L\left(\begin{bmatrix}x_1\\ x_2\\ x_3\end{bmatrix}\right) = \begin{bmatrix}x_1 + x_2\\ x_1 + x_3\end{bmatrix}$일 때 $\mathrm{Ker}(L)$와 $\mathrm{Range}(L)$을 구하고 선형변환의 계수정리를 확인하라.

| 풀이 |

선형변환 L에 대한 표준행렬은

$$A=\left[L(\boldsymbol{e}_1)\ \ L(\boldsymbol{e}_2)\ \ L(\boldsymbol{e}_3)\right]=\begin{bmatrix}1&1&0\\1&0&1\end{bmatrix}$$

이다.

(i) 기본행 연산에 의하여

$$\begin{bmatrix}1&1&0\\1&0&1\end{bmatrix}\xrightarrow{①\times(-1)+②}\begin{bmatrix}1&1&0\\0&-1&1\end{bmatrix}$$

이고 $\begin{bmatrix}1&1&0\\0&-1&1\end{bmatrix}$은 행 사다리꼴이다.

$$\begin{bmatrix}1&1&0\\0&-1&1\end{bmatrix}\begin{bmatrix}x_1\\x_2\\x_3\end{bmatrix}=\begin{bmatrix}0\\0\end{bmatrix}$$

에서 x_1과 x_2는 선행계수에 대응하므로 고정변수이고 x_3는 선행계수에 대응하지 않으므로 자유변수이다. 따라서 임의의 실수 t에 대하여 $x_3=t$라 두면 식 ②에서 $x_1=t$이고 식 ①에서 $x_1=-t$이다. 그러므로

$$\mathrm{Ker}(L)=\left\{\begin{bmatrix}-t\\t\\t\end{bmatrix}:t\in\mathbb{R}\right\}=\left\{t\begin{bmatrix}-1\\1\\1\end{bmatrix}:t\in\mathbb{R}\right\}$$

이다. 따라서 $S_1=\left\{\begin{bmatrix}-1\\1\\1\end{bmatrix}\right\}$은 $\mathrm{Ker}(L)$의 기저이고 $\mathrm{Dim}(\mathrm{Ker}(L))=1$이다.

(ii) $A^T=\begin{bmatrix}1&1\\1&0\\0&1\end{bmatrix}$이고 행렬 A^T에 기본행 연산을 사용하여 행 사다리꼴을 만들면 다음과 같다.

$$\begin{bmatrix}1&1\\1&0\\0&1\end{bmatrix}\xrightarrow{①\times(-1)+②}\begin{bmatrix}1&1\\0&-1\\0&1\end{bmatrix}\xrightarrow{②\times1+③}\begin{bmatrix}1&1\\0&-1\\0&0\end{bmatrix}$$

$\begin{bmatrix}1&1\\0&-1\\0&0\end{bmatrix}$이 A^T의 행 사다리꼴이고 행 사다리꼴에 있는 1행은 A^T의 1행에 대응하고 A^T의 1행은 A의 1열이다. 또한 행 사다리꼴에 있는 2행은 A^T의 2행에 대응하

고 A^T의 2행은 A의 2열이다. 따라서 행렬 A의 열공간은

$$\text{Col}(A) = \left\{\alpha\begin{bmatrix}1\\1\end{bmatrix} + \beta\begin{bmatrix}1\\0\end{bmatrix} : \alpha, \beta \in \mathbb{R}\right\} = \text{Range}(L)$$

이다. 따라서 $S_2 = \left\{\begin{bmatrix}1\\1\end{bmatrix}, \begin{bmatrix}1\\0\end{bmatrix}\right\}$은 $\text{Range}(L)$의 기저이고 $\text{Dim}(\text{Range}(L))=2$ 이다.

(i)과 (ii)의 결과로부터

$$\text{Dim}(\mathbb{R}^3) = 3 = 1 + 2 = \text{Dim}(\text{Ker}(L)) + \text{Dim}(\text{Range}(L))$$

이므로 선형변환의 계수정리가 성립함을 알 수 있다.

다음 정리는 주어진 변환 L의 핵공간을 확인하여 변환 L이 단사 선형변환인지를 쉽게 판정할 수 있는 방법을 제시한다.

정리 3 단사 선형변환과 핵

V와 W가 벡터공간이고 $L : V \to W$가 선형변환이라 하자. 변환 L이 단사 선형변환일 필요충분조건은 $\text{Ker}(L) = \{\mathbf{0}\}$인 것이다.

Tip $L(\mathbf{0}) = \mathbf{0}$과 $L(\boldsymbol{v}_1 - \boldsymbol{v}_2) = L(\boldsymbol{v}_1) - L(\boldsymbol{v}_2)$를 이용하여 증명한다.

| 증명 |

L이 단사 선형변환이라고 가정하자. 만일 $\boldsymbol{v} \in \text{Ker}(L)$이면 $L(\boldsymbol{v}) = \mathbf{0}$이다. 그런데 $L(\mathbf{0}) = \mathbf{0}$이므로 $\boldsymbol{v} = \mathbf{0}$이다. 따라서 $\text{Ker}(L) = \{\mathbf{0}\}$이다.

이제 $\text{Ker}(L) = \{\mathbf{0}\}$이라고 가정하자. $L(\boldsymbol{v}_1) = L(\boldsymbol{v}_2)$이면

$$L(\boldsymbol{v}_1 - \boldsymbol{v}_2) = L(\boldsymbol{v}_1) - L(\boldsymbol{v}_2) = 0$$

이다. 따라서

$$\boldsymbol{v}_1 - \boldsymbol{v}_2 \in \text{Ker}(L) = \{\mathbf{0}\}$$

이므로 $\boldsymbol{v}_1 = \boldsymbol{v}_2$이다.

단사 선형변환인지를 확인하기 위하여 [정의 1]을 사용하는 것보다 [정리 3]을 사용하는 것이 좀 더 편리함을 다음 예제에서 확인할 수 있다.

예제 6

선형변환의 핵공간을 이용하여 다음 선형변환이 단사 선형변환인지를 판정하라.

(a) $L_1 : \mathbb{R}^2 \to \mathbb{R}^3,\ L_1\left(\begin{bmatrix} x_1 \\ x_2 \end{bmatrix}\right) = \begin{bmatrix} x_1 \\ x_2 \\ x_1 \end{bmatrix}$

(b) $L_2 : \mathbb{R}^3 \to \mathbb{R}^2,\ L_2\left(\begin{bmatrix} x_1 \\ x_2 \\ x_3 \end{bmatrix}\right) = \begin{bmatrix} x_1 \\ x_2 \end{bmatrix}$

| 풀이 |

(a) $\begin{bmatrix} x_1 \\ x_2 \end{bmatrix} \in \mathrm{Ker}(L_1)$ 이면

$$L_1\left(\begin{bmatrix} x_1 \\ x_2 \end{bmatrix}\right) = \begin{bmatrix} x_1 \\ x_2 \\ x_1 \end{bmatrix} = \begin{bmatrix} 0 \\ 0 \\ 0 \end{bmatrix}$$

이다. 행렬의 상등에 의하여 $x_1 = 0,\ x_2 = 0$ 이므로

$$\mathrm{Ker}(L_1) = \{\mathbf{0}\}$$

이다. 따라서 L_1은 단사 선형변환이다.

(b) $L_2\left(\begin{bmatrix} 0 \\ 0 \\ 1 \end{bmatrix}\right) = \begin{bmatrix} 0 \\ 0 \end{bmatrix}$ 이므로 $\begin{bmatrix} 0 \\ 0 \\ 1 \end{bmatrix} \in \mathrm{Ker}(L_2)$ 이다.

$$\begin{bmatrix} 0 \\ 0 \\ 1 \end{bmatrix} \neq \begin{bmatrix} 0 \\ 0 \\ 0 \end{bmatrix}$$

이므로 $\mathrm{Ker}(L_2) \neq \{\mathbf{0}\}$ 이다. 따라서 L_2는 단사 선형변환이 아니다.

이 절에서는 선형변환과 관련된 중요한 부분공간인 핵공간과 치역공간을 정의하고 구하는 방법을 학습하였다. 또한 선형변환의 정의역의 차원과 핵공간, 치역공간의 차원 사이의 관계를 알아보았고, 핵공간을 이용하여 단사 선형변환을 쉽게 판정하는 방법도 알아보았다.

Chapter 5.2 연습문제

1 다음 선형변환이 단사 선형변환인지를 판정하라.

(a) $L_1 : \mathbb{R}^2 \to \mathbb{R}^2,\ L_1\left(\begin{bmatrix} x_1 \\ x_2 \end{bmatrix}\right) = \begin{bmatrix} x_1 + x_2 \\ x_1 \end{bmatrix}$

(b) $L_2 : \mathbb{R}^2 \to \mathbb{R}^2,\ L_2\left(\begin{bmatrix} x_1 \\ x_2 \end{bmatrix}\right) = \begin{bmatrix} x_2 \\ x_2 \end{bmatrix}$

(c) $L_3 : \mathbb{R}^2 \to \mathbb{R}^2,\ L_3\left(\begin{bmatrix} x_1 \\ x_2 \end{bmatrix}\right) = \begin{bmatrix} x_1 - x_2 \\ 2x_1 + 3x_2 \end{bmatrix}$

(d) $L_4 : \mathbb{R}^2 \to \mathbb{R}^2,\ L_4\left(\begin{bmatrix} x_1 \\ x_2 \end{bmatrix}\right) = \begin{bmatrix} 3x_1 \\ 0 \end{bmatrix}$

(e) $L_5 : \mathbb{R}^3 \to \mathbb{R}^2,\ L_5\left(\begin{bmatrix} x_1 \\ x_2 \\ x_3 \end{bmatrix}\right) = \begin{bmatrix} x_1 + x_2 \\ x_1 \end{bmatrix}$

(f) $L_6 : \mathbb{R}^3 \to \mathbb{R}^2,\ L_6\left(\begin{bmatrix} x_1 \\ x_2 \\ x_3 \end{bmatrix}\right) = \begin{bmatrix} x_1 \\ 2x_2 - x_3 \end{bmatrix}$

(g) $L_7 : \mathbb{R}^2 \to \mathbb{R}^4,\ L_7\left(\begin{bmatrix} x_1 \\ x_2 \end{bmatrix}\right) = \begin{bmatrix} x_1 \\ 2x_2 \\ 3x_1 \\ 4x_2 \end{bmatrix}$

(h) $L_8 : \mathbb{R}^2 \to \mathbb{R}^4,\ L_8\left(\begin{bmatrix} x_1 \\ x_2 \end{bmatrix}\right) = \begin{bmatrix} 2x_1 \\ 3x_2 \\ 0 \\ 0 \end{bmatrix}$

2 다음 선형변환이 전사 선형변환인지를 판정하라.

(a) $L_1 : \mathbb{R}^2 \to \mathbb{R}^2,\ L_1\left(\begin{bmatrix} x_1 \\ x_2 \end{bmatrix}\right) = \begin{bmatrix} x_1 - x_2 \\ x_2 \end{bmatrix}$

(b) $L_2 : \mathbb{R}^2 \to \mathbb{R}^2,\ L_2\left(\begin{bmatrix} x_1 \\ x_2 \end{bmatrix}\right) = \begin{bmatrix} x_1 \\ 2x_1 \end{bmatrix}$

(c) $L_3 : \mathbb{R}^2 \to \mathbb{R}^2,\ L_3\left(\begin{bmatrix} x_1 \\ x_2 \end{bmatrix}\right) = \begin{bmatrix} 2x_1 - 3x_2 \\ x_1 + 4x_2 \end{bmatrix}$

(d) $L_4 : \mathbb{R}^2 \to \mathbb{R}^2,\ L_4\left(\begin{bmatrix} x_1 \\ x_2 \end{bmatrix}\right) = \begin{bmatrix} -x_1 \\ 0 \end{bmatrix}$

(e) $L_5 : \mathbb{R}^3 \to \mathbb{R}^2,\ L_5\left(\begin{bmatrix} x_1 \\ x_2 \\ x_3 \end{bmatrix}\right) = \begin{bmatrix} x_1 \\ x_3 \end{bmatrix}$

(f) $L_6 : \mathbb{R}^3 \to \mathbb{R}^2,\ L_6\left(\begin{bmatrix} x_1 \\ x_2 \\ x_3 \end{bmatrix}\right) = \begin{bmatrix} x_1 \\ 2x_1 \end{bmatrix}$

(g) $L_7 : \mathbb{R}^2 \to \mathbb{R}^4,\ L_7\left(\begin{bmatrix} x_1 \\ x_2 \end{bmatrix}\right) = \begin{bmatrix} x_1 \\ 2x_2 \\ 3x_1 \\ 4x_2 \end{bmatrix}$

(h) $L_8 : \mathbb{R}^2 \to \mathbb{R}^4,\ L_8\left(\begin{bmatrix} x_1 \\ x_2 \end{bmatrix}\right) = \begin{bmatrix} x_2 \\ x_1 \\ 0 \\ 0 \end{bmatrix}$

3 다음 선형변환에 대한 핵공간과 치역공간을 구하라.

(a) $L_1 : \mathbb{R}^2 \to \mathbb{R}^2,\ L_1\left(\begin{bmatrix} x_1 \\ x_2 \end{bmatrix}\right) = \begin{bmatrix} 3x_1 \\ 2x_2 \end{bmatrix}$

(b) $L_2 : \mathbb{R}^2 \to \mathbb{R}^2,\ L_2\left(\begin{bmatrix} x_1 \\ x_2 \end{bmatrix}\right) = \begin{bmatrix} 4x_1 \\ 0 \end{bmatrix}$

(c) $L_3 : \mathbb{R}^2 \to \mathbb{R}^2,\ L_3\left(\begin{bmatrix} x_1 \\ x_2 \end{bmatrix}\right) = \begin{bmatrix} x_1 - x_2 \\ x_1 + 2x_2 \end{bmatrix}$

(d) $L_4 : \mathbb{R}^2 \to \mathbb{R}^2,\ L_4\left(\begin{bmatrix} x_1 \\ x_2 \end{bmatrix}\right) = \begin{bmatrix} -x_1 \\ x_1 \end{bmatrix}$

(e) $L_5 : \mathbb{R}^3 \to \mathbb{R}^2,\ L_5\left(\begin{bmatrix} x_1 \\ x_2 \\ x_3 \end{bmatrix}\right) = \begin{bmatrix} 3x_1 \\ 4x_2 \end{bmatrix}$

(f) $L_6 : \mathbb{R}^3 \to \mathbb{R}^2,\ L_6\left(\begin{bmatrix} x_1 \\ x_2 \\ x_3 \end{bmatrix}\right) = \begin{bmatrix} x_1 + x_2 \\ x_2 - x_3 \end{bmatrix}$

(g) $L_7 : \mathbb{R}^2 \to \mathbb{R}^4,\ L_7\left(\begin{bmatrix} x_1 \\ x_2 \end{bmatrix}\right) = \begin{bmatrix} x_1 \\ x_2 \\ x_1 - x_2 \\ x_1 + x_2 \end{bmatrix}$

(h) $L_8 : \mathbb{R}^2 \to \mathbb{R}^4,\ L_8\left(\begin{bmatrix} x_1 \\ x_2 \end{bmatrix}\right) = \begin{bmatrix} x_1 \\ 0 \\ x_2 \\ 0 \end{bmatrix}$

4 선형변환의 핵공간을 이용하여 다음 선형변환이 단사 선형변환인지를 판정하라.

(a) $L_1 : \mathbb{R}^2 \to \mathbb{R}^2,\ L_1\left(\begin{bmatrix} x_1 \\ x_2 \end{bmatrix}\right) = \begin{bmatrix} x_1 - x_2 \\ x_2 \end{bmatrix}$

(b) $L_2 : \mathbb{R}^2 \to \mathbb{R}^2,\ L_2\left(\begin{bmatrix} x_1 \\ x_2 \end{bmatrix}\right) = \begin{bmatrix} x_1 \\ x_1 \end{bmatrix}$

(c) $L_3 : \mathbb{R}^2 \to \mathbb{R}^2,\ L_3\left(\begin{bmatrix} x_1 \\ x_2 \end{bmatrix}\right) = \begin{bmatrix} 2x_1 \\ x_1 - 3x_2 \end{bmatrix}$

(d) $L_4 : \mathbb{R}^2 \to \mathbb{R}^2,\ L_4\left(\begin{bmatrix} x_1 \\ x_2 \end{bmatrix}\right) = \begin{bmatrix} -2x_1 \\ 0 \end{bmatrix}$

(e) $L_5 : \mathbb{R}^3 \to \mathbb{R}^2,\ L_5\left(\begin{bmatrix} x_1 \\ x_2 \\ x_3 \end{bmatrix}\right) = \begin{bmatrix} x_2 \\ x_3 \end{bmatrix}$

(f) $L_6 : \mathbb{R}^3 \to \mathbb{R}^2,\ L_6\left(\begin{bmatrix} x_1 \\ x_2 \\ x_3 \end{bmatrix}\right) = \begin{bmatrix} x_1 + x_2 \\ x_2 + x_3 \end{bmatrix}$

(g) $L_7 : \mathbb{R}^2 \to \mathbb{R}^4,\ L_7\left(\begin{bmatrix} x_1 \\ x_2 \end{bmatrix}\right) = \begin{bmatrix} x_1 \\ x_2 \\ x_1 - x_2 \\ x_2 - x_1 \end{bmatrix}$

(h) $L_8 : \mathbb{R}^2 \to \mathbb{R}^4,\ L_8\left(\begin{bmatrix} x_1 \\ x_2 \end{bmatrix}\right) = \begin{bmatrix} -x_1 \\ 0 \\ 0 \\ 2x_2 \end{bmatrix}$

5 다음 명제가 참인지 거짓인지를 판정하라.

(a) $L : \mathbb{R}^n \to \mathbb{R}^n$이 전단사 선형변환이면 L은 단사 선형변환이다.

(b) $L : \mathbb{R}^n \to \mathbb{R}^n$이 단사 선형변환이면 L은 전사 선형변환이다.

(c) $L : \mathbb{R}^n \to \mathbb{R}^m$이 선형변환이면 $\mathrm{Ker}(L)$은 $\mathbb{R}^m$의 부분공간이다.

(d) $L : \mathbb{R}^n \to \mathbb{R}^n$ 이 전사 선형변환이면 $\text{Ker}(L) = \{\mathbf{0}\}$ 이다.

(e) $L : \mathbb{R}^4 \to \mathbb{R}^3$ 이 선형변환이고 $\text{Ker}(L) = \left\{ t\begin{bmatrix} 1 \\ 2 \\ 3 \\ 0 \end{bmatrix} + s\begin{bmatrix} 0 \\ 0 \\ 0 \\ 1 \end{bmatrix} : t, s \in \mathbb{R} \right\}$ 이면 $\text{Dim}(\text{Range}(L)) = 2$ 이다.

(f) $L : \mathbb{R}^4 \to \mathbb{R}^3$ 이 선형변환이고 $\text{Range}(L) = \left\{ t\begin{bmatrix} 1 \\ 2 \\ 3 \end{bmatrix} : t \in \mathbb{R} \right\}$ 이면 $\text{Dim}(\text{Ker}(L)) = 3$ 이다.

(g) $L : \mathbb{R}^n \to \mathbb{R}^n$ 이 선형변환이면 $\text{Dim}(\text{Ker}(L)) = \text{Dim}(\text{Range}(L))$ 이다.

(h) $L : \mathbb{R}^n \to \mathbb{R}^m$ 이 선형변환이면 $\text{Dim}(\text{Ker}(L)) + \text{Dim}(\text{Range}(L)) = m$ 이다.

3절 선형변환의 합성변환과 역변환

이 절에서는 선형변환의 합성변환과 역변환에 대하여 알아보기로 한다.

두 선형변환의 합성변환은 미적분학에서 다루는 두 함수의 합성과 같은 방식으로 다음과 같이 정의한다.

정의 1 선형변환의 합성변환

U, V, W 가 벡터공간이라 하자. $L_1 : U \to V$, $L_2 : V \to W$가 선형변환일 때 합성변환 $L_2 \circ L_1 : U \to W$는 임의의 $\boldsymbol{u} \in U$에 대하여

$$(L_2 \circ L_1)(\boldsymbol{u}) = L_2(L_1(\boldsymbol{u}))$$

로 정의한다.

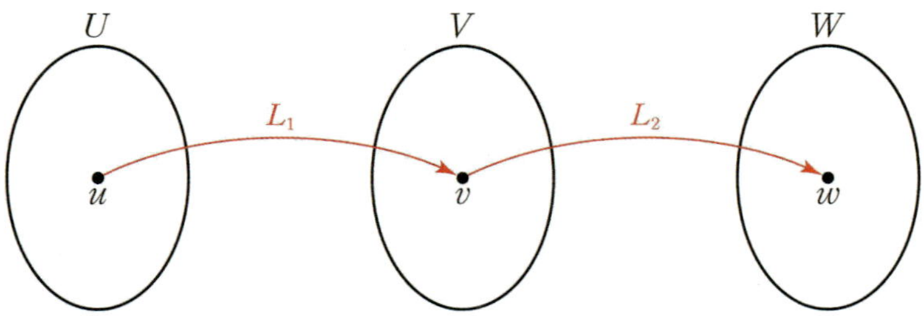

[그림 1] 합성변환

[정의 1]을 이용하여 선형변환의 합성변환을 구해보자.

예제 1

$L_1 : \mathbb{R}^2 \to \mathbb{R}^2$, $L_2 : \mathbb{R}^2 \to \mathbb{R}^2$가

$$L_1\left(\begin{bmatrix} x_1 \\ x_2 \end{bmatrix}\right) = \begin{bmatrix} x_1 + 3x_2 \\ -x_2 \end{bmatrix}, \quad L_2\left(\begin{bmatrix} x_1 \\ x_2 \end{bmatrix}\right) = \begin{bmatrix} 2x_2 \\ 3x_1 \end{bmatrix}$$

일 때 다음 합성변환을 구하라.

(a) $L_1 \circ L_2$ (b) $L_2 \circ L_1$

| 풀이 |

(a) $(L_1 \circ L_2)\left(\begin{bmatrix} x_1 \\ x_2 \end{bmatrix}\right) = L_1\left(L_2\left(\begin{bmatrix} x_1 \\ x_2 \end{bmatrix}\right)\right) = L_1\left(\begin{bmatrix} 2x_2 \\ 3x_1 \end{bmatrix}\right) = \begin{bmatrix} 2x_2 + 9x_1 \\ -3x_1 \end{bmatrix}$

(b) $(L_2 \circ L_1)\left(\begin{bmatrix} x_1 \\ x_2 \end{bmatrix}\right) = L_2\left(L_1\left(\begin{bmatrix} x_1 \\ x_2 \end{bmatrix}\right)\right) = L_2\left(\begin{bmatrix} x_1 + 3x_2 \\ -x_2 \end{bmatrix}\right) = \begin{bmatrix} -2x_2 \\ 3x_1 + 9x_2 \end{bmatrix}$

[예제 1]에서는 선형변환 L_1과 L_2에 대하여 합성변환 $L_1 \circ L_2$와 $L_2 \circ L_1$가 모두 정의된다. 하지만 (a)와 (b)의 결과에서 알 수 있듯이 일반적으로

$$L_1 \circ L_2 \neq L_2 \circ L_1$$

이다. 그리고 $T_1 : \mathbb{R}^2 \to \mathbb{R}^2$와 $T_2 : \mathbb{R}^2 \to \mathbb{R}^3$가 모두 선형변환일 때 합성변환 $T_2 \circ T_1$은 정의되지만 합성변환 $T_1 \circ T_2$는 정의되지 않는다.

두 선형변환에 대한 합성변환이 존재하면 합성변환이 선형변환이 된다는 것을 다음의 정리에서 확인할 수 있다.

정리 1 선형변환의 합성정리

U, V, W가 벡터공간이라 하자. $L_1 : U \to V$, $L_2 : V \to W$가 선형변환일 때 합성변환

$$L_2 \circ L_1 : U \to W$$

도 선형변환이다.

Tip $\boldsymbol{u}_1, \boldsymbol{u}_2 \in U$에 대하여 $(L_2 \circ L_1)(\boldsymbol{u}_1 + \boldsymbol{u}_2) = (L_2 \circ L_1)(\boldsymbol{u}_1) + (L_2 \circ L_1)(\boldsymbol{u}_2)$, 스칼라 k와 $\boldsymbol{u} \in U$에 대하여 $(L_2 \circ L_1)(k\boldsymbol{u}) = k(L_2 \circ L_1)(\boldsymbol{u})$임을 증명한다.

| 증명 |

(i) $\boldsymbol{u}_1, \boldsymbol{u}_2 \in U$일 때 L_1이 선형변환이므로

$$\begin{aligned}(L_2 \circ L_1)(\boldsymbol{u}_1 + \boldsymbol{u}_2) &= L_2(L_1(\boldsymbol{u}_1 + \boldsymbol{u}_2)) \\ &= L_2(L_1(\boldsymbol{u}_1) + L_1(\boldsymbol{u}_2))\end{aligned}$$

이다. $L_1(\boldsymbol{u}_1), L_1(\boldsymbol{u}_2) \in V$이고 L_2가 선형변환이므로

$$\begin{aligned}L_2(L_1(\boldsymbol{u}_1) + L_1(\boldsymbol{u}_2)) &= L_2(L_1(\boldsymbol{u}_1)) + L_2(L_1(\boldsymbol{u}_2)) \\ &= (L_2 \circ L_1)(\boldsymbol{u}_1) + (L_2 \circ L_1)(\boldsymbol{u}_2)\end{aligned}$$

이다.

(ii) k가 스칼라이고 $\boldsymbol{u} \in U$일 때 L_1이 선형변환이므로

$$(L_2 \circ L_1)(k\boldsymbol{u}) = L_2(L_1(k\boldsymbol{u})) = L_2(kL_1(\boldsymbol{u}))$$

이다. $L_1(\boldsymbol{u}) \in V$이고 L_2가 선형변환이므로

$$L_2(kL_1(\boldsymbol{u})) = k(L_2(L_1(\boldsymbol{u}))) = k(L_2 \circ L_1)(\boldsymbol{u})$$

이다.

(i)과 (ii)에 의하여 $L_2 \circ L_1 : U \to W$도 선형변환이다.

이제 합성변환의 대한 표준행렬을 구해보자.

정리 2 합성변환과 표준행렬

U, V, W가 벡터공간이고 $L_1 : U \to V$, $L_2 : V \to W$가 선형변환일 때 선형변환 L_1에 대한 표준행렬을 A, 선형변환 L_2에 대한 표준행렬을 B라 하자. 그러면 합성변환 $L_2 \circ L_1$에 대한 표준행렬은 BA이다.

Tip 임의의 $\boldsymbol{u} \in U$에 대하여 $(L_2 \circ L_1)(\boldsymbol{u}) = BA\boldsymbol{u}$임을 증명한다.

| 증명 |

A가 선형변환 L_1에 대한 표준행렬이므로 임의의 $\boldsymbol{u} \in U$에 대하여

$$L_1(\boldsymbol{u}) = A\boldsymbol{u}$$

이고 $A\boldsymbol{u} \in V$이다. 이제 $A\boldsymbol{u} = \boldsymbol{v}$라 하면 $\boldsymbol{v} \in V$이다. B가 선형변환 L_2에 대한 표준행렬이므로

$$L_2(\boldsymbol{v}) = B\boldsymbol{v}$$

이다. 따라서

$$\begin{aligned}(L_2 \circ L_1)(\boldsymbol{u}) &= L_2(L_1(\boldsymbol{u})) = L_2(A\boldsymbol{u}) = L_2(\boldsymbol{v}) \\ &= B\boldsymbol{v} = B(A\boldsymbol{u}) = BA\boldsymbol{u}\end{aligned}$$

이다. 그러므로 선형변환 $L_2 \circ L_1$에 대한 표준행렬은 BA이다.

[정리 2]를 사용하여 다음 예제를 풀어보자.

예제 2

$L_1 : \mathbb{R}^2 \to \mathbb{R}^2$, $L_2 : \mathbb{R}^2 \to \mathbb{R}^3$가

$$L_1\left(\begin{bmatrix} u_1 \\ u_2 \end{bmatrix}\right) = \begin{bmatrix} 2u_2 \\ 3u_1 \end{bmatrix}, \quad L_2\left(\begin{bmatrix} v_1 \\ v_2 \end{bmatrix}\right) = \begin{bmatrix} v_1 + v_2 \\ v_2 \\ v_1 \end{bmatrix}$$

일 때 합성변환 $L_2 \circ L_1$에 대한 표준행렬을 구하라.

| 풀이 |

A를 선형변환 L_1에 대한 표준행렬이라 하면

$$A = [L_1(\boldsymbol{e}_1) \;\; L_1(\boldsymbol{e}_2)] = \begin{bmatrix} 0 & 2 \\ 3 & 0 \end{bmatrix}$$

이다. B를 선형변환 L_2에 대한 표준행렬이라 하면

$$B = [L_2(\boldsymbol{e}_1) \;\; L_2(\boldsymbol{e}_2)] = \begin{bmatrix} 1 & 1 \\ 0 & 1 \\ 1 & 0 \end{bmatrix}$$

이다. 따라서 합성변환 $L_2 \circ L_1$에 대한 표준행렬은

$$BA = \begin{bmatrix} 1 & 1 \\ 0 & 1 \\ 1 & 0 \end{bmatrix} \begin{bmatrix} 0 & 2 \\ 3 & 0 \end{bmatrix} = \begin{bmatrix} 3 & 2 \\ 3 & 0 \\ 0 & 2 \end{bmatrix}$$

이다.

[예제 2]에서 합성변환 $L_1 \circ L_2$는 존재하지 않으므로 표준행렬도 존재하지 않는다. 5.1절에서 학습한 벡터공간 $\mathbb{R}^n$과 관련된 선형변환에 대한 합성변환을 알아보자.

예제 3

$L_1 : \mathbb{R}^2 \to \mathbb{R}^2$가 직선 $y = x$에 대한 대칭변환이고 $L_2 : \mathbb{R}^2 \to \mathbb{R}^2$가 x축으로 2배 확장시키는 확장변환일 때 다음을 구하라.

(a) 합성변환 $L_2 \circ L_1$에 대한 표준행렬

(b) 합성변환 $L_1 \circ L_2$에 대한 표준행렬

| 풀이 |

직선 $y = x$의 대칭변환 L_1에 대한 표준행렬은 $\begin{bmatrix} 0 & 1 \\ 1 & 0 \end{bmatrix}$이고 x축으로 2배 확장시키는 확장변환 L_2에 대한 표준행렬은 $\begin{bmatrix} 2 & 0 \\ 0 & 1 \end{bmatrix}$이다.

(a) 합성변환 $L_2 \circ L_1$에 대한 표준행렬은

$$\begin{bmatrix} 2 & 0 \\ 0 & 1 \end{bmatrix} \begin{bmatrix} 0 & 1 \\ 1 & 0 \end{bmatrix} = \begin{bmatrix} 0 & 2 \\ 1 & 0 \end{bmatrix}$$

이다.

(b) 합성변환 $L_1 \circ L_2$에 대한 표준행렬은

$$\begin{bmatrix} 0 & 1 \\ 1 & 0 \end{bmatrix} \begin{bmatrix} 2 & 0 \\ 0 & 1 \end{bmatrix} = \begin{bmatrix} 0 & 1 \\ 2 & 0 \end{bmatrix}$$

이다.

선형변환의 역변환

정의 2　가역변환

V 와 W 가 벡터공간이고 $L : V \to W$가 선형변환이라 하자. 만일 적당한 선형변환 $T : W \to V$ 가 존재하여 모든 $\boldsymbol{v} \in V$ 와 $\boldsymbol{w} \in W$ 에 대하여

$$T(L(\boldsymbol{v})) = \boldsymbol{v}, \quad L(T(\boldsymbol{w})) = \boldsymbol{w}$$

가 성립하면 L 을 가역인 선형변환(invertible linear transformation)이라고 한다.

[정의 2]를 만족하는 선형변환 L 과 T 가 존재하면 T 를 선형변환 L 의 역변환(inverse transformation)이라 하고 $T = L^{-1}$ 로 나타낸다.

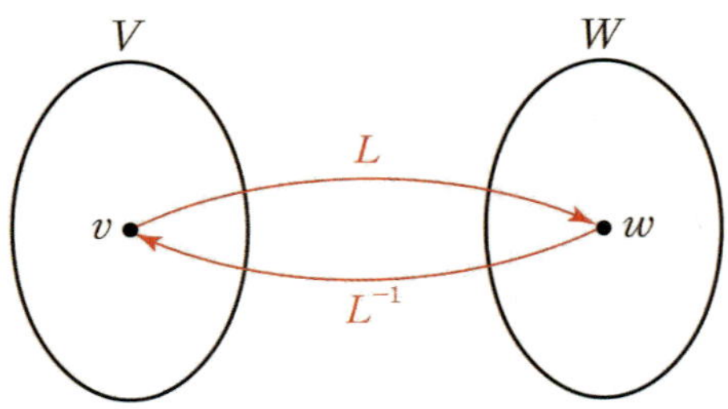

[그림 2] 역변환

[정의 2]를 이용하여 주어진 선형변환이 가역인지를 판정하는 것이 쉽지 않기 때문에 주어진 선형변환에 대한 가역성은 표준행렬을 이용하여 판정한다.

정리 3　표준행렬을 이용한 가역인 선형변환 판정

V 와 W 가 벡터공간이고 $L : V \to W$가 선형변환이라 하자. 그러면 선형변환 L 이 가역인 선형변환이 될 필요충분조건은 선형변환 L 에 대한 표준행렬이 가역행렬인 것이다.

선형변환 L 에 대한 표준행렬이 A 일 때 A 가 가역행렬이라는 것은 $\mathrm{Det}(A) \neq 0$ 인 것과 동치임을 이용하여 가역성을 판정한다.

예제 4

다음 선형변환 $L : \mathbb{R}^2 \to \mathbb{R}^2$가 가역인 선형변환인지를 판정하라.

(a) $L\left(\begin{bmatrix} u_1 \\ u_2 \end{bmatrix}\right) = \begin{bmatrix} u_1 + u_2 \\ u_1 - u_2 \end{bmatrix}$ (b) $L\left(\begin{bmatrix} u_1 \\ u_2 \end{bmatrix}\right) = \begin{bmatrix} u_1 + 2u_2 \\ 2u_1 + 4u_2 \end{bmatrix}$

| 풀이 |

(a) A를 선형변환 L에 대한 표준행렬이라 하면

$$A = [L(\boldsymbol{e}_1) \ \ L(\boldsymbol{e}_2)] = \begin{bmatrix} 1 & 1 \\ 1 & -1 \end{bmatrix}$$

이고

$$\text{Det}(A) = -1-1 = -2 \neq 0$$

이므로 A는 역행렬을 갖는다. 따라서 선형변환 L은 가역인 선형변환이다.

(b) B를 선형변환 L에 대한 표준행렬이라 하면

$$B = [L(\boldsymbol{e}_1) \ \ L(\boldsymbol{e}_2)] = \begin{bmatrix} 1 & 2 \\ 2 & 4 \end{bmatrix}$$

이고

$$\text{Det}(B) = 4 - 4 = 0$$

이므로 B는 역행렬을 갖지 않는다. 따라서 선형변환 L은 가역인 선형변환이 아니다.

주어진 선형변환 L이 가역인 선형변환일 경우 L의 역변환은 다음 방법으로 구한다.

역변환을 구하는 방법

[단계 1]

V, W가 벡터공간이고 $L : V \to W$가 선형변환일 때 선형변환 L에 대한 표준행렬 A를 구한다.

[단계 2]

$\text{Det}(A) = 0$이면 L은 역변환을 갖지 않는 것으로 판정하고 $\text{Det}(A) \neq 0$이면 A^{-1}를 구한다.

[단계 3]

A^{-1}를 이용하여 L^{-1}를 구한다.

역변환을 구하는 방법을 사용하여 다음 선형변환의 역변환을 구해보자.

예제 5

다음 선형변환의 역변환을 구하라.

(a) $L_1 : \mathbb{R}^2 \rightarrow \mathbb{R}^2, \quad L_1\left(\begin{bmatrix} x \\ y \end{bmatrix}\right) = \begin{bmatrix} x-y \\ 2x-y \end{bmatrix}$

(b) $L_2 : \mathbb{R}^2 \rightarrow \mathbb{R}^2, \quad L_2\left(\begin{bmatrix} x \\ y \end{bmatrix}\right) = \begin{bmatrix} x+2y \\ 2x+4y \end{bmatrix}$

| 풀이 |

(a)

$$L_1\left(\begin{bmatrix} x \\ y \end{bmatrix}\right) = \begin{bmatrix} x-y \\ 2x-y \end{bmatrix} = \begin{bmatrix} 1 & -1 \\ 2 & -1 \end{bmatrix}\begin{bmatrix} x \\ y \end{bmatrix}$$

이므로 $A = \begin{bmatrix} 1 & -1 \\ 2 & -1 \end{bmatrix}$이 선형변환 L_1에 대한 표준행렬이다.

$$\mathrm{Det}(A) = -1-(-2) = 1 \neq 0$$

이므로 A는 가역행렬이다. $A^{-1} = \begin{bmatrix} -1 & 1 \\ -2 & 1 \end{bmatrix}$이므로

$$L_1^{-1}\left(\begin{bmatrix} x \\ y \end{bmatrix}\right) = \begin{bmatrix} -1 & 1 \\ -2 & 1 \end{bmatrix}\begin{bmatrix} x \\ y \end{bmatrix} = \begin{bmatrix} -x+y \\ -2x+y \end{bmatrix}$$

이다.

(b)

$$L_2\left(\begin{bmatrix} x \\ y \end{bmatrix}\right) = \begin{bmatrix} x+2y \\ 2x+4y \end{bmatrix} = \begin{bmatrix} 1 & 2 \\ 2 & 4 \end{bmatrix}\begin{bmatrix} x \\ y \end{bmatrix}$$

이므로 $B = \begin{bmatrix} 1 & 2 \\ 2 & 4 \end{bmatrix}$는 선형변환 L_2에 대한 표준행렬이다.

$$\mathrm{Det}(B) = 4-4 = 0$$

이므로 B는 비가역행렬이다. 따라서 선형변환 L_2는 역변환을 갖지 않는다.

역변환을 이용하면 주어진 도형이 어떤 도형으로 변환되는지를 알 수 있다.

예제 6

$L : \mathbb{R}^2 \to \mathbb{R}^2$가

$$L\left(\begin{bmatrix} x \\ y \end{bmatrix}\right) = \begin{bmatrix} x + \ \ y \\ x + 2y \end{bmatrix}$$

일 때 선형변환 L에 의하여 직선 $2x - y + 1 = 0$이 어떤 도형으로 변환되는지를 구하라.

| 풀이 |

$$L\left(\begin{bmatrix} x \\ y \end{bmatrix}\right) = \begin{bmatrix} x + \ \ y \\ x + 2y \end{bmatrix} = \begin{bmatrix} 1 & 1 \\ 1 & 2 \end{bmatrix}\begin{bmatrix} x \\ y \end{bmatrix} = \begin{bmatrix} p \\ q \end{bmatrix}$$

라 하면

$$\begin{bmatrix} x \\ y \end{bmatrix} = \begin{bmatrix} 1 & 1 \\ 1 & 2 \end{bmatrix}^{-1}\begin{bmatrix} p \\ q \end{bmatrix} = \begin{bmatrix} 2 & -1 \\ -1 & 1 \end{bmatrix}\begin{bmatrix} p \\ q \end{bmatrix} = \begin{bmatrix} 2p - q \\ -p + q \end{bmatrix}$$

이다. 행렬의 상등에 의하여

$$x = 2p - q,\ y = -p + q$$

이므로 이 값을 식 $2x - y + 1 = 0$에 대입하면 그 결과는 직선

$$5p - 3q + 1 = 0$$

이다.

다음 정리는 가역인 선형변환과 전단사 선형변환과의 관계를 설명한다.

정리 4 가역인 선형변환과 전단사 선형변환

V와 W가 벡터공간일 때 $L : V \to W$가 가역인 선형변환일 필요충분조건은 L이 전단사 선형변환인 것이다.

Tip L이 가역인 선형변환일 때 L이 단사 선형변환이고 전사 선형변환임을 보여서 L이 전단사 선형변환임을 증명한다.

| 증명 |

($\Rightarrow$) L이 가역인 선형변환이라 하면 선형변환 $L^{-1} : W \to V$가 존재하여 임의의 $\boldsymbol{v} \in V$와 $\boldsymbol{w} \in W$에 대하여

$$L^{-1}(L(\boldsymbol{v})) = \boldsymbol{v}, \quad L(L^{-1}(\boldsymbol{w})) = \boldsymbol{w}$$

이다. $\boldsymbol{v}_1, \boldsymbol{v}_2 \in V$에 대하여 $L(\boldsymbol{v}_1) = L(\boldsymbol{v}_2)$이면

$$\boldsymbol{v}_1 = L^{-1}(L(\boldsymbol{v}_1)) = L^{-1}(L(\boldsymbol{v}_2)) = \boldsymbol{v}_2$$

이므로 L은 단사 선형변환이다. 임의의 $\boldsymbol{w} \in W$에 대하여 $L^{-1}(\boldsymbol{w}) = \boldsymbol{v}$라 하면 $\boldsymbol{v} \in V$이다. 따라서

$$L(\boldsymbol{v}) = L(L^{-1}(\boldsymbol{w})) = \boldsymbol{w}$$

이므로 L은 전사 선형변환이다. 그러므로 L은 전단사 선형변환이다.

($\Leftarrow$) L이 전단사 선형변환이라고 가정하면 임의의 $\boldsymbol{w} \in W$에 대하여 적당한 $\boldsymbol{v} \in V$가 존재하여

$$L(\boldsymbol{v}) = \boldsymbol{w}$$

이다. 따라서 $\boldsymbol{v} = L^{-1}(\boldsymbol{w})$이므로

$$L(L^{-1}(\boldsymbol{w})) = L(\boldsymbol{v}) = \boldsymbol{w}$$

이다. 또한 임의의 $\boldsymbol{v} \in V$에 대하여 $L(\boldsymbol{v}) = \boldsymbol{w}$라 하면 $\boldsymbol{w} \in W$이다. 따라서 $\boldsymbol{v} = L^{-1}(\boldsymbol{w})$이므로

$$L^{-1}(L(\boldsymbol{v})) = L^{-1}(\boldsymbol{w}) = \boldsymbol{v}$$

이다. 그러므로 L은 가역인 선형변환이다.

두 벡터공간 사이에 전단사 선형변환이 존재하면 두 벡터공간과 전단사 선형변환에 대하여 다음과 같이 정의한다.

정의 3　동형인 벡터공간

V와 W가 벡터공간일 때 전단사 선형변환 $L : V \to W$가 존재하면 V와 W는 동형인 벡터공간(isomorphic vector space)이라 하고 선형변환 L을 동형사상(isomorphism)이라 한다.

동형인 벡터공간에는 어떤 것이 있을까?

$\Pi_1 = \{1$차 이하의 다항함수$\}$이라 하면 $(\Pi_1, +, \cdot)$은 벡터공간이다. $L : \mathbb{R}^2 \to \Pi_1$이

$$L\left(\begin{bmatrix} a \\ b \end{bmatrix}\right) = ax + b$$

라 하면 변환 L은 전단사 선형변환이므로 $\mathbb{R}^2$와 Π_1은 동형인 벡터공간이다.

이 절에서는 선형변환의 합성변환과 표준행렬을 이용하여 역변환을 구하는 방법에 대하여 학습하였다. 또한 가역인 선형변환과 전단사 선형변환의 관계를 증명하고 이를 이용하여 동형인 벡터공간을 확인하는 방법도 알아보았다.

Chapter 5.3 연습문제

1 선형변환 L_1과 L_2에 대하여 합성변환 $L_1 \circ L_2$를 구하라.

(a) $L_1\left(\begin{bmatrix} x_1 \\ x_2 \end{bmatrix}\right) = \begin{bmatrix} x_1 - 2x_2 \\ x_2 \end{bmatrix}, \quad L_2\left(\begin{bmatrix} x_1 \\ x_2 \end{bmatrix}\right) = \begin{bmatrix} x_1 \\ 2x_2 \end{bmatrix}$

(b) $L_1\left(\begin{bmatrix} x_1 \\ x_2 \end{bmatrix}\right) = \begin{bmatrix} x_1 \\ 2x_2 \end{bmatrix}, \quad L_2\left(\begin{bmatrix} x_1 \\ x_2 \end{bmatrix}\right) = \begin{bmatrix} x_1 - 2x_2 \\ x_2 \end{bmatrix}$

(c) $L_1\left(\begin{bmatrix} x_1 \\ x_2 \end{bmatrix}\right) = \begin{bmatrix} 3x_1 + 2x_2 \\ -x_1 + x_2 \end{bmatrix}, \quad L_2\left(\begin{bmatrix} x_1 \\ x_2 \end{bmatrix}\right) = \begin{bmatrix} x_2 \\ x_1 \end{bmatrix}$

(d) $L_1\left(\begin{bmatrix} x_1 \\ x_2 \end{bmatrix}\right) = \begin{bmatrix} x_2 \\ x_1 \end{bmatrix}, \quad L_2\left(\begin{bmatrix} x_1 \\ x_2 \end{bmatrix}\right) = \begin{bmatrix} 3x_1 + 2x_2 \\ -x_1 + x_2 \end{bmatrix}$

(e) $L_1\left(\begin{bmatrix} x_1 \\ x_2 \end{bmatrix}\right) = \begin{bmatrix} x_1 \\ 2x_2 \\ x_1 + x_2 \end{bmatrix}, \quad L_2\left(\begin{bmatrix} x_1 \\ x_2 \end{bmatrix}\right) = \begin{bmatrix} 2x_1 \\ 0 \end{bmatrix}$

(f) $L_1\left(\begin{bmatrix} x_1 \\ x_2 \end{bmatrix}\right) = \begin{bmatrix} x_2 \\ 3x_1 \\ x_1 - x_2 \end{bmatrix}, \quad L_2\left(\begin{bmatrix} x_1 \\ x_2 \end{bmatrix}\right) = \begin{bmatrix} 0 \\ 3x_1 \end{bmatrix}$

(g) $L_1\left(\begin{bmatrix} x_1 \\ x_2 \\ x_3 \end{bmatrix}\right) = \begin{bmatrix} x_1 + x_2 \\ x_3 \\ x_3 + x_2 \end{bmatrix}, \quad L_2\left(\begin{bmatrix} x_1 \\ x_2 \\ x_3 \end{bmatrix}\right) = \begin{bmatrix} x_1 \\ 2x_2 \\ 3x_3 \end{bmatrix}$

(h) $L_1\left(\begin{bmatrix} x_1 \\ x_2 \\ x_3 \end{bmatrix}\right) = \begin{bmatrix} x_1 \\ x_2 \\ x_1 + x_3 \\ x_1 - x_3 \end{bmatrix}, \quad L_2\left(\begin{bmatrix} x_1 \\ x_2 \\ x_3 \end{bmatrix}\right) = \begin{bmatrix} x_1 \\ 2x_2 \\ 0 \end{bmatrix}$

2 주어진 선형변환 L_1과 L_2에 대하여 합성변환 $L_2 \circ L_1$에 대한 표준행렬을 구하라.

(a) $L_1\left(\begin{bmatrix} u_1 \\ u_2 \end{bmatrix}\right) = \begin{bmatrix} 4u_1 \\ -3u_2 \end{bmatrix}, \quad L_2\left(\begin{bmatrix} v_1 \\ v_2 \end{bmatrix}\right) = \begin{bmatrix} -5v_2 \\ 2v_1 \end{bmatrix}$

(b) $L_1\left(\begin{bmatrix} u_1 \\ u_2 \end{bmatrix}\right) = \begin{bmatrix} u_1 + u_2 \\ u_1 - u_2 \end{bmatrix}, \quad L_2\left(\begin{bmatrix} v_1 \\ v_2 \end{bmatrix}\right) = \begin{bmatrix} v_1 - v_2 \\ v_1 + v_2 \end{bmatrix}$

(c) $L_1\left(\begin{bmatrix} u_1 \\ u_2 \end{bmatrix}\right) = \begin{bmatrix} 2u_1 \\ u_2 \end{bmatrix}$, $L_2\left(\begin{bmatrix} v_1 \\ v_2 \end{bmatrix}\right) = \begin{bmatrix} v_2 \\ v_1 \\ v_1 + 2v_2 \end{bmatrix}$

(d) $L_1\left(\begin{bmatrix} u_1 \\ u_2 \end{bmatrix}\right) = \begin{bmatrix} 2u_1 \\ -3u_1 + 2u_2 \end{bmatrix}$, $L_2\left(\begin{bmatrix} v_1 \\ v_2 \end{bmatrix}\right) = \begin{bmatrix} v_1 + v_2 \\ -v_1 + v_2 \\ 4v_1 \end{bmatrix}$

(e) $L_1\left(\begin{bmatrix} u_1 \\ u_2 \end{bmatrix}\right) = \begin{bmatrix} 4u_1 \\ -3u_2 \end{bmatrix}$, $L_2\left(\begin{bmatrix} u_1 \\ u_2 \end{bmatrix}\right) = \begin{bmatrix} v_1 \\ v_2 \\ v_1 + v_2 \\ v_1 - v_2 \end{bmatrix}$

(f) $L_1\left(\begin{bmatrix} u_1 \\ u_2 \end{bmatrix}\right) = \begin{bmatrix} 4u_1 \\ -u_2 \\ u_1 - 3u_2 \end{bmatrix}$, $L_2\left(\begin{bmatrix} v_1 \\ v_2 \\ v_3 \end{bmatrix}\right) = \begin{bmatrix} 3v_3 \\ 2v_2 + v_1 \end{bmatrix}$

(g) $L_1\left(\begin{bmatrix} u_1 \\ u_2 \end{bmatrix}\right) = \begin{bmatrix} u_1 - 2u_2 \\ 2u_1 + u_2 \\ 3u_2 \end{bmatrix}$, $L_2\left(\begin{bmatrix} v_1 \\ v_2 \\ v_3 \end{bmatrix}\right) = \begin{bmatrix} v_1 \\ v_1 \\ v_1 - 2v_3 \end{bmatrix}$

(h) $L_1\left(\begin{bmatrix} u_1 \\ u_2 \end{bmatrix}\right) = \begin{bmatrix} 2u_1 \\ 0 \\ -3u_2 \end{bmatrix}$, $L_2\left(\begin{bmatrix} v_1 \\ v_2 \\ v_3 \end{bmatrix}\right) = \begin{bmatrix} v_2 \\ v_2 \\ v_1 - v_3 \\ v_2 - v_3 \end{bmatrix}$

3 다음 선형변환 L_1과 L_2에 대하여 합성변환 $L_2 \circ L_1$과 $L_1 \circ L_2$에 대한 표준행렬을 구하라.

(a) $L_1 : \mathbb{R}^2 \to \mathbb{R}^2$가 직선 $y = x$의 대칭변환이고 $L_2 : \mathbb{R}^2 \to \mathbb{R}^2$가 y축으로 3배 확장하는 확장변환

(b) $L_1 : \mathbb{R}^2 \to \mathbb{R}^2$가 x축에 대한 대칭변환이고 $L_2 : \mathbb{R}^2 \to \mathbb{R}^2$가 x축으로 -2배 확장하는 확장변환

(c) $L_1 : \mathbb{R}^2 \to \mathbb{R}^2$가 y축에 대한 대칭변환이고 $L_2 : \mathbb{R}^2 \to \mathbb{R}^2$가 x축으로 사영하는 사영변환

(d) $L_1 : \mathbb{R}^2 \to \mathbb{R}^2$가 x축에 대한 대칭변환이고 $L_2 : \mathbb{R}^2 \to \mathbb{R}^2$가 y축으로 사영하는 사영변환

(e) $L_1 : \mathbb{R}^2 \to \mathbb{R}^2$가 $\frac{\pi}{4}$만큼 회전한 회전변환이고 $L_2 : \mathbb{R}^2 \to \mathbb{R}^2$가 x축에 대

한 대칭변환

(f) $L_1 : \mathbb{R}^2 \to \mathbb{R}^2$가 $-\frac{\pi}{4}$ 만큼 회전한 회전변환이고 $L_2 : \mathbb{R}^2 \to \mathbb{R}^2$가 y축에 대한 대칭변환

(g) $L_1 : \mathbb{R}^2 \to \mathbb{R}^2$가 x축과 y축으로 동시에 2배 확장하는 확장변환이고 $L_2 : \mathbb{R}^2 \to \mathbb{R}^2$가 정의역의 점들에 대하여 y는 그대로 두고 x는 $x+2y$로 이동시키는 층밀림변환

(h) $L_1 : \mathbb{R}^2 \to \mathbb{R}^2$가 x축과 y축으로 동시에 -3배 확장하는 확장변환이고 $L_2 : \mathbb{R}^2 \to \mathbb{R}^2$가 정의역의 점들에 대하여 x는 그대로 두고 y는 $y+3x$로 이동시키는 층밀림변환

4 다음 선형변환이 역변환을 갖는지를 판정하라.

(a) $L_1 : \mathbb{R}^2 \to \mathbb{R}^2,\quad L_1\left(\begin{bmatrix} u_1 \\ u_2 \end{bmatrix}\right) = \begin{bmatrix} -2u_1 \\ 5u_2 \end{bmatrix}$

(b) $L_2 : \mathbb{R}^2 \to \mathbb{R}^2,\quad L_2\left(\begin{bmatrix} u_1 \\ u_2 \end{bmatrix}\right) = \begin{bmatrix} 3u_1 \\ 0 \end{bmatrix}$

(c) $L_3 : \mathbb{R}^2 \to \mathbb{R}^2,\quad L_3\left(\begin{bmatrix} u_1 \\ u_2 \end{bmatrix}\right) = \begin{bmatrix} u_1 - u_2 \\ u_2 - u_1 \end{bmatrix}$

(d) $L_4 : \mathbb{R}^2 \to \mathbb{R}^2,\quad L_4\left(\begin{bmatrix} u_1 \\ u_2 \end{bmatrix}\right) = \begin{bmatrix} u_1 - 2u_2 \\ u_2 - 2u_1 \end{bmatrix}$

(e) $L_5 : \mathbb{R}^3 \to \mathbb{R}^3,\quad L_5\left(\begin{bmatrix} u_1 \\ u_2 \\ u_3 \end{bmatrix}\right) = \begin{bmatrix} u_2 \\ u_3 \\ u_2 + u_3 \end{bmatrix}$

(f) $L_6 : \mathbb{R}^3 \to \mathbb{R}^3,\quad L_6\left(\begin{bmatrix} u_1 \\ u_2 \\ u_3 \end{bmatrix}\right) = \begin{bmatrix} u_2 \\ u_3 \\ u_1 + u_3 \end{bmatrix}$

(g) $L_7 : \mathbb{R}^3 \to \mathbb{R}^3,\quad L_7\left(\begin{bmatrix} u_1 \\ u_2 \\ u_3 \end{bmatrix}\right) = \begin{bmatrix} u_1 + u_2 \\ u_2 + u_3 \\ u_3 + u_1 \end{bmatrix}$

(h) $L_8 : \mathbb{R}^3 \to \mathbb{R}^3,\quad L_8\left(\begin{bmatrix} u_1 \\ u_2 \\ u_3 \end{bmatrix}\right) = \begin{bmatrix} u_1 \\ u_1 - u_2 \\ u_1 - u_3 \end{bmatrix}$

5 다음 선형변환의 역변환을 구하라.

(a) $L_1 : \mathbb{R}^2 \to \mathbb{R}^2$, $L_1\left(\begin{bmatrix} x \\ y \end{bmatrix}\right) = \begin{bmatrix} 3x + y \\ 2x - y \end{bmatrix}$

(b) $L_2 : \mathbb{R}^2 \to \mathbb{R}^2$, $L_2\left(\begin{bmatrix} x \\ y \end{bmatrix}\right) = \begin{bmatrix} 2x + 3y \\ x + 2y \end{bmatrix}$

(c) $L_3 : \mathbb{R}^2 \to \mathbb{R}^2$, $L_3\left(\begin{bmatrix} x \\ y \end{bmatrix}\right) = \begin{bmatrix} 4x \\ x - y \end{bmatrix}$

(d) $L_4 : \mathbb{R}^2 \to \mathbb{R}^2$, $L_4\left(\begin{bmatrix} x \\ y \end{bmatrix}\right) = \begin{bmatrix} 2x + 3y \\ y \end{bmatrix}$

(e) $L_5 : \mathbb{R}^2 \to \mathbb{R}^2$, $L_5\left(\begin{bmatrix} x \\ y \end{bmatrix}\right) = \begin{bmatrix} 2x \\ 3y \end{bmatrix}$

(f) $L_6 : \mathbb{R}^2 \to \mathbb{R}^2$, $L_6\left(\begin{bmatrix} x \\ y \end{bmatrix}\right) = \begin{bmatrix} -2y \\ 3x \end{bmatrix}$

(g) $L_7 : \mathbb{R}^3 \to \mathbb{R}^3$, $L_7\left(\begin{bmatrix} x \\ y \\ z \end{bmatrix}\right) = \begin{bmatrix} 2x - y \\ x - z \\ x + z \end{bmatrix}$

(h) $L_8 : \mathbb{R}^3 \to \mathbb{R}^3$, $L_8\left(\begin{bmatrix} x \\ y \\ z \end{bmatrix}\right) = \begin{bmatrix} 2x + 3y \\ x + 2z \\ -y + 2z \end{bmatrix}$

6 다음 물음에 답하라.

(a) $L_1 : \mathbb{R}^2 \to \mathbb{R}^2$가 $L_1\left(\begin{bmatrix} x \\ y \end{bmatrix}\right) = \begin{bmatrix} 2x - y \\ 3x - y \end{bmatrix}$일 때 선형변환 L_1에 의하여 직선 $3x - y = 0$이 어떤 도형으로 변환되는지를 구하라.

(b) $L_2 : \mathbb{R}^2 \to \mathbb{R}^2$가 $L_2\left(\begin{bmatrix} x \\ y \end{bmatrix}\right) = \begin{bmatrix} x + 2y \\ x - 3y \end{bmatrix}$일 때 선형변환 L_2에 의하여 직선 $2x + 3y + 2 = 0$이 어떤 도형으로 변환되는지를 구하라.

(c) $L_3 : \mathbb{R}^2 \to \mathbb{R}^2$가 $L_3\left(\begin{bmatrix} x \\ y \end{bmatrix}\right) = \begin{bmatrix} 3x + 2y \\ 2x - 3y \end{bmatrix}$일 때 선형변환 L_3에 의하여 직선 $x + 3 = 0$이 어떤 도형으로 변환되는지를 구하라.

(d) $L_4 : \mathbb{R}^2 \to \mathbb{R}^2$가 $L_4\left(\begin{bmatrix} x \\ y \end{bmatrix}\right) = \begin{bmatrix} 2x - 5y \\ 5x - 2y \end{bmatrix}$일 때 선형변환 L_4에 의하여 직선 $y - 2 = 0$이 어떤 도형으로 변환되는지를 구하라.

(e) $L_5 : \mathbb{R}^3 \to \mathbb{R}^3$가 $L_5\left(\begin{bmatrix} x \\ y \\ z \end{bmatrix}\right) = \begin{bmatrix} x + 2y \\ x - z \\ y - z \end{bmatrix}$일 때 선형변환 L_5에 의하여 평면 $2x + y + z + 1 = 0$이 어떤 도형으로 변환되는지를 구하라.

(f) $L_6 : \mathbb{R}^3 \to \mathbb{R}^3$가 $L_6\left(\begin{bmatrix} x \\ y \\ z \end{bmatrix}\right) = \begin{bmatrix} x+y \\ y-z \\ z-x \end{bmatrix}$일 때 선형변환 L_6에 의하여 평면 $-x+2y+3z=0$이 어떤 도형으로 변환되는지를 구하라.

(g) $L_7 : \mathbb{R}^3 \to \mathbb{R}^3$가 $L_7\left(\begin{bmatrix} x \\ y \\ z \end{bmatrix}\right) = \begin{bmatrix} x+2y-z \\ x-y-z \\ 2y+z \end{bmatrix}$일 때 선형변환 L_7에 의하여 평면 $2x+y-4=0$이 어떤 도형으로 변환되는지를 구하라.

(h) $L_8 : \mathbb{R}^3 \to \mathbb{R}^3$가 $L_8\left(\begin{bmatrix} x \\ y \\ z \end{bmatrix}\right) = \begin{bmatrix} x+y+z \\ x+z \\ y+z \end{bmatrix}$일 때 선형변환 L_8에 의하여 평면 $3y+2z+1=0$이 어떤 도형으로 변환되는지를 구하라.

7 다음 명제가 참인지 거짓인지를 판정하라.

(a) 모든 선형변환은 역변환을 갖는다.

(b) 선형변환 L_1에 대한 표준행렬이 A, 선형변환 L_2에 대한 표준행렬이 B이면 합성변환 $L_1 \circ L_2$에 대한 표준행렬은 AB이다.

(c) 확대변환과 층밀림변환의 합성변환에 대한 표준행렬은 가역행렬이다.

(d) 회전변환과 정사영변환의 합성변환에 대한 표준행렬은 가역행렬이다.

(e) $L : \mathbb{R}^2 \to \mathbb{R}^2$가 선형변환이면 평면상의 직선은 다른 직선으로 변환된다.

(f) $L_1 : U \to V$, $L_2 : V \to W$가 선형변환일 때 합성변환 $L_2 \circ L_1$에 대한 표준행렬은 가역행렬이다.

(g) 벡터공간 $\mathbb{R}^2$와 $\mathbb{R}^3$는 동형이다.

(h) $\Pi_2 = \{2$차 이하의 다항함수$\}$라 하면 $\mathbb{R}^3$와 Π_2는 동형인 벡터공간이다.

Chapter
06

고윳값과 고유벡터
Eigenvalues and Eigenvectors

| 학습목표 |

- 고윳값과 고유벡터의 정의를 이해하고 구하는 방법을 익힌다.
- 행렬의 닮음을 정의하고 닮음이 되는 대각행렬을 구하는 과정을 이해한다.
- 대칭행렬과 닮음이 되는 직교행렬을 구하는 과정을 이해한다.
- 직사각형행렬을 특잇값을 이용하여 분해하는 방법을 익힌다.

CHAPTER 6 PREVIEW

인공지능과 행렬 분해 : 영상 데이터의 효율적 처리

영상 데이터는 크기가 매우 크기 때문에 인공지능 학습 시 많은 계산량을 요구하고 시간이 많이 소요될 수 있습니다. 하지만 영상의 핵심적인 내용은 유지하면서 불필요한 데이터를 줄일 수 있다면, 인공지능의 학습량을 줄이고 더 효율적인 학습이 가능해집니다. 실제로, 원본 영상 데이터를 그대로 사용해도 인공지능은 학습 과정에서 영상의 핵심 정보를 스스로 추출할 수 있습니다. 그러나 만약 입력 데이터가 이미 핵심 정보만을 담고 있다면, 불필요한 학습 과정을 생략할 수 있어 학습 효율과 계산량을 크게 줄일 수 있습니다.

이렇게 중요한 정보는 그대로 유지하면서 데이터 크기를 줄이는 데 적합한 수학적 도구가 바로 특잇값 분해(Singular Value Decomposition, SVD)입니다. SVD는 영상 데이터의 구조를 간결하고 효율적으로 표현하여 인공지능 학습에 최적화된 입력 데이터를 만듭니다.

고양이 이미지를 예로 들어 보겠습니다.
왼쪽의 고양이 사진은 가로 451, 세로 300 픽셀 크기로 총 451×300=135,300개의 데이터로 구성되어 있습니다. 이 데이터를 그대로 사용하면, 학습 데이터가 지나치게 크고 계산량도 많아집니다. 그러나 SVD를 적용하면 고양이 사진의 특징을 그대로 유지하면서 데이터 크기를 크게 줄일 수 있습니다.
오른쪽 이미지는 SVD를 사용하여 데이터를 절반(약 75,100개)으로 줄인 후 복원한 결과입니다. 이 복원된 이미지에서 선명도는 다소 떨어졌지만, 고양이의 모습은 여전히 명확하게 보입니다. 이 정도면 인공지능이 "이것은 고양이"라고 인식하는 데 문제는 없습니다!

원본 고양이 이미지

흐릿하지만 고양이 핵심정보를 담은 이미지

1절 고윳값과 고유벡터의 정의

이 절에서는 정사각행렬의 분해에 중요하게 사용되는 고윳값과 고유벡터의 정의와 구하는 방법 그리고 성질에 대하여 알아보기로 한다.

$A = \begin{bmatrix} 1 & 2 \\ 0 & 3 \end{bmatrix}$일 때 주어진 $\boldsymbol{x}$에 대하여 $A\boldsymbol{x}$와 $\boldsymbol{x}$가 어떤 관계가 있는지 알아보자.

(i) $\boldsymbol{x} = \begin{bmatrix} 1 \\ 2 \end{bmatrix}$이면 모든 $\alpha \in \mathbb{R}$에 대하여 $A\boldsymbol{x} = \begin{bmatrix} 1 & 2 \\ 0 & 3 \end{bmatrix}\begin{bmatrix} 1 \\ 2 \end{bmatrix} = \begin{bmatrix} 5 \\ 6 \end{bmatrix} \neq \alpha\boldsymbol{x}$이다.

(ii) $\boldsymbol{x} = \begin{bmatrix} 2 \\ 1 \end{bmatrix}$이면 모든 $\beta \in \mathbb{R}$에 대하여 $A\boldsymbol{x} = \begin{bmatrix} 1 & 2 \\ 0 & 3 \end{bmatrix}\begin{bmatrix} 2 \\ 1 \end{bmatrix} = \begin{bmatrix} 4 \\ 3 \end{bmatrix} \neq \beta\boldsymbol{x}$이다.

하지만 모든 벡터에 대하여 항상 이런 결과를 얻게 되는 것은 아니다.

(iii) $\boldsymbol{x} = \begin{bmatrix} 1 \\ 1 \end{bmatrix}$이면 $A\boldsymbol{x} = \begin{bmatrix} 1 & 2 \\ 0 & 3 \end{bmatrix}\begin{bmatrix} 1 \\ 1 \end{bmatrix} = \begin{bmatrix} 3 \\ 3 \end{bmatrix} = 3\begin{bmatrix} 1 \\ 1 \end{bmatrix}$이다.

(iv) $\boldsymbol{x} = \begin{bmatrix} -2 \\ 0 \end{bmatrix}$이면 $A\boldsymbol{x} = \begin{bmatrix} 1 & 2 \\ 0 & 3 \end{bmatrix}\begin{bmatrix} -2 \\ 0 \end{bmatrix} = \begin{bmatrix} -2 \\ 0 \end{bmatrix}$이다.

(iii)과 (iv)의 경우와 같이 정사각행렬 A에 대하여 $A\boldsymbol{x} = \lambda\boldsymbol{x}$가 되는 스칼라 λ와 벡터 $\boldsymbol{x} \neq \mathbf{0}$에 대한 수학적 정의는 다음과 같다.

정의 1 고윳값과 고유벡터

A가 정사각행렬이고 λ가 스칼라일 때

$$A\boldsymbol{x} = \lambda\boldsymbol{x}$$

가 성립하는 $\boldsymbol{x} \neq \mathbf{0}$가 존재하면 λ를 행렬 A의 고윳값(eigenvalue)이라 하고 $\boldsymbol{x}$를 λ에 대응하는 고유벡터(eigenvector)라 한다.

[정의 1]에서 'eigen'은 독일어로 '적절한', '특성적인', '소유'를 의미한다.

예제 1

$A = \begin{bmatrix} 1 & 6 \\ 1 & 2 \end{bmatrix}$일 때 다음 벡터가 행렬 A의 고유벡터인지를 판정하라.

(a) $\boldsymbol{x} = \begin{bmatrix} 3 \\ 1 \end{bmatrix}$ (b) $\boldsymbol{x} = \begin{bmatrix} 3 \\ -1 \end{bmatrix}$

(c) $\boldsymbol{x} = \begin{bmatrix} 2 \\ 1 \end{bmatrix}$ (d) $\boldsymbol{x} = \begin{bmatrix} 2 \\ -1 \end{bmatrix}$

| 풀이 |

(a) 모든 $\lambda \in \mathbb{R}$에 대하여

$$A\boldsymbol{x} = \begin{bmatrix} 1 & 6 \\ 1 & 2 \end{bmatrix}\begin{bmatrix} 3 \\ 1 \end{bmatrix} = \begin{bmatrix} 9 \\ 5 \end{bmatrix} \neq \lambda\begin{bmatrix} 3 \\ 1 \end{bmatrix}$$

이므로 $\boldsymbol{x} = \begin{bmatrix} 3 \\ 1 \end{bmatrix}$은 행렬 A의 고유벡터가 아니다.

(b)
$$A\boldsymbol{x} = \begin{bmatrix} 1 & 6 \\ 1 & 2 \end{bmatrix}\begin{bmatrix} 3 \\ -1 \end{bmatrix} = \begin{bmatrix} -3 \\ 1 \end{bmatrix} = (-1)\begin{bmatrix} 3 \\ -1 \end{bmatrix}$$

이므로 $\boldsymbol{x} = \begin{bmatrix} 3 \\ -1 \end{bmatrix}$은 행렬 A의 고유벡터이다.

(c)
$$A\boldsymbol{x} = \begin{bmatrix} 1 & 6 \\ 1 & 2 \end{bmatrix}\begin{bmatrix} 2 \\ 1 \end{bmatrix} = \begin{bmatrix} 8 \\ 4 \end{bmatrix} = 4\begin{bmatrix} 2 \\ 1 \end{bmatrix}$$

이므로 $\boldsymbol{x} = \begin{bmatrix} 2 \\ 1 \end{bmatrix}$은 행렬 A의 고유벡터이다.

(d) 모든 $\lambda \in \mathbb{R}$에 대하여

$$A\boldsymbol{x} = \begin{bmatrix} 1 & 6 \\ 1 & 2 \end{bmatrix}\begin{bmatrix} 2 \\ -1 \end{bmatrix} = \begin{bmatrix} -4 \\ 0 \end{bmatrix} \neq \lambda\begin{bmatrix} 2 \\ -1 \end{bmatrix}$$

이므로 $\boldsymbol{x} = \begin{bmatrix} 2 \\ -1 \end{bmatrix}$은 행렬 A의 고유벡터가 아니다.

주어진 정사각행렬의 고윳값과 고유벡터를 구하려면 우선 고윳값을 구하고, 고윳값을 이용하여 고유공간을 구한 후 고유공간에서 영벡터가 아닌 고유벡터를 선택해야 한다.

정사각행렬의 고윳값을 구하는 방법

A가 정사각행렬일 때 $A\boldsymbol{x} = \lambda\boldsymbol{x}$를 만족하는 고윳값 λ는

$$\mathrm{Det}(A - \lambda I) = 0$$

의 해이다.

왜 그럴까? $A\boldsymbol{x} = \lambda\boldsymbol{x}$에서 우변의 항을 이항하여 정리하면 다음과 같다.

$$A\boldsymbol{x} - \lambda\boldsymbol{x} = A\boldsymbol{x} - \lambda I\boldsymbol{x} = (A - \lambda I)\boldsymbol{x} = \mathbf{0}$$

만일 $A - \lambda I$의 역행렬이 존재한다면 $(A - \lambda I)\boldsymbol{x} = \mathbf{0}$에서

$$\boldsymbol{x} = (A - \lambda I)^{-1}\mathbf{0} = \mathbf{0}$$

인데 고유벡터의 정의에 의하여 $\boldsymbol{x} = \mathbf{0}$은 고유벡터가 될 수 없다. 따라서 λ가 행렬 A의 고유벡터이면 행렬 $A - \lambda I$의 역행렬은 존재하지 않아야 한다. 행렬 $A - \lambda I$의 역행렬이 존재하지 않는다는 것은 2.3절의 [정리 1]에 의하여

$$\mathrm{Det}(A - \lambda I) = 0$$

과 동치이다.

정의 2 특성방정식과 특성다항식

A가 정사각행렬일 때

$$\mathrm{Det}(A - \lambda I) = 0$$

을 행렬 A의 특성방정식(characteristic equation)이라 한다. 이때

$$\mathrm{Det}(A - \lambda I)$$

를 행렬 A의 특성다항식(characteristic polynomial)이라 한다.

특성다항식은 λ에 대한 다항식이므로

$$p(\lambda) = \mathrm{Det}(A - \lambda I)$$

로 나타낸다. 앞에서 설명한 바와 같이 정사각행렬 A의 고윳값 λ를 구한다는 것은

[정의 2]에 있는 특성방정식 $\mathrm{Det}(A-\lambda I)=0$의 해를 구하는 것이다. 정사각행렬에 따라서 고윳값 λ는 복소수인 경우도 있지만, 본 교재에서는 실수만을 고윳값으로 갖는 행렬에 대해서만 다룬다.

예제 2

다음 행렬의 고윳값을 구하라.

(a) $A=\begin{bmatrix}1&3\\0&2\end{bmatrix}$ (b) $B=\begin{bmatrix}3&0&0\\2&3&0\\0&0&1\end{bmatrix}$

| 풀이 |

(a) 행렬 A의 특성방정식이

$$p(\lambda)=\mathrm{Det}(A-\lambda I)=\begin{vmatrix}1-\lambda&3\\0&2-\lambda\end{vmatrix}=(1-\lambda)(2-\lambda)=0$$

이므로 행렬 A의 고윳값은 $\lambda=1,\ \lambda=2$이다.

(b) 행렬 B의 특성방정식이

$$\begin{aligned}p(\lambda)=\mathrm{Det}(B-\lambda I)&=\begin{vmatrix}3-\lambda&0&0\\2&3-\lambda&0\\0&0&1-\lambda\end{vmatrix}=(3-\lambda)\begin{vmatrix}3-\lambda&1\\0&1-\lambda\end{vmatrix}\\&=(3-\lambda)^2(1-\lambda)=0\end{aligned}$$

이므로 행렬 B의 고윳값은 $\lambda=1,\ \lambda=3$이다.

[예제 2(b)]에서 알 수 있듯이 n차 정사각행렬이 반드시 서로 다른 n개의 고윳값을 갖지 않을 수 있다.

정의 3 대수적 중복도

정사각행렬 A에 대한 특성다항식이

$$p(\lambda)=\mathrm{Det}(A-\lambda I)=(a_1-\lambda)^{n_1}(a_2-\lambda)^{n_2}\cdots(a_r-\lambda)^{n_r}$$

이면 $1\le i\le r$에 대하여 $a_i-\lambda$의 차수인 n_i를 고윳값 $\lambda=a_i$의 대수적 중복도(algebraic multiplicity)라 한다.

[정의 3]에 의하여 [예제 2(b)]에서 $\lambda = 1$ 의 대수적 중복도는 1이고 $\lambda = 3$ 의 대수적 중복도는 2이다.

[예제 2(a)]의 행렬 $A = \begin{bmatrix} 1 & 3 \\ 0 & 2 \end{bmatrix}$ 는 두 개의 고윳값 $\lambda = 1$ 과 $\lambda = 2$ 를 갖는다. 행렬 A 에 $\boldsymbol{x}_1 = \begin{bmatrix} 3 \\ 1 \end{bmatrix}$ 을 곱하면

$$A\boldsymbol{x}_1 = \begin{bmatrix} 1 & 3 \\ 0 & 2 \end{bmatrix}\begin{bmatrix} 3 \\ 1 \end{bmatrix} = \begin{bmatrix} 6 \\ 2 \end{bmatrix} = 2\begin{bmatrix} 3 \\ 1 \end{bmatrix} = 2\boldsymbol{x}_1$$

이므로 벡터 $\boldsymbol{x}_1$ 은 행렬 A 의 고유벡터이다. 행렬 A 에 $\boldsymbol{x}_2 = \begin{bmatrix} 9 \\ 3 \end{bmatrix}$ 을 곱하면

$$A\boldsymbol{x}_2 = \begin{bmatrix} 1 & 3 \\ 0 & 2 \end{bmatrix}\begin{bmatrix} 9 \\ 3 \end{bmatrix} = \begin{bmatrix} 18 \\ 6 \end{bmatrix} = 2\begin{bmatrix} 9 \\ 3 \end{bmatrix} = 2\boldsymbol{x}_2$$

이므로 벡터 $\boldsymbol{x}_2$ 도 행렬 A 의 고유벡터이다. 행렬 A 에 $\boldsymbol{x}_3 = \begin{bmatrix} -6 \\ -2 \end{bmatrix}$ 를 곱하면

$$A\boldsymbol{x}_3 = \begin{bmatrix} 1 & 3 \\ 0 & 2 \end{bmatrix}\begin{bmatrix} -6 \\ -2 \end{bmatrix} = \begin{bmatrix} -12 \\ -4 \end{bmatrix} = 2\begin{bmatrix} -6 \\ -2 \end{bmatrix} = 2\boldsymbol{x}_3$$

이므로 벡터 $\boldsymbol{x}_3$ 도 행렬 A 의 고유벡터이다. 실제로 벡터 $\boldsymbol{x}_1, \boldsymbol{x}_2, \boldsymbol{x}_3$ 는 모두 행렬 A 의 고윳값 $\lambda = 2$ 에 대응하는 고유벡터들이고 이 세 벡터 외에 $\lambda = 2$ 에 대응하는 고유벡터는 무수히 많다.

고윳값에 대응하는 고유벡터를 모두 모은 벡터공간을 다음과 같이 정의한다.

정의 4 **고유공간**

A 가 정사각행렬이고 λ 가 행렬 A 의 고윳값일 때

$$\{\boldsymbol{x} : (A - \lambda I)\boldsymbol{x} = 0\}$$

을 고윳값 λ 에 대응하는 고유공간(eigenspace)이라 한다.

고유공간에는 영벡터가 포함되어 있다. 하지만 이 고유공간에서 고유벡터를 선택할 때는 영벡터를 선택할 수 없다.

정리 1　고유벡터와 부분공간

A 가 n 차 정사각행렬이고 λ 가 행렬 A 의 고윳값이면

$$W_\lambda = \{\boldsymbol{x} : (A - \lambda I)\boldsymbol{x} = \mathbf{0}\}$$

는 $\mathbb{R}^n$ 의 부분공간이다.

Tip $\boldsymbol{x}_1, \boldsymbol{x}_2 \in W_\lambda$ 일 때 $\boldsymbol{x}_1 + \boldsymbol{x}_2 \in W_\lambda$, k가 스칼라이고 $\boldsymbol{x} \in W_\lambda$ 일 때 $k\boldsymbol{x} \in W_\lambda$ 임을 증명한다.

| 증명 |

(i) $\boldsymbol{x}_1, \boldsymbol{x}_2 \in W_\lambda$ 이면 $(A - \lambda I)\boldsymbol{x}_1 = \mathbf{0}$ 이고 $(A - \lambda I)\boldsymbol{x}_2 = \mathbf{0}$ 이다. 따라서

$$(A - \lambda I)(\boldsymbol{x}_1 + \boldsymbol{x}_2) = (A - \lambda I)\boldsymbol{x}_1 + (A - \lambda I)\boldsymbol{x}_2 = \mathbf{0}$$

이므로 $\boldsymbol{x}_1 + \boldsymbol{x}_2 \in W_\lambda$ 이다.

(ii) k 가 스칼라이고 $\boldsymbol{x} \in W_\lambda$ 이면 $(A - \lambda I)\boldsymbol{x} = \mathbf{0}$ 이다. 따라서

$$(A - \lambda I)(k\boldsymbol{x}) = k((A - \lambda I)\boldsymbol{x}) = k\mathbf{0} = \mathbf{0}$$

이므로 $k\boldsymbol{x} \in W_\lambda$ 이다.

(i)과 (ii)에 의하여 W_λ 는 $\mathbb{R}^n$ 의 부분공간이다.

고윳값에 대응하는 고유공간은 다음 방법에 따라 구한다.

○ 고유공간을 구하는 방법

[단계 1]

$(A - \lambda I)\boldsymbol{x} = \mathbf{0}$ 에서 계수행렬 $A - \lambda I$ 를 기본행 연산을 사용하여 행 사다리꼴로 변형한다.

[단계 2]

[단계 1]의 행 사다리꼴을 이용하여 선행변수를 확인하여 자유변수와 고정변수를 결정하고 해를 구한다.

[예제 2]의 행렬에 대하여 고유공간을 구하는 방법을 사용하여 고윳값에 대응하는 고유공간을 구해보자.

예제 3

다음 행렬의 고윳값에 대응하는 고유공간을 구하라.

(a) $A = \begin{bmatrix} 1 & 3 \\ 0 & 2 \end{bmatrix}$ (b) $B = \begin{bmatrix} 3 & 0 & 0 \\ 2 & 3 & 0 \\ 0 & 0 & 1 \end{bmatrix}$

| 풀이 |

(a) [예제 2(a)]에서 행렬 A 의 고윳값은 $\lambda = 1$, $\lambda = 2$이다.

(i) $\lambda = 1$일 때 계수행렬은

$$A - \lambda I = A - I = \begin{bmatrix} 0 & 3 \\ 0 & 1 \end{bmatrix}$$

이다. 기본행 연산에 의하여

$$\begin{bmatrix} 0 & 3 \\ 0 & 1 \end{bmatrix} \xrightarrow{①\times(-\frac{1}{3})+②} \begin{bmatrix} 0 & 3 \\ 0 & 0 \end{bmatrix}$$

이고 $\begin{bmatrix} 0 & 3 \\ 0 & 0 \end{bmatrix}$은 행 사다리꼴이다.

$$\begin{bmatrix} 0 & 3 \\ 0 & 0 \end{bmatrix}\begin{bmatrix} x_1 \\ x_2 \end{bmatrix} = \begin{bmatrix} 0 \\ 0 \end{bmatrix}$$

에서 x_2는 선행계수에 대응하므로 고정변수이고 x_1은 선행계수에 대응하지 않으므로 자유변수이다. 따라서 $3x_2 = 0$에서 $x_2 = 0$이고, 임의의 실수 t에 대하여 $x_1 = t$로 놓는다. 따라서 $\lambda = 1$에 대응하는 고유공간은

$$W_1 = \left\{ \begin{bmatrix} t \\ 0 \end{bmatrix} : t \in \mathbb{R} \right\} = \left\{ t\begin{bmatrix} 1 \\ 0 \end{bmatrix} : t \in \mathbb{R} \right\}$$

이다.

(ii) $\lambda = 2$일 때 계수행렬은

$$A - \lambda I = A - 2I = \begin{bmatrix} -1 & 3 \\ 0 & 0 \end{bmatrix}$$

이고 $\begin{bmatrix} -1 & 3 \\ 0 & 0 \end{bmatrix}$은 행 사다리꼴이다.

$$\begin{bmatrix} -1 & 3 \\ 0 & 0 \end{bmatrix}\begin{bmatrix} x_1 \\ x_2 \end{bmatrix} = \begin{bmatrix} 0 \\ 0 \end{bmatrix}$$

에서 x_2는 선행계수에 대응하지 않으므로 자유변수이고 x_1은 선행계수에

대응하므로 고정변수이다. 따라서 임의의 실수 t에 대하여 $x_2 = t$로 놓으면 $-x_1 + 3x_2 = 0$에서 $x_1 = 3x_2 = 3t$이다. 따라서 $\lambda = 2$에 대응하는 고유공간은

$$W_2 = \left\{ \begin{bmatrix} 3t \\ t \end{bmatrix} : t \in \mathbb{R} \right\} = \left\{ t \begin{bmatrix} 3 \\ 1 \end{bmatrix} : t \in \mathbb{R} \right\}$$

이다.

(b) [예제 2(b)]에서 행렬 B의 고윳값은 $\lambda = 1$, $\lambda = 3$이다.

(i) $\lambda = 1$일 때 계수행렬은

$$B - \lambda I = B - I = \begin{bmatrix} 2 & 0 & 0 \\ 2 & 2 & 0 \\ 0 & 0 & 0 \end{bmatrix}$$

이다. 기본행 연산에 의하여

$$\begin{bmatrix} 2 & 0 & 0 \\ 2 & 2 & 0 \\ 0 & 0 & 0 \end{bmatrix} \xrightarrow{① \times (-1) + ②} \begin{bmatrix} 2 & 0 & 0 \\ 0 & 2 & 0 \\ 0 & 0 & 0 \end{bmatrix}$$

이고 $\begin{bmatrix} 2 & 0 & 0 \\ 0 & 2 & 0 \\ 0 & 0 & 0 \end{bmatrix}$은 행 사다리꼴이다.

$$\begin{bmatrix} 2 & 0 & 0 \\ 0 & 2 & 0 \\ 0 & 0 & 0 \end{bmatrix} \begin{bmatrix} x_1 \\ x_2 \\ x_3 \end{bmatrix} = \begin{bmatrix} 0 \\ 0 \\ 0 \end{bmatrix}$$

에서 x_3는 선행계수에 대응하지 않으므로 자유변수이고 x_2와 x_1은 선행계수에 대응하므로 두 변수는 모두 고정변수이다. 따라서 임의의 실수 t에 대하여 $x_3 = t$로 놓는다. $2x_2 = 0$에서 $x_2 = 0$이고, $2x_1 = 0$에서 $x_1 = 0$이다. 따라서 $\lambda = 1$에 대응하는 고유공간은

$$W_1 = \left\{ \begin{bmatrix} 0 \\ 0 \\ t \end{bmatrix} : t \in \mathbb{R} \right\} = \left\{ t \begin{bmatrix} 0 \\ 0 \\ 1 \end{bmatrix} : t \in \mathbb{R} \right\}$$

이다.

(ii) $\lambda = 3$일 때 계수행렬은

$$B - \lambda I = B - 3I = \begin{bmatrix} 0 & 0 & 0 \\ 2 & 0 & 0 \\ 0 & 0 & -2 \end{bmatrix}$$

이다. 기본행 연산에 의하여

$$\begin{bmatrix} 0 & 0 & 0 \\ 2 & 0 & 0 \\ 0 & 0 & -2 \end{bmatrix} \xrightarrow{①\leftrightarrow②} \begin{bmatrix} 2 & 0 & 0 \\ 0 & 0 & 0 \\ 0 & 0 & -2 \end{bmatrix} \xrightarrow{②\leftrightarrow③} \begin{bmatrix} 2 & 0 & 0 \\ 0 & 0 & -2 \\ 0 & 0 & 0 \end{bmatrix}$$

이고 $\begin{bmatrix} 2 & 0 & 0 \\ 0 & 0 & -2 \\ 0 & 0 & 0 \end{bmatrix}$ 은 행 사다리꼴이다.

$$\begin{bmatrix} 2 & 0 & 0 \\ 0 & 0 & -2 \\ 0 & 0 & 0 \end{bmatrix} \begin{bmatrix} x_1 \\ x_2 \\ x_3 \end{bmatrix} = \begin{bmatrix} 0 \\ 0 \\ 0 \end{bmatrix}$$

에서 x_3 는 선행계수에 대응하므로 고정변수이고 x_2 는 선행계수에 대응하지 않으므로 자유변수이며 x_1 은 선행계수에 대응하므로 고정변수이다. $-2x_3 = 0$ 에서 $x_3 = 0$ 이고, 임의의 실수 t 에 대하여 $x_2 = t$ 로 놓고, $2x_1 = 0$ 에서 $x_1 = 0$ 이다. 따라서 $\lambda = 3$ 에 대응하는 고유공간은

$$W_3 = \left\{ \begin{bmatrix} 0 \\ t \\ 0 \end{bmatrix} : t \in \mathbb{R} \right\} = \left\{ t \begin{bmatrix} 0 \\ 1 \\ 0 \end{bmatrix} : t \in \mathbb{R} \right\}$$

이다.

[예제 3(a)]에서 $\lambda = 1$ 에 대응하는 고유벡터는 고유공간 W_1 에서 $\mathbf{0}$ 이 아닌 어떤 벡터를 선택해도 된다. 즉, $\lambda = 1$ 에 대응하는 고유벡터로 $\boldsymbol{x} = \begin{bmatrix} 1 \\ 0 \end{bmatrix}$ 을 선택해도 되고, $\boldsymbol{x} = \begin{bmatrix} -2 \\ 0 \end{bmatrix}$ 을 선택해도 된다.

정의 5 기하적 중복도

A 가 정사각행렬이고 λ 가 행렬 A 의 고윳값일 때 λ 에 대응하는 고유공간

$$W_\lambda = \{ \boldsymbol{x} : (A - \lambda I)\boldsymbol{x} = 0 \}$$

의 차원을 고윳값 λ 의 기하적 중복도(geometric multiplicity)라 한다.

[예제 3]의 행렬 A 와 B 의 모든 고윳값에 대한 기하적 중복도는 1이다. 하지만 행렬에 따라서는 고윳값에 대한 기하적 중복도가 2 이상일 수 있다.

예제 4

$A = \begin{bmatrix} 1 & 0 & 0 \\ 0 & 1 & 0 \\ 0 & 0 & 3 \end{bmatrix}$ 일 때 고윳값 $\lambda = 1$에 대한 기하적 중복도를 구하라.

| 풀이 |

행렬 A 의 특성방정식이

$$p(\lambda) = \mathrm{Det}(A - \lambda I) = \begin{vmatrix} 1-\lambda & 0 & 0 \\ 0 & 1-\lambda & 0 \\ 0 & 0 & 3-\lambda \end{vmatrix} = (1-\lambda)^2(3-\lambda) = 0$$

이므로, 행렬 A 의 고윳값은 $\lambda = 1$, $\lambda = 3$ 이다. $\lambda = 1$ 일 때 계수행렬은

$$A - \lambda I = A - I = \begin{bmatrix} 0 & 0 & 0 \\ 0 & 0 & 0 \\ 0 & 0 & 2 \end{bmatrix}$$

이다. 기본행 연산에 의하여

$$\begin{bmatrix} 0 & 0 & 0 \\ 0 & 0 & 0 \\ 0 & 0 & 2 \end{bmatrix} \xrightarrow{①\leftrightarrow③} \begin{bmatrix} 0 & 0 & 2 \\ 0 & 0 & 0 \\ 0 & 0 & 0 \end{bmatrix}$$

이고 $\begin{bmatrix} 0 & 0 & 2 \\ 0 & 0 & 0 \\ 0 & 0 & 0 \end{bmatrix}$은 행 사다리꼴이다.

$$\begin{bmatrix} 0 & 0 & 2 \\ 0 & 0 & 0 \\ 0 & 0 & 0 \end{bmatrix} \begin{bmatrix} x_1 \\ x_2 \\ x_3 \end{bmatrix} = \begin{bmatrix} 0 \\ 0 \\ 0 \end{bmatrix}$$

에서 x_2 와 x_1 은 선행계수에 대응하지 않으므로 자유변수이고 x_3 는 선행계수에 대응하므로 고정변수이다. 따라서 $2x_3 = 0$에서 $x_3 = 0$이고 임의의 실수 t 에 대하여 $x_2 = t$, 임의의 실수 s 에 대하여 $x_1 = s$ 라 놓는다. 따라서 $\lambda = 1$ 에 대응하는 고유공간은

$$W_1 = \left\{ \begin{bmatrix} s \\ t \\ 0 \end{bmatrix} : s, t \in \mathbb{R} \right\} = \left\{ s \begin{bmatrix} 1 \\ 0 \\ 0 \end{bmatrix} + t \begin{bmatrix} 0 \\ 1 \\ 0 \end{bmatrix} : s, t \in \mathbb{R} \right\}$$

이다. 따라서 $S = \left\{ \begin{bmatrix} 1 \\ 0 \\ 0 \end{bmatrix}, \begin{bmatrix} 0 \\ 1 \\ 0 \end{bmatrix} \right\}$은 W_1 의 기저이고 $\mathrm{Dim}\,(W_1) = 2$이므로 고윳값 $\lambda = 1$ 에 대한 기하적 중복도는 2이다.

[예제 3(b)]에서 $B = \begin{bmatrix} 3 & 0 & 0 \\ 2 & 3 & 0 \\ 0 & 0 & 1 \end{bmatrix}$ 의 고윳값 $\lambda = 3$ 의 대수적 중복도는 2이지만 기하적 중복도는 1이다. 반면 [예제 4]에서 $A = \begin{bmatrix} 1 & 0 & 0 \\ 0 & 1 & 0 \\ 0 & 0 & 3 \end{bmatrix}$ 의 고윳값 $\lambda = 1$ 의 대수적 중복도와 기하적 중복도는 모두 2이다.

고윳값과 고유벡터의 성질

$A = \begin{bmatrix} 1 & 0 \\ 2 & 0 \end{bmatrix}$, $B = \begin{bmatrix} 2 & 3 \\ 0 & 0 \end{bmatrix}$, $C = \begin{bmatrix} 1 & 2 \\ 2 & 4 \end{bmatrix}$ 일 때 각 행렬의 고윳값과 행렬식을 구해보자.

(i) 행렬 A 의 고윳값은 $\lambda = 0, 1$ 이고 $\text{Det}(A) = 0$ 이다.

(ii) 행렬 B 의 고윳값은 $\lambda = 0, 2$ 이고 $\text{Det}(B) = 0$ 이다.

(iii) 행렬 C 의 고윳값은 $\lambda = 0, 5$ 이고 $\text{Det}(C) = 0$ 이다.

위의 경우와 같이 $\lambda = 0$ 을 고윳값으로 갖는 행렬은 역행렬을 갖지 않는다는 것을 다음 정리에서 증명할 수 있다.

정리 2 고윳값과 행렬식 (1)

A 가 정사각행렬일 때 다음은 동치이다.

(1) $\lambda = 0$ 은 행렬 A 의 고윳값이다.

(2) $\text{Det}(A) = 0$ 이다.

Tip 특성다항식, 특성방정식의 정의를 이용하여 증명한다.

| 증명 |

(1) ⇒ (2) : $\lambda = 0$ 이 행렬 A 의 고윳값이면 특성방정식

$$p(\lambda) = \text{Det}(A - \lambda I) = 0$$

에 $\lambda = 0$ 을 대입하면

$$p(0) = \text{Det}(A - 0I) = \text{Det}(A) = 0$$

이다.

(2) ⇒ (1) : $\text{Det}(A) = 0$ 이면

$$\text{Det}(A - 0I) = \text{Det}(A) = 0$$

이고 $\lambda = 0$ 에 대한 특성다항식이

$$p(0) = \text{Det}(A - 0I)$$

이다. 따라서 $p(0) = 0$이므로 $\lambda = 0$ 이 행렬 A 의 고윳값이다.

[정리 2]의 결과에 의하여 $\lambda = 0$ 이 행렬 A 의 고윳값이면 A 는 비가역행렬이다. 또한 A 가 가역행렬이면 $\lambda = 0$ 은 행렬 A 의 고윳값이 아니다.

예제 5

행렬식을 이용하여 $\lambda = 0$ 이 다음 행렬의 고윳값인지를 판정하라.

(a) $A = \begin{bmatrix} 1 & -3 \\ -3 & 9 \end{bmatrix}$　　(b) $B = \begin{bmatrix} 1 & 1 & 3 \\ 0 & 5 & 0 \\ 2 & 0 & 0 \end{bmatrix}$

| 풀이 |

(a) $\text{Det}(A) = 0$ 이므로 [정리 2]에 의하여 $\lambda = 0$ 은 행렬 A 의 고윳값이다.

(b) $\text{Det}(B) = -30$ 이므로 [정리 2]에 의하여 $\lambda = 0$ 은 행렬 B 의 고윳값이 아니다.

다음 정리는 행렬식과 고윳값들의 곱셈과의 관계를 설명한다.

정리 3 고윳값과 행렬식 (2)

A 가 n 차 정사각행렬이고 $\lambda_1, \lambda_2, \cdots, \lambda_n$ 이 행렬 A 의 고윳값이면

$$\text{Det}(A) = \lambda_1 \cdot \lambda_2 \cdot \cdots \cdot \lambda_n$$

이다.

Tip $p(\lambda) = \text{Det}(A - \lambda I)$ 의 최고차항의 계수를 이용하여 증명한다.

| 증명 |

행렬 A의 특성다항식이

$$p(\lambda) = \text{Det}(A - \lambda I) = \begin{vmatrix} a_{11} - \lambda & a_{12} & a_{13} & \cdots & a_{1n} \\ a_{21} & a_{22} - \lambda & a_{23} & \cdots & a_{2n} \\ \vdots & \vdots & \vdots & \cdots & \vdots \\ a_{n1} & a_{n2} & a_{n3} & \cdots & a_{nn} - \lambda \end{vmatrix}$$

이므로 λ^n 의 계수는 $(-1)^n$ 이다. $\lambda_1, \lambda_2, \cdots, \lambda_n$ 이 행렬 A 의 고윳값이라고 가정하였으므로

$$p(\lambda) = \text{Det}(A - \lambda I) = (-1)^n(\lambda - \lambda_1)(\lambda - \lambda_2)\cdots(\lambda - \lambda_n)$$

이다. 이 식에 $\lambda = 0$ 을 대입하면

$$p(0) = \text{Det}(A) = (-1)^n(-\lambda_1)(-\lambda_2)\cdots(-\lambda_n) = \lambda_1 \cdot \lambda_2 \cdot \cdots \cdot \lambda_n$$

이다.

[정리 3]에서 고윳값 λ_i와 λ_j는 같을 수 있다. 예를 들어 $A = \begin{bmatrix} 1 & 0 & 0 \\ 1 & 3 & 0 \\ 0 & 0 & 3 \end{bmatrix}$ 일 때 특성다항식은

$$p(\lambda) = \text{Det}(A - \lambda I) = (1 - \lambda)(3 - \lambda)^2$$

이다. 따라서 행렬 A 의 고윳값은 $\lambda_1 = 1$, $\lambda_2 = 3$, $\lambda_3 = 3$ 이고 [정리 3]에 의하여

$$\text{Det}(A) = \lambda_1 \cdot \lambda_2 \cdot \lambda_3 = 1 \cdot 3 \cdot 3 = 9$$

이다.

예제 6

다음 행렬의 모든 고윳값들을 곱한 결과를 구하라.

(a) $A = \begin{bmatrix} 4 & -2 \\ 8 & -4 \end{bmatrix}$ (b) $B = \begin{bmatrix} 3 & 2 & 1 \\ 2 & 1 & 0 \\ 2 & 0 & 0 \end{bmatrix}$

| 풀이 |

(a) $\text{Det}(A) = 0$이므로 [정리 3]에 의하여 행렬 A의 모든 고윳값들의 곱셈 결과는 0이다.

(b) $\text{Det}(B) = -2$이므로 [정리 3]에 의하여 행렬 B의 모든 고윳값들의 곱셈 결과는 -2이다.

특성다항식을 이용하여 행렬의 거듭제곱을 쉽게 구할 수 있는 방법이 케일리-해밀턴 정리(Cayley-Hamilton Theorem)이다.

정리 4 케일리-해밀턴 정리

A가 n차 정사각행렬이고 특성다항식이

$$p(\lambda) = \text{Det}(A - \lambda I) = \lambda^n + c_{n-1}\lambda^{n-1} + c_{n-2}\lambda^{n-2} + \cdots + c_1\lambda + c_0$$

이면

$$p(A) = A^n + c_{n-1}A^{n-1} + c_{n-2}A^{n-2} + \cdots + c_1 A + c_0 I = \mathbf{0}$$

이다.

케일리-해밀턴 정리를 이용하면 행렬의 거듭제곱을 쉽게 구할 수 있다.

예제 7

케일리-해밀턴 정리를 이용하여 $A = \begin{bmatrix} 1 & 2 \\ 1 & 3 \end{bmatrix}$에 대하여 A^2과 A^3을 구하라.

| 풀이 |

행렬 A의 특성방정식이

$$p(\lambda) = \text{Det}(A - \lambda I) = (1-\lambda)(3-\lambda) - 2 = \lambda^2 - 4\lambda + 1 = 0$$

이므로 케일리-해밀턴 정리에 의하여

$$A^2 - 4A + I = \mathbf{0}$$

이다. 따라서

$$A^2 = 4A - I = \begin{bmatrix} 4 & 8 \\ 4 & 12 \end{bmatrix} - \begin{bmatrix} 1 & 0 \\ 0 & 1 \end{bmatrix} = \begin{bmatrix} 3 & 8 \\ 4 & 11 \end{bmatrix}$$

이다. 또한

$$\begin{aligned} A^3 = AA^2 = A(4A - I) &= 4A^2 - A \\ &= 4(4A - I) - A = 15A - 4I \\ &= \begin{bmatrix} 15 & 30 \\ 15 & 45 \end{bmatrix} - \begin{bmatrix} 4 & 0 \\ 0 & 4 \end{bmatrix} = \begin{bmatrix} 11 & 30 \\ 15 & 41 \end{bmatrix} \end{aligned}$$

이다.

행렬의 거듭제곱뿐만이 아니라 케일리-해밀턴 정리를 사용하면 역행렬을 쉽게 구할 수도 있다.

예제 8

케일리-해밀턴 정리를 사용하여 $A = \begin{bmatrix} 1 & 4 \\ 1 & 1 \end{bmatrix}$의 역행렬을 구하라.

| 풀이 |

행렬 A의 특성방정식이

$$p(\lambda) = \mathrm{Det}(A - \lambda I) = (1-\lambda)^2 - 4 = \lambda^2 - 2\lambda - 3 = 0$$

이므로 케일리-해밀턴 정리에 의하여

$$A^2 - 2A - 3I = \mathbf{0}$$

이다. 따라서

$$I = \frac{1}{3}(A^2 - 2A) = A\left(\frac{1}{3}(A - 2I)\right)$$

이므로

$$A^{-1} = \frac{1}{3}(A - 2I) = \frac{1}{3}\begin{bmatrix} -1 & 4 \\ 1 & -1 \end{bmatrix}$$

이다.

다음 정리는 서로 다른 고윳값에 대응하는 고유벡터의 특징을 설명한다.

정리 5 고유벡터와 선형독립 (1)

λ_1과 λ_2가 정사각행렬 A의 서로 다른 고윳값이고 $\boldsymbol{x}_1$과 $\boldsymbol{x}_2$가 각각 λ_1과 λ_2에 대응하는 고유벡터이면 $\boldsymbol{x}_1$과 $\boldsymbol{x}_2$는 선형독립이다.

Tip $\boldsymbol{x}_1$과 $\boldsymbol{x}_2$가 선형종속이라고 가정하고 모순을 유도한다.

| 증명 |

$\boldsymbol{x}_1$과 $\boldsymbol{x}_2$가 선형종속이라고 가정하면 적당한 스칼라 $\alpha \neq 0$가 존재하여

$$\boldsymbol{x}_1 = \alpha \boldsymbol{x}_2$$

가 성립한다. $\boldsymbol{x}_1$과 $\boldsymbol{x}_2$가 각각 고윳값 λ_1과 λ_2에 대응하는 고유벡터이므로

$$A\boldsymbol{x}_1 = \lambda_1 \boldsymbol{x}_1, \quad A\boldsymbol{x}_2 = \lambda_2 \boldsymbol{x}_2$$

이다. 따라서

$$\lambda_1(\alpha \boldsymbol{x}_2) = \lambda_1 \boldsymbol{x}_1 = A\boldsymbol{x}_1 = A(\alpha \boldsymbol{x}_2) = \alpha A \boldsymbol{x}_2 = \alpha(\lambda_2 \boldsymbol{x}_2)$$

로부터

$$\alpha(\lambda_1 - \lambda_2)\boldsymbol{x}_2 = 0$$

이 성립한다. 그런데 $\alpha \neq 0$, $\lambda_1 \neq \lambda_2$이므로 $\boldsymbol{x}_2 = \mathbf{0}$이어야 하는데 이것은 고유벡터는 $\mathbf{0}$가 아니라는 것에 모순이다. 따라서 $\boldsymbol{x}_1$과 $\boldsymbol{x}_2$는 선형독립이다.

[정리 5]는 유한개의 서로 다른 고윳값과 고윳값에 대응하는 고유벡터에 적용할 수 있다.

정리 6 고유벡터와 선형독립 (2)

$\lambda_1, \lambda_2, \cdots, \lambda_n$이 정사각행렬 A의 서로 다른 고윳값이고 $\boldsymbol{x}_1, \boldsymbol{x}_2, \cdots, \boldsymbol{x}_n$이 각각 $\lambda_1, \lambda_2, \cdots, \lambda_n$에 대응하는 고유벡터이면 $\boldsymbol{x}_1, \boldsymbol{x}_2, \cdots, \boldsymbol{x}_n$은 선형독립이다.

이 절에서는 고윳값, 고유공간, 고유벡터를 정의하였다. 고윳값은 특성방정식을 풀어서 구하고 고유공간은 행 사다리꼴을 이용하여 구하며 고유벡터는 고유공간에서 영벡터가 아닌 벡터를 선택하면 된다는 것을 학습하였다. 또한 고윳값과 행렬식의 관계, 특성다항식을 이용한 케일리-해밀턴 정리를 알아보았고 서로 다른 고윳값에 대응하는 고유벡터들이 선형독립이 된다는 것을 증명하였다.

Chapter 6.1 연습문제

1 $A = \begin{bmatrix} -1 & 1 \\ 2 & 0 \end{bmatrix}$ 일 때 다음 벡터가 행렬 A 의 고유벡터인지를 판정하라.

(a) $\boldsymbol{x} = \begin{bmatrix} 2 \\ 1 \end{bmatrix}$

(b) $\boldsymbol{x} = \begin{bmatrix} 2 \\ 4 \end{bmatrix}$

(c) $\boldsymbol{x} = \begin{bmatrix} 2 \\ -1 \end{bmatrix}$

(d) $\boldsymbol{x} = \begin{bmatrix} -2 \\ 4 \end{bmatrix}$

(e) $\boldsymbol{x} = \begin{bmatrix} 3 \\ 3 \end{bmatrix}$

(f) $\boldsymbol{x} = \begin{bmatrix} 3 \\ -3 \end{bmatrix}$

(g) $\boldsymbol{x} = \begin{bmatrix} -3 \\ 3 \end{bmatrix}$

(h) $\boldsymbol{x} = \begin{bmatrix} -3 \\ -3 \end{bmatrix}$

2 다음 행렬의 고윳값과 고유공간, 고유벡터를 구하라.

(a) $A = \begin{bmatrix} 1 & 4 \\ 0 & 3 \end{bmatrix}$

(b) $B = \begin{bmatrix} 2 & 0 \\ 3 & 0 \end{bmatrix}$

(c) $C = \begin{bmatrix} 1 & 7 \\ 2 & 6 \end{bmatrix}$

(d) $D = \begin{bmatrix} 3 & 2 \\ 9 & -4 \end{bmatrix}$

(e) $E = \begin{bmatrix} -3 & 0 \\ 0 & -3 \end{bmatrix}$

(f) $F = \begin{bmatrix} \sqrt{2} & 0 \\ 0 & \sqrt{2} \end{bmatrix}$

(g) $G = \begin{bmatrix} 1 & 1 \\ -1 & 3 \end{bmatrix}$

(h) $H = \begin{bmatrix} -5 & -3 \\ 3 & 1 \end{bmatrix}$

3 다음 행렬의 고윳값과 고유벡터를 구하라.

(a) $A = \begin{bmatrix} 2 & 0 & 0 \\ 0 & 0 & 0 \\ 0 & 0 & 0 \end{bmatrix}$

(b) $B = \begin{bmatrix} 2 & 1 & 0 \\ 0 & 0 & 0 \\ 0 & 0 & 0 \end{bmatrix}$

(c) $B = \begin{bmatrix} 2 & 1 & 3 \\ 0 & 0 & 0 \\ 0 & 0 & 0 \end{bmatrix}$

(d) $D = \begin{bmatrix} 3 & 0 & 0 \\ 0 & 3 & 0 \\ 0 & 0 & 3 \end{bmatrix}$

(e) $E = \begin{bmatrix} 1 & 0 & 0 \\ 0 & 2 & 0 \\ 0 & 0 & -3 \end{bmatrix}$

(f) $F = \begin{bmatrix} -3 & 0 & 0 \\ 0 & 2 & 0 \\ 1 & 0 & 0 \end{bmatrix}$

(g) $G = \begin{bmatrix} 1 & 0 & 0 \\ -2 & 1 & 1 \\ -2 & 0 & 2 \end{bmatrix}$ (h) $H = \begin{bmatrix} 1 & 2 & 3 \\ 0 & 1 & 2 \\ 0 & 0 & 3 \end{bmatrix}$

4 행렬식을 이용하여 $\lambda = 0$이 다음 행렬의 고윳값인지를 판정하라.

(a) $A = \begin{bmatrix} 1 & -4 \\ 3 & 12 \end{bmatrix}$ (b) $B = \begin{bmatrix} 0 & 2 \\ 2 & -4 \end{bmatrix}$

(c) $C = \begin{bmatrix} 1 & 3 \\ 0 & 2 \end{bmatrix}$ (d) $D = \begin{bmatrix} 0 & 0 \\ 4 & 2 \end{bmatrix}$

(e) $E = \begin{bmatrix} 3 & 0 & 1 \\ 1 & 2 & 1 \\ -2 & 0 & 0 \end{bmatrix}$ (f) $F = \begin{bmatrix} 4 & 1 & 2 \\ 0 & 3 & 1 \\ 4 & 4 & 2 \end{bmatrix}$

(g) $G = \begin{bmatrix} 5 & 4 & 3 \\ 2 & -1 & -1 \\ 3 & 5 & 4 \end{bmatrix}$ (h) $H = \begin{bmatrix} 3 & -2 & 3 \\ 1 & 4 & -2 \\ 2 & 2 & -6 \end{bmatrix}$

5 다음 행렬에 대하여 모든 고윳값들을 곱한 결과를 구하라.

(a) $A = \begin{bmatrix} 1 & -5 \\ 3 & 12 \end{bmatrix}$ (b) $B = \begin{bmatrix} 1 & 3 \\ 2 & 6 \end{bmatrix}$

(c) $C = \begin{bmatrix} -1 & 3 \\ -1 & 2 \end{bmatrix}$ (d) $D = \begin{bmatrix} 2 & 1 \\ 5 & -1 \end{bmatrix}$

(e) $E = \begin{bmatrix} 2 & 1 & 1 \\ 0 & 1 & 3 \\ 1 & 0 & 3 \end{bmatrix}$ (f) $F = \begin{bmatrix} 0 & 2 & -3 \\ -1 & 0 & 1 \\ 2 & 1 & 0 \end{bmatrix}$

(g) $G = \begin{bmatrix} 0 & 1 & -1 \\ 2 & 1 & 3 \\ 2 & 3 & 1 \end{bmatrix}$ (h) $H = \begin{bmatrix} 1 & 3 & 6 \\ 0 & 1 & 1 \\ -1 & 4 & 1 \end{bmatrix}$

6 케일리-해밀턴 정리를 이용하여 행렬 A에 대해서는 A^2을 구하고 행렬 B에 대해서는 B^3을 구하라.

(a) $A = \begin{bmatrix} 1 & 0 \\ 0 & 2 \end{bmatrix}$ (b) $A = \begin{bmatrix} 1 & 2 \\ 2 & 3 \end{bmatrix}$

(c) $A = \begin{bmatrix} 1 & 4 \\ 0 & 3 \end{bmatrix}$ (d) $A = \begin{bmatrix} 1 & -2 \\ 1 & -3 \end{bmatrix}$

(e) $B = \begin{bmatrix} 1 & 1 \\ 1 & 2 \end{bmatrix}$

(f) $B = \begin{bmatrix} -1 & 0 \\ 1 & 3 \end{bmatrix}$

(g) $B = \begin{bmatrix} 2 & 1 \\ 1 & 3 \end{bmatrix}$

(h) $B = \begin{bmatrix} -1 & -1 \\ 1 & 0 \end{bmatrix}$

7 케일리-해밀턴 정리를 사용하여 주어진 행렬의 역행렬을 구하라.

(a) $A = \begin{bmatrix} 1 & 6 \\ 2 & 3 \end{bmatrix}$

(b) $B = \begin{bmatrix} 2 & 1 \\ 3 & 1 \end{bmatrix}$

(c) $C = \begin{bmatrix} 1 & -2 \\ 1 & -3 \end{bmatrix}$

(d) $D = \begin{bmatrix} 4 & 1 \\ 2 & -1 \end{bmatrix}$

(e) $E = \begin{bmatrix} 2 & 0 \\ 0 & -3 \end{bmatrix}$

(f) $F = \begin{bmatrix} 0 & 2 \\ -3 & 0 \end{bmatrix}$

(g) $G = \begin{bmatrix} -1 & -2 \\ -3 & 0 \end{bmatrix}$

(h) $H = \begin{bmatrix} -1 & -2 \\ 0 & -3 \end{bmatrix}$

8 다음 명제가 참인지 거짓인지를 판정하라.

(a) $A = \begin{bmatrix} 0 & 0 \\ 0 & 0 \end{bmatrix}$이면 행렬 A는 고윳값을 갖지 않는다.

(b) $A = \begin{bmatrix} 1 & 0 \\ 0 & 0 \end{bmatrix}$이면 행렬 A는 서로 다른 2개의 고윳값을 갖는다.

(c) A가 가역행렬이면 행렬 A는 고윳값을 갖지 않는다.

(d) 행렬 A가 고윳값을 가지면 A는 비가역행렬이다.

(e) 행렬 A의 고윳값이 모두 양이면 $\mathrm{Det}(A) > 0$이다.

(f) $\mathrm{Det}(A) > 0$이면 행렬 A의 고윳값이 모두 양이다.

(g) $\mathrm{Det}(A) = 0$이면 행렬 A의 모든 고윳값은 0이거나 양이다.

(h) $\lambda = 1$이 행렬 A의 고윳값이고 $\lambda = 1$의 대수적 중복도가 2이면 $\lambda = 1$의 기하적 중복도도 2이다.

2절 닮음행렬과 대각화

이 절에서는 고윳값, 고유벡터와 관련된 닮음행렬과 행렬의 대각화에 대하여 알아보고자 한다.

성분은 다르지만 특성이 비슷한 행렬을 닮음행렬이라 하는데 닮음행렬에 대한 수학적 정의는 다음과 같다.

정의 1 닮음행렬

A와 B가 n차 정사각행렬일 때 적당한 n차 가역행렬 P가 존재하여

$$B = P^{-1}AP$$

가 성립하면 행렬 A와 B는 닮음행렬(similar matrix)이라 한다.

$A = \begin{bmatrix} 1 & 2 \\ 3 & 2 \end{bmatrix}$일 때 $P = \begin{bmatrix} 1 & 1 \\ 0 & 1 \end{bmatrix}$이라 하면 $P^{-1} = \begin{bmatrix} 1 & -1 \\ 0 & 1 \end{bmatrix}$이므로

$$P^{-1}AP = \begin{bmatrix} 1 & -1 \\ 0 & 1 \end{bmatrix}\begin{bmatrix} 1 & 2 \\ 3 & 2 \end{bmatrix}\begin{bmatrix} 1 & 1 \\ 0 & 1 \end{bmatrix} = \begin{bmatrix} -2 & -2 \\ 3 & 5 \end{bmatrix}$$

이다. 따라서 $B = \begin{bmatrix} -2 & -2 \\ 3 & 5 \end{bmatrix}$라 하면 $P^{-1}AP = B$이다. 따라서 행렬 A와 B는 닮음행렬이다.

$A = \begin{bmatrix} 1 & 2 \\ 3 & 2 \end{bmatrix}$일 때 행렬 A와 닮음행렬은 행렬 B가 유일할까?

$P_1 = \begin{bmatrix} 1 & 2 \\ 0 & 1 \end{bmatrix}$이라 하면 $P_1^{-1} = \begin{bmatrix} 1 & -2 \\ 0 & 1 \end{bmatrix}$이므로

$$P_1^{-1}AP_1 = \begin{bmatrix} 1 & -2 \\ 0 & 1 \end{bmatrix}\begin{bmatrix} 1 & 2 \\ 3 & 2 \end{bmatrix}\begin{bmatrix} 1 & 2 \\ 0 & 1 \end{bmatrix} = \begin{bmatrix} -5 & -12 \\ 3 & 8 \end{bmatrix}$$

이다. 따라서 $\begin{bmatrix} -5 & -12 \\ 3 & 8 \end{bmatrix}$은 행렬 A와 닮음행렬이다.

$P_2 = \begin{bmatrix} 1 & 1 \\ 1 & 2 \end{bmatrix}$라 하면 $P_2^{-1} = \begin{bmatrix} 2 & -1 \\ -1 & 1 \end{bmatrix}$이므로

$$P_2^{-1} A P_2 = \begin{bmatrix} 2 & -1 \\ -1 & 1 \end{bmatrix} \begin{bmatrix} 1 & 2 \\ 3 & 2 \end{bmatrix} \begin{bmatrix} 1 & 1 \\ 1 & 2 \end{bmatrix} = \begin{bmatrix} 1 & 3 \\ 2 & 2 \end{bmatrix}$$

이다. 따라서 $\begin{bmatrix} 1 & 3 \\ 2 & 2 \end{bmatrix}$도 행렬 A와 닮음행렬이다. 행렬 P_1, P_2 외의 다양한 가역행렬을 이용하여 행렬 A의 닮음행렬을 만들 수 있으므로, 행렬 A의 닮음행렬은 무수히 많다.

예제 1

다음 행렬과 닮음행렬인 행렬을 구하라. 단, 닮음행렬을 구할 때 사용한 가역행렬 P를 설명하라.

(a) $A = \begin{bmatrix} 2 & 3 \\ 1 & 2 \end{bmatrix}$

(b) $B = \begin{bmatrix} 1 & 2 & 3 \\ 1 & 0 & 2 \\ 0 & 2 & 1 \end{bmatrix}$

| 풀이 |

(a) $P = \begin{bmatrix} 1 & 1 \\ 0 & 1 \end{bmatrix}$이라 하면 $P^{-1} = \begin{bmatrix} 1 & -1 \\ 0 & 1 \end{bmatrix}$이다.

$$P^{-1} A P = \begin{bmatrix} 1 & 2 \\ 1 & 3 \end{bmatrix}$$

이므로 $\begin{bmatrix} 1 & 2 \\ 1 & 3 \end{bmatrix}$은 행렬 A와 닮음행렬이다.

(b) $P = \begin{bmatrix} 1 & 0 & 1 \\ 0 & 1 & 0 \\ 0 & 0 & 1 \end{bmatrix}$이라 하면 $P^{-1} = \begin{bmatrix} 1 & 0 & 1 \\ 0 & 1 & 0 \\ 0 & 0 & 1 \end{bmatrix}$이다.

$$P^{-1} B P = \begin{bmatrix} 1 & 0 & 3 \\ 1 & 0 & 3 \\ 0 & 2 & 1 \end{bmatrix}$$

이므로 $\begin{bmatrix} 1 & 0 & 3 \\ 1 & 0 & 3 \\ 0 & 2 & 1 \end{bmatrix}$은 행렬 B와 닮음행렬이다.

앞서 설명한 바와 같이 가역행렬 P를 다르게 선택하면 [예제 1]의 풀이에 있는 행렬과 다른 닮음행렬을 얻을 수 있다.

행렬 A와 B가 닮음행렬일 때 두 행렬의 행렬식은 다음과 같다.

정리 1 닮음행렬과 행렬식

행렬 A와 B가 닮음행렬이면 $\mathrm{Det}(A) = \mathrm{Det}(B)$이다.

Tip 2.2절의 [정리 6]과 가역행렬 P에 대하여 $\mathrm{Det}(P^{-1})\mathrm{Det}(P) = 1$임을 이용하여 증명한다.

| 증명 |

행렬 A와 B가 닮음행렬이므로 가역행렬 P가 존재하여

$$B = P^{-1}AP$$

가 성립한다. 2.2절의 [정리 6]에 의하여

$$\mathrm{Det}(B) = \mathrm{Det}(P^{-1}AP) = \mathrm{Det}(P^{-1})\mathrm{Det}(A)\mathrm{Det}(P) = \mathrm{Det}(A)$$

이다.

[정리 1]에 의하여 $\mathrm{Det}(A) \neq \mathrm{Det}(B)$이면 행렬 A와 B는 닮음행렬이 아니라고 판정한다.

예제 2

$A = \begin{bmatrix} 3 & -1 \\ -2 & 2 \end{bmatrix}$와 $B = \begin{bmatrix} 2 & -3 \\ 1 & 5 \end{bmatrix}$가 닮음행렬인지를 판정하라.

| 풀이 |

$$\mathrm{Det}(A) = 4 \neq 13 = \mathrm{Det}(B)$$

이므로 행렬 A와 B는 닮음행렬이 아니다.

정리 2 닮음행렬과 특성방정식

행렬 A와 B가 닮음행렬이면 행렬 A의 특성방정식과 행렬 B의 특성방정식은 같다.

Tip 2.2절의 [정리 6]과 가역행렬 P에 대하여 $\lambda I = P^{-1}(\lambda I)P$임을 이용하여 증명한다.

| 증명 |

행렬 A와 B가 닮음행렬이므로 적당한 가역행렬 P가 존재하여

$$B = P^{-1}AP$$

가 성립한다. 2.2절의 [정리 6]에 의하여

$$\begin{aligned}\mathrm{Det}(B-\lambda I) &= \mathrm{Det}(P^{-1}AP-\lambda I)\\ &= \mathrm{Det}(P^{-1}AP-P^{-1}(\lambda I)P)\\ &= \mathrm{Det}(P^{-1}(A-\lambda I)P)\\ &= \mathrm{Det}(P^{-1})\,\mathrm{Det}(A-\lambda I)\,\mathrm{Det}(P)\\ &= \mathrm{Det}(A-\lambda I)\end{aligned}$$

이므로 행렬 A의 특성방정식과 행렬 B의 특성방정식은 같다.

[예제 1]에서 $A = \begin{bmatrix} 2 & 3 \\ 1 & 2 \end{bmatrix}$와 $B = \begin{bmatrix} 1 & 2 \\ 1 & 3 \end{bmatrix}$은 닮음행렬이다. 행렬 A의 특성방정식은

$$p_A(\lambda) = \begin{vmatrix} 2-\lambda & 3 \\ 1 & 2-\lambda \end{vmatrix} = \lambda^2 - 4\lambda + 1$$

이고 행렬 B의 특성방정식은

$$p_B(\lambda) = \begin{vmatrix} 1-\lambda & 2 \\ 1 & 3-\lambda \end{vmatrix} = \lambda^2 - 4\lambda + 1$$

이므로 $p_A(\lambda) = p_B(\lambda)$이다.

이제 닮음행렬의 특별한 경우를 살펴보자. 어떤 정사각행렬은 적당한 가역행렬과 그 가역행렬의 역행렬을 곱했을 때 얻어지는 닮음행렬이 대각행렬이 될 수 있다. 이와 관련된 수학적 정의는 다음과 같다.

정의 2 대각화가능한 행렬

A가 n차 정사각행렬이고 D가 n차 대각행렬이라 하자. 적당한 n차 가역행렬 P가 존재하여

$$P^{-1}AP = D$$

가 성립하면 행렬 A를 대각화가능한 행렬(diagonalizable matrix)이라 한다.

[정의 2]에 의하면 어떤 정사각행렬은 대각화가능할 수 있지만 어떤 정사각행렬은 대각화가능하지 않을 수 있다. 주어진 정사각행렬이 대각화가능한지는 다음 정리를 이용하여 판정한다.

정리 3 대각화가능한 행렬과 고유벡터

A가 n차 정사각행렬일 때 다음은 동치이다.

(1) A는 대각화가능한 행렬이다.

(2) A는 n개의 선형독립인 고유벡터를 갖는다.

[정의 2]에서 n차 정사각행렬 A가 대각화가능한 행렬이려면 적당한 n차 가역행렬 P가 존재해야 한다고 하였는데 행렬 A를 대각화하기 위한 가역행렬 P는 행렬 A의 선형독립인 고유벡터로 만들어진다. 따라서 가역행렬 P가 만들어지려면 n개의 선형독립인 고유벡터가 필요하다. [정리 3]에 의하여 n차 정사각행렬 A가 n개보다 작은 개수의 고유벡터를 가지면 A는 대각화 불가능하다고 판정한다.

예제 3

다음 행렬이 대각화가능한지를 판정하라.

(a) $A = \begin{bmatrix} 1 & 1 \\ 0 & 1 \end{bmatrix}$ (b) $B = \begin{bmatrix} 1 & 4 \\ 0 & 3 \end{bmatrix}$

| 풀이 |

(a) 행렬 A의 특성방정식이

$$p(\lambda) = \begin{vmatrix} 1-\lambda & 1 \\ 0 & 1-\lambda \end{vmatrix} = (1-\lambda)^2 = 0$$

이므로 행렬 A의 고윳값은 $\lambda = 1$이다. $\lambda = 1$일 때 계수행렬은

$$A - \lambda I = A - I = \begin{bmatrix} 0 & 1 \\ 0 & 0 \end{bmatrix}$$

이고 $\begin{bmatrix} 0 & 1 \\ 0 & 0 \end{bmatrix}$은 행 사다리꼴이다.

$$\begin{bmatrix} 0 & 1 \\ 0 & 0 \end{bmatrix}\begin{bmatrix} x_1 \\ x_2 \end{bmatrix} = \begin{bmatrix} 0 \\ 0 \end{bmatrix}$$

에서 x_2 는 선행계수에 대응하므로 고정변수이고 x_1 은 선행계수에 대응하지 않으므로 자유변수이다. 따라서 $x_2 = 0$ 이고, 임의의 실수 t 에 대하여 $x_1 = t$ 로 놓는다. 그러면 $\lambda = 1$ 에 대응하는 고유공간은

$$W_1 = \left\{ \begin{bmatrix} t \\ 0 \end{bmatrix} : t \in \mathbb{R} \right\} = \left\{ t \begin{bmatrix} 1 \\ 0 \end{bmatrix} : t \in \mathbb{R} \right\}$$

이다. 따라서 $\lambda = 1$ 에 대응하는 일차독립인 고유벡터는 1개뿐이므로 행렬 A 는 대각화 가능하지 않다.

(b) 행렬 B 의 특성방정식이

$$p(\lambda) = \begin{vmatrix} 1-\lambda & 4 \\ 0 & 3-\lambda \end{vmatrix} = (1-\lambda)(3-\lambda) = 0$$

이므로 행렬 B 의 고윳값은 $\lambda = 1$, $\lambda = 3$ 이다.

(i) $\lambda = 1$ 일 때 계수행렬은

$$B - \lambda I = B - I = \begin{bmatrix} 0 & 4 \\ 0 & 2 \end{bmatrix}$$

이다. 기본행 연산에 의하여

$$\begin{bmatrix} 0 & 4 \\ 0 & 2 \end{bmatrix} \xrightarrow{①\times(-\frac{1}{2})+②} \begin{bmatrix} 0 & 4 \\ 0 & 0 \end{bmatrix}$$

이고 $\begin{bmatrix} 0 & 4 \\ 0 & 0 \end{bmatrix}$ 은 행 사다리꼴이다.

$$\begin{bmatrix} 0 & 4 \\ 0 & 0 \end{bmatrix} \begin{bmatrix} x_1 \\ x_2 \end{bmatrix} = \begin{bmatrix} 0 \\ 0 \end{bmatrix}$$

에서 x_2 는 선행계수에 대응하므로 고정변수이고 x_1 은 선행계수에 대응하지 않으므로 자유변수이다. 따라서 $x_2 = 0$ 이고, 임의의 실수 t 에 대하여 $x_1 = t$ 로 놓는다. 그러면 $\lambda = 1$ 에 대응하는 고유공간은

$$W_1 = \left\{ \begin{bmatrix} t \\ 0 \end{bmatrix} : t \in \mathbb{R} \right\} = \left\{ t \begin{bmatrix} 1 \\ 0 \end{bmatrix} : t \in \mathbb{R} \right\}$$

이다. 따라서 $\lambda = 1$ 에 대응하는 일차독립인 고유벡터는 1개이다.

(ii) $\lambda = 3$ 일 때 계수행렬은

$$B - \lambda I = B - 3I = \begin{bmatrix} -2 & 4 \\ 0 & 0 \end{bmatrix}$$

이고 $\begin{bmatrix} -2 & 4 \\ 0 & 0 \end{bmatrix}$은 행 사다리꼴이다.

$$\begin{bmatrix} -2 & 4 \\ 0 & 0 \end{bmatrix}\begin{bmatrix} x_1 \\ x_2 \end{bmatrix} = \begin{bmatrix} 0 \\ 0 \end{bmatrix}$$

에서 x_2는 선행계수에 대응하지 않으므로 자유변수이고 x_1은 선행계수에 대응하므로 고정변수이다. 따라서 임의의 실수 t에 대하여 $x_2 = t$로 놓으면 $x_1 = 2t$이다. 그러면 $\lambda = 3$에 대응하는 고유공간은

$$W_3 = \left\{ \begin{bmatrix} 2t \\ t \end{bmatrix} : t \in \mathbb{R} \right\} = \left\{ t\begin{bmatrix} 2 \\ 1 \end{bmatrix} : t \in \mathbb{R} \right\}$$

이다. 따라서 $\lambda = 3$에 대응하는 일차독립인 고유벡터는 1개이다.

(i)과 (ii)에 의하여 행렬 B는 일차독립인 고유벡터를 2개 가지므로 행렬 B는 대각화가능하다.

주어진 행렬이 대각화가능한 행렬로 판정되면 다음의 방법에 따라서 대각화한다.

대각화가능한 행렬을 대각화하는 방법

[단계 1]
행렬 A의 고윳값을 구하고 고윳값들을 주대각 성분으로 갖는 대각행렬 D를 만든다. 이때 고윳값이 중근이면 같은 고윳값을 주대각 성분으로 2번 사용한다.

[단계 2]
대각행렬 D에 고윳값이 나열된 순서에 따라서 고유벡터를 열백터로 갖는 행렬 P를 만든다.

만일 $D = \begin{bmatrix} \lambda_1 & 0 & 0 & \cdots & 0 \\ 0 & \lambda_2 & 0 & \cdots & 0 \\ \vdots & \vdots & \vdots & \cdots & \vdots \\ 0 & 0 & 0 & \cdots & \lambda_n \end{bmatrix}$이고 $\lambda_1, \lambda_2, \cdots, \lambda_n$이 행렬 A의 고윳값이면 행렬 P의 1열은 λ_1에 대응하는 고유벡터, 2열은 λ_2에 대응하는 고유벡터, $\cdots$, n열은 λ_n에 대응하는 고유벡터이다.

[예제 3(b)]의 2차 정사각행렬 $B=\begin{bmatrix}1&4\\0&3\end{bmatrix}$을 대각화하여 보자.

(i) 행렬 B는 두 개의 고윳값 $\lambda=1$과 $\lambda=3$을 가지므로 대각행렬 D는

$$D=\begin{bmatrix}1&0\\0&3\end{bmatrix}$$

이라 할 수 있다. $\lambda=1$에 대응하는 고유벡터는 $\begin{bmatrix}1\\0\end{bmatrix}$이고 $\lambda=3$에 대응하는 고유벡터는 $\begin{bmatrix}2\\1\end{bmatrix}$이므로 가역행렬 P는

$$P=\begin{bmatrix}1&2\\0&1\end{bmatrix}$$

이다. $P^{-1}=\begin{bmatrix}1&-2\\0&1\end{bmatrix}$이고

$$P^{-1}BP=\begin{bmatrix}1&-2\\0&1\end{bmatrix}\begin{bmatrix}1&4\\0&3\end{bmatrix}\begin{bmatrix}1&2\\0&1\end{bmatrix}=\begin{bmatrix}1&0\\0&3\end{bmatrix}=D$$

이다.

(ii) 행렬 B의 고윳값 $\lambda=1$과 $\lambda=3$에 대한 대각행렬 D를

$$D=\begin{bmatrix}3&0\\0&1\end{bmatrix}$$

이라 할 수 있다. 고윳값의 순서가 바뀌었으므로 고윳값의 순서에 따라 가역행렬 P는

$$P=\begin{bmatrix}2&1\\1&0\end{bmatrix}$$

이다. $P^{-1}=\begin{bmatrix}0&1\\1&-2\end{bmatrix}$이고

$$P^{-1}BP=\begin{bmatrix}0&1\\1&-2\end{bmatrix}\begin{bmatrix}1&4\\0&3\end{bmatrix}\begin{bmatrix}2&1\\1&0\end{bmatrix}=\begin{bmatrix}3&0\\0&1\end{bmatrix}=D$$

이다.

(i)과 (ii)에서 알 수 있듯이 대각행렬 D에 따라서 가역행렬 P가 결정된다.

예제 4

2차 정사각행렬 $A=\begin{bmatrix}2&3\\-4&-5\end{bmatrix}$를 대각화하라.

| 풀이 |

행렬 A 의 특성방정식이

$$p(\lambda) = \text{Det}\,(A - \lambda I) = \begin{vmatrix} 2-\lambda & 3 \\ -4 & -5-\lambda \end{vmatrix} = (\lambda+1)(\lambda+2) = 0$$

이므로 행렬 A 의 고윳값은 $\lambda = -1$, $\lambda = -2$이다.

(i) $\lambda = -1$ 에 대응하는 고유공간과 고유벡터를 구해보자. 기본행 연산에 의하여

$$A + I = \begin{bmatrix} 3 & 3 \\ -4 & -4 \end{bmatrix} \xrightarrow{①\times\frac{4}{3}+②} \begin{bmatrix} 3 & 3 \\ 0 & 0 \end{bmatrix}$$

이고 $\begin{bmatrix} 3 & 3 \\ 0 & 0 \end{bmatrix}$은 행 사다리꼴이다.

$$\begin{bmatrix} 3 & 3 \\ 0 & 0 \end{bmatrix}\begin{bmatrix} x_1 \\ x_2 \end{bmatrix} = \begin{bmatrix} 0 \\ 0 \end{bmatrix}$$

에서 x_2 는 선행계수에 대응하지 않으므로 자유변수이고 x_1 은 선행계수에 대응하므로 고정변수이다. 따라서 임의의 스칼라 t 에 대하여 $x_2 = t$ 라 하면 $x_1 = -t$ 이다. 따라서 $\lambda = -1$에 대응하는 고유공간은

$$W_{-1} = \left\{\begin{bmatrix} -t \\ t \end{bmatrix} : t \in \mathbb{R}\right\} = \left\{t\begin{bmatrix} -1 \\ 1 \end{bmatrix} : t \in \mathbb{R}\right\}$$

이므로 $\lambda = -1$ 에 대응하는 고유벡터는 $\begin{bmatrix} -1 \\ 1 \end{bmatrix}$이다.

(ii) $\lambda = -2$ 에 대응하는 고유공간과 고유벡터를 구해보자. 기본행 연산에 의하여

$$A + 2I = \begin{bmatrix} 4 & 3 \\ -4 & -3 \end{bmatrix} \xrightarrow{①\times 1+②} \begin{bmatrix} 4 & 3 \\ 0 & 0 \end{bmatrix}$$

이고 $\begin{bmatrix} 4 & 3 \\ 0 & 0 \end{bmatrix}$은 행 사다리꼴이다.

$$\begin{bmatrix} 4 & 3 \\ 0 & 0 \end{bmatrix}\begin{bmatrix} x_1 \\ x_2 \end{bmatrix} = \begin{bmatrix} 0 \\ 0 \end{bmatrix}$$

에서 x_2 는 선행계수에 대응하지 않으므로 자유변수이고 x_1 은 선행계수에 대응하므로 고정변수이다. 따라서 임의의 스칼라 t 에 대하여 $x_2 = t$ 라 하면 $x_1 = -\frac{3}{4}t$ 이다. 따라서 $\lambda = -2$ 에 대응하는 고유공간은

$$W_{-2} = \left\{ \begin{bmatrix} -\frac{3}{4}t \\ t \end{bmatrix} : t \in \mathbb{R} \right\} = \left\{ \frac{t}{4} \begin{bmatrix} -3 \\ 4 \end{bmatrix} : t \in \mathbb{R} \right\}$$

이므로 $\lambda = -2$ 에 대응하는 고유벡터는 $\begin{bmatrix} -3 \\ 4 \end{bmatrix}$ 이다.

(i)과 (ii)에 의하여

$$D = \begin{bmatrix} -1 & 0 \\ 0 & -2 \end{bmatrix}, \quad P = \begin{bmatrix} -1 & -3 \\ 1 & 4 \end{bmatrix}$$

라 하면 $P^{-1} = \begin{bmatrix} -4 & -3 \\ 1 & 1 \end{bmatrix}$ 이고

$$P^{-1}AP = \begin{bmatrix} -4 & -3 \\ 1 & 1 \end{bmatrix} \begin{bmatrix} 2 & 3 \\ -4 & -5 \end{bmatrix} \begin{bmatrix} -1 & -3 \\ 1 & 4 \end{bmatrix} = \begin{bmatrix} -1 & 0 \\ 0 & -2 \end{bmatrix} = D$$

이다.

앞서 언급한 바와 같이 A 가 대각화가능한 행렬일 때 대각행렬 D 와 가역행렬 P 를 정하는 방법은 유일하지 않다.

[예제 4]에서 대각행렬 D 를 $D = \begin{bmatrix} -2 & 0 \\ 0 & -1 \end{bmatrix}$ 로 선택할 수 있고 이 경우 행렬 P 는

$$P = \begin{bmatrix} -3 & -1 \\ 4 & 1 \end{bmatrix}$$

이다. 그러면 $P^{-1} = \begin{bmatrix} 1 & 1 \\ -4 & -3 \end{bmatrix}$ 이고

$$\begin{aligned} P^{-1}AP &= \begin{bmatrix} 1 & 1 \\ -4 & -3 \end{bmatrix} \begin{bmatrix} 2 & 3 \\ -4 & -5 \end{bmatrix} \begin{bmatrix} -3 & -1 \\ 4 & 1 \end{bmatrix} \\ &= \begin{bmatrix} -2 & 0 \\ 0 & -1 \end{bmatrix} = D \end{aligned}$$

이다.

이제 특성방정식이 중근을 갖는 행렬을 대각화하여 보자.

예제 5

3차 정사각행렬 $A=\begin{bmatrix} 1 & 0 & -1 \\ -2 & 0 & 2 \\ 3 & 0 & -3 \end{bmatrix}$에 대하여 $P^{-1}AP=D$가 성립하는 대각행렬 D와 가역행렬 P를 구하라.

| 풀이 |

행렬 A의 특성방정식이

$$p(\lambda)=\mathrm{Det}(A-\lambda I)=\begin{vmatrix} 1-\lambda & 0 & -1 \\ -2 & -\lambda & 2 \\ 3 & 0 & -3-\lambda \end{vmatrix}=-\lambda^3-2\lambda^2=-\lambda^2(\lambda+2)=0$$

이므로 행렬 A의 고윳값은 $\lambda=0$, $\lambda=-2$이다.

(i) $\lambda=0$에 대응하는 고유공간과 고유벡터를 구해보자. 기본행 연산에 의하여

$$A+0I=\begin{bmatrix} 1 & 0 & -1 \\ -2 & 0 & 2 \\ 3 & 0 & -3 \end{bmatrix}\xrightarrow{①\times 2+②}\begin{bmatrix} 1 & 0 & -1 \\ 0 & 0 & 0 \\ 3 & 0 & -3 \end{bmatrix}\xrightarrow{①\times(-3)+③}\begin{bmatrix} 1 & 0 & -1 \\ 0 & 0 & 0 \\ 0 & 0 & 0 \end{bmatrix}$$

이고 $\begin{bmatrix} 1 & 0 & -1 \\ 0 & 0 & 0 \\ 0 & 0 & 0 \end{bmatrix}$은 행 사다리꼴이다.

$$\begin{bmatrix} 1 & 0 & -1 \\ 0 & 0 & 0 \\ 0 & 0 & 0 \end{bmatrix}\begin{bmatrix} x_1 \\ x_2 \\ x_3 \end{bmatrix}=\begin{bmatrix} 0 \\ 0 \\ 0 \end{bmatrix}$$

에서 x_3와 x_2는 선행계수에 대응하지 않으므로 자유변수이고 x_1은 선행계수에 대응하므로 고정변수이다. 따라서 임의의 스칼라 t에 대하여 $x_3=t$, 임의의 스칼라 s에 대하여 $x_2=s$라 하면 $x_1=t$이다. 따라서 $\lambda=0$에 대응하는 고유공간은

$$W_0=\left\{\begin{bmatrix} t \\ s \\ t \end{bmatrix} : s, t\in\mathbb{R}\right\}=\left\{t\begin{bmatrix} 1 \\ 0 \\ 1 \end{bmatrix}+s\begin{bmatrix} 0 \\ 1 \\ 0 \end{bmatrix} : s, t\in\mathbb{R}\right\}$$

이므로 $\lambda=0$에 대응하는 고유벡터는 $\begin{bmatrix} 1 \\ 0 \\ 1 \end{bmatrix}$과 $\begin{bmatrix} 0 \\ 1 \\ 0 \end{bmatrix}$이다.

(ii) $\lambda = -2$에 대응하는 고유공간과 고유벡터를 구해보자. 기본행 연산에 의하여

$$A+2I = \begin{bmatrix} 3 & 0 & -1 \\ -2 & 2 & 2 \\ 3 & 0 & -1 \end{bmatrix} \xrightarrow{①\times(\frac{2}{3})+②} \begin{bmatrix} 3 & 0 & -1 \\ 0 & 2 & \frac{4}{3} \\ 3 & 0 & -1 \end{bmatrix}$$

$$\xrightarrow{①\times(-1)+③} \begin{bmatrix} 3 & 0 & -1 \\ 0 & 2 & \frac{4}{3} \\ 0 & 0 & 0 \end{bmatrix}$$

이고 $\begin{bmatrix} 3 & 0 & -1 \\ 0 & 2 & \frac{4}{3} \\ 0 & 0 & 0 \end{bmatrix}$은 행 사다리꼴이다.

$$\begin{bmatrix} 3 & 0 & -1 \\ 0 & 2 & \frac{4}{3} \\ 0 & 0 & 0 \end{bmatrix} \begin{bmatrix} x_1 \\ x_2 \\ x_3 \end{bmatrix} = \begin{bmatrix} 0 \\ 0 \\ 0 \end{bmatrix}$$

에서 x_3는 선행계수에 대응하지 않으므로 자유변수이고 x_2와 x_1은 선행계수에 대응하므로 고정변수이다. 따라서 임의의 스칼라 t에 대하여 $x_3 = t$라 하면 $x_2 = -\frac{2}{3}t$, $x_1 = \frac{1}{3}t$이다. 따라서 $\lambda = -2$에 대응하는 고유공간은

$$W_{-2} = \left\{ \begin{bmatrix} \frac{1}{3}t \\ -\frac{2}{3}t \\ t \end{bmatrix} : t \in \mathbb{R} \right\} = \left\{ \frac{1}{3}t \begin{bmatrix} 1 \\ -2 \\ 3 \end{bmatrix} : t \in \mathbb{R} \right\}$$

이므로 $\lambda = -2$에 대응하는 고유벡터는 $\begin{bmatrix} 1 \\ -2 \\ 3 \end{bmatrix}$이다. 따라서 대각행렬 D는

$$D = \begin{bmatrix} 0 & 0 & 0 \\ 0 & 0 & 0 \\ 0 & 0 & -2 \end{bmatrix}$$

이고 행렬 D와 관련된 가역행렬 P는

$$P = \begin{bmatrix} 1 & 0 & 1 \\ 0 & 1 & -2 \\ 1 & 0 & 3 \end{bmatrix}$$

이다.

[예제 5]에서 고윳값 $\lambda = 0$에 대응하는 고유벡터 $\begin{bmatrix} 1 \\ 0 \\ 1 \end{bmatrix}$과 $\begin{bmatrix} 0 \\ 1 \\ 0 \end{bmatrix}$ 사이에 우선순위는 없기 때문에 대각행렬 $D = \begin{bmatrix} 0 & 0 & 0 \\ 0 & 0 & 0 \\ 0 & 0 & -2 \end{bmatrix}$에 대응하는 행렬 P를 $P = \begin{bmatrix} 0 & 1 & 1 \\ 1 & 0 & -2 \\ 0 & 1 & 3 \end{bmatrix}$으로 선택해도 된다.

대각화가능한 행렬의 정의에 있는 등식 $P^{-1}AP = D$는 다음과 같이 표현할 수 있다.

$$P^{-1}AP = D \Leftrightarrow AP = PD \Leftrightarrow A = PDP^{-1}$$

정의 3 고윳값 분해

A가 n차 정사각행렬이고 D가 행렬 A의 고윳값들을 주대각 성분으로 갖는 대각행렬이며 가역행렬 P가 A의 고윳값의 순서에 따른 고유벡터들을 열벡터로 갖는 행렬일 때

$$A = PDP^{-1}$$

이면 PDP^{-1}를 행렬 A의 고윳값 분해(eigenvalue decomposition)라고 한다.

고윳값 분해를 활용하기에 앞서 대각행렬의 성질을 알아보자.

대각행렬의 성질

주어진 행렬이 대각화가능하면 주어진 행렬은 대각행렬과 닮음행렬이다. 대각행렬의 역행렬과 거듭제곱은 다음과 같이 쉽게 구할 수 있다.

$D_1 = \begin{bmatrix} 2 & 0 \\ 0 & 3 \end{bmatrix}$일 때 D_1의 역행렬과 D_1의 거듭제곱을 구하면 다음과 같다.

$$D_1^{-1} = \begin{bmatrix} \frac{1}{2} & 0 \\ 0 & \frac{1}{3} \end{bmatrix}, \quad D_1^2 = \begin{bmatrix} 2^2 & 0 \\ 0 & 3^2 \end{bmatrix}, \quad D_1^3 = \begin{bmatrix} 2^3 & 0 \\ 0 & 3^3 \end{bmatrix}$$

$D_2 = \begin{bmatrix} 3 & 0 & 0 \\ 0 & 4 & 0 \\ 0 & 0 & -5 \end{bmatrix}$일 때 D_2의 역행렬과 D_2의 거듭제곱을 구하면 다음과 같다.

$$D_2^{-1} = \begin{bmatrix} \frac{1}{3} & 0 & 0 \\ 0 & \frac{1}{4} & 0 \\ 0 & 0 & -\frac{1}{5} \end{bmatrix}, \quad D_2^2 = \begin{bmatrix} 3^2 & 0 & 0 \\ 0 & 4^2 & 0 \\ 0 & 0 & (-5)^2 \end{bmatrix}, \quad D_2^3 = \begin{bmatrix} 3^3 & 0 & 0 \\ 0 & 4^3 & 0 \\ 0 & 0 & (-5)^3 \end{bmatrix}$$

이 결과들로부터 다음 정리가 성립함을 추론할 수 있다.

정리 4 대각행렬의 역행렬과 거듭제곱

$D = \begin{bmatrix} \lambda_1 & 0 & 0 & \cdots & 0 \\ 0 & \lambda_2 & 0 & \cdots & 0 \\ \vdots & \vdots & \vdots & \cdots & \vdots \\ 0 & 0 & 0 & \cdots & \lambda_n \end{bmatrix}$이라 하자.

(1) D가 가역행렬이면 D^{-1}는 다음과 같다.

$$D^{-1} = \begin{bmatrix} \lambda_1^{-1} & 0 & 0 & \cdots & 0 \\ 0 & \lambda_2^{-1} & 0 & \cdots & 0 \\ \vdots & \vdots & \vdots & \cdots & \vdots \\ 0 & 0 & 0 & \cdots & \lambda_n^{-1} \end{bmatrix}$$

(2) k가 자연수일 때 D^k은 다음과 같다.

$$D^k = \begin{bmatrix} \lambda_1^k & 0 & 0 & \cdots & 0 \\ 0 & \lambda_2^k & 0 & \cdots & 0 \\ \vdots & \vdots & \vdots & \cdots & \vdots \\ 0 & 0 & 0 & \cdots & \lambda_n^k \end{bmatrix}$$

[정리 4]를 사용하여 다음 예제를 풀어보자.

예제 6

$D = \begin{bmatrix} 1 & 0 & 0 \\ 0 & -2 & 0 \\ 0 & 0 & 0 \end{bmatrix}$일 때 D의 역행렬과 D^{10}을 구하라.

| 풀이 |

D가 대각행렬이고 D의 주대각 성분은 $1,\ -2,\ 0$이다. $1^{-1}=1$, $(-2)^{-1}=-\frac{1}{2}$이지만 0^{-1}는 존재하지 않으므로 D의 역행렬은 존재하지 않는다. [정리 4]에 의하여

$$D^{10}=\begin{bmatrix}1^{10} & 0 & 0\\ 0 & (-2)^{10} & 0\\ 0 & 0 & 0\end{bmatrix}=\begin{bmatrix}1 & 0 & 0\\ 0 & 1024 & 0\\ 0 & 0 & 0\end{bmatrix}$$

이다.

행렬의 거듭제곱

$A=\begin{bmatrix}3 & 4\\ 2 & 1\end{bmatrix}$일 때 A^{100}은 어떻게 구할까? 우선 A^2, A^3, A^4을 직접 구해보자.

$$A^2=\begin{bmatrix}17 & 16\\ 8 & 9\end{bmatrix},\ A^3=\begin{bmatrix}83 & 84\\ 42 & 41\end{bmatrix},\ A^4=\begin{bmatrix}417 & 416\\ 208 & 209\end{bmatrix}$$

계산 결과를 살펴보면 A와 A^2, A^3, A^4의 성분들 사이에 규칙을 발견할 수 없기 때문에 A^{100}을 쉽게 구할 수 없다. 하지만 A를 고윳값 분해할 수 있다면 A^{100}을 쉽게 구할 수 있다.

○ 행렬의 거듭제곱을 구하는 방법

[단계 1]

주어진 정사각행렬 A의 고윳값 분해 PDP^{-1}를 구한다.

[단계 2]

k가 자연수일 때

$$A^k=(PDP^{-1})^k=(PDP^{-1})(PDP^{-1})\cdots(PDP^{-1})=PD^kP^{-1}$$

임을 이용하여 행렬 A의 거듭제곱을 구한다.

행렬 $A = \begin{bmatrix} 3 & 4 \\ 2 & 1 \end{bmatrix}$의 특성방정식이

$$p(\lambda) = \begin{vmatrix} 3-\lambda & 4 \\ 2 & 1-\lambda \end{vmatrix} = (\lambda - 5)(\lambda + 1) = 0$$

이므로 행렬 A의 고윳값은 $\lambda = 5$, $\lambda = -1$이다. 또한 $\lambda = 5$에 대응하는 고유벡터는 $\begin{bmatrix} 2 \\ 1 \end{bmatrix}$, $\lambda = -1$에 대응하는 고유벡터는 $\begin{bmatrix} -1 \\ 1 \end{bmatrix}$이다. $D = \begin{bmatrix} 5 & 0 \\ 0 & -1 \end{bmatrix}$이라 하면 $P = \begin{bmatrix} 2 & -1 \\ 1 & 1 \end{bmatrix}$이고 $P^{-1} = \frac{1}{3}\begin{bmatrix} 1 & 1 \\ -1 & 2 \end{bmatrix}$이다. [정리 4]에 의하여

$$D^{100} = \begin{bmatrix} 5^{100} & 0 \\ 0 & (-1)^{100} \end{bmatrix} = \begin{bmatrix} 5^{100} & 0 \\ 0 & 1 \end{bmatrix}$$

이다. 행렬 A의 고윳값 분해에 의하여 $A = PDP^{-1}$이므로

$$A^{100} = (PDP^{-1})^{100} = PD^{100}P^{-1} = \begin{bmatrix} 2 & -1 \\ 1 & 1 \end{bmatrix}\begin{bmatrix} 5^{100} & 0 \\ 0 & 1 \end{bmatrix}\begin{bmatrix} \frac{1}{3} & \frac{1}{3} \\ -\frac{1}{3} & \frac{2}{3} \end{bmatrix}$$

$$= \begin{bmatrix} \frac{2 \cdot 5^{100} + 1}{3} & \frac{2 \cdot 5^{100} - 2}{3} \\ \frac{5^{100} - 1}{3} & \frac{5^{100} + 2}{3} \end{bmatrix}$$

이다.

[예제 5]의 풀이를 사용하여 3차 정사각행렬의 거듭제곱을 구해보자.

예제 7

$A = \begin{bmatrix} 1 & 0 & -1 \\ -2 & 0 & 2 \\ 3 & 0 & -3 \end{bmatrix}$일 때 A^{10}을 구하라.

| 풀이 |

행렬 A 의 고윳값을 이용하여

$$D = \begin{bmatrix} 0 & 0 & 0 \\ 0 & 0 & 0 \\ 0 & 0 & -2 \end{bmatrix}$$

라 하면 대각행렬 D와 관련된 가역행렬 P는

$$P = \begin{bmatrix} 1 & 0 & 1 \\ 0 & 1 & -2 \\ 1 & 0 & 3 \end{bmatrix}$$

이고

$$P^{-1} = \begin{bmatrix} \frac{3}{2} & 0 & -\frac{1}{2} \\ -1 & 1 & 1 \\ -\frac{1}{2} & 0 & \frac{1}{2} \end{bmatrix}$$

이다. 행렬 A의 고윳값 분해에 의하여 $A = PDP^{-1}$이므로

$$\begin{aligned} A^{10} &= (PDP^{-1})^{10} = PD^{10}P^{-1} \\ &= \begin{bmatrix} 1 & 0 & 1 \\ 0 & 1 & -2 \\ 1 & 0 & 3 \end{bmatrix} \begin{bmatrix} 0 & 0 & 0 \\ 0 & 0 & 0 \\ 0 & 0 & (-2)^{10} \end{bmatrix} \begin{bmatrix} \frac{3}{2} & 0 & -\frac{1}{2} \\ -1 & 1 & 1 \\ -\frac{1}{2} & 0 & \frac{1}{2} \end{bmatrix} \\ &= \begin{bmatrix} -512 & 0 & 512 \\ 1024 & 0 & -1024 \\ -1536 & 0 & 1536 \end{bmatrix} \end{aligned}$$

이다.

n차 정사각행렬 A의 고윳값 분해가 PDP^{-1}이면 행렬 A의 행렬식과 역행렬은 다음과 같다.

❶ 행렬 D가 대각행렬이므로

$$\mathrm{Det}(A) = \mathrm{Det}(P)\mathrm{Det}(D)\mathrm{Det}(P^{-1}) = \mathrm{Det}(D) = \lambda_1 \cdot \lambda_2 \cdot \cdots \cdot \lambda_n$$

이다.

❷ 행렬 A가 가역행렬이면

$$A^{-1} = (PDP^{-1})^{-1} = PD^{-1}P^{-1}$$

이다. 이것은 가역행렬 P와 D의 역행렬을 이용하여 A의 역행렬을 구할 수 있음을 설명한다.

이 절에서는 닮음행렬과 닮음행렬의 특별한 경우인 행렬의 대각화에 대하여 학습하였다. 주어진 행렬이 대각화가능한 경우 주어진 행렬은 대각행렬과 닮음행렬이 될 수 있음을 알았고 대각화를 사용하여 행렬의 거듭제곱을 쉽게 구할 수 있는 방법에 대하여 학습하였다.

Chapter 6.2 연습문제

1 다음 행렬의 닮음행렬을 구하라. 단, 닮음행렬을 구할 때 사용한 가역행렬 P를 설명하라.

(a) $A=\begin{bmatrix}1&2\\3&4\end{bmatrix}$ (b) $B=\begin{bmatrix}2&0\\0&3\end{bmatrix}$

(c) $C=\begin{bmatrix}-1&4\\-2&5\end{bmatrix}$ (d) $D=\begin{bmatrix}0&7\\-2&3\end{bmatrix}$

(e) $E=\begin{bmatrix}3&2&2\\0&1&1\\2&3&0\end{bmatrix}$ (f) $F=\begin{bmatrix}0&0&3\\0&2&1\\2&1&2\end{bmatrix}$

(g) $G=\begin{bmatrix}1&0&1\\2&0&2\\3&0&3\end{bmatrix}$ (h) $H=\begin{bmatrix}2&0&1\\0&3&0\\1&0&2\end{bmatrix}$

2 다음 두 행렬이 닮음행렬인지를 판정하라.

(a) $A=\begin{bmatrix}1&2\\3&4\end{bmatrix},\ B=\begin{bmatrix}3&4\\1&2\end{bmatrix}$

(b) $A=\begin{bmatrix}1&0\\0&3\end{bmatrix},\ B=\begin{bmatrix}0&1\\3&0\end{bmatrix}$

(c) $A=\begin{bmatrix}-1&3\\-2&7\end{bmatrix},\ B=\begin{bmatrix}1&3\\2&7\end{bmatrix}$

(d) $A=\begin{bmatrix}6&0\\-2&2\end{bmatrix},\ B=\begin{bmatrix}0&6\\2&-2\end{bmatrix}$

(e) $A=\begin{bmatrix}1&1&2\\0&2&1\\1&3&0\end{bmatrix},\ B=\begin{bmatrix}2&1&0\\0&1&1\\1&3&0\end{bmatrix}$

(f) $A=\begin{bmatrix}0&0&2\\0&2&3\\2&1&0\end{bmatrix},\ B=\begin{bmatrix}1&0&1\\0&1&1\\1&1&2\end{bmatrix}$

(g) $A=\begin{bmatrix}1&0&0\\0&2&0\\0&0&3\end{bmatrix},\ B=\begin{bmatrix}0&0&-2\\0&-1&0\\3&0&0\end{bmatrix}$

(h) $A=\begin{bmatrix}4&1&1\\1&2&1\\1&3&3\end{bmatrix},\ B=\begin{bmatrix}0&1&0\\0&4&1\\1&4&5\end{bmatrix}$

3 다음 행렬이 대각화가능한지를 판정하라.

(a) $A = \begin{bmatrix} 3 & -2 \\ 0 & 3 \end{bmatrix}$ (b) $B = \begin{bmatrix} 3 & 3 \\ 0 & -2 \end{bmatrix}$

(c) $C = \begin{bmatrix} 1 & 1 \\ 1 & 1 \end{bmatrix}$ (d) $D = \begin{bmatrix} 1 & 0 \\ -5 & 1 \end{bmatrix}$

(e) $E = \begin{bmatrix} 1 & 2 & 0 \\ 0 & 1 & 1 \\ 0 & 0 & 3 \end{bmatrix}$ (f) $F = \begin{bmatrix} 1 & 1 & 0 \\ 0 & 2 & 1 \\ 0 & 0 & 3 \end{bmatrix}$

(g) $G = \begin{bmatrix} 2 & 1 & 0 \\ 1 & 1 & 0 \\ 0 & 0 & 2 \end{bmatrix}$ (h) $H = \begin{bmatrix} 2 & 1 & 0 \\ 0 & 1 & 0 \\ 0 & 0 & 2 \end{bmatrix}$

4 다음 행렬을 대각화하라. 만일 대각화가능하지 않다면 그 이유를 설명하라.

(a) $A = \begin{bmatrix} 1 & 2 \\ 3 & 0 \end{bmatrix}$ (b) $B = \begin{bmatrix} 2 & 4 \\ 0 & 3 \end{bmatrix}$

(c) $C = \begin{bmatrix} -1 & 4 \\ -2 & 5 \end{bmatrix}$ (d) $D = \begin{bmatrix} 0 & -1 \\ -2 & -1 \end{bmatrix}$

(e) $E = \begin{bmatrix} 1 & 0 & 1 \\ 2 & 0 & 2 \\ 3 & 0 & 3 \end{bmatrix}$ (f) $F = \begin{bmatrix} 2 & 0 & 1 \\ 0 & 3 & 0 \\ 1 & 0 & 2 \end{bmatrix}$

(g) $G = \begin{bmatrix} 1 & 1 & 0 \\ 1 & 1 & 0 \\ 0 & 0 & 1 \end{bmatrix}$ (h) $H = \begin{bmatrix} 1 & 1 & 0 \\ 0 & 1 & 0 \\ 0 & 0 & 1 \end{bmatrix}$

5 다음 행렬 A 에 대하여 A^{10} 을 구하라.

(a) $A = \begin{bmatrix} 1 & -2 \\ 2 & -3 \end{bmatrix}$ (b) $A = \begin{bmatrix} 2 & 0 \\ 1 & 1 \end{bmatrix}$

(c) $A = \begin{bmatrix} 2 & -1 \\ 1 & -1 \end{bmatrix}$ (d) $A = \begin{bmatrix} 0 & 1 \\ 1 & 1 \end{bmatrix}$

(e) $A = \begin{bmatrix} 2 & -1 \\ 4 & -2 \end{bmatrix}$ (f) $A = \begin{bmatrix} 1 & -1 \\ 2 & -2 \end{bmatrix}$

(g) $A = \begin{bmatrix} 1 & 0 & 1 \\ 0 & 1 & 0 \\ 1 & 0 & 1 \end{bmatrix}$ (h) $A = \begin{bmatrix} 0 & 1 & 0 \\ 1 & 0 & 1 \\ 0 & 1 & 0 \end{bmatrix}$

6 다음 명제가 참인지 거짓인지를 판정하라.

(a) 행렬 $\begin{bmatrix} 2 & 3 \\ 0 & 0 \end{bmatrix}$은 닮음행렬을 갖는다.

(b) 2차 정사각행렬 A가 역행렬을 가지면 A는 단 하나의 닮음행렬만을 갖는다.

(c) 모든 2차 정사각행렬은 대각화가능하다.

(d) $\mathrm{Det}(A) = \mathrm{Det}(B)$이면 A와 B는 닮음행렬이다.

(e) 행렬 A와 B의 특성방정식이 같으면 A와 B는 닮음행렬이다.

(f) A가 대각화가능한 행렬이면 $\mathrm{Det}(A) \neq 0$이다.

(g) $A = \begin{bmatrix} 2 & 3 \\ 0 & 2 \end{bmatrix}$는 대각화가능한 행렬이다.

(h) $B = \begin{bmatrix} 2 & 2 \\ 0 & 3 \end{bmatrix}$은 대각화가능한 행렬이다.

3절 대칭행렬의 직교대각화

이 절에서는 대칭행렬의 직교대각화에 대하여 알아보고 일반적인 정사각행렬과 달리 대칭행렬은 직교대각화 가능하다는 것을 학습하고자 한다.

$A = \begin{bmatrix} 1 & 2 \\ 2 & -3 \end{bmatrix}$, $B = \begin{bmatrix} 1 & 0 & 4 \\ 0 & 3 & 1 \\ 4 & 1 & 2 \end{bmatrix}$ 일 때

$$A = A^T, \quad B = B^T$$

이므로 행렬 A와 B는 대칭행렬이다. 6.1절의 [정리 6]에서 정사각행렬의 서로 다른 고윳값에 대응하는 고유벡터들은 선형독립임을 설명하였지만 주어진 행렬이 대칭행렬이면 서로 다른 고윳값에 대응하는 고유벡터들은 다음 정리와 같은 성질을 갖는다.

정리 1 대칭행렬의 고유벡터

A가 대칭행렬이고 λ_1과 λ_2가 A의 서로 다른 고윳값이면 λ_1에 대응하는 고유벡터 $\boldsymbol{x}_1$과 λ_2에 대응하는 고유벡터 $\boldsymbol{x}_2$는 직교한다.

Tip $A\boldsymbol{x}_1 = \lambda_1\boldsymbol{x}_1$과 $A\boldsymbol{x}_2 = \lambda_2\boldsymbol{x}_2$로부터 $(\lambda_1 - \lambda_2)\boldsymbol{x}_1^T \cdot \boldsymbol{x}_2 = 0$임을 보여서 $\boldsymbol{x}_1^T \cdot \boldsymbol{x}_2 = 0$임을 증명한다.

| 증명 |

가정에 의하여 $A\boldsymbol{x}_1 = \lambda_1\boldsymbol{x}_1$이고 $A\boldsymbol{x}_2 = \lambda_2\boldsymbol{x}_2$이다. A가 대칭행렬이므로

$$(A\boldsymbol{x}_1)^T = \boldsymbol{x}_1^T A^T = \boldsymbol{x}_1^T A, \ (\lambda_1\boldsymbol{x}_1)^T = \lambda_1\boldsymbol{x}_1^T$$

이다. 따라서

$$\boldsymbol{x}_1^T A = (A\boldsymbol{x}_1)^T = (\lambda_1 \boldsymbol{x}_1)^T = \lambda_1 \boldsymbol{x}_1^T$$

가 성립한다. 위 식의 양변 우측에 벡터 $\boldsymbol{x}_2$를 내적하면

$$\boldsymbol{x}_1^T \cdot A\boldsymbol{x}_2 = \lambda_1 \boldsymbol{x}_1^T \cdot \boldsymbol{x}_2$$

이고 이 식의 좌변을 정리하면

$$\boldsymbol{x}_1^T \cdot A\boldsymbol{x}_2 = \boldsymbol{x}_1^T \cdot (\lambda_2 \boldsymbol{x}_2) = \lambda_2 \boldsymbol{x}_1^T \cdot \boldsymbol{x}_2$$

이다. 따라서

$$\lambda_2 \boldsymbol{x}_1^T \cdot \boldsymbol{x}_2 = \lambda_1 \boldsymbol{x}_1^T \cdot \boldsymbol{x}_2$$

이다. 이 식의 좌변의 항을 우변으로 이항하여 정리하면

$$(\lambda_1 - \lambda_2)\boldsymbol{x}_1^T \cdot \boldsymbol{x}_2 = 0$$

이다. 가정에 의하여 $\lambda_1 \neq \lambda_2$이므로 $\boldsymbol{x}_1^T \cdot \boldsymbol{x}_2 = 0$이다. 따라서 $\boldsymbol{x}_1$과 $\boldsymbol{x}_2$는 직교한다.

[정리 1]의 결과를 다음 예제에서 확인해 보자.

예제 1

$A = \begin{bmatrix} 2 & -1 & -1 \\ -1 & 2 & -1 \\ -1 & -1 & 2 \end{bmatrix}$의 고윳값과 고유벡터, 서로 다른 고윳값에 대응하는 고유벡터들의 내적을 구하라.

| 풀이 |

행렬 A의 특성방정식은

$$p(\lambda) = \mathrm{Det}(A - \lambda I) = \lambda(\lambda - 3)^2 = 0$$

이다. 따라서 행렬 A의 고윳값은 $\lambda = 0$, $\lambda = 3$이다.

(i) $\lambda = 0$에 대응하는 고유공간과 고유벡터를 구해보자. 기본행 연산에 의하여

$$A - 0I = \begin{bmatrix} 2 & -1 & -1 \\ -1 & 2 & -1 \\ -1 & -1 & 2 \end{bmatrix} \xrightarrow{① \leftrightarrow ②} \begin{bmatrix} -1 & 2 & -1 \\ 2 & -1 & -1 \\ -1 & -1 & 2 \end{bmatrix}$$

$$\xrightarrow{①\times 2+②}\begin{bmatrix}-1 & 2 & -1\\ 0 & 3 & -3\\ -1 & -1 & 2\end{bmatrix}$$

$$\xrightarrow{①\times(-1)+③}\begin{bmatrix}-1 & 2 & -1\\ 0 & 3 & -3\\ 0 & -3 & 3\end{bmatrix}$$

$$\xrightarrow{②\times 1+③}\begin{bmatrix}-1 & 2 & -1\\ 0 & 3 & -3\\ 0 & 0 & 0\end{bmatrix}$$

이고 $\begin{bmatrix}-1 & 2 & -1\\ 0 & 3 & -3\\ 0 & 0 & 0\end{bmatrix}$ 은 행 사다리꼴이다.

$$\begin{bmatrix}-1 & 2 & -1\\ 0 & 3 & -3\\ 0 & 0 & 0\end{bmatrix}\begin{bmatrix}x_1\\ x_2\\ x_3\end{bmatrix}=\begin{bmatrix}0\\0\\0\end{bmatrix}$$

에서 x_3 는 선행계수에 대응하지 않으므로 자유변수이고 x_2 와 x_1 은 선행계수에 대응하므로 고정변수이다. 따라서 임의의 스칼라 t 에 대하여 $x_3 = t$ 라 하면 $x_2 = t,\ x_1 = t$ 이다. 따라서 $\lambda = 0$ 에 대응하는 고유공간은

$$W_0=\left\{\begin{bmatrix}t\\t\\t\end{bmatrix} : t\in\mathbb{R}\right\}=\left\{t\begin{bmatrix}1\\1\\1\end{bmatrix} : t\in\mathbb{R}\right\}$$

이므로 $\lambda = 0$ 에 대응하는 고유벡터는 $\boldsymbol{x}_1=\begin{bmatrix}1\\1\\1\end{bmatrix}$ 이다.

(ii) $\lambda = 3$ 에 대응하는 고유공간과 고유벡터를 구해보자. 기본행 연산에 의하여

$$A-3I=\begin{bmatrix}-1 & -1 & -1\\ -1 & -1 & -1\\ -1 & -1 & -1\end{bmatrix}\xrightarrow{①\times(-1)+②}\begin{bmatrix}-1 & -1 & -1\\ 0 & 0 & 0\\ -1 & -1 & -1\end{bmatrix}$$

$$\xrightarrow{①\times(-1)+③}\begin{bmatrix}-1 & -1 & -1\\ 0 & 0 & 0\\ 0 & 0 & 0\end{bmatrix}$$

이고 $\begin{bmatrix}-1 & -1 & -1\\ 0 & 0 & 0\\ 0 & 0 & 0\end{bmatrix}$ 은 행 사다리꼴이다.

$$\begin{bmatrix}-1 & -1 & -1\\0 & 0 & 0\\0 & 0 & 0\end{bmatrix}\begin{bmatrix}x_1\\x_2\\x_3\end{bmatrix}=\begin{bmatrix}0\\0\\0\end{bmatrix}$$

에서 x_3와 x_2는 선행계수에 대응하지 않으므로 자유변수이고 x_1은 선행계수에 대응하므로 고정변수이다. 따라서 임의의 스칼라 t에 대하여 $x_3 = t$, 임의의 스칼라 s에 대하여 $x_2 = s$라 하면 $x_1 = -s-t$이다. 따라서 $\lambda = 3$에 대응하는 고유공간은

$$W_3 = \left\{\begin{bmatrix}-s-t\\s\\t\end{bmatrix} : s, t \in \mathbb{R}\right\} = \left\{s\begin{bmatrix}-1\\1\\0\end{bmatrix}+t\begin{bmatrix}-1\\0\\1\end{bmatrix} : s, t \in \mathbb{R}\right\}$$

이므로 $\lambda = 3$에 대응하는 고유벡터는 $\boldsymbol{x}_2 = \begin{bmatrix}-1\\1\\0\end{bmatrix}$과 $\boldsymbol{x}_3 = \begin{bmatrix}-1\\0\\1\end{bmatrix}$이다. 서로 다른 고윳값에 대응하는 고유벡터의 내적을 구하면

$$\boldsymbol{x}_1^T \cdot \boldsymbol{x}_2 = [1\,1\,1] \cdot \begin{bmatrix}-1\\1\\0\end{bmatrix} = 0,\ \ \boldsymbol{x}_1^T \cdot \boldsymbol{x}_3 = [1\,1\,1] \cdot \begin{bmatrix}-1\\0\\1\end{bmatrix} = 0$$

이다.

[예제 1]에서 $\lambda = 3$에 대응하는 고유벡터 x_2와 x_3는 직교하지 않음에 유의하여야 한다.

이제 직교대각화를 설명하기 위하여 직교행렬을 도입한다.

정의 1 직교행렬

A가 n차 정사각행렬이고

$$A^{-1} = A^T$$

이면 행렬 A를 직교행렬(orthogonal matrix)이라 한다.

[정의 1]을 이용하여 주어진 행렬이 직교행렬인지를 판정하여 보자.

예제 2

다음 행렬이 직교행렬인지를 판정하라.

(a) $A = \begin{bmatrix} \frac{1}{\sqrt{2}} & -\frac{1}{\sqrt{2}} \\ \frac{1}{\sqrt{2}} & \frac{1}{\sqrt{2}} \end{bmatrix}$ (b) $B = \begin{bmatrix} \frac{1}{2} & -\frac{1}{2} \\ \frac{1}{2} & \frac{1}{2} \end{bmatrix}$

| 풀이 |

(a)
$$A^{-1} = \begin{bmatrix} \frac{1}{\sqrt{2}} & \frac{1}{\sqrt{2}} \\ -\frac{1}{\sqrt{2}} & \frac{1}{\sqrt{2}} \end{bmatrix} = A^T$$

이므로 행렬 A 는 직교행렬이다.

(b)
$$B^{-1} = \begin{bmatrix} 1 & 1 \\ -1 & 1 \end{bmatrix} \neq \begin{bmatrix} \frac{1}{2} & \frac{1}{2} \\ -\frac{1}{2} & \frac{1}{2} \end{bmatrix} = B^T$$

이므로 행렬 B 는 직교행렬이 아니다.

[정의 1]을 이용하여 주어진 행렬이 직교행렬인지를 판정하는 것은 쉽지 않다. 하지만 다음 정리를 이용하면 주어진 행렬이 직교행렬인지를 쉽게 판정할 수 있다.

정리 2 직교행렬의 행벡터, 열벡터와 정규직교집합

A 가 n 차 직교행렬이면 다음이 성립한다.

(1) 행렬 A 의 행벡터들의 집합은 정규직교집합이다.

(2) 행렬 A 의 열벡터들의 집합은 정규직교집합이다.

Tip AA^T 의 (i, j) 번째 성분은 A 의 i 번째 행과 A 의 j 번째 행의 내적임을 이용한다.

| 증명 |

(1) A 가 n 차 직교행렬이므로

$$I_n = AA^{-1} = AA^T$$

이다. $1 \leq i, j \leq n$에 대하여

$$(I_n)_{ij} = \begin{cases} 1 & \text{if } i = j \\ 0 & \text{if } i \neq j \end{cases}$$

이고

$$(AA^T)_{ij} = (A\text{의 } i\text{번째 행})\ (A\text{의 } j\text{번째 행})$$

이므로

$$(A\text{의 } i\text{번째 행})\ (A\text{의 } j\text{번째 행}) = \begin{cases} 1 & \text{if } i = j \\ 0 & \text{if } i \neq j \end{cases}$$

이다. 그러므로 행렬 A의 행벡터들의 집합은 정규직교집합이다.

(2)의 증명은 연습문제로 한다.

[정리 2]의 역도 성립한다. 즉, n차 정사각행렬 A의 행벡터들의 집합은 정규직교집합이면 $AA^T = I_n$이고 행렬 A의 행벡터들의 집합은 정규직교집합이면 $A^TA = I_n$이므로 $A^T = A^{-1}$가 성립한다. 따라서 행렬 A는 직교행렬이다.

[예제 2(a)]에서 $\boldsymbol{u}_1 = \begin{bmatrix} \frac{1}{\sqrt{2}} \\ \frac{1}{\sqrt{2}} \end{bmatrix}$, $\boldsymbol{u}_2 = \begin{bmatrix} -\frac{1}{\sqrt{2}} \\ \frac{1}{\sqrt{2}} \end{bmatrix}$이라 하면 $\|\boldsymbol{u}_1\| = 1$, $\|\boldsymbol{u}_2\| = 1$이고 $\boldsymbol{u}_1^T \cdot \boldsymbol{u}_2 = 0$이므로 [정리 2]의 역에 의하여 A는 직교행렬이다. 하지만 $\boldsymbol{v}_1 = \begin{bmatrix} \frac{1}{2} \\ \frac{1}{2} \end{bmatrix}$, $\boldsymbol{v}_2 = \begin{bmatrix} -\frac{1}{2} \\ \frac{1}{2} \end{bmatrix}$이라 하면 $\boldsymbol{v}_1^T \cdot \boldsymbol{v}_2 = 0$이지만 $\|\boldsymbol{v}_1\| \neq 1$이므로 [정리 2]에 의하여 B는 직교행렬이 아니다.

직교행렬의 성질을 이용하여 다음 예제를 풀어보자.

예제 3

다음 행렬의 역행렬을 구하라.

(a) $A = \begin{bmatrix} \frac{1}{\sqrt{2}} & -\frac{1}{\sqrt{2}} \\ -\frac{1}{\sqrt{2}} & -\frac{1}{\sqrt{2}} \end{bmatrix}$ (b) $B = \begin{bmatrix} \cos\theta & \sin\theta \\ -\sin\theta & \cos\theta \end{bmatrix}$

| 풀이 |

(a) 행렬 A는 직교행렬이므로

$$A^{-1} = A^T = \begin{bmatrix} \frac{1}{\sqrt{2}} & -\frac{1}{\sqrt{2}} \\ -\frac{1}{\sqrt{2}} & -\frac{1}{\sqrt{2}} \end{bmatrix}$$

이다.

(b) 행렬 B는 직교행렬이므로

$$B^{-1} = B^T = \begin{bmatrix} \cos\theta & -\sin\theta \\ \sin\theta & \cos\theta \end{bmatrix}$$

이다.

직교행렬을 이용하여 행렬의 직교대각화는 다음과 같이 정의한다.

정의 2 직교대각화가능한 행렬

A가 n차 정사각행렬일 때 n차 직교행렬 Q와 n차 대각행렬 D가 존재하여

$$Q^{-1}AQ = Q^TAQ = D$$

가 성립하면 A를 **직교대각화가능한 행렬**이라고 한다.

대칭행렬은 다음과 같은 성질을 갖는다.

정리 3 대칭행렬의 고윳값

A가 대칭행렬이면 다음이 성립한다.

(1) 행렬 A의 모든 고윳값은 실수이다.

(2) 행렬 A는 직교대각화가능하다.

일반적인 n차 대칭행렬에 대한 [정리 3]의 증명은 어렵지만, A가 2차 대칭행렬이면 행렬 A의 모든 고윳값은 실수임은 쉽게 증명할 수 있다.

예제 4

$A = \begin{bmatrix} p & q \\ q & r \end{bmatrix}$일 때 행렬 A의 모든 고윳값이 실수임을 증명하라.

| 풀이 |

행렬 A의 특성방정식이

$$p(\lambda) = \mathrm{Det}(A - \lambda I) = \begin{vmatrix} p-\lambda & q \\ q & r-\lambda \end{vmatrix} = \lambda^2 - (p+r)\lambda + pr - q^2 = 0$$

이므로 근의 공식에 의하여

$$\lambda = \frac{(p+r) \pm \sqrt{(p+r)^2 - 4pr + 4q^2}}{2}$$
$$= \frac{(p+r) \pm \sqrt{(p-r)^2 + 4q^2}}{2}$$

이고 임의의 실수 p, q, r에 대하여

$$(p-r)^2 + 4q^2 \ge 0$$

이므로 λ는 실수이다.

대칭행렬을 직교대각화하는 방법

[단계 1]

주어진 대칭행렬 A의 고윳값과 고유벡터를 구한다.

[단계 2]

고유벡터를 단위벡터로 변형하고 변형된 단위벡터를 열벡터로 갖는 행렬 Q를 만들면 Q는 직교행렬이다. (단, 하나의 고윳값이 2개 이상의 고유벡터를 가지면 그람-슈미츠 직교화 과정을 사용한다.)

[단계 3]

$Q^T A Q$는 주대각 성분이 고윳값인 대각행렬이 된다.

[예제 1]의 행렬을 대칭행렬을 직교대각화하는 방법을 사용하여 직교대각화하여 보자.

예제 5

$A=\begin{bmatrix} 2 & -1 & -1 \\ -1 & 2 & -1 \\ -1 & -1 & 2 \end{bmatrix}$를 직교대각화하라.

| 풀이 |

행렬 A의 고윳값은 $\lambda=0$, $\lambda=3$이다.

고윳값 $\lambda=0$에 대응하는 고유벡터는 $\boldsymbol{x}_1=\begin{bmatrix} 1 \\ 1 \\ 1 \end{bmatrix}$이다.

$\|\boldsymbol{x}_1\|=\sqrt{1^2+1^2+1^2}=\sqrt{3}$이므로 $\boldsymbol{q}_1=\dfrac{\boldsymbol{x}_1}{\|\boldsymbol{x}_1\|}=\dfrac{1}{\sqrt{3}}\begin{bmatrix} 1 \\ 1 \\ 1 \end{bmatrix}$이다.

고윳값 $\lambda=3$에 대응하는 고유벡터는 $\boldsymbol{x}_2=\begin{bmatrix} -1 \\ 1 \\ 0 \end{bmatrix}$과 $\boldsymbol{x}_3=\begin{bmatrix} -1 \\ 0 \\ 1 \end{bmatrix}$이다.

$\|\boldsymbol{x}_2\|=\sqrt{(-1)^2+1^2+0^2}=\sqrt{2}$이므로 $\boldsymbol{q}_2=\dfrac{\boldsymbol{x}_2}{\|\boldsymbol{x}_2\|}=\dfrac{1}{\sqrt{2}}\begin{bmatrix} -1 \\ 1 \\ 0 \end{bmatrix}$이다.

그람-슈미츠 직교화 과정에 의하여

$$\boldsymbol{p}_3=\boldsymbol{x}_3-(\boldsymbol{x}_3^T\cdot\boldsymbol{q}_2)\boldsymbol{q}_2=\begin{bmatrix} -\frac{1}{2} \\ -\frac{1}{2} \\ 1 \end{bmatrix}$$

이므로 $\|\boldsymbol{p}_3\|=\dfrac{\sqrt{6}}{2}$이다. 따라서

$$\boldsymbol{q}_3=\frac{\boldsymbol{p}_3}{\|\boldsymbol{p}_3\|}=\begin{bmatrix} -\frac{1}{\sqrt{6}} \\ -\frac{1}{\sqrt{6}} \\ \frac{2}{\sqrt{6}} \end{bmatrix}$$

이다.

$$Q = \begin{bmatrix} \frac{1}{\sqrt{3}} & -\frac{1}{\sqrt{2}} & -\frac{1}{\sqrt{6}} \\ \frac{1}{\sqrt{3}} & \frac{1}{\sqrt{2}} & -\frac{1}{\sqrt{6}} \\ \frac{1}{\sqrt{3}} & 0 & \frac{2}{\sqrt{6}} \end{bmatrix}$$

이라 하면 행렬 Q는 직교행렬이고

$$Q^{-1} A Q = Q^{T} A Q = \begin{bmatrix} 0 & 0 & 0 \\ 0 & 3 & 0 \\ 0 & 0 & 3 \end{bmatrix}$$

이다.

이 절에서는 대칭행렬을 대각화하는 방법에 대하여 학습하였다. 일반행렬의 경우와 달리 대칭행렬은 직교대각화가 가능하였고 대칭행렬의 모든 고윳값이 실수임을 증명하였다.

Chapter 6.3 연습문제

1 다음 행렬의 고윳값과 고유벡터, 서로 다른 고윳값에 대응하는 고유벡터들의 내적을 구하라.

(a) $A = \begin{bmatrix} 2 & -1 \\ -1 & 2 \end{bmatrix}$　　(b) $B = \begin{bmatrix} 1 & 3 \\ 3 & 1 \end{bmatrix}$

(c) $C = \begin{bmatrix} -1 & 1 \\ 1 & -3 \end{bmatrix}$　　(d) $D = \begin{bmatrix} 3 & -2 \\ -2 & 1 \end{bmatrix}$

(e) $E = \begin{bmatrix} 1 & 0 & 0 \\ 0 & 3 & 0 \\ 0 & 0 & 1 \end{bmatrix}$　　(f) $F = \begin{bmatrix} 0 & 0 & 2 \\ 0 & 1 & 0 \\ 2 & 0 & 0 \end{bmatrix}$

(g) $G = \begin{bmatrix} 1 & 0 & 2 \\ 0 & 2 & 0 \\ 2 & 0 & 3 \end{bmatrix}$　　(h) $H = \begin{bmatrix} 1 & 1 & 0 \\ 1 & 2 & 0 \\ 0 & 0 & 1 \end{bmatrix}$

2 A가 n차 직교행렬이면 행렬 A의 열벡터들의 집합은 정규직교집합임을 증명하라.

3 다음 행렬은 직교행렬이다. 이 행렬의 역행렬을 구하라.

(a) $A = \begin{bmatrix} 0 & 1 \\ 1 & 0 \end{bmatrix}$　　(b) $B = \begin{bmatrix} 0 & 1 \\ -1 & 0 \end{bmatrix}$

(c) $C = \begin{bmatrix} -\frac{1}{\sqrt{2}} & -\frac{1}{\sqrt{2}} \\ -\frac{1}{\sqrt{2}} & \frac{1}{\sqrt{2}} \end{bmatrix}$　　(d) $D = \begin{bmatrix} \frac{3}{5} & \frac{4}{5} \\ \frac{4}{3} & -\frac{3}{5} \end{bmatrix}$

(e) $E = \begin{bmatrix} 0 & \frac{1}{\sqrt{2}} & \frac{1}{\sqrt{2}} \\ 1 & 0 & 0 \\ 0 & -\frac{1}{\sqrt{2}} & \frac{1}{\sqrt{2}} \end{bmatrix}$　　(f) $F = \begin{bmatrix} \frac{1}{\sqrt{2}} & -\frac{1}{\sqrt{2}} & 0 \\ -\frac{1}{\sqrt{2}} & -\frac{1}{\sqrt{2}} & 0 \\ 0 & 0 & 1 \end{bmatrix}$

(g) $G = \begin{bmatrix} \frac{1}{\sqrt{2}} & \frac{1}{\sqrt{6}} & \frac{1}{\sqrt{3}} \\ 0 & -\frac{2}{\sqrt{6}} & \frac{1}{\sqrt{3}} \\ -\frac{1}{\sqrt{2}} & \frac{1}{\sqrt{6}} & \frac{1}{\sqrt{3}} \end{bmatrix}$ (h) $H = \begin{bmatrix} \frac{1}{2} & \frac{1}{2} & \frac{1}{\sqrt{2}} & 0 \\ \frac{1}{2} & \frac{1}{2} & -\frac{1}{\sqrt{2}} & 0 \\ \frac{1}{2} & -\frac{1}{2} & 0 & \frac{1}{\sqrt{2}} \\ \frac{1}{2} & -\frac{1}{2} & 0 & -\frac{1}{\sqrt{2}} \end{bmatrix}$

4 다음 대칭행렬을 직교대각화하라.

(a) $A = \begin{bmatrix} 3 & -2 \\ -2 & 3 \end{bmatrix}$ (b) $A = \begin{bmatrix} -1 & 1 \\ 1 & -1 \end{bmatrix}$

(c) $A = \begin{bmatrix} 3 & 2 \\ 2 & 0 \end{bmatrix}$ (d) $A = \begin{bmatrix} 0 & -4 \\ -4 & 6 \end{bmatrix}$

(e) $A = \begin{bmatrix} 0 & 7 \\ 7 & 0 \end{bmatrix}$ (f) $A = \begin{bmatrix} 0 & -\sqrt{2} \\ -\sqrt{2} & 0 \end{bmatrix}$

(g) $A = \begin{bmatrix} 1 & 0 & 0 \\ 0 & 2 & 1 \\ 0 & 1 & 2 \end{bmatrix}$ (h) $A = \begin{bmatrix} 1 & 3 & 0 \\ 3 & 1 & 0 \\ 0 & 0 & 2 \end{bmatrix}$

5 다음 명제가 참인지 거짓인지 판정하라.

(a) A가 직교행렬이면 $AA^T = I$이다.

(b) A가 직교행렬이고 $A^{-1} = A$이면 $A = I$이다.

(c) A가 직교행렬이면 A^{-1}도 직교행렬이다.

(d) A가 3차 직교행렬이면 행렬 A는 서로 다른 3개의 고윳값을 갖는다.

(e) A가 직교행렬이면 $\mathrm{Det}(A) = 1$이거나 $\mathrm{Det}(A) = -1$이다.

(f) $A = \begin{bmatrix} \frac{1}{\sqrt{2}} & -\frac{1}{\sqrt{2}} \\ \frac{1}{\sqrt{2}} & \frac{1}{\sqrt{2}} \end{bmatrix}$일 때 벡터공간 $\mathbb{R}^2$의 임의의 두 벡터 $\boldsymbol{u}, \boldsymbol{v}$에 대하여 $(A\boldsymbol{u})^T \cdot (A\boldsymbol{v}) = \boldsymbol{u}^T \cdot \boldsymbol{v}$이다.

(g) A가 n차 직교행렬이면 A의 모든 고윳값은 실수이다.

(h) A가 대칭행렬이고 행렬 A의 고윳값 $x = \lambda$에 대응하는 고유벡터가 $\boldsymbol{u}, \boldsymbol{v}$이면 $\boldsymbol{u}^T \cdot \boldsymbol{v} = 0$이다.

4절 특잇값 분해

6.2절과 6.3절에서는 주어진 행렬이 정사각행렬일 때 주어진 행렬에 대한 고윳값 분해를 다루었다. 이 절에서는 주어진 행렬이 $m \times n$ 행렬일 때 고윳값 분해와 유사하게 주어진 행렬을 분해하는 방법에 대해 알아보고자 한다.

A가 $m \times n$ 행렬일 때 A^TA는 n차 정사각행렬이고

$$(A^TA)^T = A^T(A^T)^T = A^TA$$

이므로 A^TA는 대칭행렬이다. 다음 정리는 대칭행렬 A^TA가 갖는 고윳값의 특징을 설명한다.

정리 1 A^TA의 고윳값의 성질

A가 $m \times n$ 행렬이고 $\lambda_1, \lambda_2, \cdots, \lambda_n$이 n차 정사각행렬 A^TA의 고윳값이면 $1 \le i \le n$인 모든 i에 대하여

$$\lambda_i \ge 0$$

이다.

Tip 고윳값 λ_i에 대응하는 고유벡터 $\boldsymbol{v}_i$에 대하여 $\|\boldsymbol{v}_i\|^2 \ge 0$임을 이용한다.

| 증명 |

$1 \le i \le n$에 대하여 $\boldsymbol{v}_i$가 행렬 A^TA의 고윳값 λ_i에 대응하는 고유벡터이면

$$A^TA\boldsymbol{v}_i = \lambda_i\boldsymbol{v}_i$$

이다. 따라서

$$
\begin{aligned}
0 \le \|A\boldsymbol{v}_i\|^2 = (A\boldsymbol{v}_i)^T \cdot (A\boldsymbol{v}_i) &= \boldsymbol{v}_i^T A^T A\boldsymbol{v}_i \\
&= \boldsymbol{v}_i^T (A^T A)\boldsymbol{v}_i \\
&= \boldsymbol{v}_i^T \cdot (\lambda_i \boldsymbol{v}_i) \\
&= \lambda_i (\boldsymbol{v}_i^T \cdot \boldsymbol{v}_i) \\
&= \lambda_i \|\boldsymbol{v}_i\|^2
\end{aligned}
$$

이다. $\|\boldsymbol{v}_i\|^2 \ge 0$ 이므로 $\lambda_i \ge 0$ 이다.

[정리 1]의 고윳값을 이용하여 행렬의 특잇값을 다음과 같이 정의한다.

정의 1 행렬의 특잇값

A가 $m \times n$ 행렬이고 $\lambda_1, \lambda_2, \cdots, \lambda_n$이 n차 정사각행렬 A^TA의 고윳값일 때

$$\sigma_1 = \sqrt{\lambda_1},\ \sigma_2 = \sqrt{\lambda_2},\ \cdots,\ \sigma_n = \sqrt{\lambda_n}$$

을 행렬 A의 특잇값(singular value)이라 한다.

[정의 1]에서 m과 n의 값이 반드시 달라야 하는 것은 아니기 때문에 정사각행렬 A에 대해서도 특잇값을 구할 수 있다. 일반적으로 행렬 A의 특잇값을 나타낼 때는 가장 큰 값을 σ_1, 두 번째로 큰 값을 σ_2, $\cdots$의 순서로 나타낸다.

$$\sigma_1 \ge \sigma_2 \ge \cdots \ge \sigma_n \ge 0$$

예제 1

다음 행렬의 특잇값을 구하라.

(a) $A = \begin{bmatrix} 2 & -1 \end{bmatrix}$

(b) $B = \begin{bmatrix} 1 & 2 \\ 3 & 0 \end{bmatrix}$

| 풀이 |

(a) $$A^TA = \begin{bmatrix} 2 \\ -1 \end{bmatrix} \begin{bmatrix} 2 & -1 \end{bmatrix} = \begin{bmatrix} 4 & -2 \\ -2 & 1 \end{bmatrix}$$

이므로 A^TA의 특성방정식은

$$p(\lambda) = (4-\lambda)(1-\lambda) - 4 = \lambda^2 - 5\lambda = \lambda(\lambda - 5) = 0$$

이다. 따라서 행렬 A^TA 의 고윳값이

$$\lambda_1 = 5, \quad \lambda_2 = 0$$

이므로 행렬 A 의 특잇값은

$$\sigma_1 = \sqrt{5}, \quad \sigma_2 = 0$$

이다.

(b)
$$B^TB = \begin{bmatrix} 1 & 3 \\ 2 & 0 \end{bmatrix}\begin{bmatrix} 1 & 2 \\ 3 & 0 \end{bmatrix} = \begin{bmatrix} 10 & 2 \\ 2 & 4 \end{bmatrix}$$

이므로 B^TB의 특성방정식은

$$p(\lambda) = (10-\lambda)(4-\lambda) - 4 = \lambda^2 - 14\lambda - 36 = 0$$

이다. 따라서 행렬 B^TB의 고윳값이

$$\lambda_1 = 7 + \sqrt{13}, \quad \lambda_2 = 7 - \sqrt{13}$$

이므로 행렬 B의 특잇값은

$$\sigma_1 = \sqrt{7 + \sqrt{13}}, \quad \sigma_2 = \sqrt{7 - \sqrt{13}}$$

이다.

특잇값을 이용하여 $m \times n$ 행렬의 특잇값 분해는 다음과 같이 정의한다.

정의 2 특잇값 분해

A가 $m \times n$ 행렬일 때 A를 $m \times m$ 인 직교행렬 U, A^TA 의 고윳값들로 만들어지는 $m \times n$ 인 행렬 Σ, $n \times n$ 인 직교행렬 V의 행렬 곱셈인

$$A = U\Sigma V^T$$

로 표현했을 때 $U\Sigma V^T$를 행렬 A의 특잇값 분해(singular value decomposition)라 한다.

특잇값 분해에 필요한 U, Σ, V는 다음과 같이 구한다.

○ $m \times n$ 행렬을 특잇값 분해하는 방법

[단계 1] 행렬 Σ를 구하는 방법

A^TA의 고윳값이 $\lambda_1 \geq \lambda_2 \geq \cdots \geq \lambda_r \geq 0$일 때 행렬 Σ는 대각성분이 차례로

$$\sigma_1 = \sqrt{\lambda_1},\ \sigma_2 = \sqrt{\lambda_2},\ \cdots,\ \sigma_n = \sqrt{\lambda_r}$$

이고 나머지 성분이 0인 $m \times n$ 행렬이다.

$$\Sigma = \begin{bmatrix} \sigma_1 & 0 & 0 & 0 & 0 & 0 & \cdots & 0 \\ 0 & \sigma_2 & 0 & 0 & 0 & 0 & \cdots & 0 \\ \vdots & \vdots & \vdots & \vdots & \vdots & \vdots & \vdots & \vdots \\ 0 & 0 & \cdots & 0 & \sigma_r & 0 & \cdots & 0 \\ 0 & 0 & \cdots & 0 & 0 & 0 & \cdots & 0 \\ \vdots & \vdots & \vdots & \vdots & \vdots & \vdots & \vdots & \vdots \\ 0 & 0 & \cdots & 0 & 0 & 0 & \cdots & 0 \end{bmatrix}$$

[단계 2] 행렬 V를 구하는 방법

A^TA는 $n \times n$ 대칭행렬이다. A^TA의 고윳값이 $\lambda_1 \geq \lambda_2 \geq \cdots \geq \lambda_n \geq 0$이라 하자. 고윳값 $x = \lambda_1$에 대응하는 크기가 1인 고유벡터 $\boldsymbol{v}_1$을 행렬 V의 첫 번째 열벡터로, 고윳값 $x = \lambda_2$에 대응하는 크기가 1인 고유벡터 $\boldsymbol{v}_2$를 행렬 V의 두 번째 열벡터로 한다. 같은 방법으로 $1 \leq i \leq n$에 대하여 고윳값 $x = \lambda_i$에 대응하는 크기가 1인 고유벡터 $\boldsymbol{v}_i$를 행렬 V의 i번째 열벡터로 한다.

[단계 3] 행렬 U를 구하는 방법

AA^T는 $m \times m$ 대칭행렬이다. AA^T의 고윳값이 $\lambda_1 \geq \lambda_2 \geq \cdots \geq \lambda_m \geq 0$이라 하자. 고윳값 $x = \lambda_1$에 대응하는 크기가 1인 고유벡터 $\boldsymbol{u}_1$을 행렬 U의 첫 번째 열벡터로, 고윳값 $x = \lambda_2$에 대응하는 크기가 1인 고유벡터 $\boldsymbol{u}_2$를 행렬 U의 두 번째 열벡터로 한다. 같은 방법으로 $1 \leq j \leq m$에 대하여 고윳값 $x = \lambda_j$에 대응하는 크기가 1인 고유벡터 $\boldsymbol{u}_j$를 행렬 U의 j번째 열벡터로 한다.

[단계 2]에서는 행렬 A^TA의 고윳값을 이용하였고 [단계 3]에서는 행렬 AA^T의 고윳값을 이용하였다. 다음 정리는 행렬 A^TA의 고윳값과 AA^T의 고윳값 사이의 관계를 설명한다.

정리 2 A^TA와 AA^T의 고윳값

λ가 0이 아닌 A^TA의 고윳값일 필요충분조건은 λ가 0이 아닌 AA^T의 고윳값이다.

Tip λ가 0이 아닌 A^TA의 고윳값이면 $A^T(A\boldsymbol{x}) = \lambda\boldsymbol{x}$ 임을 이용하여 증명한다.

| 증명 |

λ가 0이 아닌 A^TA의 고윳값이면 적당한 $\boldsymbol{x} \neq \mathbf{0}$가 존재하여

$$A^T(A\boldsymbol{x}) = A^TA\boldsymbol{x} = \lambda\boldsymbol{x}$$

이다. 위의 식의 양변의 좌측에 A를 곱하면

$$AA^T(A\boldsymbol{x}) = A(A^TA\boldsymbol{x}) = A(\lambda\boldsymbol{x}) = \lambda(A\boldsymbol{x})$$

이다. $A\boldsymbol{x} = \boldsymbol{y}$라 하면 $\boldsymbol{y} \neq \mathbf{0}$이고 위의 식으로부터

$$AA^T\boldsymbol{y} = \lambda\boldsymbol{y}$$

이므로 λ는 AA^T의 고윳값이다.

λ가 0이 아닌 AA^T의 고윳값이면 λ가 A^TA의 고윳값이 된다는 것의 증명은 연습문제로 한다.

다음 예제에서 [정리 2]의 내용을 확인해 보자.

예제 2

$A = \begin{bmatrix} 1 & 1 & 0 \\ 0 & 2 & 1 \end{bmatrix}$, $B = \begin{bmatrix} 1 & 0 \\ 0 & 1 \\ 0 & 0 \\ 1 & 0 \end{bmatrix}$일 때 다음 행렬의 고윳값을 구하라.

(a) A^TA

(b) AA^T

(c) B^TB

(d) BB^T

| 풀이 |

(a) $A^TA = \begin{bmatrix} 1 & 1 & 0 \\ 1 & 5 & 2 \\ 0 & 2 & 1 \end{bmatrix}$ 이므로 행렬 A^TA 의 특성방정식은

$$p(\lambda) = \begin{vmatrix} 1-\lambda & 1 & 0 \\ 1 & 5-\lambda & 2 \\ 0 & 2 & 1-\lambda \end{vmatrix} = -\lambda(\lambda-1)(\lambda-6) = 0$$

이다. 따라서 행렬 A^TA 의 고윳값은 $\lambda = 6$, $\lambda = 1$, $\lambda = 0$ 이다.

(b) $AA^T = \begin{bmatrix} 2 & 2 \\ 2 & 5 \end{bmatrix}$ 이므로 행렬 AA^T의 특성방정식은

$$p(\lambda) = \begin{vmatrix} 2-\lambda & 2 \\ 2 & 5-\lambda \end{vmatrix} = (\lambda-1)(\lambda-6) = 0$$

이다. 따라서 행렬 AA^T의 고윳값은 $\lambda = 6$, $\lambda = 1$ 이다.

(c) $B^TB = \begin{bmatrix} 2 & 0 \\ 0 & 1 \end{bmatrix}$ 이므로 행렬 B^TB 의 특성방정식은

$$p(\lambda) = \begin{vmatrix} 2-\lambda & 0 \\ 0 & 1-\lambda \end{vmatrix} = (2-\lambda)(1-\lambda) = 0$$

이다. 따라서 행렬 B^TB의 고윳값은 $\lambda = 2$, $\lambda = 1$ 이다.

(d) $BB^T = \begin{bmatrix} 1 & 0 & 0 & 1 \\ 0 & 1 & 0 & 0 \\ 0 & 0 & 0 & 0 \\ 1 & 0 & 0 & 1 \end{bmatrix}$ 이므로 행렬 BB^T 의 특성방정식은

$$p(\lambda) = \begin{vmatrix} 1-\lambda & 0 & 0 & 1 \\ 0 & 1-\lambda & 0 & 0 \\ 0 & 0 & 0-\lambda & 0 \\ 1 & 0 & 0 & 1-\lambda \end{vmatrix} = \lambda^2(\lambda-1)(\lambda-2) = 0$$

이다. 따라서 행렬 BB^T 의 고윳값은 $\lambda = 2$, $\lambda = 1$, $\lambda = 0$ 이다.

[예제 2]에서 행렬 AA^T와 행렬 A^TA 의 0이 아닌 고윳값은 같다. 또한 행렬 B^TB와 행렬 BB^T의 0이 아닌 고윳값도 같다.

이제 주어진 행렬을 특잇값 분해하는 방법을 사용하여 행렬을 분해하여 보자.

예제 3

다음 행렬을 특잇값 분해하라.

(a) $A = \begin{bmatrix} 1 & 2 \\ 0 & 0 \\ 0 & 0 \end{bmatrix}$ (b) $B = \begin{bmatrix} 1 & 1 & 0 \\ 1 & 0 & 1 \end{bmatrix}$

| 풀이 |

(a) **[단계 1]** 행렬 Σ 구하기

$$A^TA = \begin{bmatrix} 1 & 0 & 0 \\ 2 & 0 & 0 \end{bmatrix}\begin{bmatrix} 1 & 2 \\ 0 & 0 \\ 0 & 0 \end{bmatrix} = \begin{bmatrix} 1 & 2 \\ 2 & 4 \end{bmatrix}$$

이므로 행렬 A^TA의 특성방정식은

$$p(\lambda) = \begin{vmatrix} 1-\lambda & 2 \\ 2 & 4-\lambda \end{vmatrix} = \lambda(\lambda-5) = 0$$

이다. 따라서 행렬 A^TA의 고윳값은 $\lambda = 5,\ \lambda = 0$이고, 특잇값은 $\sigma_1 = \sqrt{5}$, $\sigma_2 \sqrt{0} = 0$이다. 그러므로

$$\Sigma = \begin{bmatrix} \sigma_1 & 0 \\ 0 & \sigma_2 \\ 0 & 0 \end{bmatrix} = \begin{bmatrix} \sqrt{5} & 0 \\ 0 & 0 \\ 0 & 0 \end{bmatrix}$$

이다.

[단계 2] 행렬 V 구하기

행렬 A^TA에 대하여 $\lambda = 5$일 때 고유공간을 구해보자.

$$\begin{bmatrix} -4 & 2 \\ 2 & -1 \end{bmatrix}\begin{bmatrix} x_1 \\ x_2 \end{bmatrix} = \begin{bmatrix} 0 \\ 0 \end{bmatrix}$$

에서 고유공간은 $\left\{\begin{bmatrix} t \\ 2t \end{bmatrix} : t \in \mathbb{R}\right\}$이다. 이 고유공간에서 크기가 1인 벡터인

$$\boldsymbol{v}_1 = \begin{bmatrix} \dfrac{1}{\sqrt{5}} \\ \dfrac{2}{\sqrt{5}} \end{bmatrix}$$

를 선택하여 이 벡터를 행렬 V의 첫 번째 열벡터로 사용한다. 행렬 A^TA에 대하여 $\lambda = 0$일 때 고유공간을 구해보자.

$$\begin{bmatrix} 1 & 2 \\ 2 & 4 \end{bmatrix} \begin{bmatrix} x_1 \\ x_2 \end{bmatrix} = \begin{bmatrix} 0 \\ 0 \end{bmatrix}$$

에서 고유공간은 $\left\{ \begin{bmatrix} -2t \\ t \end{bmatrix} : t \in \mathbb{R} \right\}$ 이다. 이 고유공간에서 크기가 1인 벡터인

$$\boldsymbol{v}_2 = \begin{bmatrix} -\dfrac{2}{\sqrt{5}} \\ \dfrac{1}{\sqrt{5}} \end{bmatrix}$$

을 선택하여 이 벡터를 행렬 V의 두 번째 열벡터로 사용한다.
따라서

$$V = \begin{bmatrix} \dfrac{1}{\sqrt{5}} & -\dfrac{2}{\sqrt{5}} \\ \dfrac{2}{\sqrt{5}} & \dfrac{1}{\sqrt{5}} \end{bmatrix}$$

이다.

[단계 3] 행렬 U 구하기

$$AA^T = \begin{bmatrix} 1 & 2 \\ 0 & 0 \\ 0 & 0 \end{bmatrix} \begin{bmatrix} 1 & 0 & 0 \\ 2 & 0 & 0 \end{bmatrix} = \begin{bmatrix} 5 & 0 & 0 \\ 0 & 0 & 0 \\ 0 & 0 & 0 \end{bmatrix}$$

이므로 행렬 A^TA의 특성방정식은

$$p(\lambda) = \lambda^2(\lambda - 5) = 0$$

이다. 따라서 행렬 A^TA의 고윳값은 $\lambda = 5$, $\lambda = 0$이다. 행렬 AA^T에 대하여 $\lambda = 5$일 때 고유공간을 구해보자.

$$\begin{bmatrix} 0 & 0 & 0 \\ 0 & -5 & 0 \\ 0 & 0 & -5 \end{bmatrix} \begin{bmatrix} x_1 \\ x_2 \\ x_3 \end{bmatrix} = \begin{bmatrix} 0 \\ 0 \\ 0 \end{bmatrix}$$

에서 고유공간은 $\left\{ \begin{bmatrix} t \\ 0 \\ 0 \end{bmatrix} : t \in \mathbb{R} \right\}$이다. 이 고유공간에서 크기가 1인 벡터인

$$\boldsymbol{v}_1 = \begin{bmatrix} 1 \\ 0 \\ 0 \end{bmatrix}$$

을 선택하여 이 벡터를 행렬 U의 첫 번째 열벡터로 사용한다. 행렬 AA^T에 대하여 $\lambda = 0$일 때 고유공간을 구해보자.

$$\begin{bmatrix} 5 & 0 & 0 \\ 0 & 0 & 0 \\ 0 & 0 & 0 \end{bmatrix} \begin{bmatrix} x_1 \\ x_2 \\ x_3 \end{bmatrix} = \begin{bmatrix} 0 \\ 0 \\ 0 \end{bmatrix}$$

에서 고유공간은 $\left\{ \begin{bmatrix} 0 \\ t \\ 0 \end{bmatrix} + \begin{bmatrix} 0 \\ 0 \\ s \end{bmatrix} : t, s \in \mathbb{R} \right\}$이다. 이 고유공간에서 크기가 1이고 일차독립인 두 벡터

$$\boldsymbol{v}_2 = \begin{bmatrix} 0 \\ 1 \\ 0 \end{bmatrix}, \quad \boldsymbol{v}_3 = \begin{bmatrix} 0 \\ 0 \\ 1 \end{bmatrix}$$

을 선택하여 이 벡터를 행렬 U의 두 번째와 세 번째 열벡터로 사용한다.
따라서

$$U = \begin{bmatrix} 1 & 0 & 0 \\ 0 & 1 & 0 \\ 0 & 0 & 1 \end{bmatrix}$$

이다. 그러므로 행렬 A의 특잇값 분해는

$$A = \begin{bmatrix} 1 & 2 \\ 0 & 0 \\ 0 & 0 \end{bmatrix} = \begin{bmatrix} 1 & 0 & 0 \\ 0 & 1 & 0 \\ 0 & 0 & 1 \end{bmatrix} \begin{bmatrix} \sqrt{5} & 0 \\ 0 & 0 \\ 0 & 0 \end{bmatrix} \begin{bmatrix} \frac{1}{\sqrt{5}} & \frac{2}{\sqrt{5}} \\ -\frac{2}{\sqrt{5}} & \frac{1}{\sqrt{5}} \end{bmatrix} = U\Sigma V^T$$

이다.

(b) **[단계 1]** 행렬 Σ 구하기

$$B^T B = \begin{bmatrix} 1 & 1 \\ 1 & 0 \\ 0 & 1 \end{bmatrix} \begin{bmatrix} 1 & 1 & 0 \\ 1 & 0 & 1 \end{bmatrix} = \begin{bmatrix} 2 & 1 & 1 \\ 1 & 1 & 0 \\ 1 & 0 & 1 \end{bmatrix}$$

이므로 행렬 $B^T B$의 특성방정식은

$$p(\lambda) = \begin{bmatrix} 2-\lambda & 1 & 1 \\ 1 & 1-\lambda & 0 \\ 1 & 0 & 1-\lambda \end{bmatrix} = -\lambda(\lambda-1)(\lambda-3) = 0$$

이다. 따라서 행렬 $B^T B$의 고윳값은 $\lambda = 3, \lambda = 1, \lambda = 0$이고, 특잇값은

$\sigma_1 = \sqrt{3}$, $\sigma_2 = \sqrt{1} = 1$, $\sigma_3 = \sqrt{0} = 0$ 이다. 그러므로

$$\Sigma = \begin{bmatrix} \sigma_1 & 0 & 0 \\ 0 & \sigma_2 & 0 \end{bmatrix} = \begin{bmatrix} \sqrt{3} & 0 & 0 \\ 0 & 1 & 0 \end{bmatrix}$$

이다.

[단계 2] 행렬 V 구하기

행렬 B^TB에 대하여 $\lambda = 3$ 일 때 고유공간을 구해보자.

$$\begin{bmatrix} -1 & 1 & 1 \\ 0 & -2 & 1 \\ 0 & 1 & -2 \end{bmatrix} \begin{bmatrix} x_1 \\ x_2 \\ x_3 \end{bmatrix} = \begin{bmatrix} 0 \\ 0 \\ 0 \end{bmatrix}$$

에서 고유공간은 $\left\{ \begin{bmatrix} 2t \\ t \\ t \end{bmatrix} : t \in \mathbb{R} \right\}$ 이다. 이 고유공간에서 크기가 1인 벡터인

$$\boldsymbol{v}_1 = \begin{bmatrix} \frac{2}{\sqrt{6}} \\ \frac{1}{\sqrt{6}} \\ \frac{1}{\sqrt{6}} \end{bmatrix}$$

을 선택하여 이 벡터를 행렬 V의 첫 번째 열벡터로 사용한다. 행렬 B^TB에 대하여 $\lambda = 1$ 일 때 고유공간을 구해보자.

$$\begin{bmatrix} 1 & 1 & 1 \\ 1 & 0 & 0 \\ 1 & 0 & 0 \end{bmatrix} \begin{bmatrix} x_1 \\ x_2 \\ x_3 \end{bmatrix} = \begin{bmatrix} 0 \\ 0 \\ 0 \end{bmatrix}$$

에서 고유공간은 $\left\{ \begin{bmatrix} 0 \\ -t \\ t \end{bmatrix} : t \in \mathbb{R} \right\}$ 이다. 이 고유공간에서 크기가 1인 벡터인

$$\boldsymbol{v}_2 = \begin{bmatrix} 0 \\ -\frac{1}{\sqrt{2}} \\ \frac{1}{\sqrt{2}} \end{bmatrix}$$

을 선택하여 이 벡터를 행렬V의 두 번째 열벡터로 사용한다. 행렬 B^TB에 대하여 $\lambda = 0$ 일 때 고유공간을 구해보자.

$$\begin{bmatrix} 2 & 1 & 1 \\ 1 & 1 & 0 \\ 1 & 0 & 1 \end{bmatrix} \begin{bmatrix} x_1 \\ x_2 \\ x_3 \end{bmatrix} = \begin{bmatrix} 0 \\ 0 \\ 0 \end{bmatrix}$$

에서 고유공간은 $\left\{ \begin{bmatrix} -t \\ t \\ t \end{bmatrix} : t \in \mathbb{R} \right\}$이다. 이 고유공간에서 크기가 1인 벡터인

$$\boldsymbol{v}_3 = \begin{bmatrix} -\frac{1}{\sqrt{3}} \\ \frac{1}{\sqrt{3}} \\ \frac{1}{\sqrt{3}} \end{bmatrix}$$

을 선택하여 이 벡터를 행렬 V의 세 번째 열벡터로 사용한다. 따라서

$$V = \begin{bmatrix} \frac{2}{\sqrt{6}} & 0 & -\frac{1}{\sqrt{3}} \\ \frac{1}{\sqrt{6}} & -\frac{1}{\sqrt{2}} & \frac{1}{\sqrt{3}} \\ \frac{1}{\sqrt{6}} & \frac{1}{\sqrt{2}} & \frac{1}{\sqrt{3}} \end{bmatrix}$$

이다.

[단계 3] 행렬 U 구하기

$$BB^T = \begin{bmatrix} 1 & 1 & 0 \\ 1 & 0 & 1 \end{bmatrix} \begin{bmatrix} 1 & 1 \\ 1 & 0 \\ 0 & 1 \end{bmatrix} = \begin{bmatrix} 2 & 1 \\ 1 & 2 \end{bmatrix}$$

이므로 행렬 BB^T의 특성방정식은

$$p(\lambda) = (\lambda - 1)(\lambda - 3) = 0$$

이다. 따라서 행렬 BB^T의 고윳값은 $\lambda = 3$, $\lambda = 1$이다. 행렬 BB^T에 대하여 $\lambda = 3$일 때 고유공간을 구해보자.

$$\begin{bmatrix} -1 & 1 \\ 1 & -1 \end{bmatrix} \begin{bmatrix} x_1 \\ x_2 \end{bmatrix} = \begin{bmatrix} 0 \\ 0 \end{bmatrix}$$

에서 고유공간은 $\left\{ \begin{bmatrix} t \\ t \end{bmatrix} : t \in \mathbb{R} \right\}$이다. 이 고유공간에서 크기가 1인 벡터인

$$\boldsymbol{u}_1 = \begin{bmatrix} \frac{1}{\sqrt{2}} \\ \frac{1}{\sqrt{2}} \end{bmatrix}$$

을 선택하여 이 벡터를 행렬 U의 첫 번째 열벡터로 사용한다. 행렬 BB^T에 대하여 $\lambda = 1$일 때 고유공간을 구해보자.

$$\begin{bmatrix} 1 & 1 \\ 1 & 1 \end{bmatrix} \begin{bmatrix} x_1 \\ x_2 \end{bmatrix} = \begin{bmatrix} 0 \\ 0 \end{bmatrix}$$

에서 고유공간은 $\left\{ \begin{bmatrix} -t \\ t \end{bmatrix} : t \in \mathbb{R} \right\}$이다. 이 고유공간에서 크기가 1인 벡터인

$$\boldsymbol{u}_2 = \begin{bmatrix} -\frac{1}{\sqrt{2}} \\ \frac{1}{\sqrt{2}} \end{bmatrix}$$

을 선택하여 이 벡터를 행렬 U의 두 번째 열벡터로 사용한다. 따라서

$$U = \begin{bmatrix} \frac{1}{\sqrt{2}} & -\frac{1}{\sqrt{2}} \\ \frac{1}{\sqrt{2}} & \frac{1}{\sqrt{2}} \end{bmatrix}$$

이다. 그러므로 행렬 B의 특잇값 분해는

$$\begin{aligned} B = \begin{bmatrix} 1 & 1 & 0 \\ 1 & 0 & 1 \end{bmatrix} &= \begin{bmatrix} \frac{1}{\sqrt{2}} & -\frac{1}{\sqrt{2}} \\ \frac{1}{\sqrt{2}} & \frac{1}{\sqrt{2}} \end{bmatrix} \begin{bmatrix} \sqrt{3} & 0 & 0 \\ 0 & 1 & 0 \end{bmatrix} \begin{bmatrix} \frac{2}{\sqrt{6}} & \frac{1}{\sqrt{6}} & \frac{1}{\sqrt{6}} \\ 0 & -\frac{1}{\sqrt{2}} & \frac{1}{\sqrt{2}} \\ -\frac{1}{\sqrt{3}} & \frac{1}{\sqrt{3}} & \frac{1}{\sqrt{3}} \end{bmatrix} \\ &= U \Sigma V^T \end{aligned}$$

이다.

[예제 3(a)]에서 행렬 AA^T에 대하여 $\lambda = 0$일 때 이에 대응하는 크기가 1이고 일차독립인 두 벡터로 $\begin{bmatrix} 0 \\ 1 \\ 0 \end{bmatrix}$과 $\begin{bmatrix} 0 \\ 0 \\ 1 \end{bmatrix}$을 선택하였는데 이때 두 벡터를 선택하는 순서는 중요하지 않다. 따라서

$$U = \begin{bmatrix} 1 & 0 & 0 \\ 0 & 0 & 1 \\ 0 & 1 & 0 \end{bmatrix}$$

으로 정해도 된다.

이 절에서는 응용 분야에서 활용도가 높은 $m \times n$ 행렬의 특잇값 분해에 대하여 알아보았다. 주어진 행렬 A 의 좌측에 A^T를 곱하여 대칭행렬을 얻고 이를 이용하여 주어진 행렬의 특잇값을 구하는 방법과 $A^T A$ 의 고유벡터로부터 얻은 직교행렬과 $A A^T$ 의 고유벡터로부터 얻은 직교행렬을 이용하여 행렬 A 의 특잇값 분해를 구하는 방법을 익혔다.

Chapter 6.4 연습문제

1 다음 행렬의 특잇값을 구하라.

(a) $A = \begin{bmatrix} 1 & 3 \end{bmatrix}$

(b) $B = \begin{bmatrix} -2 & 5 \end{bmatrix}$

(c) $C = \begin{bmatrix} 1 & 2 & -1 \end{bmatrix}$

(d) $D = \begin{bmatrix} 0 & -3 & 2 \end{bmatrix}$

(e) $E = \begin{bmatrix} 1 & 2 & -1 \\ 0 & 1 & 3 \end{bmatrix}$

(f) $F = \begin{bmatrix} 1 & 1 \\ 2 & 1 \\ 0 & -1 \end{bmatrix}$

(g) $G = \begin{bmatrix} 1 & 1 & 0 \\ 2 & -1 & 0 \\ 0 & 0 & 1 \end{bmatrix}$

(h) $H = \begin{bmatrix} -1 & 0 & 1 \\ 0 & 1 & 0 \\ 1 & 0 & -1 \end{bmatrix}$

2 $A = \begin{bmatrix} 1 & 2 & 0 \\ -1 & 1 & 3 \end{bmatrix}$, $B = \begin{bmatrix} 1 & 1 \\ 0 & 1 \\ -1 & 1 \end{bmatrix}$, $C = \begin{bmatrix} 2 & 1 \\ -1 & 3 \end{bmatrix}$, $D = \begin{bmatrix} 3 & 1 \\ 1 & 2 \end{bmatrix}$일 때 다음 행렬의 고윳값을 구하라.

(a) A^TA

(b) AA^T

(c) B^TB

(d) BB^T

(e) C^TC

(f) CC^T

(g) D^TD

(h) DD^T

3 다음 행렬을 특잇값 분해하라.

(a) $A = \begin{bmatrix} 1 & 3 \\ 0 & 0 \\ 0 & 0 \end{bmatrix}$

(b) $B = \begin{bmatrix} 2 & 0 \\ 3 & 0 \\ 0 & 0 \end{bmatrix}$

(c) $C = \begin{bmatrix} 0 & 1 & 0 \\ 0 & 2 & 0 \end{bmatrix}$

(d) $D = \begin{bmatrix} 0 & 1 & 0 \\ 0 & 0 & 3 \end{bmatrix}$

(e) $E = \begin{bmatrix} 1 & 5 \\ 2 & 10 \end{bmatrix}$

(f) $F = \begin{bmatrix} 1 & -3 \\ -3 & 9 \end{bmatrix}$

(g) $G = \begin{bmatrix} 0 & 1 & 4 & 0 \end{bmatrix}$

(h) $H = \begin{bmatrix} 0 \\ 0 \\ 2 \\ 3 \end{bmatrix}$

4 λ가 0이 아닌 AA^T의 고윳값이면 λ는 A^TA의 고윳값임을 증명하라.

부록

풀이

Chapter 01 행렬(Matrices)

1.1절 선형방정식

1. (a) 방정식이 아니다.

2. (a) 비선형방정식이다.

3. (a) $x = 4, y = -1$

4. (a) $x = 1, y = 2, z = 3$

5. (a) 연립선형방정식은 무수히 많은 해를 갖는다.

6. (a) $a = -4$

7. (a) $b = -5$

8. (a) 비자명한 해를 갖지 않는다.

9. (a) 참

1.2절 행렬의 정의

1. (a) A 는 1×2 행렬이므로 $m = 1, n = 2$ 이다.

2. (a) $a_{12} = 3$

3. (a) A 의 주대각 성분은 $-2, 9$ 이고 $\text{tr}(A) = 7$ 이다.

4. (a) A 는 단위행렬이 아니며 대각행렬도 아니다. 또한 A 는 상삼각행렬도 아니고 하삼각행렬도 아니다.

5. (a) $A^T = \begin{bmatrix} 0 & 5 \\ 2 & 0 \end{bmatrix}$

6. (a) A 는 대칭행렬이 아니다.

7. (a) $a = -3$

8. (a) $a = 3, b = -2, c = 3$

9. (a) 참

1.3절 행렬의 기본 연산

1. (a) $A + B = \begin{bmatrix} 6 & 1 \\ -1 & 7 \\ 2 & -6 \end{bmatrix}$

3. (a) $(A + B)^T = \begin{bmatrix} 1 & 1 & 9 \\ 7 & 8 & 9 \end{bmatrix}$

4. (a) AB는 정의되지 않는다.

5. (a) BA는 정의되지 않는다.

6. (a) $AB = \begin{bmatrix} -4 \\ 16 \end{bmatrix}$

7. (a) $AB = \begin{bmatrix} 2 & 3 & 1 \\ 0 & 2 & 0 \\ 1 & 0 & 1 \end{bmatrix}$

8. (a) $A^0 = \begin{bmatrix} 1 & 0 \\ 0 & 1 \end{bmatrix}$

11. (a) $(A+B)C = \begin{bmatrix} -4 & -3 \\ 3 & 0 \end{bmatrix}$

12. (a) $A_1 \bigcirc A_2 = [18 \quad -2 \quad -9]$

13. (a) 거짓

Chapter 02 연립선형방정식 (Systems of Linear Equations)

2.1절 가우스 소거법

1. (a) $\begin{bmatrix} 2 & 5 \\ 3 & -4 \end{bmatrix}\begin{bmatrix} x_1 \\ x_2 \end{bmatrix} = \begin{bmatrix} -2 \\ -3 \end{bmatrix}$, 첨가행렬은 $\left[\begin{array}{cc|c} 2 & 5 & -2 \\ 3 & -4 & -3 \end{array}\right]$

2. (a) 행렬 A의 3행의 선행계수인 3의 위치가 2행의 선행계수인 2의 위치보다 오른쪽에 있지 않으므로 A는 행 사다리꼴이 아니다.

3. 다음에 제시하는 행 사다리꼴 이외에 다양한 행 사다리꼴이 가능하다.

   (a) A의 행 사다리꼴은 $\begin{bmatrix} 3 & -2 \\ 0 & -3 \end{bmatrix}$이다.

4. (a) $x_1 = 2,\ x_2 = -3$

5. (a) 해가 무수히 많다.

6. (a) 행렬 A의 2행의 선행계수를 제외한 나머지 성분이 1과 0이므로 A는 기약행 사다리꼴이 아니다.

7. (a) A의 기약행 사다리꼴은 $\begin{bmatrix} 1 & 0 \\ 0 & 1 \end{bmatrix}$이다.

8. (a) $x_1 = 2,\ x_2 = -3$

9. (a) $\left\{ \left(\frac{2}{3}t,\ t\right) : t \in \mathbb{R} \right\}$

10. (a) 연립선형방정식의 해는 $\{(1-4t,\ 2+2t,\ t) : t \in \mathbb{R}\}$이다.

11. (a) 연립선형방정식의 해는 $\{(1-4t,\ 2+2t,\ t) : t \in \mathbb{R}\}$이다.

12. (a) 참

2.2절 행렬식

1. (a) $\mathrm{Det}(A) = -10$

2. (a) $\mathrm{Det}(A) = 4$

3. (a) $M_{23} = \begin{vmatrix} 1 & 3 \\ 6 & 1 \end{vmatrix} = -17,\ M_{31} = \begin{vmatrix} 3 & 2 \\ 4 & 3 \end{vmatrix} = 1,\ C_{23} = 17,\ C_{31} = 1$

4. (a) $\mathrm{Det}(A) = 4$

5. (a) $\mathrm{Det}(A) = -49$

6. (a) $\mathrm{Det}(A) = 30$

7. (a) $\mathrm{Det}(A) = 7$

8. (a) $\mathrm{Det}(A) = 3$

9. (a) $\mathrm{Det}(4A) = -64$

10. (a) $\mathrm{Det}(AB) = 12 = \mathrm{Det}(BA)$

11. (a) 거짓

2.3절 역행렬

1. (a) 역행렬 관계이다.

2. (a) 행렬 A가 가역행렬이라면 적당한 2차 정사각행렬 $X = \begin{bmatrix} a & b \\ c & d \end{bmatrix}$가 존재하여

$$\begin{bmatrix} 1 & 4 \\ 3 & 12 \end{bmatrix} \begin{bmatrix} a & b \\ c & d \end{bmatrix} = \begin{bmatrix} 1 & 0 \\ 0 & 1 \end{bmatrix}$$

이 성립해야 한다. 행렬의 곱에 의하여

$$\begin{bmatrix} 1 & 4 \\ 3 & 12 \end{bmatrix} \begin{bmatrix} a & b \\ c & d \end{bmatrix} = \begin{bmatrix} a+4c & b+4d \\ 3a+12c & 3b+12d \end{bmatrix} = \begin{bmatrix} 1 & 0 \\ 0 & 1 \end{bmatrix}$$

이고 행렬의 상등에 의하여

$$\begin{cases} a+4c = 1 \\ 3a+12c = 0 \end{cases}$$

이어야 하는데 이 연립선형방정식을 만족하는 실수 a와 c는 존재하지 않는다.

3. (a) $\mathrm{Det}(A) = -36 \neq 0$이므로 A는 가역행렬이다.

4. (a) $A^{-1} = \begin{bmatrix} \frac{1}{2} & \frac{1}{2} \\ \frac{1}{4} & -\frac{1}{4} \end{bmatrix}$

5. (a) A 는 기본행렬이다.

6. (a) $A^{-1} = \frac{1}{2}\begin{bmatrix} -5 & 7 \\ 1 & -1 \end{bmatrix}$

7. (a) 여인수행렬 $= \begin{bmatrix} 9 & -2 \\ -4 & 1 \end{bmatrix}$, $\text{adj}(A) = \begin{bmatrix} 9 & -4 \\ -2 & 1 \end{bmatrix}$

8. (a) $A^{-1} = \begin{bmatrix} 9 & -4 \\ -2 & 1 \end{bmatrix}$

9. (a) $(AB)^{-1} = \begin{bmatrix} 8 & -5 \\ 35 & -22 \end{bmatrix}$

10. (a) $\begin{bmatrix} 3 & 2 \\ -2 & 1 \end{bmatrix}^{-1} = \frac{1}{7}\begin{bmatrix} 1 & -2 \\ 2 & 3 \end{bmatrix}$ 을 이용하면 $x_1 = 2$, $x_2 = -3$ 이다.

11. (a) $\begin{bmatrix} 1 & -2 & 4 \\ 2 & -1 & 4 \\ 1 & -1 & 3 \end{bmatrix}^{-1} = \begin{bmatrix} 1 & 2 & -4 \\ -2 & -1 & 4 \\ -1 & -1 & 3 \end{bmatrix}$ 을 이용하면 $x_1 = 5$, $x_2 = -7$, $x_3 = -4$ 이다.

12. (a) $x_2 = -3$

13. (a) 거짓

2.4절 연립선형방정식의 활용

1. $a = -1$, $b = -2$, $c = 1$

3. 임의의 실수 t 에 대하여 $a = -\frac{1}{2}(1+t)$, $b = -\frac{1}{2}(3+t)$, $c = t$ 이다.

5. $I_1 = \frac{2}{3}$, $I_2 = \frac{4}{3}$, $I_3 = 2$

7. 임의의 $t \in \mathbb{R}$ 에 대하여 $a = 2t$, $b = t$, $c = 2t$, $d = t$ 이다.

9. $x = 100$, $y = 150$, $z = 100$

Chapter 03 벡터(Vectors)

3.1절 $\mathbb{R}^n$ 의 벡터

1. (a) $\overrightarrow{AB} = \begin{bmatrix} 3 \\ -3 \end{bmatrix}$

2. (a) $\boldsymbol{u}+\boldsymbol{v}=\begin{bmatrix}1\\3\end{bmatrix}$

3. (a) $\boldsymbol{u}+(\boldsymbol{v}+\boldsymbol{w})=\begin{bmatrix}u_1\\u_2\\\vdots\\u_n\end{bmatrix}+\begin{bmatrix}v_1+w_1\\v_2+w_2\\\vdots\\v_n+w_n\end{bmatrix}=\begin{bmatrix}u_1+v_1+w_1\\u_2+v_2+w_2\\\vdots\\u_n+v_n+w_n\end{bmatrix}$

$$=\begin{bmatrix}u_1+v_1\\u_2+v_2\\\vdots\\u_n+v_n\end{bmatrix}+\begin{bmatrix}w_1\\w_2\\\vdots\\w_n\end{bmatrix}=(\boldsymbol{u}+\boldsymbol{v})+\boldsymbol{w}$$

4. (a) $\|\boldsymbol{a}\|=3$

5. (a) $\boldsymbol{a}$와 같은 방향의 단위벡터는 $\frac{1}{2}\begin{bmatrix}2\\0\end{bmatrix}=\begin{bmatrix}1\\0\end{bmatrix}$이고 $\boldsymbol{a}$와 반대 방향의 단위벡터는

$-\frac{1}{2}\begin{bmatrix}2\\0\end{bmatrix}=\begin{bmatrix}-1\\0\end{bmatrix}$이다.

6. (a) $\boldsymbol{a}=7\boldsymbol{e}_1$

7. (a) $\|\boldsymbol{u}\|=\sqrt{14}$

8. (a) 유클리드 거리는 $\sqrt{18}$ 이고, 맨해튼 거리는 6이다.

9. (a) 거짓

3.2절 벡터의 내적

1. (a) $\boldsymbol{u}^T\cdot\boldsymbol{v}=0+0=0$

2. (a) $\boldsymbol{u}=\begin{bmatrix}u_1\\u_2\\\vdots\\u_n\end{bmatrix},\ \boldsymbol{v}=\begin{bmatrix}v_1\\v_2\\\vdots\\v_n\end{bmatrix},\ \boldsymbol{w}=\begin{bmatrix}w_1\\w_2\\\vdots\\w_n\end{bmatrix}\in\mathbb{R}^n$ 이라 하자.

$$(\boldsymbol{u}+\boldsymbol{v})^T\cdot\boldsymbol{w}=\begin{bmatrix}u_1+v_1 & u_2+v_2 & \cdots & u_n+v_n\end{bmatrix}\begin{bmatrix}w_1\\w_2\\\vdots\\w_n\end{bmatrix}$$

$$=(u_1+v_1)w_1+(u_2+v_2)+\cdots+(u_n+v_n)w_n$$

$$=(u_1w_1+u_2w_2+\cdots+u_nw_n)+(v_1w_1+v_2w_2+\cdots+v_nw_n)$$

$$=\boldsymbol{u}^T\cdot\boldsymbol{w}+\boldsymbol{v}^T\cdot\boldsymbol{w}$$

3. (a) $\boldsymbol{u}^T\cdot\boldsymbol{v}=\|\boldsymbol{u}\|\|\boldsymbol{v}\|\cos\theta=4\cos\frac{\pi}{6}=2\sqrt{3}$

4. (a) $|\boldsymbol{u}^T\cdot\boldsymbol{v}|=10,\ \|\boldsymbol{u}\|\|\boldsymbol{v}\|=10$

5. (a) $\|\boldsymbol{u}+\boldsymbol{v}\|=0,\ \|\boldsymbol{u}\|+\|\boldsymbol{v}\|=2\sqrt{10}$

6. (a) 두 벡터 $\boldsymbol{u}$ 와 $\boldsymbol{v}$ 는 직교하지 않는다.

7. (a) $x = \dfrac{4}{3}$

8. (a) $\mathrm{Comp}_{\boldsymbol{v}}\,\boldsymbol{u} = 1$, $\mathrm{Proj}_{\boldsymbol{v}}\,\boldsymbol{u} = \begin{bmatrix}1\\0\end{bmatrix}$, $\mathrm{Comp}_{\boldsymbol{u}}\,\boldsymbol{v} = \sqrt{2}$, $\mathrm{Proj}_{\boldsymbol{u}}\,\boldsymbol{v} = \begin{bmatrix}1\\1\end{bmatrix}$

9. (a) 참

3.3절 벡터의 외적

1. (a) $\boldsymbol{u} \times \boldsymbol{v} = \begin{bmatrix}0\\0\\0\end{bmatrix}$, $\boldsymbol{v} \times \boldsymbol{u} = \begin{bmatrix}0\\0\\0\end{bmatrix}$

2. (a) $(\boldsymbol{i} \times \boldsymbol{j}) \times \boldsymbol{k} = \mathbf{0}$

3. (a) 0

4. (a) $\boldsymbol{u} = \begin{bmatrix}u_1\\u_2\\u_3\end{bmatrix}$, $\boldsymbol{v} = \begin{bmatrix}v_1\\v_2\\v_3\end{bmatrix}$, $w = \begin{bmatrix}w_1\\w_2\\w_3\end{bmatrix}$라 하자.

$$\boldsymbol{u} \times (\boldsymbol{v} + \boldsymbol{w}) = \begin{bmatrix}u_2(v_3 + w_3) - u_3(v_2 + w_2)\\ u_3(v_1 + w_1) - u_1(v_3 + w_3)\\ u_1(v_2 + w_2) - u_2(v_1 + w_1)\end{bmatrix} = \boldsymbol{u} \times \boldsymbol{v} + \boldsymbol{u} \times \boldsymbol{w}$$

5. (a) $\boldsymbol{u} \times (\boldsymbol{v} \times \boldsymbol{w}) = \begin{bmatrix}0\\0\\0\end{bmatrix}$, $(\boldsymbol{u} \times \boldsymbol{v}) \times \boldsymbol{w} = \begin{bmatrix}0\\0\\0\end{bmatrix}$

6. (a) 정의되지 않는다.

7. (a) $4\sqrt{14}$

8. (a) 거짓

Chapter 04 벡터공간(Vector Spaces)

4.1절 벡터공간의 정의

4. (a) A 는 $\mathbb{R}^3$ 의 부분공간이다.

5. (a) T_1은 $M_{2\times 2}$ 의 부분공간이다.

6. (a) 참

4.2절 벡터공간의 생성과 차원

1. (a) $\boldsymbol{u} = 3\boldsymbol{v}_1 + 2\boldsymbol{v}_2$

2. (a) $\boldsymbol{w} = \boldsymbol{v}_1 - 2\boldsymbol{v}_2 + \boldsymbol{v}_3$

3. (a) 생성집합이다.

4. (a) 선형독립이다.

5. (a) 선형종속이다.

6. (a) 기저가 아니다.

7. (a) $S = \left\{ \begin{bmatrix} 1 \\ 4 \\ -2 \\ -3 \end{bmatrix} \right\}$은 W의 기저이고 $\text{Dim}(W) = 1$ 이다.

8. (a) 참

4.3절 행렬의 부분공간

1. (a) $\text{Row}(A) = \left\{ \alpha_1 \begin{bmatrix} 1 \\ 2 \end{bmatrix} + \alpha_2 \begin{bmatrix} 2 \\ 1 \end{bmatrix} : \alpha_1, \alpha_2 \in \mathbb{R} \right\}$,

$\text{Col}(A) = \left\{ \beta_1 \begin{bmatrix} 1 \\ 2 \end{bmatrix} + \beta_2 \begin{bmatrix} 2 \\ 1 \end{bmatrix} : \beta_1, \beta_2 \in \mathbb{R} \right\}$

2. (a) $\text{Rank}(A) = 2$

3. (a) $\text{Nullity}(A) = 0$

4. (a) $\boldsymbol{v} \in \text{Row}(A)$

5. (a) $\boldsymbol{w} \in \text{Col}(A)$

6. (a) $\text{Null}(A) = \left\{ \begin{bmatrix} 0 \\ 0 \end{bmatrix} \right\}$

7. (a) 거짓

4.4절 그람-슈미트 직교화

1. (a) 직교집합이다.

2. (a) $a = -\dfrac{2}{3}$

3. (a) 정규직교집합이 아니다.

4. (a) $\boldsymbol{v}_1 = \begin{bmatrix} \dfrac{1}{\sqrt{5}} \\ \dfrac{2}{\sqrt{5}} \end{bmatrix}$, $\boldsymbol{v}_2 = \begin{bmatrix} -\dfrac{2}{\sqrt{5}} \\ \dfrac{1}{\sqrt{5}} \end{bmatrix}$

5. (a) $\left\{ \begin{bmatrix} 1 \\ 0 \\ 0 \end{bmatrix}, \begin{bmatrix} 0 \\ 1 \\ 0 \end{bmatrix}, \begin{bmatrix} 0 \\ 0 \\ 1 \end{bmatrix} \right\}$

6. (a) $\begin{bmatrix} 1 \\ 1 \\ 0 \end{bmatrix} = \frac{3}{5}\boldsymbol{v}_1 + \boldsymbol{v}_2 - \frac{4}{5}\boldsymbol{v}_3$

7. (a) $\begin{bmatrix} 2 \\ 3 \end{bmatrix} = 2\begin{bmatrix} 1 \\ 0 \end{bmatrix} + 3\begin{bmatrix} 0 \\ 1 \end{bmatrix}$

8. (a) 참

Chapter 05 선형변환(Linear Transformations)

5.1절 선형변환의 정의

1. (a) 선형변환이다.

2. (a) $A = \begin{bmatrix} 1 & 1 \\ 1 & -1 \end{bmatrix}$

3. (a)

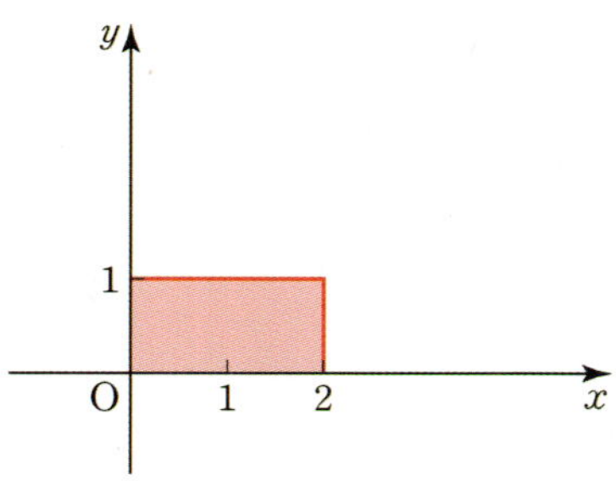

4. (a) 거짓

5.2절 선형변환의 성질

1. (a) 단사 선형변환이다.

2. (a) 전사 선형변환이다.

3. (a) $\text{Ker}(L_1) = \{\mathbf{0}\}$, $\text{Range}(L_1) = \left\{ t\begin{bmatrix} 3 \\ 0 \end{bmatrix} + s\begin{bmatrix} 0 \\ 2 \end{bmatrix} : t, s \in \mathbb{R} \right\}$

4. (a) 단사 선형변환이다.

5. (a) 참

5.3절 선형변환의 합성과 역변환

1. (a) $(L_1 \circ L_2)\left(\begin{bmatrix} x_1 \\ x_2 \end{bmatrix}\right) = \begin{bmatrix} x_1 - 4x_2 \\ 2x_2 \end{bmatrix}$

2. (a) $\begin{bmatrix} 0 & 15 \\ 8 & 0 \end{bmatrix}$

3. (a) $L_2 \circ L_1 = \begin{bmatrix} 0 & 1 \\ 3 & 0 \end{bmatrix}$, $L_1 \circ L_2 = \begin{bmatrix} 0 & 3 \\ 1 & 0 \end{bmatrix}$

4. (a) 역변환을 갖는다.

5. (a) $L_1^{-1}\left(\begin{bmatrix} x \\ y \end{bmatrix}\right) = \begin{bmatrix} \frac{1}{5}x + \frac{1}{5}y \\ \frac{2}{5}x - \frac{3}{5}y \end{bmatrix}$

6. (a) 직선 $q = 0$

7. (a) 거짓

Chapter 06 고윳값과 고유벡터 (Eigenvalues and Eigenvectors)

6.1절 고윳값과 고유벡터의 정의

1. (a) 고유벡터가 아니다.

2. (a) 고윳값은 $\lambda = 1$, $\lambda = 3$ 이다.

$\lambda = 1$에 대응하는 고유공간은 $\left\{ t\begin{bmatrix} 1 \\ 0 \end{bmatrix} : t \in \mathbb{R} \right\}$이고, $\boldsymbol{v}_1 = \begin{bmatrix} 1 \\ 0 \end{bmatrix}$은 $\lambda = 1$에 대응하는 고유벡터이다.

$\lambda = 3$에 대응하는 고유공간은 $\left\{ t\begin{bmatrix} 2 \\ 1 \end{bmatrix} : t \in \mathbb{R} \right\}$이고 $\boldsymbol{v}_2 = \begin{bmatrix} 2 \\ 1 \end{bmatrix}$은 $\lambda = 3$에 대응하는 고유벡터이다.

3. (a) 고윳값은 $\lambda = 2$, 0 이다.

$\lambda = 2$에 대응하는 고유벡터는 $\boldsymbol{v}_1 = \begin{bmatrix} 1 \\ 0 \\ 0 \end{bmatrix}$이다.

$\lambda = 0$에 대응하는 고유벡터는 $\boldsymbol{v}_2 = \begin{bmatrix} 0 \\ 1 \\ 0 \end{bmatrix}$과 $\boldsymbol{v}_3 = \begin{bmatrix} 0 \\ 0 \\ 1 \end{bmatrix}$이다.

4. (a) $\lambda = 0$은 행렬 A의 고윳값이 아니다.

5. (a) 27

6. (a) $A^2 = \begin{bmatrix} 1 & 0 \\ 0 & 4 \end{bmatrix}$

7. (a) $A^{-1} = \begin{bmatrix} -\frac{1}{3} & \frac{2}{3} \\ \frac{2}{9} & -\frac{1}{9} \end{bmatrix}$

8. (a) 거짓

6.2절 닮음행렬과 대각화

1. 이 문제는 가역행렬 P에 따라서 다양한 답변이 가능하다. 학생들이 정한 가역행렬 P에 따라서 무수히 많은 정답이 가능하다.

2. (a) 닮음행렬이 아니다.

3. (a) 대각화가능하지 않다.

4. (a) $P = \begin{bmatrix} 1 & -2 \\ 1 & 3 \end{bmatrix}$이라 하면 $P^{-1}AP = \begin{bmatrix} 3 & 0 \\ 0 & -2 \end{bmatrix}$이다.

5. (a) $A^{10} = \begin{bmatrix} -19 & 20 \\ -20 & 21 \end{bmatrix}$

6. (a) 참

6.3절 대칭행렬의 직교대각화

1. (a) 행렬 A의 고윳값은 $\lambda = 3$, $\lambda = 1$이고 $\lambda = 3$에 대응하는 고유벡터는 $\boldsymbol{x}_1 = \begin{bmatrix} -1 \\ 1 \end{bmatrix}$, $\lambda = 1$에 대응하는 고유벡터는 $\boldsymbol{x}_2 = \begin{bmatrix} 1 \\ 1 \end{bmatrix}$이다. 그리고 $\boldsymbol{x}_1^T \cdot \boldsymbol{x}_2 = 0$이다.

3. 주어진 행렬이 직교행렬이므로 주어진 행렬의 역행렬은 전치행렬이다.

(a) $A^{-1} = \begin{bmatrix} 0 & 1 \\ 1 & 0 \end{bmatrix}$

4. (a) $Q = \begin{bmatrix} -\frac{1}{\sqrt{2}} & \frac{1}{\sqrt{2}} \\ \frac{1}{\sqrt{2}} & \frac{1}{\sqrt{2}} \end{bmatrix}$, $D = \begin{bmatrix} 5 & 0 \\ 0 & 1 \end{bmatrix}$이라 하면 $Q^{-1}AQ = D$이다.

5. (a) 참

6.4절 특잇값 분해

1. (a) $\sigma_1 = \sqrt{10}$, $\sigma_2 = 0$

2. (a) $8 + \sqrt{10}$, $8 - \sqrt{10}$, 0

3. (a) $U = \begin{bmatrix} 1 & 0 & 0 \\ 0 & 0 & 1 \\ 0 & 1 & 0 \end{bmatrix}$, $\Sigma = \begin{bmatrix} \sqrt{10} & 0 \\ 0 & 0 \\ 0 & 0 \end{bmatrix}$, $V = \begin{bmatrix} \dfrac{1}{\sqrt{10}} & -\dfrac{3}{\sqrt{10}} \\ \dfrac{3}{\sqrt{10}} & \dfrac{1}{\sqrt{10}} \end{bmatrix}$

찾아보기

(ㅅ)

(ㅇ)

AI 시대를 위한
기초 선형대수학

지은이 함남우
펴낸이 조경희
펴낸곳 경문사
펴낸날 2025년 3월 1일 1판 1쇄
등 록 1979년 11월 9일 제1979-000023호
주 소 04057, 서울특별시 마포구 와우산로 174
전 화 (02)332-2004 팩스 (02)336-5193
이메일 kyungmoon@kyungmoon.com

값 30,000원

ISBN 979-11-6073-761-5